西安交通大学 本科"十四五"规划教材

 普通高等教育能源动力类专业"十四五"系列教材

能源与人类文明发展

（第2版）

主编 徐东海 副主编 王树众

 西安交通大学出版社
XI'AN JIAOTONG UNIVERSITY PRESS

图书在版编目(CIP)数据

能源与人类文明发展/徐东海主编;王树众副主编.—2版.—西安:西安交通大学出版社,2022.6(2024.7重印)

ISBN 978-7-5693-2560-7

Ⅰ.①能… Ⅱ.①徐… ②王… Ⅲ.①能源发展－关系－文化史－世界 Ⅳ.①F416.2 ②K103

中国版本图书馆 CIP 数据核字(2022)第 050280 号

NENGYUAN YU RENLEI WENMING FAZHAN

书　　名	能源与人类文明发展(第2版)
主　　编	徐东海
副 主 编	王树众
丛书策划	田　华
责任编辑	陈　昕
责任校对	王　欣

出版发行	西安交通大学出版社
	(西安市兴庆南路1号　邮政编码710048)
网　　址	http://www.xjtupress.com
电　　话	(029)82668357　82667874(市场营销中心)
	(029)82668315(总编办)
传　　真	(029)82668280
印　　刷	西安五星印刷有限公司

开　　本	787 mm×1092 mm　1/16　印张 19.875　字数 494 千字
版次印次	2022 年 6 月第 1 版　2024 年 7 月第 2 次印刷
书　　号	ISBN 978-7-5693-2560-7
定　　价	48.00 元

前　言

本书第 1 版 2018 年 3 月出版以来,得到了许多读者的认可和支持。在第 2 版出版之际,谨向选用本书和提出宝贵意见的读者朋友致以衷心感谢!

能源是人类文明发展的动力,推动人类文明向前发展,能源变革史与人类文明发展史密切相关。本书主要阐述了人类文明发展过程中如何协调能源、经济、社会、环境、安全的关系,使得人类文明的发展建立在自然资源可以承受的基础之上,实现可持续发展,这是一个重要的科学问题和人类需要达成的共识。

本书面向能源、环境、社会管理等领域的广大读者。希望读者通过本书的学习,将能源科学与人文科学相结合,拓宽视野,提升人文和科学素养,培养社会责任感和大局意识。本书也有助于读者了解能源科技前沿的最新动态和发展趋势,激发和培养其创新意识。

本书融入了近年来国内外能源领域的新发展、新政策,结合作者多年来从事能源动力学科教学和科研工作的心得体会作了许多优化、改进和更新。为使内容能紧跟能源领域的新发展、新动向,更清晰地体现全球能源领域的发展及变革,我们全面更新了相关能源大数据。

近年来,为积极应对气候问题,我国从战略层面推动能源结构转型,实现"双碳"目标,多次发布有关能源发展的新政策。此次修订,我们着重更新了近年颁布的能源领域热点问题及其政策规划等内容。

本书为西安交通大学本科"十四五"规划教材,此次修订更多地融入了课程思政内容,注重挖掘课程思政的育人功能,引导学生坚定正确的政治方向、树立远大的理想抱负、确立科学的价值观念、提升自身的综合素养。

在修订过程中,博士研究生马明琰和硕士研究生刁云飞、支有为、魏涯、龚雪晗等同学在资料查询、数据更新等方面做了大量细致的工作,西安交通大学出版社编辑提供了大量帮助,在此表示衷心的感谢!

限于编者水平,书中难免存在疏漏和不足,恳请广大读者批评指正。

编者
2021 年 11 月

第 1 版前言

能源是人类社会赖以生存和发展的物质基础,是人类文明发展的动力,能源的每一次革新,都强有力地推动了经济增长方式的巨大变革与人类文明的大跨越。人类文明发展过程中如何协调能源与经济、社会、环境的关系,使得人类文明的发展建立在自然资源和环境可以承受的基础之上,实现可持续发展,这是人类社会发展面临的一个重要课题。

当前,我国处于工业化快速发展时期,能源消费总量巨大。化石能源特别是煤炭的大规模开发利用造成了严重的环境污染问题。同时,由于技术、管理等因素的限制,我国单位国内生产总值能耗高于发达国家 3～4 倍。石油和天然气对外依存度高,能源供应安全面临严峻挑战。我国经济社会的发展面临资源约束、环境污染严重、生态系统退化等问题,传统资源依赖型、粗放扩张的发展方式不可持续,迫切需要尽快走上绿色低碳的可持续发展道路。

党的十九大提出要加快生态文明体制改革,建设美丽中国。必须坚持节约优先、保护优先、自然恢复为主的方针,形成节约资源和保护环境的空间格局、产业结构、生产方式、生活方式,还自然以宁静、和谐、美丽。构建绿色、低碳、高效、节约的可持续能源系统是现代社会文明建设的需要。

本书通过梳理和分析人类文明发展与能源变革的关系,阐述了人类文明发展进程中能源的作用,世界和中国能源结构的现状及特点,经济发展、社会进步、环境保护、国家安全与能源的关系,人类社会的可持续发展途径,能源互联网,未来人类文明与能源未来等。

本书的编写宗旨是面向能源、环境、社会管理等领域的广大读者,拓宽读者视野,提升读者人文和科学素养,培养读者的社会责任感和大局意识。本书也有助于读者了解能源科技前沿的最新动态和发展趋势,激发和培养其创新意识。

在本书的编写中,许多同志都付出了辛勤的劳动。西安交通大学能源与动力工程学院杨冬教授和刘银河教授分别承担了第 2 章和第 6 章的编写工作,郭洋副教授,景泽锋老师,博士研究生宋文瀚、杨健乔、沈植、蔡建军、杨闯、王思洋,以及硕士研究生林桂柯、徐贵喜、马志江、朱晨钊、郭树炜、王璐凯、柳亮、汪洋、张熠姝等同学在资料查阅、数据更新、案例调研及书稿的文字录入、校对中做了大量细致的工作,西安交通大学出版社编辑为本书出版也做了大量工作,在此对他们的辛勤付出表示最诚挚的谢意!

限于作者水平,本书的疏漏和不足之处,恳请广大读者批评指正。

王树众　徐东海

2017 年 10 月

目　录

第 1 章

人类文明与能源概论

1.1 人类文明的概念及内涵

1.1.1 人类文明的概念

自古以来,关于"文明"一词的解读可见于各大学术典籍之中。英语中的文明 civilization 一词源于拉丁文 civis,其意思为城市的居民。它的本质含义为人民和睦地生活于城市和社会集团中的能力。通过对各学术典籍的分析可以得知,"文明"一词代表着开化进步的社会状态,是人们对美好与光明的向往。在日常生活中,文明是与野蛮或不文明相对的,往往指"正确"的生活方式和行为举止,是一种带有价值判断的概念。文明的实质是人类(社会)对人与自然关系的认识和行为。在人类社会的发展过程中,文明往往被用来描述人群的生存状态,以及对形成和维持这些状态起主导作用的观念。

西方学者弗洛伊德认为,文明指人类对自然的防卫及人际关系调整所造成的结果、制度等的总和[1]。《古代社会》的作者摩尔根则把人类文明看作一个历史过程,认为文明是社会历史长期发展的产物。J. 凯因斯博士则在其《人类学》一书中从文明的形成方式对文明作了如下定义:"我们的文明奇迹乃是千千万万无名的人们无声无息孜孜努力的结果。"革命导师马克思和恩格斯则从实践和劳动的角度阐明了文明的本质内涵,恩格斯在《家庭和国家的起源》中提到文明时代是学会对天然产物进一步加工的时期,是真正的工业和艺术产生的时期。恩格斯还认为文明刚开始之时,生产就开始建立在级别、等级和阶级的对抗上,最后建立在积累的劳动和直接的劳动对抗之上,没有对抗就没有进步,这是文明直到今天所遵循的规律。

人类文明是一个多元复合的历史总体,呈非线性的有机构成模式。人类文明内部包含着政治、经济、文化、社会等多个层面,以系统的方式呈现在世人面前。因此,我们在认识文明总体的时候,就不能用单一线性的眼光看待事物,文明的表现形式多种多样,其内涵也应更加深刻。

人类文明史是人本身通过长期劳动而创造的历史,它是多方力量合力的结果,展现着一种非线性的发展状态。同时,人类文明代表着人类总体的前进方向,预示着开化进步的态势。在原始蒙昧社会,生产力水平极其低下,根本谈不上文明。只有当社会生产力高度发展,社会各有机体全面开化的时候,才伴随有文明的出现。人类文明是与社会经济基础相联系的,经济基础的形式直接决定作为上层建筑的人类文明的形态。另外,人类文明是社会历史的产物,具有浓厚的历史唯物主义色彩。纵观人类发展史,人类至今已有 440 万年的历史,人类文明史则较为短暂,仅有五六千年的历史。文明不是与人类相伴随出现的,而是社会经济条件综合作用的产物。

在人类社会发展中,以"人与自然的关系"为基本判据或标准,可以把迄今为止的人类文明史分为三个大的历史阶段,即原始文明时代、农业文明时代和工业文明时代(图 1-1)。而今天,我们正处在由工业文明时代向一个新的文明时代——生态文明时代转折的过渡时期[2]。未来生产力高度发达时,人类将走向太空,迈入未来文明。

原始文明时代　　　　　　　　　　　　　农业文明时代

工业文明时代　　　　　　　　　　　　　生态文明时代

图 1-1　人类文明

1.1.2　人类文明的特征

人类文明是社会发展的结果,是与一定的社会条件密不可分的。特定的历史阶段造就特定的人类文明,并赋予人类文明丰富的历史内涵,表现出多种文明形式。不同的文明形态是由当时的社会环境、生产状况所决定的[3]。

1. 一种开化的、进步的状态

人类文明是一切积极成果的总和,预示着社会总体的发展和进步,表明人类意识趋向理智与成熟。文明也特指人类在改造自然、社会及自身的过程中所取得的积极成果,并且这些积极成果必须经过历史沉淀以后才能达到高度发展的状态,进而呈现出真正的文明。

此外,人类文明代表着一种开化的状态,属于一个整体性的概念。文明不是单一要素的简单叠加,它是诸要素的有机结合形式。社会是一个大系统,囊括了政治、经济、意识等多个子系统,单个子系统的繁荣无法促成整体系统的良性运转。只有每个子系统发挥自身优势,协同并进,相互融合,才能够创造出"1+1>2"的整体进化效果。

2. 从混沌逐渐走向有序的历史进程

文明的创造发展是一个长期的历史过程,它是社会自身内外因素相互交织演绎的结果。人类文明开启了理性的时代,人类意识逐渐觉醒,开始了有意识的主观能动性的活动,原始状态的天然自然变成了布满人类足迹的人化自然。

文明的出现表明社会有机体实现着有序运行,各个子体之间呈相互融合之势。史前社会,人类与自然界处于物我不分、混为一体的蒙昧状态。原始人类对自然界的认识和改造停留于浅显的地表层面,顺天而为的思维框架笼罩着整个原始社会,原始人类尚不具备改天造物的能动性。当社会经济发展到相当程度以后,人类才开始了有意识的创造活动,先在自然逐渐演化为符合人类愿望和目的的人工世界。而且,社会经济的发展推动着自然和社会日渐趋向融合,展现出有序发展的文明态势。

3. 人类文明与科技的进步密切相关

人类文明的每一次进步都是科技推动的结果。经济基础决定上层建筑,科技力量是社会文明发展的最根本动力。人类文明发展最根本的标志是科技,正是人类在生产实践的过程中掌握了科技这一重要成果,才得以促进文明的诞生。

顾名思义,文明指一种积极的有价值的成果。原始文明是一种较低级的文明形式,因为原始社会生产力低下,科技成果微乎其微。当人类步入农业文明和工业文明以后,科技对文明的力量得以彰显,社会生活发生了改变,文明时代真正来临。伴随科技的进步,人类文明的形式进行着一次又一次的变革,每一文明形态均与一定的科技水平密不可分。特别是当今高科技社会,文明的形态直接决定于科技的发达情况,科技不仅变革着人类生产形式,而且带来了社会生活的一系列革新。由此可见,科技的昌明带领着人类从蒙昧走向文明,人类在利用科技改造自身的同时,也改造着世界。

1.1.3　人类文明演进中存在的问题

在人类的长期发展中,由于高出生率和高死亡率相互抵消,世界人口几千年来处于缓慢增长状况。至 1800 年,全世界人口只有 10 亿左右。近代以来,由于死亡率不断下降,世界人口增长速度逐渐加快。1800—1930 年增加到 20 亿,1960 年增至 30 亿,1974 年增至 40 亿。1987 年全世界人口已突破 50 亿。世界人口的增长,19 世纪主要发生在工业革命初期的欧洲国家,第二次世界大战后则主要是在刚刚摆脱殖民统治的亚非拉地区的发展中国家。世界人口的迅猛增长,自 20 世纪 60 年代起已为全球所瞩目。大多数人口学家预测,世界人口可望在21 世纪末稳定在 100 亿左右。2021 年 5 月 11 日,中国第七次全国人口普查结果显示,中国人口总数超过 14.1 亿,年平均增长率为 0.53%。图 1-2 所示为全球人口增长趋势。

在人类文明演变中,随着人口的增长,人们需要的木材越来越多,木材资源日益紧张。社会人口和资源储量都是衡量一个国家资源丰富程度要考虑的因素。中国能源资源储量不少,

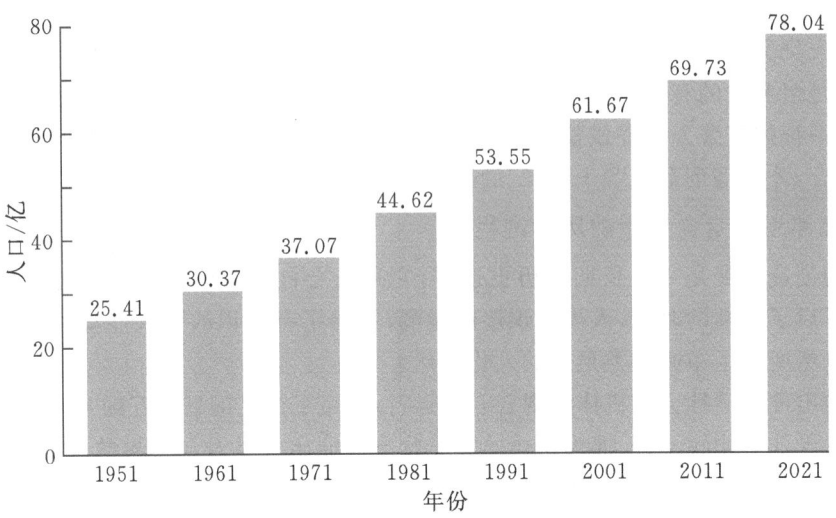

图1-2　全球人口增长趋势(数据来源:联合国人口司)

考虑到人口因素就显得十分之少。能源储量的稳定性以及人口的动态增长性也加剧了能源短缺现状。中国人均能源资源远低于世界人均水平,能源资源分布不均,储藏丰富且高质量的资源大多远离人口集中、经济发达的东南沿海地区。中国能源供需矛盾突出,总需求大于总供给且差值持续增大,能源需求的对外依存度迅速增加。根据中国石油经济技术研究院和国家统计局数据,2020年中国石油和天然气对外依存度分别攀升至73%和43%,能源安全形势亮起红灯。中国能源生产总量不断递增,能源生产总量由2000年的13.8亿t标准煤增长到2020年的40.8亿t标准煤,增长了近2倍。而2020年全年能源消费总量为49.8亿t标准煤,比上年增长2.2%。也就是说,中国能源生产总量的增长速度赶不上能源消费总量的增长速度,中国能源供需缺口呈逐年扩大趋势。能源的供需平衡涉及国家的能源安全。

中国经济的快速增长,已然为世界能源市场提供了强有力的支撑,但是由于人口众多,中国的经济还处于工业化发展阶段,优质资源不足,人均资源拥有量与世界其他国家相比还处于劣势。煤炭和水力资源人均拥有量为世界平均水平的50%,石油、天然气的人均拥有量为世界平均水平的1/15,耕地资源不足世界人均水平的30%。中国是一个"富煤少油少气"的国家,而且中国的煤、石油、天然气资源开发难度较大,成本较高,缺乏竞争力。特别是近几年,各地油荒、电荒、煤荒的消息不绝于耳,中国能源处于紧缺时代。

中国经济持续快速发展,能源需求持续加速增长。人口和经济发展对能源的需求将不断增加,持续的能源紧张问题已经成为制约经济、社会发展和人民生活水平提高的"瓶颈"。而长期以来,国内煤炭都以燃料用途为主,其高污染严重影响着环境。全球气候如今正经历快速而广泛的变化,部分地理和气候灾害已无法逆转,全球气温持续上升,环境进一步恶化。全球能源消费结构向可再生、可持续的清洁能源迈进刻不容缓。2020年9月,在第七十五届联合国大会一般性辩论上,中国宣布将力争二氧化碳排放在2030年达峰,2060年实现碳中和,即中国的"双碳"目标。这一目标正推动着中国能源向绿色、可持续的结构方向转型,这也是中国经济进入新发展阶段、实现高质量发展的现实需要。

1.2　能源概述

1.2.1　能源的概念

能源亦称能量资源或能源资源,是指可产生的各种能量(如热量、电能、光能和机械能等),也指能够直接取得或者通过加工、转换而获得有用能的各种资源的统称,包括煤炭、原油、天然气、煤层气、水能、核能、风能、太阳能、地热能、生物质能等一次能源,电力、热力、成品油等二次能源,以及其他新能源和可再生能源。

"能源"这一术语,过去人们谈论得很少,正是两次石油危机使它成了人们议论的热点。关于能源的定义,目前约有 20 种。如《科学技术百科全书》说:"能源是可从其获得热、光和动力之类能量的资源";《大英百科全书》说:"能源是一个包括着所有燃料、流水、阳光和风的术语,人类用适当的转换手段便可让它为自己提供所需的能量";《日本大百科全书》说:"在各种生产活动中,我们利用热能、机械能、光能、电能等来做功,可用来作为这些能量源泉的自然界中的各种载体,称为能源";我国的《能源百科全书》说:"能源是可以直接或经转换提供人类所需的光、热、动力等任一形式能量的载能体资源"。可见,能源是一种呈多种形式,且可以相互转换的能量的源泉。从物理学的观点来看,能量的简单定义就是做功的本领。广义而言,任何物质都可以转化成能量,但转化的数量与转化的难易程度却是不一致的,比较集中且转化较易的含能物质称为能源。也有另一种类型的能源,即能量过程,如水的势能落差运动中所产生的水能和空气运动产生的风能。在自然界中,一些自然资源本身拥有某种形式的能量,它们在一定条件下能转化为人们所需要的能量形式,如煤炭、石油、太阳能、风能、天然气、水能、核能、地热能等。但在生产和生活过程中,由于工作需要或者便于运输和使用,常将以上能源经过一定的加工、转换,使其成为更符合人们使用条件的能量,例如煤气、电力、焦炭、蒸汽、沼气和氢能等,它们也称为能源,因为它们也能为人类提供所需要的能量。

能源是人类文明发展的物质基础。在某种意义上讲,人类社会的发展离不开优质能源的出现和先进能源技术的使用。在当今世界,能源的发展和能源与环境的关系,是全世界、全人类共同关心的问题,也是我国社会经济发展的重要问题。

能源是整个世界发展和经济增长的最基本的驱动力,是人类赖以生存的基础。自工业革命以来,能源安全问题就开始出现。在全球经济高速发展的今天,能源安全已上升到了国家的高度,各国都制定了以能源供应安全为核心的能源政策。在此后的 20 多年里,在稳定能源供应的支持下,世界经济规模取得了较大增长。但是,人类在享受能源带来的经济发展、科技进步等利益的同时,也遇到一系列无法避免的能源安全挑战,能源短缺、资源争夺以及过度使用能源造成的环境污染等问题威胁着人类的生存与发展。

1.2.2　能源的分类

能源种类繁多,而且经过人类不断的开发与研究,更多新型能源已经开始能够满足人类需求。根据不同的划分方式,能源可分为不同的类型[4]。

1. 按来源分

按来源分为三类。

（1）来自地球外部天体的能源（主要是太阳能）。除直接辐射外，它还为风能、水能、生物能和矿物能源等的产生提供基础。人类所需能量的绝大部分都直接或间接地来自太阳。正是各种植物通过光合作用把太阳能转变成化学能，并在植物体内储存下来。煤炭、石油、天然气等化石燃料也是由古代埋在地下的动植物经过漫长的地质年代形成的。它们实质上是由古代生物固定下来的太阳能。此外，水能、风能、波浪能、海流能等也都是由太阳能转换来的。

（2）地球本身蕴藏的能量。它通常指与地球内部的热能有关的能源和与原子核反应有关的能源，如原子核能、地热能等。温泉和火山爆发喷出的岩浆就是地热的表现。地球可分为地壳、地幔和地核三层，它是一个大热库。地壳就是地球表面的一层，一般厚度为几千米至70 km不等。地壳下面是地幔，它大部分是熔融状的岩浆，厚度为2900 km。火山爆发一般是这部分岩浆喷出。地球内部为地核，地核中心温度可达6000 ℃。可见，地球上的地热资源储量也很大。

（3）地球和其他天体相互作用而产生的能量，如潮汐能。

2. 按能源获得的方法分

按能源获得的方法划分，有一次能源和二次能源。

一次能源是指自然界中以天然形式存在且没有经过加工或转换的能量资源，包括可再生的水力资源和不可再生的煤炭、石油、天然气资源，其中煤炭、石油和天然气这三种能源是一次能源的核心，它们成为全球能源的基础。除此以外，太阳能、风能、地热能、海洋能、生物能以及核能等可再生能源也被包括在一次能源的范围内。二次能源则是指由一次能源直接或间接转换成其他种类和形式的能量资源，如电力、煤气、汽油、柴油、焦炭、洁净煤、激光、氢气和沼气等能源都属于二次能源。

3. 按能源性质分

按能源性质划分，有燃料型能源（煤炭、石油、天然气、泥炭、木材）和非燃料型能源（水能、风能、地热能、海洋能）。

人类利用自己体力以外的能源是从用火开始的，最早的燃料是木材，以后用各种化石燃料，如煤炭、石油、天然气、泥炭等。当前正研究利用太阳能、地热能、风能、潮汐能等新能源。化石燃料消耗量很大，但地球上这些燃料的储量有限。未来铀和钍将提供世界所需的大部分能量。一旦控制核聚变的技术问题得到解决，人类实际上将获得无尽的能源。

4. 按是否造成环境污染分

根据能源消耗后是否造成环境污染，能源可分为污染型能源和清洁型能源，污染型能源包括煤炭、石油等，清洁型能源包括水力、电力、太阳能、风能以及核能等。

5. 按能源使用的类型分

根据能源使用的类型，能源又可分为常规能源和新型能源。

常规能源包括一次能源中可再生的水力资源和不可再生的煤炭、石油、天然气等资源。新型能源是相对于常规能源而言的，包括太阳能、风能、地热能、海洋能、生物能，以及用于核能发电的核燃料等能源。由于新能源的能量密度较小，或品位较低，或有间歇性，按已有的技术条件转换利用的经济性尚差，还处于研究、发展阶段，只能因地制宜地开发和利用；但新能源大多数是再生能源，资源丰富，分布广阔，是未来的主要能源之一。

6. 按能源的形态特征或转换与应用的层次分

人们通常按能源的形态特征或转换与应用的层次对它进行分类。

世界能源委员会推荐的能源类型分为固体燃料、液体燃料、气体燃料、水能、电能、太阳能、生物质能、风能、核能、海洋能和地热能等。其中,前三个类型统称化石燃料或化石能源。已被人类认识的上述能源,在一定条件下可以转换为人们所需的某种形式的能量。比如薪柴和煤炭,当加热到一定温度时,它们能和空气中的氧气化合并放出大量的热能。我们可以用热来取暖、做饭或制冷,也可以用热来产生蒸汽,用蒸汽推动汽轮机,使热能变成机械能;也可以用汽轮机带动发电机,使机械能变成电能;如果把电送到工厂、企业、机关、农牧林区和住户,它又可以转换成机械能、光能或热能。

7. 按是否进入能源市场分

凡进入能源市场作为商品销售,如煤、石油、天然气和电等均为商品能源。国际上的统计数字均限于商品能源。非商品能源主要指薪柴和农作物残余(秸秆等)。

8. 按是否可再生分

人们对一次能源又进一步加以分类。凡是可以不断得到补充或能在较短周期内再产生的能源称为再生能源,反之称为非再生能源。风能、水能、海洋能、潮汐能、太阳能和生物质能等是再生能源;煤、石油和天然气等是非再生能源。地热能基本上是非再生能源,但从地球内部巨大的蕴藏量来看,又具有再生的性质。核能的新发展将使核燃料循环而具有增殖的性质。核聚变的能比核裂变的能可高出 5～10 倍,核聚变最合适的燃料重氢(氘)又大量地存在于海水中,可谓"取之不尽,用之不竭"。核能是未来能源系统的支柱之一。

1.2.3　常规能源

常规能源也叫传统能源(conventional energy),是指已经大规模生产和广泛利用的能源,主要有传统化石能源、水能和核裂变能。

化石能源(fossil energy)是一种碳氢化合物或其衍生物,也指以石油、天然气、煤为代表的含碳能源,实际上可认为是一种化学能源,其能源利用主要是基于碳氧化为二氧化碳(也包括氢氧化为水)的化学放热反应[5]。它由古代生物的化石沉积而来,是一次能源。化石燃料不完全燃烧后,都会散发出有毒的气体,却是人类必不可少的燃料。常规化石能源所包含的天然资源有煤炭、石油和天然气。

化石能源是全球能源消耗的最主要来源,英国石油公司 2021 年 7 月发布的 2021 年版《bp 世界能源统计年鉴》显示,2020 年世界化石能源消费在能源消费总量中占比高达 83.1%。2020 年全球能源消费量较上一年下降 4.5%,这也是自"二战"结束以来的最大降幅。能源消费下降的主要原因是疫情的影响导致石油需求空前减少。尽管石油消费量同比大幅下降,但 2020 年石油消费量在全球能源消费结构中的占比仍高居榜首,达 31.2%。此外,煤炭的占比为 27.2%,天然气 24.7%,水能 6.9%,可再生能源 5.7%,核能 4.3%。但随着人类的不断开采,化石能源的枯竭是不可避免的,大部分化石能源在 21 世纪将被开采殆尽。从另一方面看,在化石能源的使用过程中会新增大量温室气体二氧化碳,同时可能产生一些有污染的烟气,威胁全球的生态环境。油气藏分布如图 1-3 所示。

我国化石能源的特点[6]:能源分布极不均衡,结构以煤为主,石油及天然气对外依赖度不

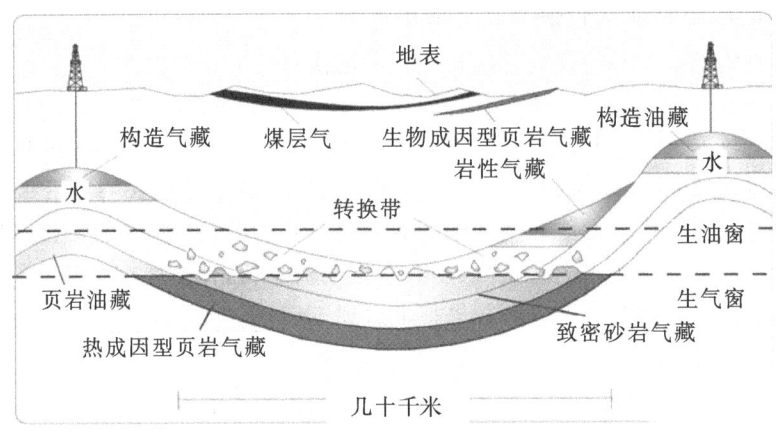

图 1-3 油气藏分布示意图

断加深;能源利用技术落后,利用效率低,浪费严重;能源人均占有水平低下;能源开采、运输和利用中造成严重的环境污染;可再生能源利用不充分;农村能源短缺;消费需求不断增长,资源约束日益加剧。

下面分别介绍几种常见的常规能源。

1. 煤

煤(图 1-4)有两种基本含义:①古代的植物压埋在地底下,在不透空气或空气不足的条件下,受到地下的高温和高压年久变质而形成的黑色或黑褐色矿物,如煤矿、煤田、煤层、煤气、煤焦油、煤精等;②烟气凝结的黑灰,为制墨的主要原料,如煤炱、松煤(松烟)。煤主要由碳、氢、氧、氮、硫和磷等元素组成,碳、氢、氧三者总和约占有机质的 95% 以上。

图 1-4 煤

1)煤的种类

单位质量燃料燃烧时放出的热量称为发热量,规定凡能产生 29.3×10^6 J 低位发热量的能源可折算为 1 kg 煤当量(标准煤),并以此标准折算耗煤量。煤有褐煤、烟煤、无烟煤等。煤的种类不同,其成分组成与质量不同,发热量也不相同。下面分别介绍这几种煤。

(1)褐煤:多为块状,呈黑褐色,光泽暗,质地疏松;含挥发分 40% 左右,燃点低,容易着火,燃烧时上火快,火焰大,冒黑烟;含碳量与发热量较低(因产地煤级不同,发热量差异很大),燃烧时间短,需经常加煤。

(2)烟煤:一般为粒状、小块状,也有粉状的,多呈黑色而有光泽,质地细致;含挥发分 30%以上,燃点不太高,较易点燃;含碳量与发热量较高,燃烧时上火快,火焰长,有大量黑烟,燃烧时间较长;大多数烟煤有黏性,燃烧时易结渣。

(3)无烟煤:有粉状和小块状两种,呈黑色,有金属光泽而发亮;杂质少,质地紧密,固定碳含量高,可达 80% 以上;挥发分含量低,在 10% 以下,燃点高,不易着火;发热量高,刚燃烧时上火慢,火上来后比较大,火力强,火焰短;冒烟少,燃烧时间长,黏结性弱,燃烧时不易结渣。应掺入适量煤土烧用,以减轻火力强度。

(4)泥煤:碳化程度最浅,含碳量少,水分多,水分含量可高达 90%,所以需要露天风干后使用;泥煤的灰分很容易熔化,发热量低,挥发分含量很多,因此极易着火燃烧;反应性强,含硫量低,灰分熔点低,机械强度较低。因此,泥煤在工业上使用价值不高,更不宜长途运输,一般只作为地方性燃料使用。我国泥煤的产区分布于西南各省和浙江(西湖泥煤)等地。

2)煤的生成过程

煤为不可再生的资源。煤是古代植物埋藏在地下经历了复杂的生物化学和物理化学变化逐渐形成的固体可燃性矿产,是一种固体可燃有机岩,主要由植物遗体经生物化学作用,埋藏后再经地质作用转变而成(图 1-5)。

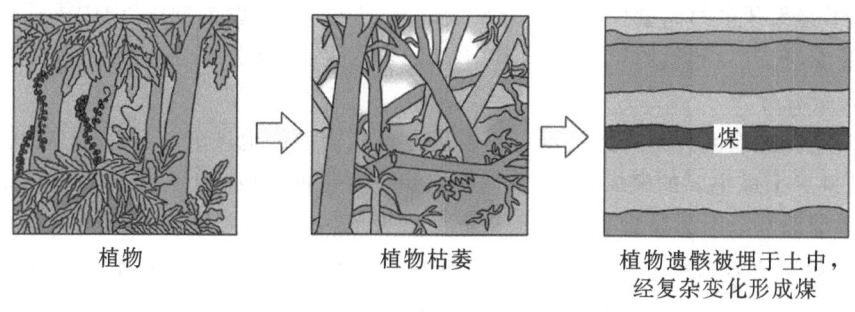

植物　　　　　　　植物枯萎　　　　　植物遗骸被埋于土中,
　　　　　　　　　　　　　　　　　　　　经复杂变化形成煤

图 1-5　煤的形成过程

煤的生成过程:在地表常温、常压下,堆积在停滞水体中的植物遗体经泥炭化作用或腐泥化作用,转变成泥炭或腐泥;泥炭或腐泥被埋藏后,由于盆地基底下降而沉至地下深部,经成岩作用而转变成褐煤;当温度和压力逐渐增高,再经变质作用转变成烟煤或无烟煤。泥炭化作用是指高等植物遗体在沼泽中堆积,经生物化学变化转变成泥炭的过程。腐泥化作用是指低等生物遗体在沼泽中经生物化学变化转变成腐泥的过程。腐泥是一种富含水和沥青质的淤泥状物质。冰川过程可能有助于成煤植物遗体汇集和保存。

3)三大成煤期

在整个地质年代中,全球范围内有三个大的成煤期。

(1)古生代的石炭纪和二叠纪,成煤植物主要是孢子植物。主要煤种为烟煤和无烟煤。

(2)中生代的侏罗纪和白垩纪,成煤植物主要是裸子植物。主要煤种为褐煤和烟煤。

(3)新生代的第三纪,成煤植物主要是被子植物。主要煤种为褐煤,其次为泥炭,也有部分年轻烟煤。

4)中国煤炭资源的特点

中国煤炭资源具有以下四个特点。

(1)煤炭资源丰富,但人均占有量低。中国煤炭资源虽丰富,但勘探程度较低,经济可采储量较少。所谓经济可采储量是指经过勘探可供建井,并且扣除了回采损失及经济上无利和难以开采出来的储量后,实际上能开采并加以利用的储量。在经勘探证实的储量中,精查储量仅占30%,而且大部分已经开发利用,煤炭后备储量相当紧张。中国人口众多,煤炭资源的人均占有量约为234.4 t,而世界人均煤炭资源占有量为312.7 t,美国人均占有量更高达1045 t,远高于中国的人均水平。

(2)煤炭资源的地理分布极不平衡。中国煤炭资源北多南少,西多东少,煤炭资源的分布与消费区分布极不协调。从各大行政区内部看,煤炭资源分布也不平衡,如华东地区煤炭资源储量的87%集中在安徽、山东,而工业主要在以上海为中心的长江三角洲地区;中南地区煤炭资源的72%集中在河南,而工业主要在武汉和珠江三角洲地区;西南煤炭资源的67%集中在贵州,而工业主要在四川;东北地区相对好一些,但也有52%的煤炭资源集中在北部黑龙江,而工业集中在辽宁。

(3)各地区煤炭品种和质量变化较大,分布也不理想。中国炼焦煤在地区上分布不平衡,四种主要的炼焦煤种中,瘦煤、焦煤、肥煤有一半左右集中在山西,而拥有大型钢铁企业的华东、中南、东北地区,炼焦煤很少。在东北地区,钢铁工业在辽宁,炼焦煤大多在黑龙江;在西南地区,钢铁工业在四川,而炼焦煤主要集中在贵州。

(4)适于露天开采的储量少。露天开采效率高,投资省,建设周期短,但中国适于露天开采的煤炭储量少,仅占总储量的7%左右,其中70%是褐煤,主要分布在内蒙古、新疆和云南。

5)煤炭资源分布

世界煤炭资源地区分布广泛且具有不平衡性。从资源的地区分布看,集中在北半球,北纬30°～70°是世界上最主要的聚煤带,占世界煤炭资源量的70%以上,尤其集中在北半球的中温带和亚寒带地区。因此煤炭资源主要分布在三大地区,即亚太地区、欧亚大陆、北美洲。表1-1为全球煤炭资源大国探明储量情况(2021年版《bp世界能源统计年鉴》)。

表1-1 全球煤炭资源大国探明储量情况(截至2020年)

排序	国家	探明储量/百万 t	所占份额/%
1	美国	248941	23.1
2	俄罗斯	162166	15.1
3	澳大利亚	150227	13.9
4	中国	143197	13.3
5	印度	111052	10.3
6	德国	35900	3.3
7	印度尼西亚	34869	3.2

对于我国煤炭资源的分布,根据第二次全国煤田普查结果,分布在昆仑山—秦岭—大别山一线以北的晋、陕、蒙、宁、甘、新等18个省的煤炭资源量达4.74万亿 t(排名前四位的分别为新疆16210亿 t、内蒙古12053亿 t、山西6830亿 t、陕西2922亿 t),占全国煤炭资源总量的93.6%,而该线以南的14个省只有0.32万亿 t,仅占全国的6.4%。

6）煤的主要用途

煤是重要能源,也是冶金、化学工业的重要原料,主要用于燃烧、炼焦、气化、低温干馏、加氢液化等。

（1）燃烧。煤炭是人类的重要能源资源,任何煤都可作为工业和民用燃料。

（2）炼焦。把煤置于干馏炉中,隔绝空气加热,煤中有机质随温度升高逐渐被分解,其中挥发性物质以蒸气状态逸出,成为焦炉煤气和煤焦油,而非挥发性固体剩留物即为焦炭。焦炉煤气是一种燃料,也是重要的化工原料。煤焦油可用于生产化肥、农药、合成纤维、合成橡胶、油漆、染料、医药、炸药等。焦炭主要用于高炉炼铁和铸造,也可用来制造氮肥、电石等。

（3）气化。气化是指将煤转变为可作为工业或民用燃料以及化工合成原料的煤气。

（4）低温干馏。把煤或油页岩置于 550 ℃左右的温度下低温干馏,可制取低温焦油和低温焦炉煤气。低温焦油可用于制取高级液体燃料并作为化工原料使用。

（5）加氢液化。将煤、催化剂和重油混合在一起,在高温、高压下破坏煤中有机质,与氢作用转化为低分子液态和气态产物,进一步加工可得汽油、柴油等液体燃料。加氢液化的原料煤以褐煤、长焰煤、气煤为主。

煤炭热量高,标准煤的发热量为 $29.3×10^6$ J/kg。而且煤炭在地球上的储量丰富,分布广泛,一般也比较容易开采,因而被广泛用作各种工业生产中的燃料。煤炭除了可作为燃料以取得热量和动能以外,更为重要的是可从中制取冶金用的焦炭和人造石油,即煤的低温干馏的液体产品——煤焦油。经过化学加工,从煤炭中能制造出成千上万种化学产品,所以它又是一种非常重要的化工原料,如我国相当多的中小氮肥厂都以煤炭作原料生产化肥。我国的煤炭被广泛用来作为多种工业的原料。大型煤炭工业基地的建设,对我国综合工业基地和经济区域的形成和发展起着很大的作用。此外,煤炭中还往往含有许多放射性和稀有元素如铀、锗、镓等,这些放射性和稀有元素是半导体和原子能工业的重要原料。煤炭对于现代化工业来说,无论是重工业还是轻工业,无论是能源工业、冶金工业、化学工业、机械工业,还是轻纺工业、食品工业、交通运输业,都发挥着重要的作用,各种工业部门都在一定程度上要消耗一定量的煤炭,因此有人称煤炭是工业的"真正的粮食"。

7）煤的历史

中国是世界上最早利用煤的国家。辽宁省新乐古文化遗址中,就发现有煤制工艺品,河南巩义市也发现有西汉时用煤饼炼铁的遗址。《山海经》中称煤为石涅,魏、晋时称煤为石墨或石炭。明代李时珍的《本草纲目》首次使用煤这一名称。希腊和古罗马也是用煤较早的国家,希腊学者泰奥弗拉斯托斯在公元前约 300 年著有《石史》,其中记载有煤的性质和产地;古罗马大约在 2000 年前已开始用煤加热。

煤作为一种燃料,可追溯到 800 年前。从 18 世纪末的工业革命开始,随着蒸汽机的发明和使用,煤被广泛用作工业生产的燃料,给社会带来了前所未有的巨大生产力,推动了工业向前发展,随之发展起煤炭、钢铁、化工、采矿、冶金等工业。

2020 年,中国煤炭产量和消费量分别占全球的 50.4％和 54.3％。在未来相当长的一段时期内,煤炭仍将是中国一次能源消费的主体。煤炭作为中国社会经济发展的主要能源来源,在工业生产中占据重要地位。中国作为世界煤炭生产第一大国,2020 年煤炭产量为 39 亿 t,排名第一;其次是印度,产量为 7.5 亿 t,排名第二,但是与中国差距明显;印度尼西亚煤炭产量为 5.6 亿 t,排名第三;而美国以 4.8 亿 t 排名第四(2021 年版《bp 世界能源统计年鉴》)。

2. 石油

石油,地质勘探的主要对象之一,是一种黏稠的深褐色液体,被称为"工业的血液"。地壳上层部分地区储存有石油。石油的成油机理有生物沉积变油和石化油两种学说,前者更广为接受,认为石油是古代海洋或湖泊中的生物经过漫长的演化形成的,属于生物沉积变油,不可再生;后者认为石油是由地壳内本身的碳生成的,与生物无关,可再生。石油主要被用来作为燃油和汽油,也是许多化学工业产品,如溶剂、化肥、杀虫剂和塑料等的原料。

古埃及、古巴比伦人在很早以前已开采利用石油。"石油"这个中文名称是由北宋大科学家沈括第一次提出的。

原油的成分主要有油质(这是其主要成分)、胶质(一种黏性的半固体物质)、沥青质(暗褐色或黑色脆性固体物质)、碳质(一种非碳氢化合物)(图1-6)。石油是由碳氢化合物为主混合而成,具有特殊气味的有色可燃性油质液体。它由不同的碳氢化合物混合组成。组成石油的化学元素主要是碳(83%~87%)、氢(11%~14%),其余为硫(0.06%~0.8%)、氮(0.02%~1.7%)、氧(0.08%~1.82%)及微量金属元素(镍、钒、铁、锑等)。由碳和氢化合形成的烃类构成石油的主要组成部分,约占95%~99%,各种烃类按其结构分为烷烃、环烷烃、芳香烃。一般天然石油不含烯烃,而二次加工产物中常含有数量不等的烯烃和炔烃。含硫、氧、氮的化合物对石油产品有害,在石油加工中应尽量除去。

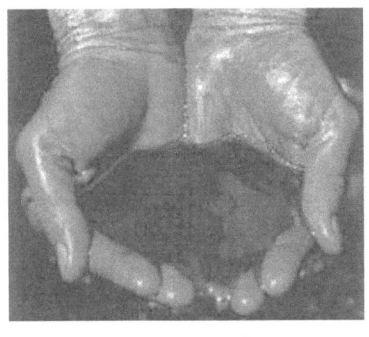

图1-6 原油

图1-7 石油开采

石油的性质因产地而异,密度通常为 0.8~1.0 g/cm³,黏度范围很宽,凝固点差别很大(−60~30 ℃),沸点范围为常温到 500 ℃以上,可溶于多种有机溶剂,不溶于水,但可与水形成乳状液。不同油田石油的成分和外貌区别很大。石油开采如图1-7所示。

1)石油的生成原因

(1)生物成油理论(罗蒙诺索夫假说)。研究表明,石油的生成至少需要200万年的时间,在现今已发现的油藏中,时间最早的达5亿年之久。但一些石油是在侏罗纪生成的。在地球不断演化的漫长历史过程中,有一些"特殊"时期,如古生代和中生代,大量的植物和动物死亡后,构成其身体的有机物质不断分解,与泥沙或碳酸质沉淀物等物质混合组成沉积层。由于沉积物不断地堆积加厚,导致温度和压力上升。随着这种过程不断进行,沉积层变为沉积岩,进而形成沉积盆地,这就为石油的生成提供了基本的地质环境。大多数地质学家认为石油像煤和天然气一样,是古代有机物通过漫长的压缩和加热后逐渐形成的。按照这个理论,石油是由史前的海洋动物和藻类尸体变化形成的。经过漫长的地质年代,这些有机物与淤泥混合,被埋在厚厚的沉积岩下。在地下的高温和高压下它们逐渐转化,首先形成腊状的油页岩,后来退化成液态和气态的碳氢化合物。由于这些碳氢化合物比附近的岩石轻,它们向上渗透到附近的岩层中,直到紧密得无法渗透、本身则多孔的岩层。这样聚集到一起的石油形成油田。通过钻井和泵取,人们可以从油田中获得石油(图1-8)。地质学家将石油形成的温度范围称为"油窗"。温度太低石油无法形成,温度太高则会形成天然气[7]。实际上,这个假说并不成立,原因是即使把地球上所有的生物都转化为石油,成油量与地球上探明的储量也相差过大。

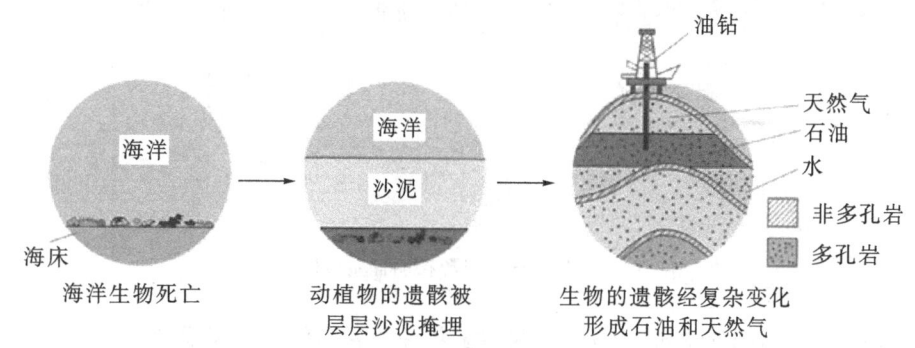

图1-8　石油和天然气形成过程

(2)非生物成油理论。非生物成油的理论是天文学家托马斯·戈尔德在俄罗斯石油地质学家尼古莱·库德里亚夫切夫的理论基础上发展的。这个理论认为在地壳内已经有许多碳,有些碳自然地以碳氢化合物的形式存在。碳氢化合物比岩石空隙中的水轻,因此沿岩石缝隙向上渗透。石油中的生物标志物是由居住在岩石中喜热的微生物产生的,与石油本身无关。在地质学家中,这个理论只有少数人支持。一般它被用来解释一些油田中无法解释的石油流入,不过这种现象很少发生[7]。

2)石油资源分布[8]

石油的分布从总体上来看极端不平衡:从东西半球来看,约3/4的石油资源集中于东半球,西半球占1/4;从南北半球看,石油资源主要集中于北半球;从纬度分布看,主要集中在北纬20°~40°和50°~70°两个纬度带内。波斯湾及墨西哥湾两大油区和北非油田均处于北纬20°~40°内,该带集中了51.3%的世界石油储量;50°~70°纬度带内有著名的北海油田、俄罗斯伏尔加及西伯利亚油田和阿拉斯加湾油区。根据美国《石油与天然气杂志》(*Oil & Gas Journal*)数据,约46.2%的石油资源探明储量位于中东,如图1-9所示。

我国石油资源集中分布在渤海湾、松辽、塔里木、鄂尔多斯、准噶尔、珠江口、柴达木和东海陆架八大盆地,其可采资源量为172亿t,占全国的81.13%[7]。从资源深度分布看,我国石油可采资源有80%集中分布在浅层(小于2000 m)和中深层(2000~3500 m),而深层(3500~4500 m)和超深层(大于4500 m)分布较少;天然气资源在浅层、中深层、深层和超深层分布却相对比较均匀[9]。从地理环境分布看,我国石油可采资源有76%分布在平原、浅海、戈壁和沙漠;天然气可采资源有74%分布在浅海、沙漠、山地、平原和戈壁[9]。从资源品位看,我国石油可采资源中优质资源占63%,低渗透资源占28%,重油占9%;天然气可采资源中优质资源占76%,低渗透资源占24%[9]。

根据中国石油经济技术研究院和国家自然资源部发布的《全国石油天然气资源勘查开采通报(2020年度)》,2020年我国原油表观消费量为7.36亿t,同比增长5.6%,石油消费持续以中低速增长,对外依存度约73%。同时石油探明储量不断增长,2020年我国石油新增探明

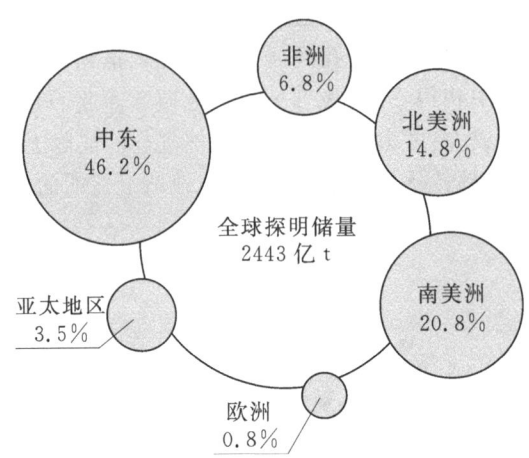

图 1-9　世界石油资源探明储量(2019 年)

地质储量 13.22 亿 t,同比增长 17.7%。我国多年油气探明储量持续增加,且油气勘查开采投资逐年增长。但现阶段我国大储量油田多分布在深海及远海地区,这些区域的油气开发对于技术及设备要求更高,勘探开发仍面临诸多挑战。这也意味着油气勘探开发对象日益复杂,规模增储与持续提高产量难度加大。

3. 天然气

天然气是指自然界中天然存在的一切气体,包括大气圈、水圈和岩石圈中各种自然过程形成的气体(如油田气、气田气、泥火山气、页岩气、煤层气和生物生成气等)。而人们长期以来通用的"天然气"的定义,是从能量角度出发的狭义定义,是指天然蕴藏于地层中的烃类和非烃类气体的混合物。在石油地质学中,它通常指油田气和气田气,其组成以烃类为主,并含有非烃气体。

天然气是存在于地下岩石储集层中以烃为主体的混合气体的统称,相对密度约 0.65,比空气轻,具有无色、无味、无毒之特性。天然气的主要成分是烷烃,其中甲烷占绝大多数,另有少量的乙烷、丙烷和丁烷,此外一般有硫化氢、二氧化碳、氮、水气和少量一氧化碳及微量的稀有气体,如氦和氩等。天然气在送到最终用户之前,为了有助于泄漏检测,还要用硫醇、四氢噻吩等给天然气添加气味。天然气蕴藏在地下多孔隙岩层中,也有少量出于煤层。它是优质燃料和化工原料。

天然气不溶于水,密度为 0.7174 kg/m³,相对密度约为 0.45(液化),燃点为 650 ℃,爆炸极限(V%)为 5%。在标准状况下,甲烷至丁烷以气体状态存在,戊烷以上为液体。甲烷是最短和最轻的烃分子。

1)天然气的形成原因

天然气的成因是多种多样的,其形成贯穿于成岩、深成、后成直至变质作用的始终。各种类型的有机质都可形成天然气,腐泥型有机质则既生油又生气,腐植型有机质主要生成气态烃。

(1)生物成因。成岩作用(阶段)早期,在浅层生物化学作用带内,沉积有机质经微生物的群体发酵和合成作用形成的天然气称为生物成因气。其中有时混有早期低温降解形成的气体。生物成因气出现在埋藏浅、时代新和演化程度低的岩层中,以含甲烷气为主。生物成因气形成的前提条件是更加丰富的有机质和强还原环境。

最有利于生气的有机母质是草本腐植型、腐泥腐植型,这些有机质多分布于陆源物质供应丰富的三角洲和沼泽湖滨带,通常含陆源有机质的砂泥岩系列最有利。硫酸岩层中难以形成大量生物成因气,是因为硫酸对甲烷菌有明显的抑制作用,H_2优先还原 $SO_4^{2-} \rightarrow S^{2-}$,形成金属硫化物或 H_2S 等,因此 CO_2 不能被 H_2 还原为 CH_4。

甲烷菌的生长需要合适的地化环境:首先是足够强的还原条件,一般 $Eh < -300\ mV$ 为宜(即地层水中的氧和 SO_4^{2-} 依次全部被还原以后,才会大量繁殖);其次对 pH 值要求以靠近中性为宜,一般为 $6.0 \sim 8.0$,最佳值为 $7.2 \sim 7.6$;再者,甲烷菌生长温度为 $0 \sim 75\ ℃$,最佳值为 $37 \sim 42\ ℃$。没有这些外部条件,甲烷菌就不能大量繁殖,也就不能形成大量甲烷气。

(2)有机成因。

①油型气。沉积有机质特别是腐泥型有机质在热降解成油过程中,与石油一起形成的天然气,或者是在后成作用阶段由有机质和早期形成的液态石油热裂解形成的天然气称为油型气,包括湿气(石油伴生气)、凝析气和裂解气。

天然气的形成也具有明显的垂直分带性。在剖面最上部(成岩阶段)是生物成因气,在深成阶段后期是低分子量气态烃(C2～C4)即湿气,以及由于高温、高压使轻质液态烃逆蒸发形成的凝析气。在剖面下部,由于温度上升,生成的石油裂解为小分子的轻烃直至甲烷,有机质亦进一步生成气体,以甲烷为主。石油裂解气是生气序列的最后产物,通常将这一阶段称为干气带。由石油伴生气→凝析气→干气,甲烷含量逐渐增多。

②煤层气。煤系有机质(包括煤层和煤系地层中的分散有机质)热演化生成的天然气称为煤层气。煤田开采中,经常出现大量瓦斯涌出的现象,如重庆合川区一口井的瓦斯突出,排出瓦斯量竟高达 140 万 m^3,这说明煤系地层确实能生成天然气。

煤层气是一种多成分的混合气体,其中烃类气体以甲烷为主,重烃气含量少,一般为干气,但也可能有湿气,甚至凝析气。有时可含较多 Hg 蒸气和 N_2 等。

煤的挥发分随煤化作用增强明显降低,由褐煤→烟煤→无烟煤,挥发分大约由 50% 降到 5%。这些挥发分主要以 CH_4、CO_2、H_2O、N_2、NH_3 等气态产物的形式逸出,是形成煤层气的基础。

从形成煤层气的角度出发,应该注意在煤化作用过程中成煤物质的四次较为明显的变化:第一次跃变发生于长焰煤开始阶段;第二次跃变发生于肥煤阶段;第三次跃变发生于烟煤→无烟煤阶段;第四次跃变发生于无烟煤→变质无烟煤阶段。在这四次跃变中,导致煤质变化最为明显的是第一、二次跃变。煤化跃变不仅表现为煤的质变,而且每次跃变都相应地为一次成气(甲烷)高峰。

③页岩气。页岩气是指赋存于富有机质泥页岩及其夹层中,以吸附和游离状态为主要存在方式的非常规天然气,成分以甲烷为主,是一种清洁、高效的能源资源和化工原料。它生成于有机成因的各种阶段,主体位于暗色泥页岩或高碳泥页岩中。页岩气主体上以游离相态(大约 50%)存在于裂缝、孔隙及其他储集空间,以吸附状态存在于干酪根、黏土颗粒及孔隙表面,极少量以溶解状态储存于干酪根、沥青质及石油中。页岩气生成之后,在源岩层内就近聚集,表现为典型页岩气开采的原地成藏模式,与油页岩、油砂、沥青等差别较大。与常规储层气藏不同,页岩既是天然气生成的源岩,也是聚集和保存天然气的储层和盖层。因此,有机质含量高的黑色页岩、高碳泥岩等常是最好的页岩气发育条件,如图 1-10、图 1-11 所示。

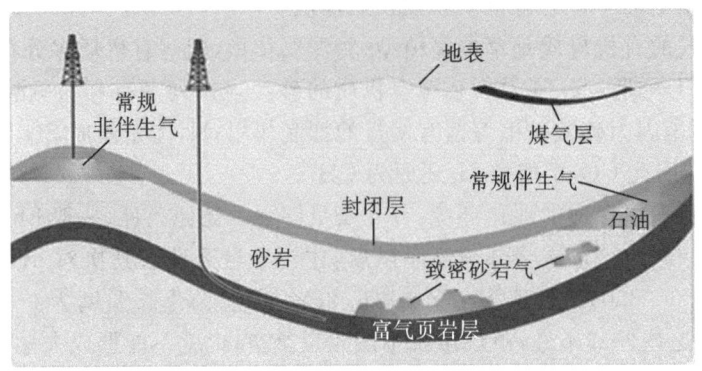

图 1-10　页岩气地质赋存状况

图 1-11　页岩

（3）无机成因。地球上的所有元素都无一例外地经历了类似太阳上的核聚变过程,在碳元素由一些较轻的元素核聚变形成后的一定时期里,它与原始大气里的氢元素反应生成甲烷。

地球深部岩浆活动、变质岩和宇宙空间分布的可燃气体,以及岩石无机盐类分解产生的气体,都属于无机成因气或非生物成因气。它属于干气,以甲烷为主,有时含 CO_2、N_2、He 及 H_2S、Hg 蒸气等,甚至以它们的某一种为主,形成具有工业意义的非烃气藏。

2）天然气的分布地域

全球天然气储量分布相对集中。截至 2020 年底,全球已探明天然气可采储量为 188.1 万亿 m^3。2020 年,中东地区已探明天然气储量为 75.8 万亿 m^3,占全球总量的 40.3%;独联体地区已探明天然气储量为 56.6 亿 m^3,占全球总量的 30.1%。全球天然气资源主要分布在俄罗斯、伊朗、卡塔尔、土库曼斯坦、美国等国家。2020 年俄罗斯天然气已探明储量为 37.4 万亿 m^3,全球排名第一;伊朗为 32.1 万亿 m^3,排名第二;卡塔尔为 24.7 万亿 m^3,排名第三。中国天然气已探明储量仅占全球天然气已探明总储量的 4.5%,排名第六（2021 年版《bp 世界能源统计年鉴》）。

我国沉积岩分布面积广,陆相盆地多,形成优越的多种天然气储藏的地质条件。我国天然气资源的层系分布以新生界和古生界地层为主,在总资源量中,新生界占 37.3%,中生界占

11.1%，上古生界占 25.5%，下古生界占 26.1%。天然气资源的成因类型是，高成熟的裂解气和煤层气占主导地位，分别占总资源量的 28.3% 和 20.6%，油田伴生气占 18.8%，煤层吸附气占 27.6%，生物气占 4.7%。我国天然气探明储量集中在 10 个大型盆地，依次为渤海湾、四川、松辽、准噶尔、莺歌海—琼东南、柴达木、吐哈、塔里木、渤海、鄂尔多斯。我国气田以中小型为主，大多数气田的地质构造比较复杂，勘探开发难度大。

我国天然气资源主要分布在中西盆地。同时，我国还具有主要富集于华北地区的非常规煤层气远景资源。在我国 960 万 km² 的土地和超过 300 万 km² 的管辖海域下，蕴藏着十分丰富的天然气资源。专家预测，我国天然气资源总量可达 40 万亿～60 万亿 m³，是一个天然气资源大国。

我国煤层气资源丰富，居世界第三位，聚煤盆地发育，现已发现的煤层气聚集盆地有华北、鄂尔多斯、四川、台湾—东海、莺歌海—琼东南、吐哈等。鄂尔多斯盆地中部大气区的天然气多半来自上古生界 C-P 煤系地层。

因此，我国天然气资源主要的分布区域有以下五个。

(1)东部，就是东海盆地。那里已经喷射出天然气的曙光。

(2)南部，就是莺歌海—琼东南及云贵地区。那里也已展现出大气区的雄姿。

(3)西部，就是新疆的塔里木盆地、吐哈盆地、准噶尔盆地和青海的柴达木盆地。在古丝绸之路的西端，石油、天然气会战的鼓声越擂越响。它们不但将成为我国石油战略接替的重要地区，而且天然气之火也已熊熊燃起，燎原之势不可阻挡。

(4)北部，就是东北、华北的广大地区。在那里有着众多的大油田、老油田，它们在未来高科技的推动下，不但要保持油气稳产，还将有可能攀登新的高峰。

(5)中部，就是鄂尔多斯盆地和四川盆地。鄂尔多斯盆地的天然气勘探战场越扩越大，探明储量年年增加，开发工程正在展开。四川盆地是我国天然气生产的主力地区，又有新的发现和大的突破，天然气的发展将进入一个全新的阶段，再上一个新台阶。

中国自然资源部发布的《中国矿产资源报告(2021)》显示，截至 2020 年全国天然气剩余探明技术可采储量已达 62665.78 亿 m³。全国已探明天然气田 289 个，累计探明天然气 16.88 万亿 m³。四川盆地震旦-寒武系有望形成第二个万亿方大气区，珠江口盆地勘探取得惠州地区自营勘探最大发现，开创了"双古"勘探新领域。但我国常规天然气资源探明率为 15%，低于世界平均水平(22.5%)，所以我国勘探程度总体较低，处于早中期阶段，具有很大的勘探开发潜力。

4. 水能

水能是一种可再生能源，主要用于水力发电。水力发电将水的势能和动能转换成电能。以水力发电的工厂称为水力发电厂，简称水电厂，又称水电站(图 1-12)。水的落差在重力作用下形成动能，从河流或水库等高位水源处向低位处引水，利用水的压力或者流速冲击水轮机，使之旋转，从而将水能转化为机械能，然后再由水轮机带动发电机旋转，切割磁力线产生交流电(图 1-13)。水力发电的优点是成本低、可连续再生、无污染；缺点是分布受水文、气候、地貌等自然条件的限制大。

很久以前，人类就开始利用水下落所产生的能量。在 19 世纪末期，人们学会将水能转换为电能[10]。早期的水电站规模非常小，只为电站附近的居民服务。随着输电网的发展及输电能力的不断提高，水力发电逐渐向大型化方向发展，并从这种大规模的发展中获得了益处。

图 1-12　葛洲坝水电站

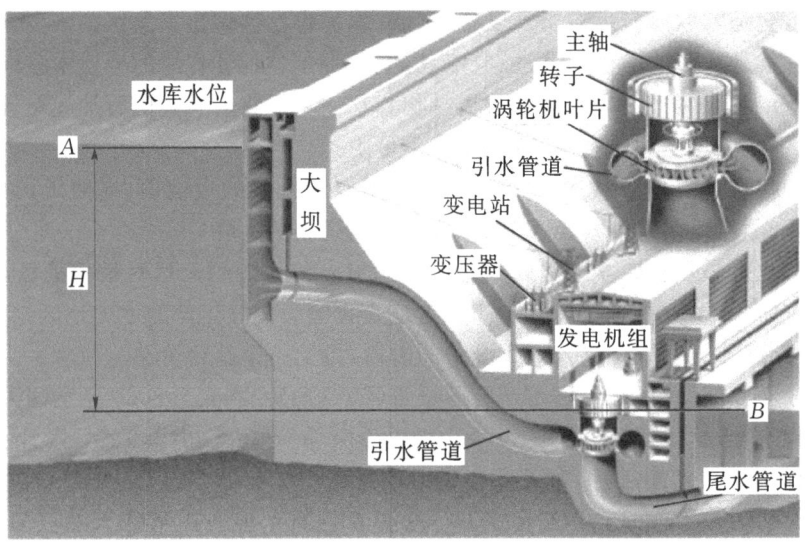

图 1-13　水力发电

　　水能资源最显著的特点是可再生、无污染。开发水能对江河的综合治理和综合利用具有积极作用,对促进国民经济发展,改善能源消费结构,缓解由于消耗煤炭、石油资源所带来的环境污染有重要意义。因此世界各国都把开发水能放在能源发展战略的优先地位。

　　世界上水能比较丰富,而煤、石油资源少的国家,如瑞士、瑞典,水电占全国电力工业的60%以上。水、煤、石油资源都比较丰富的国家,如美国、俄罗斯、加拿大等国,一般也大力开发水电。美国、加拿大开发的水电已占可开发水能的40%以上。水能少而煤炭资源丰富的国家,如德国、英国,对仅有的水能资源也尽量加以利用,开发程度很高,已开发的约占可开发的80%。世界河流水能资源理论蕴藏量为 40.3×10^4 亿 kW·h,技术可开发量为 14.3×10^4 亿 kW·h,约为理论蕴藏量的 35.6%;经济可开发量为 8.08×10^4 亿 kW·h,约为技术可开发量的56.22%,为理论蕴藏量的 20%。世界水能资源主要蕴藏在发展中国家。发达国家拥有技术

可开发水能资源 4.82×10^4 亿 kW·h,经济可开发量为 2.51×10^4 亿 kW·h,分别占世界总量的 33.5% 和 31.1%。发展中国家拥有技术可开发水能资源 9.56×10^4 亿 kW·h,经济可开发量为 5.57×10^4 亿 kW·h,分别占世界总量的 66.5% 和 68.9%。中国水能资源理论蕴藏量、技术可开发量和经济可开发量均居世界第一位,其次是俄罗斯、巴西和加拿大。

我国水力资源地域分布极其不均,较集中地分布在大江、大河干流,便于建立水电基地实行战略性集中开发。我国水力资源富集于金沙江、雅砻江、大渡河、澜沧江、乌江、长江上游、南盘江红水河、黄河上游、湘西、闽浙赣、东北、黄河北干流以及怒江等水电基地。

金沙江流域的人口众多且水资源丰富,其水资源占长江流量的 40%。但这一流域地形复杂,水资源开发难度高,对修建水电站的技术水平要求较高,耗时较长。随着我国在水电领域的多年探索,我国水电开发、电站建设及机组建造能力飞速提升,金沙江流域的水电开发逐渐加速。

位于金沙江流域的白鹤滩水电站于 2021 年 6 月 28 日正式开启首批机组并网发电,这是目前全球第二大水电站,共安装 16 台单机容量 100 万 kW 的水轮发电机组,年平均发电量约 624 亿 kw·h,相当于成都市 2018 年全社会用电量,计划于 2022 年 7 月实现全部机组投产发电。白鹤滩水电站的能源生产将用于江苏省和浙江省地区的电力供应,每年可节约标煤约 1968 万 t;减少排放二氧化碳约 5160 万 t、二氧化硫约 17 万 t、氮氧化物约 15 万 t,减少烟尘年排放约 22 万 t。

全世界已经进入节能减排阶段,我国也提出了到 2030 年实现碳达峰的目标,因此过多利用化石能源成为遏制我国经济发展的难关。白鹤滩水电站的投产运行对我国减少火电利用,提高水电在能源结构中的占比,使能源结构走向绿色、安全有重大意义。

5. 核裂变能

核能(nuclear energy)是人类历史上的一项伟大发现。核能(或称原子能)是通过核反应从原子核释放的能量,符合爱因斯坦的质能方程 $E = mc^2$,其中 E 为能量,m 为质量,c 为光速。核能可通过三种核反应之一释放:①核裂变(图 1-14),一个原子核分裂成几个原子核的变化,原子弹、裂变核电站或核能发电厂的能量来源就是核裂变;②核聚变,较轻的原子核聚合在一起释放结合能;③核衰变,原子核自发衰变过程中释放能量。

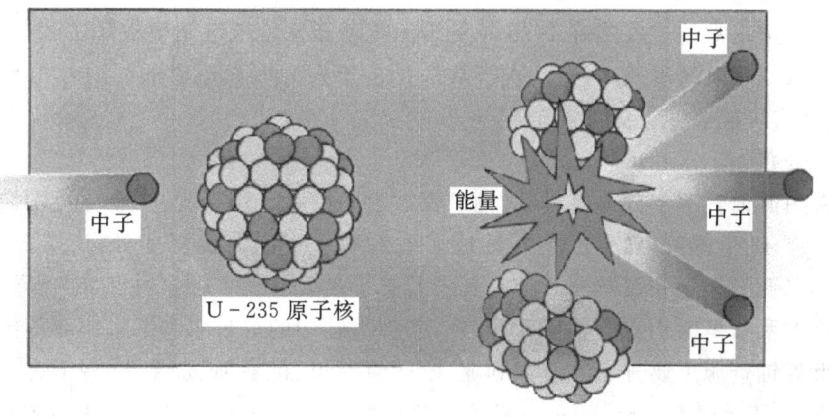

图 1-14　核裂变

1)核能的优势

目前的核电站是利用核裂变发电,其中铀裂变在核电厂中最常见(图 1-15)。核能应用作为缓和世界能源危机的一种经济有效的措施有许多的优势。

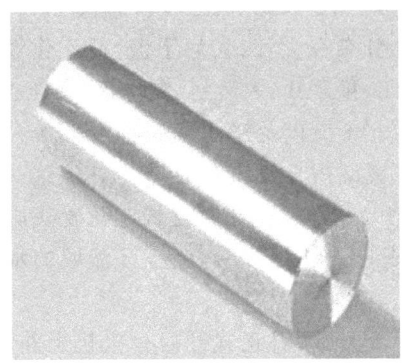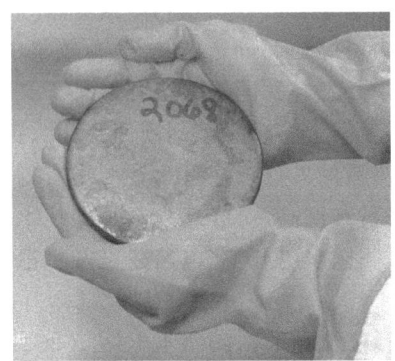

图 1-15　铀棒和浓缩铀

(1)核燃料具有许多优点,如体积小而能量大,核能比化学能大几百万倍。1000 g 铀释放的能量相当于 2700 t 标准煤释放的能量。以一座 100 万 kW 的火电机组为例,一年燃煤将近 400 万 t,产生的灰渣在 40 万 t 左右;同功率的压水堆核电站,一年仅耗铀含量为 3% 的低浓缩铀燃料 28 t,每一磅铀的成本约为 20 美元,换算成 1 kW 发电经费是 0.001 美元左右,这和传统发电成本相比便宜许多。而且,由于核燃料的运输量小,核电站可建在最需要的工业区附近。核电站的基本建设投资一般是同等火电站的 1.5 倍到 2 倍,不过它的核燃料费用却要比煤便宜得多,运行维修费用也比火电站少。如果掌握了核聚变反应技术,使用海水作燃料,则更是取之不尽,用之方便。

(2)污染少。火电站不断地向大气里排放二氧化硫和氧化氮等有害物质,同时煤里的少量铀、钛和镭等放射性物质也会随着烟尘飘落到火电站的周围,污染环境。而核电站设置了层层屏障,基本上不排放污染环境的物质,就是放射性污染也比煤电站少得多。据统计,核电站正常运行的时候,一年给居民带来的放射性影响,还不到一次 X 光透视的剂量。

(3)安全性强。从第一座核电站建成以来,全世界投入运行的核电站达 400 多座,30 多年来基本上是安全正常的。虽然有 1979 年美国三里岛压水堆核电站事故和 1986 年苏联切尔诺贝利石墨沸水堆核电站事故,但这两次事故都是由于人为因素造成的。随着压水堆的进一步改进,核电站有可能会变得更加安全。

2)核能分布

核能常用的铀资源十分丰富,同时铀矿资源潜力巨大。迄今为止,全球范围内已查明的铀矿资源分布在 43 个国家,确定的主要铀成矿省约有 24 处:北美洲 4 处,南美洲 3 处,欧洲 2 处,非洲 3 处,亚洲 9 处和大洋洲 3 处。其中北美洲的加拿大、美国,中亚的哈萨克斯坦、乌兹别克斯坦及俄罗斯等国均富含铀矿床,此外,非洲大陆中的尼日尔和纳米比亚等国也是铀矿资源大国。世界铀资源主要分布在澳大利亚、哈萨克斯坦、俄罗斯、加拿大、尼日尔等国[11],其铀资源量均在 10 万 t 以上,合计超过世界铀资源量的 98%。随着近几年全球铀矿勘查开发力度的加大,世界诸多国家铀矿资源量均有增加。

中国的铀资源分布如表 1-2 所示,分布广泛,现已探明的近 350 个铀矿床分布于 23 个省

（自治区），中东部、南部地区的赣、粤、湘、桂、浙、闽、皖、冀、豫、鄂、琼、苏等 12 个省（自治区）的铀资源占已查明储量的 68%；西部地区及东北地区的新、蒙、陕、辽、甘、滇、川、黔、青、黑、晋等11 个省（自治区）的铀资源占已查明储量的 32%。

表 1 - 2　 中国铀资源分布

省份	地点	储量/万 t
江西	相山	2.90
江西	赣南	1.20
广东	下庄	1.20
广东	诸广南部	1.14
湖南	鹿井	0.50
广西	资源	1.00
新疆	伊犁	2.60
新疆	吐鲁番、哈密	0.90
内蒙古	鄂尔多斯	2.16
内蒙古	二连浩特	1.94
辽宁	青龙	0.80
云南	腾冲	0.60
陕西	蓝田	0.20
合计		17.14

3）核电站的发展

核能发电（nuclear electric power generation）是利用核反应堆中核裂变所释放出的热能进行发电的方式[12]。如图 1 - 16 所示，核能发电与火力发电极其相似，只是以核反应堆及蒸汽发生器来代替火力发电的锅炉，以核裂变能代替矿物燃料的化学能。除沸水堆外，其他类型的动力堆都是一回路的冷却剂通过堆心加热，在蒸汽发生器中将热量传给二回路或三回路的水，然后形成蒸汽推动汽轮发电机。沸水堆则是一回路的冷却剂通过堆心加热变成 70 个大气压左右的饱和蒸汽，经汽水分离并干燥后直接推动汽轮发电机。其过程为：核能→水和水蒸气的内能→发电机转子的机械能→电能。

（1）第一代核电站。核电站的开发与建设开始于 20 世纪 50 年代。1954 年苏联建成发电功率为 5 MW 的实验性核电站；1957 年，美国建成发电功率为 9 万 kW 的希平港原型核电站。这些成就证明了利用核能发电的技术可行性。国际上把上述实验性的原型核电机组称为第一代核电机组。

（2）第二代核电站。20 世纪 60 年代后期，在实验性和原型核电机组基础上，陆续建成发电功率为 30 万 kW 的压水堆、沸水堆、重水堆、石墨水冷堆等核电机组，它们在进一步证明核能发电技术可行性的同时，使核电的经济性也得以证明。世界上商业运行的 400 多座核电机组绝大部分是在这一时期建成的，习惯上称为第二代核电机组。

（3）第三代核电站。20 世纪 90 年代，为了消除三里岛和切尔诺贝利核电站事故的负面影

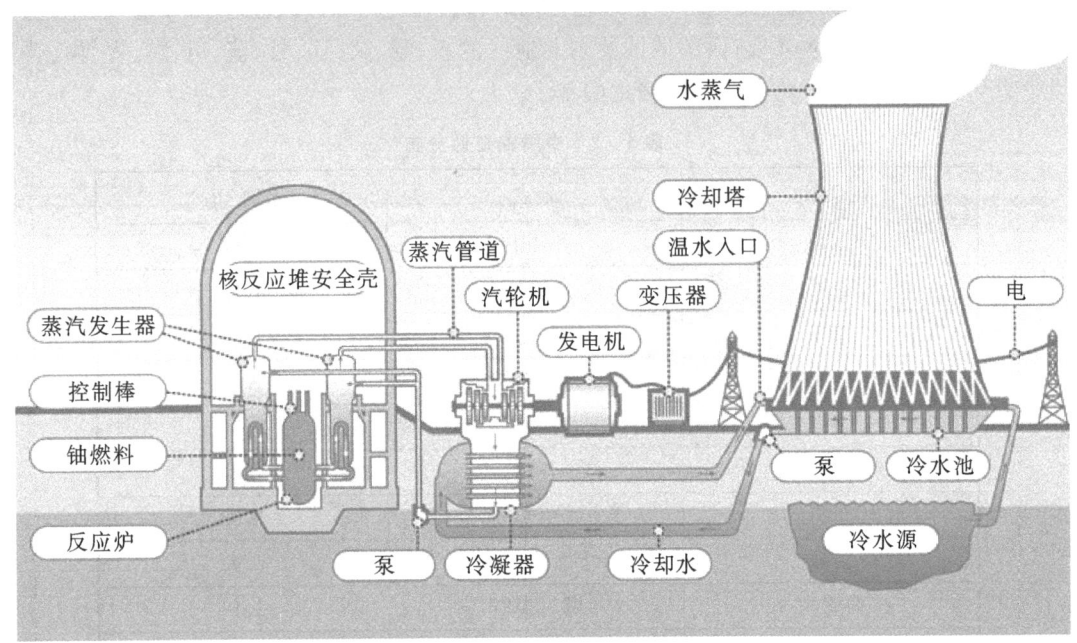

图 1-16 核能发电原理图

响,核电业界集中力量对严重事故的预防和缓解进行了研究和攻关,美国和欧洲先后出台了《先进轻水堆用户要求文件》即 URD 文件,和《欧洲用户对轻水堆核电站的要求》即 EUR 文件,进一步明确了预防与缓解严重事故、提高安全可靠性等方面的要求。国际上通常把满足URD 文件或 EUR 文件的核电机组称为第三代核电机组。对第三代核电机组的要求是能在2010 年前进行商用建造。

(4)第四代核电站。2000 年 1 月,在美国能源部的倡议下,美国、英国、瑞士、南非、日本、法国、加拿大、巴西、韩国和阿根廷共 10 个有意发展核能的国家,联合组成了"第四代国际核能论坛",于 2001 年 7 月签署了合约,约定共同合作研究开发第四代核能技术。

4)核能发电的优缺点

(1)核能发电的优点:

①核能发电不像化石燃料发电那样排放巨量的污染物质到大气中,因此核能发电不会造成空气污染;

②核能发电不会产生加重地球温室效应的二氧化碳;

③核能发电所使用的铀燃料,除了发电外,暂时没有其他的用途;

④核燃料能量密度比起化石燃料高几百万倍,故核电厂所使用的燃料体积小,运输与储存都很方便,一座 1000 MW 的核电厂一年只需 30 t 的铀燃料;

⑤核能发电的成本中,燃料费用所占的比例较低,核能发电的成本较不易受到国际经济形势影响,故发电成本较其他发电方法更为稳定;

⑥核能发电实际上是最安全的电力生产方式,相比较而言,在煤炭、石油和天然气的开采过程中,爆炸和坍塌事故已杀死了成千上万的从业者。

(2)核能发电的缺点:

①链式反应必须能由人通过一定装置进行控制,失去控制的裂变能不仅不能用于发电,还

会酿成灾害(如切尔诺贝利核事故和福岛核事故等);

②裂变反应中产生的中子和放射性物质对人体危害很大,必须设法避免它们对核电站工作人员和附近居民的伤害;

③核电厂会产生高低阶放射性废料,或者是使用过的核燃料,虽然所占体积不大,但因具有放射性,必须慎重处理,且需面对相当大的政治困扰;

④核电厂热效率较低,会比一般化石燃料电厂排放更多废热到环境中,故核电厂的热污染较严重;

⑤核电厂投资成本大,电力公司的财务风险较高;

⑥核电厂较不适宜做尖峰、离峰的随载运转;

⑦兴建核电厂较易引发政治歧见纷争,核能也易被用于战争(图1-17);

⑧核电厂的反应器内有大量的放射性物质,如果在事故中释放到外界环境,会对生态及民众造成伤害。

图 1-17 核武器爆炸及引起的人类死亡

使用核能仍是世界的主流趋势,发展核能也将是中国的必然选择。2020年全球核能总发电量为 2600 TW·h,在电力结构中的占比约为 10%。此外,在全球低碳电力中,有近 1/3 来自核电。截至 2020 年,全球约有 443 台核电机组,总装机容量达到了 393 GW。根据国际原子能机构(IAEA)数据,中国在建核电机组共 14 台,总装机容量为 1432.358 万 kW,位居世界首位。中国核能行业协会数据显示,截至 2021 年 12 月 31 日中国运行核电机组共 53 台(不含台湾地区),装机容量为 54646.95 MW。作为发展中国家和资源匮乏的国家,中国的经济社会发展对能源的需求仍将较快增长,同时要面对温室气体减排目标,特别是雾霾治理的压力,安全有序发展核能就成为必然的选择。

1.2.4 新能源

1980 年,联合国召开的"联合国新能源和可再生能源会议"提出,以新技术和新材料为基础,使传统的可再生能源得到现代化的开发和利用,用取之不尽、周而复始的可再生能源取代资源有限、对环境有污染的化石能源。新能源按类别可分为太阳能、风能、生物质能、地热能、海洋能、化工能(如醚基燃料)等。

新能源的特点有以下几点。①资源丰富,普遍具备可再生特性,可供人类持续利用。2020 年全球新能源净装机容量增长近 4%,达到近 200 GW。根据国际能源机构(IEA)预计,到

2025 年可再生能源有望占全球净增电量的 95％，仅太阳能光伏就将占到所有可再生能源新增产能的 60％，风能提供了另外 30％。此时新能源将超过煤炭，成为全球最大的发电来源，作为世界 1/3 的电力来源。②能量密度低，开发利用需要较大空间。③不含碳或含碳量很少，对环境影响小。④分布广，有利于小规模分散利用。⑤间断式供应，波动性大，对持续供能不利。⑥除水电外，可再生能源的开发利用成本较化石能源高。

1. 太阳能

太阳能(solar energy)一般指太阳光的辐射能量。在太阳内部进行的由"氢"聚变成"氦"的原子核反应，不停地释放出巨大的能量，并不断向宇宙空间辐射能量。太阳能的主要利用形式有光热转换、光电转换以及光化学转换三种方式。太阳能发电分为光热发电和光伏发电。广义上的太阳能是地球上许多能量的来源，如风能、化学能、水的势能等，都是由太阳能导致或转化成的能量形式。利用太阳能的方法主要有：太阳能电池，通过光电转换把太阳光中包含的能量转化为电能；太阳能热水器，利用太阳光的热量加热水，并利用热水发电等。太阳能清洁环保，无任何污染，利用价值高，且没有能源短缺这一说法，这些优点决定了其在能源更替中具有不可取代的地位，如图 1-18 所示。

图 1-18　太阳能

1)中国太阳能资源分布的特点

(1)太阳能的高值中心和低值中心都处在北纬 22°～35°这一带，青藏高原是高值中心，四川盆地是低值中心。

(2)太阳年辐射总量，西部地区高于东部地区，而且除西藏和新疆两个自治区外，基本上是南部低于北部。

(3)由于南方多数地区云、雾、雨多，在北纬 30°～40°地区，太阳能的分布情况与一般的太阳能随纬度而变化的规律相反，太阳能不是随着纬度的增加而减少，而是随着纬度的增加而增长。

2)太阳能利用的两种形式

(1)太阳能光伏。通常说的太阳能发电指的是太阳能光伏发电，简称"光电"。光伏发电是利用半导体界面的光生伏特效应而将光能直接转变为电能的一种技术[13,14]。这种技术的关键元件是太阳能电池。太阳能电池经过串联后进行封装保护可形成大面积的太阳电池组件，再配合功率控制器等部件就形成了光伏发电装置。

从理论上讲，光伏发电技术可以用于任何需要电源的场合，上至航天器，下至家用电源，大到兆瓦级电站，小到玩具，光伏电源无处不在。太阳能光伏发电的最基本元件是太阳能电池（片），有单晶硅、多晶硅、非晶硅和薄膜电池等。其中，单晶和多晶电池用量最大，非晶电池用于一些小系统和计算器辅助电源等。由一个或多个太阳能电池片组成的太阳能电池板称为光伏组件。光伏发电产品主要用于三大方面：一是为无电场合提供电源；二是太阳能日用电子产品，如各类太阳能充电器、太阳能路灯和太阳能草地灯具等；三是并网发电，这在发达国家已经大面积推广实施。2008 年北京奥运会部分用电是由太阳能发电和风力发电提供的。

据预测，太阳能光伏发电在 21 世纪会占据世界能源消费的重要席位，不但将替代部分常规能源，而且将成为世界能源供应的主体。预计到 2030 年，可再生能源在能源结构中将占到30％以上，而太阳能光伏发电在世界总电力供应中的占比也将达到 10％以上；到 2040 年，可再生能源将占总能耗的 50％以上，太阳能光伏发电将占总电力的 20％以上；到 21 世纪末，可再生能源在能源结构中将占到 80％以上，太阳能发电将占到 60％以上。这些数字足以显示出太阳能光伏产业的发展前景及其在能源领域重要的战略地位。

太阳能光伏发电系统分为独立光伏系统和并网光伏系统。独立光伏电站包括边远地区的村庄供电系统，太阳能户用电源系统，通信信号电源、阴极保护、太阳能路灯等各种带有蓄电池的可以独立运行的光伏发电系统。并网光伏发电系统是与电网相联并向电网输送电力的光伏发电系统，可以分为带蓄电池和不带蓄电池的并网发电系统。带有蓄电池的并网发电系统具有可调度性，可以根据需要并入或退出电网，还具有备用电源的功能，当电网因故停电时可紧急供电。带有蓄电池的光伏并网发电系统常常安装在居民建筑中；不带蓄电池的并网发电系统不具备可调度性和备用电源的功能，一般安装在较大型的系统中。

如图 1-19 所示，太阳能光伏板组件是一种暴露在阳光下便会产生直流电的发电装置，由几乎全部以半导体物料（如硅）制成的薄身固体光伏电池组成。由于没有活动的部分，故可以长时间操作而不会导致任何损耗。简单的光伏电池可为手表及计算机提供能源，较复杂的光伏系统可为房屋照明，并为电网供电。光伏板组件可以制成不同形状，而组件又可联结，以产

图 1-19　光伏发电系统——太阳能光伏板

生更多电力。天台及建筑物表面均会使用光伏板组件,它甚至被用作窗户、天窗或遮蔽装置的一部分,这些光伏设施通常被称为附设于建筑物的光伏系统。

(2)太阳能光热。太阳能光热是指太阳辐射的热能。光热利用,除太阳能热水器外,还有太阳房、太阳灶、太阳能温室、太阳能干燥系统、太阳能土壤消毒杀菌技术等。

太阳能光热发电是太阳能光热利用的一个重要方面。太阳能光热发电是指利用大规模阵列抛物或碟形镜面收集太阳热能,通过换热装置提供蒸汽,结合传统汽轮发电机的工艺,从而达到发电的目的。采用太阳能光热发电技术,避免了使用昂贵的硅晶光电转换工艺,可以大大降低太阳能发电的成本。而且这种形式的太阳能利用还有一个其他形式的太阳能转换所无法比拟的优势,即太阳能所烧热的水可以储存在巨大的容器中,在太阳落山后几个小时内仍然能够带动汽轮机发电。

太阳能光热发电的原理是,通过反射镜将太阳光汇聚到太阳能收集装置,利用太阳能加热收集装置内的传热介质(液体或气体),再加热水形成蒸汽带动或者直接带动发电机发电[15]。一般来说,太阳能光热发电形式有槽式、塔式、碟式(盘式)、菲涅尔式四种系统(图1-20)。槽式太阳能热发电系统全称为槽式抛物面反射镜太阳能热发电系统,是将多个槽型抛物面聚光集热器经过串并联的排列,加热工质,产生过热蒸汽,驱动汽轮机发电机组发电。塔式太阳能热发电系统是在空旷的地面上建立一座高大的中央吸收塔,塔顶上安装一个吸收器,塔的周围安装一定数量的定日镜,通过定日镜将太阳光聚集到塔顶接收器的腔体内产生高温,再将通过吸收器的工质加热并产生高温蒸汽,推动汽轮机进行发电。碟式太阳能热发电系统是世界上

槽式

塔式

碟式

菲涅尔式

图1-20　几种太阳能光热发电形式

最早出现的太阳能动力系统,由许多镜子组成的抛物面反射镜构成,接收器在抛物面的焦点上,接收器内的传热工质被加热到 750 ℃左右,驱动发动机进行发电。菲涅尔式太阳能热发电系统的工作原理类似槽式光热发电,只是采用菲涅尔结构的聚光镜来替代抛面镜。这使得它的成本相对来说更低廉,但效率也相应降低。

2. 风能

风能(wind energy)是因空气流做功而提供给人类的一种可利用的能量[16],属于可再生能源,也是太阳能的一种转化形式。空气流具有的动能称风能。空气流速越高,动能越大。人们可以用风车把风的动能转化为旋转的运动去推动发电机[17],以产生电力(图 1-21),方法是通过传动轴,将转子(由以空气动力推动的扇叶组成)的旋转动力传送至发电机。从全球范围的发展趋势来看,2020 年全球风力发电量达 1591.2 TW·h,同比增长 12.20%。中国风力发电量为 466.5 TW·h,全球排名第一;美国以 340.9 TW·h 排名第二;德国风力发电量为 131.0 TW·h,位居第三(2021 年版《bp 世界能源统计年鉴》)。

图 1-21　风能发电风车

1)风能的优缺点

(1)风能的优点:

①风能设施日趋进步,大量生产可降低成本,在适当地点,风力发电机的成本已低于其他发电机;

②风能设施多为非立体化设施,可保护陆地和生态[18];

③风力发电是可再生能源,很环保,很洁净。

(2)风能的缺点:

①风力发电在生态上的问题是可能干扰鸟类,如美国堪萨斯州的松鸡在风车出现之后已渐渐消失,目前的解决方案是离岸发电,离岸发电价格较高,但效率也高;

②在一些地区风力发电的经济性不足,许多地区的风力有间歇性,更糟糕的情况是,如台湾等地在电力需求较高的夏季及白日,是风力较少的时间,必须等待压缩空气等储能技术发展;

③风力发电需要大量土地兴建风力发电场,才可以生产比较多的能源;

④进行风力发电时,风力发电机会发出庞大的噪声,所以要找一些空旷的地方来兴建;

⑤现在的风力发电还未成熟,还有相当大的发展空间。

（3）风能利用存在的一些限制及弊端：

①风速不稳定，产生的能量大小不稳定；

②风能利用受地理位置限制严重；

③风能的转换效率低；

④风能是新型能源，相应的使用设备也不是很成熟；

⑤在地势比较开阔、障碍物较少的地方或地势较高的地方适合用风力发电。

2）中国风能的储量与分布

中国位于亚洲大陆东部，濒临太平洋，季风强盛，内陆还有许多山系，地形复杂，加之青藏高原耸立于西部，改变了海陆影响所引起的气压分布和大气环流，增加了季风的复杂性。冬季风来自西伯利亚和蒙古等中高纬度的内陆，那里空气十分严寒，干燥冷空气积累到一定程度，在有利高空环流引导下，就会爆发南下，俗称寒潮。在频频南下的强冷空气的控制和影响下，形成寒冷干燥的西北风侵袭中国北方各省。每年冬季总有多次带来大幅度降温的强冷空气南下，主要影响中国西北、东北和华北，直到次年春夏之交才消失。夏季风是来自太平洋的东南风、印度洋和南海的西南风，东南季风影响遍及中国东半壁，西南季风则影响西南各省和南部沿海，但风速远不及东南季风大。热带风暴是太平洋西部和南海热带海洋上形成的空气涡旋，是破坏力极大的海洋风暴，每年夏秋两季频繁侵袭中国，登陆中国南海之滨和东南沿海。热带风暴也能在上海以北登陆，但次数很少。

青藏高原地势高亢开阔，冬季东南部盛行偏南风，东北部多为东北风，其他地区一般为偏西风；夏季大约以唐古拉山为界，以南盛行东南风，以北为东至东北风。中国幅员辽阔，陆疆总长达 2 万多千米，还有 18000 多千米的海岸线，边缘海中有岛屿 5000 多个，风能资源丰富。中国现有风电场场址的年平均风速均达到 6 m/s 以上。一般认为，可将风电场风况分为三类：年平均风速 6 m/s 以上时为较好；7 m/s 以上为好；8 m/s 以上为很好。可按风速频率曲线和机组功率曲线估算国际标准大气状态下该机组的年发电量。中国年平均风速在 6 m/s 以上的地区仅限于较少数几个地带。就内陆而言，大约仅占全国总面积的 1/100，主要分布在长江到南澳岛之间的东南沿海及其岛屿。这些地区是中国最大的风能资源区以及风能资源丰富区，包括山东、辽东半岛、黄海之滨，南澳岛以西的南海沿海、海南岛和南海诸岛，内蒙古从阴山山脉以北到大兴安岭以北，新疆达板城，阿拉山口，河西走廊，松花江下游，张家口北部等地区，以及各地的高山山口和山顶。根据国家气象局估计，中国风力资源的总储量为每年 16 亿 kW，近期可开发的约为 1.6 亿 kW，内蒙古、青海、黑龙江、甘肃等省风能储量居全国前列，年平均风速大于 3 m/s 的天数在 200 天以上。

3）风能的发展

人类利用风能的历史可以追溯到公元前。古埃及、中国、古巴比伦是世界上最早利用风能的国家之一。公元前利用风力提水、灌溉、磨面、舂米，用风帆推动船舶前进。由于石油短缺，现代化帆船在近代得到了极大的重视。宋代是中国应用风车的全盛时代，当时流行的垂直轴风车一直沿用至今。在国外，公元前 2 世纪，古波斯人就利用垂直轴风车碾米。10 世纪伊斯兰人用风车提水，11 世纪风车在中东已获得广泛的应用。13 世纪风车传全欧洲，14 世纪已成为欧洲不可缺少的原动机。在荷兰，风车先用于莱茵河三角洲湖地和低湿地的汲水，以后又用于榨油和锯木。只是由于蒸汽机的出现，才使欧洲风车数目急剧下降。

数千年来，风能技术发展缓慢，也没有引起人们足够的重视。但自 1973 年爆发世界石油危机以来,在常规能源告急和全球生态环境恶化的双重压力下,风能作为新能源的一部分才重新有了长足的发展。风能作为一种无污染和可再生的新能源有巨大的发展潜力,特别对沿海岛屿、交通不便的边远山区、地广人稀的草原牧场,以及远离电网和短期内电网还难以达到的农村、边疆而言,是生产和生活能源的一种可靠来源,有着十分重要的意义。即使在发达国家,风能作为一种高效清洁的新能源也日益受到重视。自丹麦于 19 世纪末开始利用风能发电后,美国、丹麦、荷兰、英国、德国、瑞典、加拿大等国家均在风力发电的研究与应用方面投入了大量的人力和资金。

美国在 1976 年开始实行联邦风能计划,其内容主要是:评估国家的风能资源;研究风能开发中的社会和环境问题;改进风力机的性能,降低造价,主要研究农业和其他用户使用的小于 100 kW 的风力机,以及为电力公司及工业用户设计的兆瓦级的风力发电机组。美国于 20 世纪 80 年代成功地开发了 100 kW、200 kW、2000 kW、2500 kW、6200 kW、7200 kW 六种风力机组。

丹麦在 1978 年即建成了日德兰风力发电站,装机容量为 2000 kW,三片风叶的扫掠直径为 54 m,混凝土塔高 58 m。英国濒临海洋,风能十分丰富,政府对风能开发也十分重视,到 1990 年风力发电已占英国总发电量的 2%。德国 1980 年就在易北河口建成了一座风力电站,装机容量为 3000 kW,到 20 世纪末风力发电占总发电量的 8%。德国的陆上风电已成为整个能源体系中最便宜的能源,且在过去的数年间风电技术快速发展,更佳的系统兼容性、更长的运行小时数以及更大的单机容量使得德国《可再生能源法》将固定电价体系改为招标竞价体系,彻底实现风电市场化。

到 2021 年,全球已有 90 多个国家有风电建设项目,主要集中在亚洲、欧洲、美洲。从分布来看,中国、美国、印度、西班牙和瑞典为全球陆地风电累计装机容量排名前五的国家。

中国风力机的发展,在 20 世纪 50 年代末是各种木结构的布篷式风车,1959 年仅江苏省就有木风车 20 多万台。到 60 年代中期主要是发展风力提水机。70 年代中期以后风能开发利用被列入“六五”国家重点项目,得到迅速发展。进入 80 年代中期以后,中国先后从丹麦、比利时、瑞典、美国、德国引进一批中大型风力发电机组,在新疆、内蒙古的风口及山东、浙江、福建、广东的岛屿建立了 8 座示范性风力发电场。1992 年装机容量已达 8 MW。至 1990 年底全国风力提水的灌溉面积已达 258 万 m^2。1997 年新增风力发电 10 万 kW。“十四五”期间,中国风电飞速发展,无论是累计装机容量还是新增装机容量,都已经成为世界规模最大的风电市场,累计装机容量在全球所占比例整体呈现上升趋势,并处于全球前列。

4)风能的利用

风能利用形式主要是将大气运动时所具有的动能转化为其他形式的能量。风就是水平运动的空气,空气产生运动,主要是由于地球上各纬度所接收的太阳辐射强度不同而形成的。在赤道和低纬度地区,太阳高度角大,日照时间长,太阳辐射强度强,地面和大气接收的热量多,温度较高;在高纬度地区太阳高度角小,日照时间短,地面和大气接收的热量小,温度低。这种高纬度与低纬度之间的温度差异,形成了中国南北之间的气压梯度,使空气做水平运动。

地球吸收的太阳能有 1%~3% 转化为风能,总量相当于地球上所有植物通过光合作用吸收太阳能转化为化学能的 50~100 倍。在高空就会发现风的能量,那里有时速超过 160 km 的强风。这些风的能量最后因和地表及大气间的摩擦而以各种热能方式释放。

风能可以通过风车来提取。当风吹动风轮时,风力带动风轮绕轴旋转,使得风能转化为机械能。而风能的转化量直接与空气密度、风轮扫过的面积和风速的平方成正比。风能利用的主要技术有以下几种。

(1)水平轴风电机组技术。因为水平轴风电机组的风能转换效率高、转轴较短,在大型风电机组上更突显了经济性等优点,使它成为世界风电发展的主流机型,并占有95%以上的市场份额。同期发展的垂直轴风电机组,因为转轴过长,风能转换效率不高,启动、停机和变桨困难等问题,目前市场份额很小,应用数量有限。但由于它的全风向对风和变速装置及发电机可以置于风轮下方(或地面)等优点,近年来,国际上的相关研究和开发也在不断进行,并取得了一定进展。

(2)风电机组单机容量持续增大,利用效率不断提高。近年来,世界风电市场上风电机组的单机容量持续增大,世界主流机型已经从2000年的500~1000 kW增加到2004年的2~3 MW。到2021年,世界上运行的最大单机容量风电机组为通用公司的Halida-X-12 MW机组,功率达12 MW,每天最高可发电28.8万kw·h,可供2000户家庭用电一个月。

(3)海上风电技术成为发展方向。目前建设海上风电场的造价是陆地风电场的1.7~2倍,而发电量则是陆上风电场的1.4倍,所以其经济性仍不如陆地风电场。随着技术的不断发展,海上风电的成本会不断降低,其经济性也会逐渐凸显。

(4)变桨变速、功率调节技术得到广泛采用。由于变桨距功率调节方式具有载荷控制平稳、安全和高效等优点,近年来在大型风电机组上得到了广泛采用。

(5)直驱式、全功率变流技术得到迅速发展。无齿轮箱的直驱方式能有效地减少由于齿轮箱问题而造成的机组故障,可有效提高系统的运行可靠性和寿命,减少维护成本,因而得到了市场的青睐,市场份额不断扩大。

(6)新型垂直轴风力发电机。它采取了完全不同的设计理念,并采用了新型结构和材料,具有微风启动、无噪声、抗12级以上台风、不受风向影响等优良性能,可以大量用于别墅、多层及高层建筑、路灯等中小型应用场合。以它为主建立的风光互补发电系统,具有电力输出稳定、经济性高、对环境影响小等优点,也解决了太阳能发展中对电网的冲击等影响。

3. 生物质能

利用大气、水、土地等通过光合作用而产生的各种有机体,即一切有生命的可以生长的有机物质通称为生物质[19,20]。它包括植物、动物和微生物。广义的生物质包括所有的植物、微生物,以及以植物、微生物为食物的动物及其生产的废弃物。有代表性的生物质如农作物、农作物废弃物、木材、木材废弃物和动物粪便等。狭义的生物质主要是指农林业生产过程中除粮食、果实以外的秸秆、树木等木质纤维素(简称木质素),农产品加工业下脚料,农林废弃物及畜牧业生产过程中的禽畜粪便和废弃物等物质,其特点是可再生、低污染、分布广泛,如图1-22所示。

1)生物质能源的特点

(1)可再生性。生物质能源是从太阳能转化而来,通过植物的光合作用将太阳能转化为化学能,储存在生物质内部的能量。它与风能、太阳能等同属可再生能源,可实现能源的永续利用。

(2)清洁、低碳。生物质能源中的有害物质含量很低,属于清洁能源。同时,生物质能源的转化过程是通过绿色植物的光合作用将二氧化碳和水合成生物质,其使用过程又生成二氧化碳和水,形成二氧化碳的循环排放,能够有效减少人类二氧化碳的净排放量,降低温室效应。

木材

小麦秸秆

图 1-22　生物质

（3）可替代部分化石能源。利用现代技术可以将生物质能源转化成可替代化石燃料的生物质成型燃料、生物质可燃气、生物质液体燃料等。在热转化方面,生物质能源可以直接燃烧或经过转换,形成便于储存和运输的固体、气体和液体燃料,可运用于大部分使用石油、煤炭及天然气的工业锅炉和窑炉中。中国产业发展促进会生物质能产业分会 2021 年 9 月指出,中国生物质资源作为能源利用的开发潜力约为 4.6 亿 t 标准煤。若结合生物能源与碳捕获和储存技术,到 2060 年各类生物质能利用将为全社会减碳超过 20 亿 t。

（4）原料丰富。生物质能源资源丰富,分布广泛。根据世界自然基金会的预计,全球生物质能源潜在可利用量达 350 EJ/a。2021 年 9 月中国产业发展促进会生物质能产业分会发布《3060 零碳生物质能发展潜力蓝皮书》,指出目前我国生物质资源年产生量约为 34.94 亿 t,且随着经济发展和消费水平不断提高,生物质资源产生量年增长率将维持在 1.1% 以上。在传统能源日渐枯竭的背景下,生物质能源是理想的替代能源,被誉为继煤炭、石油、天然气之外的"第四大能源"。

（5）广泛应用性。生物质能源可以以沼气、压缩成型固体燃料、气化生产燃气、生产燃料酒精、热裂解生产生物柴油等形式存在,应用在国民经济的各个领域。

2）生物质的分类

依据来源的不同,可以将适合于能源利用的生物质分为林业资源、农业资源、生活污水和工业有机废水、城市固体废物及畜禽粪便等五大类。

（1）林业资源。林业生物质资源是指森林生长和林业生产过程中提供生物质能的生物质能源,包括薪炭林,在森林抚育和间伐作业中的零散木材,残留的树枝、树叶和木屑等,木材采运和加工过程中的枝丫、锯末、木屑、梢头、板皮和截头等,果壳和果核等林业副产品的废弃物。

（2）农业资源。农业生物质资源包括农业作物（包括能源作物）;农业生产过程中的废弃物,如农作物收获时残留在农田内的农作物秸秆（玉米秸、高粱秸、麦秸、稻草、豆秸和棉秆等）;农业加工业的废弃物,如农业生产过程中剩余的稻壳等。能源植物泛指各种用以提供能源的植物,通常包括草本能源作物、油料作物、制取碳氢化合物的植物和水生植物等几类。

（3）污水废水。生活污水主要由城镇居民生活、商业和服务业的各种排水组成,如冷却水、洗浴排水、盥洗排水、洗衣排水、厨房排水、粪便污水等。工业有机废水主要是酒精、酿酒、制糖、食品、制药、造纸及屠宰等行业生产过程中排出的废水等,其中都富含有机物。

(4)固体废物。城市固体废物主要是由城镇居民生活垃圾,商业、服务业垃圾和少量建筑业垃圾等固体废物构成。其组成成分比较复杂,受当地居民的平均生活水平、能源消费结构、城镇建设、自然条件、传统习惯以及季节变化等因素影响。

(5)畜禽粪便。畜禽粪便是畜禽排泄物的总称,它是其他形态生物质(主要是粮食、农作物秸秆和牧草等)的转化形式,包括畜禽排出的粪便、尿及其与垫草的混合物。

3)生物质能利用技术[21]

(1)直接燃烧。生物质直接燃烧和固化成型技术的研究开发主要着重于专用燃烧设备的设计和生物质成型物的应用。现已成功开发的成型技术按成型物形状主要分为三大类:以日本为代表开发的螺旋挤压生产棒状成型技术;欧洲各国开发的活塞式挤压生产圆柱块状成型技术;美国开发研究的内压滚筒颗粒状成型技术和设备。

(2)生物质气化。生物质气化技术是将固体生物质置于气化炉内加热,同时通入空气、氧气或水蒸气,以产生品位较高的可燃气体。它的特点是气化率可达70%以上,热效率也可达85%。生物质气化生成的可燃气经过处理可用于合成、取暖、发电等不同用途,这对于生物质原料丰富的偏远山区意义十分重大,不仅能提高他们的生活质量,而且能够提高用能效率,节约能源。

(3)液体生物燃料。由生物质制成的液体燃料叫作生物燃料。生物燃料主要包括生物乙醇、生物丁醇、生物柴油、生物甲醇等。虽然利用生物质制成液体燃料起步较早,但发展比较缓慢。由于受世界石油资源、价格、环保和全球气候变化的影响,20世纪70年代以来,许多国家日益重视生物燃料的发展,并取得了显著的成效。

(4)制沼气。沼气是各种有机物质在隔绝空气(还原)及适宜的温度、湿度条件下,经过微生物的发酵作用产生的一种可燃烧气体。沼气的主要成分甲烷类似于天然气,是一种理想的气体燃料,它无色无味,与适量空气混合后即可燃烧。

①沼气的传统利用和综合利用技术。我国是世界上开发沼气较多的国家,最初主要是农村的户用沼气池,以解决秸秆焚烧和燃料供应不足的问题,后来的大中型沼气工程始于1936年。此后,大中型废水、养殖业污水、村镇生物质废弃物、城市垃圾处理厂的建立拓宽了沼气的生产和使用范围。

自20世纪80年代以来,我国建立起沼气发酵综合利用技术,以沼气为纽带,物质多层次利用、能量合理流动的高效农业模式已逐渐成为我国农村地区利用沼气技术促进可持续发展的有效方法。通过沼气发酵综合利用技术,沼气用于农户生活用能和农副产品生产加工,沼液用于饲料、生物农药、培养料液的生产,沼渣用于肥料的生产。我国北方推广的塑料大棚、沼气池、禽畜舍和厕所相结合的"四位一体"沼气生态农业模式,中部地区以沼气为纽带的生态果园模式,南方建立的"猪—果"模式,以及其他地区因地制宜建立的"养殖—沼气""猪—沼—鱼"和"草—牛—沼"等模式,都是以农业为龙头,以沼气为纽带,对沼气、沼液、沼渣多层次利用的生态农业模式。沼气发酵综合利用生态农业模式的建立,使农村沼气和农业生态紧密结合,是改善农村环境卫生的有效措施,也是发展绿色种植业、养殖业的有效途径,已成为农村经济新的增长点。

②沼气发电技术。沼气燃烧发电是随着大型沼气池建设和沼气综合利用的不断发展而出现的一项沼气利用技术,它将厌氧发酵处理产生的沼气用于发动机上,并装有综合发电装置,以产生电能和热能。沼气发电具有高效、节能、安全和环保等特点,是一种分布广泛且价廉的

分布式能源。沼气发电在发达国家已受到广泛重视和积极推广。生物质能发电并网电量在西欧一些国家占能源总量的 10% 左右。

③沼气燃料电池技术。燃料电池是一种将储存在燃料和氧化剂中的化学能直接转化为电能的装置。当源源不断地从外部向燃料电池供给燃料和氧化剂时,它可以连续发电。依据电解质的不同,燃料电池分为碱性燃料电池(AFC)、质子交换膜燃料电池(PEMFC)、磷酸型燃料电池(PAFC)、熔融碳酸盐燃料电池(MCFC)及固体氧化物燃料电池(SOFC)等。燃料电池能量转换效率高、洁净、无污染、噪声低,既可以集中供电,也适合分散供电,是 21 世纪最有竞争力的高效、清洁的发电方式之一。它在洁净煤炭燃料电站、电动汽车、移动电源、不间断电源、潜艇及空间电源等方面,有着广泛的应用前景和巨大的潜在市场。

(5)生物制氢。氢气是一种清洁、高效的能源,有着广泛的工业用途,潜力巨大。目前生物制氢研究逐渐成为人们关注的热点,但将其他物质转化为氢并不容易。生物制氢过程可分为厌氧光合制氢和厌氧发酵制氢两大类。

(6)生物质发电技术。生物质发电技术是将生物质能源转化为电能的一种技术,主要包括农林废物发电、垃圾发电和沼气发电等。作为一种可再生能源,生物质能发电在国际上越来越受到重视,在我国也越来越受到政府的关注和民间的拥护。

生物质发电过程中将废弃的农林剩余物收集、加工、整理,形成商品,既防止秸秆在田间焚烧造成环境污染,又改变了农村的村容村貌,是我国建设生态文明、实现可持续发展的能源战略选择之一。如果我国生物质能利用量达到 5 亿 t 标准煤,就可满足目前我国能源消费的 20% 以上,每年可减少排放二氧化碳中的碳量近 3.5 亿 t,二氧化硫、氮氧化物、烟尘减排量近 2500 万 t,将产生巨大的环境效益。尤为重要的是,我国的生物质能资源主要集中在农村,大力开发并利用农村丰富的生物质能资源,可促进农村生产发展,显著改善农村的村貌和居民生活条件,将对建设社会主义新农村产生积极而深远的影响[21]。

4.地热能

地热能(geothermal energy)是从地壳中抽取的天然热能[22],这种能量来自地球内部的熔岩,并以热力形式存在,是引致火山爆发及地震的能量(图 1-23)。地球内部的温度高达 6000 ℃,而在 80～100 km 的深度,温度会降至 650～1200 ℃。透过流动的地下水和涌至离地面 1～5 km 的熔岩,热力被转送至较接近地面的地方。高温的熔岩将附近的地下水加热,这些加热了的水最终会渗出地面。在各种可再生能源的应用中,地热能显得较为低调,人们更多地

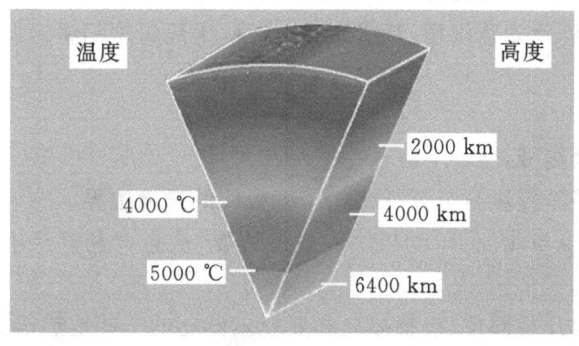

图 1-23　地热能

关注来自太空的太阳能,却忽略了地球本身赋予人类的丰富资源,地热能将有可能成为未来能源的重要组成部分。运用地热能最简单和最合乎成本效益的方法,就是直接取用这些热源,并抽取其能量。相对于太阳能和风能的不稳定性,地热能是较为可靠的可再生能源,这让人们相信地热能可以作为煤炭、天然气和核能的最佳替代能源。另外,地热能确实是较为理想的清洁能源,蕴藏丰富,但在使用过程中也会产生温室气体。

1)概况

人类很早以前就开始利用地热能,如利用温泉沐浴、医疗,利用地下热水取暖,建造农作物温室,养殖水产及烘干谷物等。但真正认识地热资源并进行较大规模的开发利用却是始于20世纪中叶。

地热能大部分是来自地球深处的可再生热能,它源于地球的熔融岩浆和放射性物质的衰变。还有一小部分能量来自太阳,大约占总的地热能的5%,表面地热能大部分来自太阳。地下水的深处循环和来自极深处的岩浆侵入地壳后,把热量从地下深处带至近表层。其储量比人们所利用能量的总量多很多,大部分集中分布在构造板块边缘一带,该区域也是火山和地震多发区。它不但是无污染的清洁能源,而且如果热量提取速度不超过补充的速度,那么热能是可再生的。

怎样利用这种巨大的潜在能源呢?意大利的皮也罗·吉诺尼·康蒂王子于1904年在拉德雷罗首次把天然的地热蒸汽用于发电。地热发电是利用液压或爆破碎裂法把水注入岩层,产生高温蒸汽,然后将其抽出地面推动涡轮机转动使发电机发电。在这个过程中,一部分没有利用到的水蒸气或者废气经过冷凝器处理还原为水被送回地下,循环往复。

地热能是一种新的洁净能源,在人们的环保意识日渐增强和能源日趋紧缺的情况下,对地热资源的合理开发利用已愈来愈受到人们的青睐。其中距地表2000 m内储藏的地热能为2500亿t标准煤。我国地热可开采资源量为每年68亿 m^3,所含地热量为973万亿 kJ。在地热利用规模上,我国近些年来一直位居世界首位,并以每年近10%的速度稳步增长。

在我国的地热资源开发中,经过多年的技术积累,地热发电效益显著提升。除地热发电外,直接利用地热水进行建筑供暖,发展温室农业和温泉旅游等利用途径也得到较快发展。全国已经基本形成以西藏羊八井为代表的地热发电、以天津和西安为代表的地热供暖、以东南沿海为代表的疗养与旅游和以华北平原为代表的种植和养殖的开发利用格局。

离地球表面5000 m深,15 ℃以上的岩石和液体所含总热量,据推算约为 14.5×10^{25} J,约相当于4948万亿t标准煤的热量。地热来源主要是地球内部长寿命放射性同位素热核反应产生的热能。按照其储存形式,地热资源可分为蒸汽型、热水型、地压型、干热岩型和熔岩型五大类。

2)地热资源分布

世界地热资源主要分布于以下五个地热带。

(1)环太平洋地热带:世界最大的太平洋板块与美洲、欧亚、印度板块的碰撞边界。

(2)地中海、喜马拉雅地热带:欧亚板块与非洲、印度板块的碰撞边界,从意大利直至中国的滇藏。

(3)大西洋中脊地热带:大西洋板块的开裂部位,包括冰岛和亚速尔群岛的一些地热田。

(4)红海、亚丁湾、东非大裂谷地热带:包括肯尼亚、乌干达、扎伊尔、埃塞俄比亚、吉布提等国的地热田。

(5)其他地热区：除板块边界形成的地热带外，在板块内部靠近边界的部位，在一定的地质条件下也有高热流区，可以蕴藏一些中低温地热，如中亚、东欧地区的一些地热田和中国的胶东、辽东半岛及华北平原的地热田。

我国地热能资源主要分布在京津冀、环渤海地区、东南沿海和滇藏地区。

3）地热资源按温度的划分

我国一般把高于 150 ℃的地热称为高温地热，主要用于发电；低于此温度的叫中低温地热，通常直接用于采暖、工农业加温、水产养殖及医疗和洗浴等。不同温度的地热流体可利用的范围如下：

(1)200～400 ℃的地热流体可直接发电及综合利用；

(2)150～200 ℃的地热流体可用于双循环发电、制冷、工业干燥、工业热加工等；

(3)100～150 ℃的地热流体可用于双循环发电、供暖、制冷、工业干燥、脱水加工、回收盐类、制作罐头食品等；

(4)50～100 ℃的地热流体可用于供暖、建造温室、提供家用热水、工业干燥等；

(5)20～50 ℃的地热流体可用于沐浴、水产养殖、牲畜饲养、土壤加温、脱水加工等。

4）地热的利用

许多国家为了提高地热利用率，采用梯级开发和综合利用的办法，如热电联产联供、冷热电三联供、先供暖后养殖等。下面具体介绍地热的几种重要利用形式。

(1)地热发电。地热发电是地热利用的最重要方式[23]。高温地热流体应首先应用于发电。地热发电和火力发电的原理是一样的，都是使蒸汽的热能在汽轮机中转变为机械能，然后带动发电机发电。所不同的是，地热发电不像火力发电那样要装备庞大的锅炉，也不需要消耗燃料，它所用的能源就是地热能。地热发电的过程，就是把地下热能首先转变为机械能，然后再把机械能转变为电能的过程。要利用地下热能，首先需要有"载热体"把地下的热能带到地面上来。能够被地热电站利用的载热体，主要是地下的天然蒸汽和热水。按照载热体类型、温度、压力和其他特性的不同，可把地热发电的方式划分为蒸汽型地热发电和热水型地热发电两大类。

①蒸汽型地热发电。蒸汽型地热发电是把蒸汽田中的干蒸汽直接引入汽轮发电机组发电，但在引入发电机组前应把蒸汽中所含的岩屑和水滴分离出去。如图 1-24 所示，西藏羊八井地热电站采用的便是这种形式。这种发电方式最为简单，但干蒸汽地热资源十分有限，且多

图 1-24　西藏羊八井地热电站

存于较深的地层,开采技术难度大,主要有背压式和凝汽式两种发电系统。

②热水型地热发电。热水型地热发电是地热发电的主要方式。热水型地热电站有闪蒸系统和双循环系统两种循环系统。闪蒸系统如图1-25所示。当高压热水从热水井中被抽至地面,压力降低部分的热水会沸腾并"闪蒸"成蒸汽,蒸汽被送至汽轮机做功;而分离后的热水可继续利用后排出,当然最好是回注地层。双循环系统的流程如图1-26所示。地热水首先流经热交换器,将地热能传给另一种低沸点的工作流体,使之沸腾而产生蒸汽;蒸汽进入汽轮机做功后进入凝汽器,再通过热交换器完成发电循环。地热水则从热交换器回注地层。

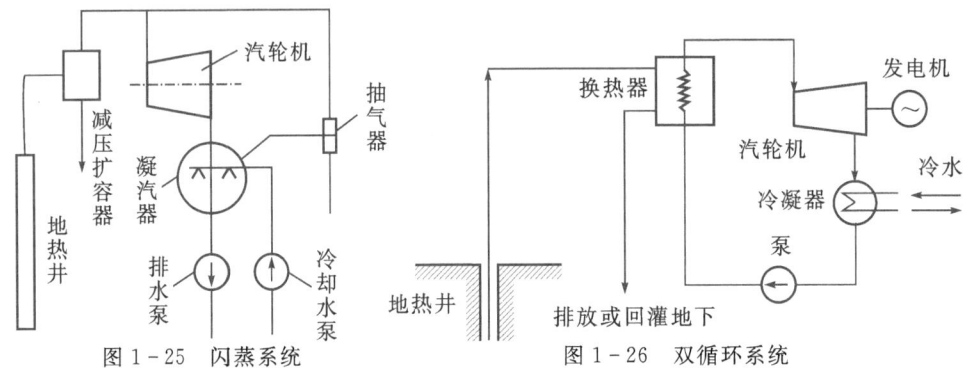

图1-25 闪蒸系统　　　　　　图1-26 双循环系统

(2)地热供暖。将地热能直接用于采暖、供热和供热水是仅次于地热发电的地热利用方式。因为这种利用方式简单、经济性好,备受各国重视,特别是位于高寒地区的西方国家,其中冰岛开发利用得最好。该国早在1928年就在首都雷克雅未克建成了世界上第一个地热供热系统,现今这一供热系统已发展得非常完善,每小时可从地下抽取7740 t、80 ℃的热水,供全市11万居民使用。由于没有高耸的烟囱,冰岛首都被誉为"世界上最清洁无烟的城市"。此外利用地热给工厂供热,如用作干燥谷物和食品的热源,用于硅藻土、木材、纸张、皮革、纺织物、酒、糖等生产过程的热源也是大有前途的。目前世界上最大两家地热应用工厂就是冰岛的硅藻土厂和新西兰的纸浆加工厂。我国利用地热供暖和供热水的发展也非常迅速,在京津地区这已成为地热利用最普遍的方式。

(3)地热务农。地热在农业中的应用范围十分广阔。如利用温度适宜的地热水灌溉农田,可使农作物早熟增产;利用地热水养鱼,在28 ℃水温下可加速鱼的育肥,提高鱼的出产率;利用地热建造温室育秧、种菜和养花;利用地热给沼气池加温,提高沼气的产量等。将地热能直接用于农业在我国日益广泛,北京、天津、西藏和云南等地都建有面积大小不等的地热温室。各地还利用地热大力发展养殖业,如培养菌种,养殖非洲鲫鱼、鳗鱼、罗非鱼、罗氏沼虾等。

(4)地热行医。地热在医疗领域的应用有诱人的前景,热矿水就被视为一种宝贵的资源,世界各国都很珍惜。由于地热水从很深的地下被提取到地面,除温度较高外,常含有一些特殊的化学元素,从而使它具有一定的医疗效果。如饮用含碳酸的矿泉水可调节胃酸,平衡人体酸碱度;饮用含铁矿泉水后,可治疗缺铁贫血症;用氢泉、硫化氢泉洗浴可治疗神经衰弱和关节炎、皮肤病等。由于温泉的医疗作用及伴随温泉出现的特殊的地质、地貌条件,温泉地常常成为旅游胜地,吸引大批疗养者和旅游者。在日本就有1500多个温泉疗养院,每年吸引1亿人到这些疗养院休养。我国利用地热治疗疾病的历史悠久,含有各种矿物元素的温泉众多,因此充分发挥地热的医疗作用,发展温泉疗养行业是大有可为的。

未来随着与地热利用相关的高新技术的发展,人们将能更精确地查明更多的地热资源,钻更深的钻井将地热从地层深处取出,因此地热利用也必将进入一个飞速发展的阶段。

5. 海洋能

海洋能是一种蕴藏在海洋中的可再生能源[24],包括潮汐能、波浪引起的机械能和热能(图1-27)。海洋能同时涉及更广的范畴,包括海面上空的风能、海水表面的太阳能和海里的生物质能。我国海洋能资源丰富,岛屿众多,具备规模化开发利用海洋能的条件。海洋强国、生态文明建设等国家战略和"一带一路"倡议的提出,为海洋能发展带来了前所未有的历史机遇。海洋能产业作为战略性新兴产业,具有产业链条长、带动性强等特点,在国家良好的可再生能源产业政策支持下,各地和企业开发海洋能的热情持续高涨,智能电网、独立供电等技术的长足发展也为海洋能产业发展奠定了坚实基础。因此,大力发展海洋能既是优化能源结构、拓展蓝色经济空间的战略需要,也是开发利用海洋和海岛、维护海洋权益、建设生态文明的重要选择。

图 1-27　海洋能

1)海洋能的特点[24]

(1)海洋能在海洋总水体中的蕴藏量巨大,而单位体积、单位面积、单位长度所拥有的能量较小。这就是说,要想得到大能量,就得从大量的海水中获得。

(2)海洋能具有可再生性。海洋能来源于太阳辐射能与天体间的万有引力,只要太阳、月球等天体与地球共存,这种能源就会再生,就会取之不尽、用之不竭。

(3)海洋能有较稳定与不稳定能源之分。较稳定的为温度差能、盐度差能和海流能。不稳定能源分为变化有规律与变化无规律两种。属于不稳定但变化有规律的有潮汐能与潮流能。人们根据潮汐、潮流变化规律,编制出各地逐日逐时的潮汐与潮流预报,预测未来各个时间的潮汐大小与潮流强弱。潮汐电站与潮流电站可根据预报表安排发电。既不稳定又无规律的能源是波浪能。

(4)海洋能属于清洁能源,也就是海洋能一旦开发后,其本身对环境影响很小。

海洋能的缺点是获取能量的最佳手段尚无共识,大型项目可能会破坏自然水流、潮汐和生态系统。

2)海洋能量形式[25]

(1)潮汐能。潮汐能指在涨潮和落潮过程中产生的势能。潮汐能的强度与潮头数量和落差有关。通常潮头落差大于 3 m 的潮汐就具有产能利用价值。潮汐能主要用于发电。

汹涌澎湃的大海，在太阳和月亮的引潮力作用下，时而潮高百丈，时而悄然退去，留下一片沙滩。海洋这样起伏运动，日以继夜，年复一年，是那样有规律，那样有节奏，好像人在呼吸。海水的这种有规律的涨落现象就是潮汐。

潮汐发电是利用潮汐能的一种重要方式（图 1-28）。据初步估计，全世界潮汐能约有 10 亿 kW，每年可发电 2 万亿～3 万亿 kW·h。我国的海岸线长度达 18000 多千米，据 1958 年普查结果估计，至少有 2800 万 kW 潮汐电力资源，年发电量不低于 700 亿 kW·h。据世界动力会议估计，到 2020 年，全世界潮汐电力资源将达到 1000 亿～3000 亿 kW。法国在布列塔尼省建成了世界上第一座大型潮汐发电站，电站规模宏大，大坝全长 750 m，坝顶是公路。平均潮差为 8.5 m，最大潮差为 13.5 m，每年发电量为 5.44 亿 kW·h。

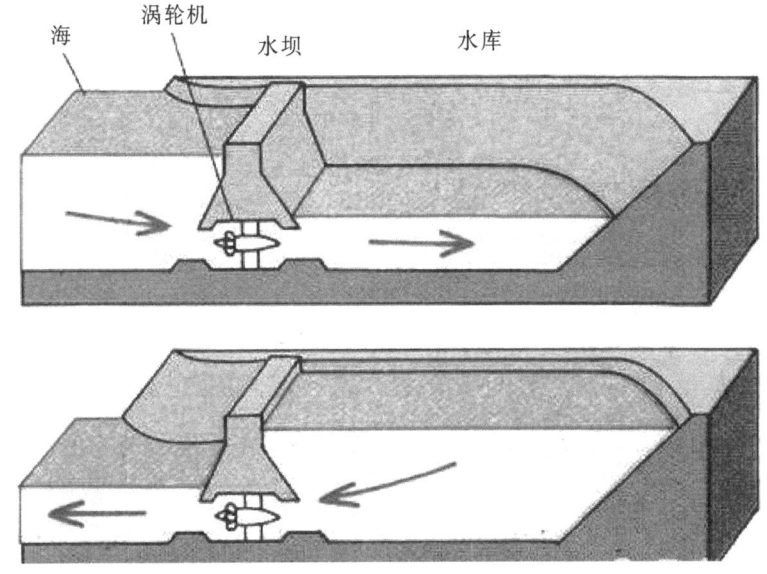

图 1-28　潮汐发电

新中国成立后在沿海建过一些小型潮汐电站。例如，广东省顺德县的大良潮汐电站（144 kW）、福建厦门的华美太古潮汐电站（220 kW）、浙江温岭的沙山潮汐电站（40 kW）及象山高塘潮汐电站（450 kW）。据估计，我国仅长江口北支就能建 80 万 kW 潮汐电站，年发电量为 23 亿 kW·h，接近新安江和富春江水电站的发电总量；钱塘江口可建 500 万 kW 潮汐电站，年发电量约 180 亿 kW·h，约相当于 10 个新安江水电站的发电能力。

（2）浪能。浪能指蕴藏在海面波浪中的动能和势能（图 1-29）。浪能主要用于发电，也可用于输送和抽运水、供暖、海水脱盐和制造氢气。"无风三尺浪"是奔腾不息的大海的真实写照。海浪有惊人的力量，5 m 高的海浪，每平方米重量就达 10 t。大浪能把 13 t 重的岩石抛至 20 m 高处，能翻转 1700 t 重的岩石，甚至能把上万吨的巨轮推上岸去。海浪蕴藏的总能量大得惊人。据估计，地球上海浪中蕴藏的能量相当于 90 万亿 kW·h 的电能。我国也在对波浪发电进行研究和试验，并制成了供航标灯使用的发电装置。未来，浪能将会为我国的电业做出很大贡献。

（3）温差能。海水温差能是指海洋表层海水和深层海水之间水温差的热能，是海洋能的一

图 1 - 29　海洋浪能

种重要形式。低纬度的海面水温较高,与深层冷水存在温度差,因而储存着温差热能,其能量与温差的大小和水量成正比。

温差能的主要利用方式为发电,首次提出利用海水温差发电设想的是法国物理学家阿松瓦尔。1926 年,阿松瓦尔的学生克劳德成功试验海水温差发电。1930 年,克劳德在古巴海滨建造了世界上第一座海水温差发电站,获得了 10 kW 的功率。

温差发电是以非共沸介质(氟里昂-22 与氟里昂-12 的混合体)为媒质,输出功率是以前的 1.1~1.2 倍。一座 75 kW 试验工厂的试运行证明,由于热交换器采用平板装置,所需抽水量很小,传动功率的消耗很少,其他配件费用也低,再加上用计算机控制,净电输出功率可达额定功率的 70%。一座 3000 kW 级的电站,每千瓦小时的发电成本比柴油发电价格还低。人们预计,利用海洋温差发电,如果能在一个世纪内实现,可成为新能源开发的新的出发点。

温差能利用的最大困难是温差太小,能量密度低,其效率仅有 3% 左右,而且换热面积大,建设费用高,各国仍在积极探索中。

(4)盐差能。盐差能是指海水和淡水之间或两种含盐浓度不同的海水之间的化学电位差能,是以化学能形态出现的海洋能,主要存在于河海交汇处。同时,淡水丰富地区的盐湖和地下盐矿也有可以利用的盐差能。盐差能是海洋能中能量密度最大的一种可再生能源。

据估计,世界各河口区的盐差能达 30 TW,可利用的有 2.6 TW。中国的盐差能估计为 1.1×10^8 kW,主要集中在各大江河的出海处,同时,中国青海省等地还有不少内陆盐湖可以利用。盐差能的研究以美国、以色列的研究为先,中国、瑞典和日本等国也开展了一些研究。但总体上,对盐差能这种新能源的研究还处于实验室实验水平,离示范应用还有较长的距离。

(5)海流能。海流能是指海水流动的动能,主要指海底水道和海峡中较为稳定的流动以及由于潮汐导致的有规律的海水流动所产生的能量,是另一种以动能形态出现的海洋能。

海流能的利用方式主要是发电,其原理和风力发电相似。全世界海流能的理论估算值约为 10^8 kW 量级。利用中国沿海 130 个水道、航门的各种观测及分析资料,计算统计获得中国沿海海流能的年平均功率理论值约为 1.4×10^7 kW,属于世界上功率密度最大的地区之一,其中辽宁、山东、浙江、福建和台湾沿海的海流能较为丰富,不少水道的能量密度为 15~30 kW/m²,

具有良好的开发价值。特别是浙江舟山群岛的金塘、龟山和西堠门水道,平均功率密度在 20 kW/m² 以上,开发环境和条件很好。

(6)近海风能。近海风能是地球表面大量空气流动所产生的动能。海洋上的风力比陆地上更加强劲,方向也更加单一。据专家估测,一台同样功率的海洋风电机在一年内的产电量,比陆地风电机高 70%。风能发电的原理是,风力作用在叶轮上,将动能转换成机械能,从而推动叶轮旋转,再通过增速机将旋转的速度提升,促使发电机发电。我国近海风能资源是陆上风能资源的 3 倍,可开发和利用的风能储量有 7.5 亿 kW。长江到南澳岛之间的东南沿海及其岛屿是我国最大风能资源区。资源丰富区有山东、辽东半岛、黄海之滨,以及南澳岛以西的南海沿海、海南岛和南海诸岛。

6. 核聚变能

核聚变(nuclear fusion)又称核融合、融合反应、聚变反应或热核反应,轻原子核(如氘和氚)结合成较重原子核(如氦)并放出巨大能量。原子核发生聚变时,根据爱因斯坦质能方程 $E = mc^2$,有一部分质量转化为能量释放出来。如图 1-30 所示,两个氢的原子核相碰,可以形成一个原子核并释放出能量,这就是聚变反应,在这种反应中所释放的能量就是聚变能。聚变能是核能利用的又一重要途径。

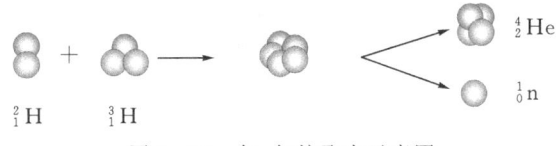

图 1-30 氘、氚核聚变示意图

核聚变能是当前很有前途的新能源。参与核反应的轻原子核,如氢(氕、氘、氚)、锂等,从热运动获得必要的动能而引起聚变反应。要使这些原子核之间发生聚变,必须使它们接近到飞米级。要达到这个距离,就要使原子核具有很大的动能,以克服电荷间极大的斥力。而要使原子核具有足够的动能,必须把它们加热到很高的温度(几百万摄氏度以上)。热核反应是氢弹爆炸的基础,可在瞬间产生大量热能,但尚无法加以利用。如能使热核反应在一定约束区域内,根据人们的意图有控制地产生与进行,即可实现受控热核反应。这正是试验研究的重大课题。受控热核反应是聚变反应堆的基础。聚变反应堆一旦成功,则可能向人类提供最清洁而又取之不尽的能源。

冷核聚变是指在相对低温(甚至常温)下进行的核聚变反应,这种情况是针对自然界存在的热核聚变(恒星内部热核反应)而提出的一种概念性“假设”。这种设想将极大地降低反应要求,只要能够在较低温度下让核外电子摆脱原子核的束缚,或者在较高温度下用高强度、高密度磁场阻挡中子或者让中子定向输出,就可以使用更普通、更简单的设备产生可控冷核聚变反应,同时使聚核反应更安全。

核聚变的优势:核聚变释放的能量比核裂变更大;无高端核废料,不对环境构成大的污染;燃料供应充足,地球上重氢有 10 万亿 t(每 1 L 海水含 30 mg 氘,而 30 mg 氘聚变产生的能量相当于 300 L 汽油)。

核聚变能利用的燃料是氘和氚。氘在海水中大量存在。海水中大约每 6500 个氢原子中就有一个氘原子,海水中氘的总量约 45 万亿 t。每升海水中所含的氘完全聚变所释放的聚变能相当于 300 L 汽油燃料的能量。按世界消耗的能量计算,海水中氘的聚变能可用几百亿年。氚可以由锂制造。锂主要有锂-6 和锂-7 两种同位素。锂-6 吸收一个热中子后,可以变成氚并放出能量。锂-7 要吸收快中子才能变成氚。地球上锂的储量虽比氘少得多,也有两千多亿吨。在可预见的未来,足以满足人类未来几十亿年对能源的需要。因此,核聚变能是一种取之不尽、用之不竭的新能源。

在可以预见的人类生存的时间内,水的氘足以满足人类未来几十亿年对能源的需要。从这个意义上说,地球上的聚变燃料对于满足未来的需要是无限丰富的,聚变能源的开发,将"一劳永逸"地解决人类的能源需要。60 多年来科学家们不懈努力,已在这方面为人类展现出美好的前景。

核聚变能的劣势就是反应要求与技术要求极高。科学家们估计,到 2025 年以后,核聚变发电厂才有可能投入商业运营。2050 年前后,受控核聚变发电将广泛造福人类。

7. 天然气水合物

天然气水合物(natural gas hydrate),也被称作"可燃冰"或者"固体瓦斯"和"气冰"(图 1-31),是指由主体分子(水)和客体分子(甲烷、乙烷等烃类气体,以及氮气、二氧化碳等非烃类气体分子)在低温(一般小于 10 ℃)、高压(一般大于 10 MPa)条件下,通过范德华力相互作用形成的结晶状笼形固体络合物,其中水分子借助氢键形成结晶网格,网格中的孔穴内充满轻烃、重烃或非烃分子(图 1-32)。水合物具有极强的储载气体能力,一个单位体积的天然气水合物可储载 100~200 倍于该体积的气体量。

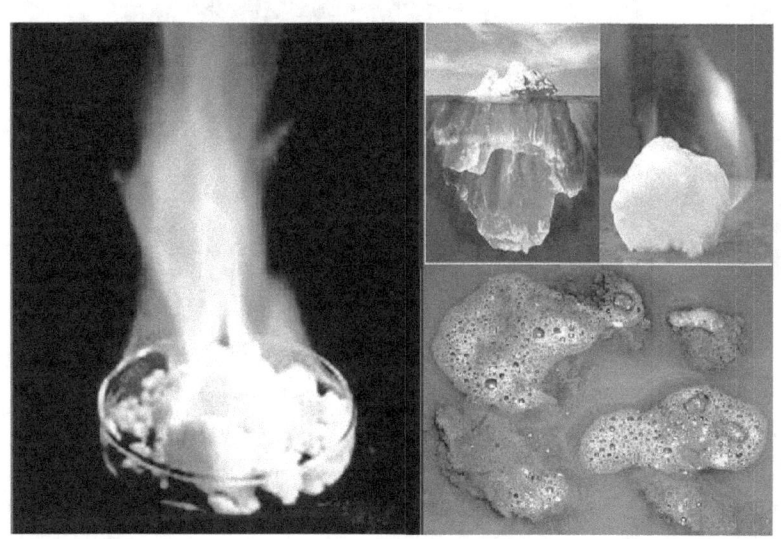

图 1-31　天然气水合物

1)主要优势

(1)天然气水合物燃烧产生的能量比煤、石油、天然气要多出数十倍,而且燃烧后不产生任何残渣,避免了污染问题。

(2)天然气水合物这种宝贝来之不易,它的诞生至少要满足三个条件:第一是温度不能太高,如果温度高于 20 ℃,它就会"烟消云散",所以海底的温度最适合天然气水合物的形成;第二是压力要足够大,海底越深压力就越大,天然气水合物也就越稳定;第三是要有甲烷气源,海

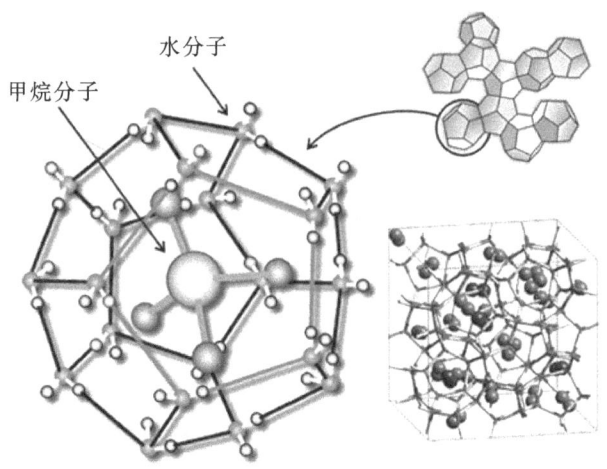

图 1-32　天然气水合物分子结构图

底古生物尸体的沉积物,被细菌分解后会产生甲烷。所以,天然气水合物在世界各大洋中均有分布,中国东海、南海都有相当数量的天然气水合物(图 1-33)。

图 1-33　海底的天然气水合物

(3)沉淀物生成的甲烷水合物含量可能还包含了 2～10 倍已知的传统天然气量。这代表它是未来很有潜力的重要矿物燃料来源。

2)主要缺点

(1)天然气水合物在给人类带来新的能源前景的同时,对人类生存环境也提出了严峻的挑战。天然气水合物中的甲烷,其温室效应为二氧化碳的 20 倍,温室效应造成的异常气候和海面上升正威胁着人类的生存。全球海底天然气水合物中的甲烷总量约为地球大气中甲烷总量的 3000 倍,若有不慎,让海底天然气水合物中的甲烷气逃逸到大气中去,将产生无法想象的后果。而且水合物固结在海底沉积物中,一旦条件变化,甲烷气从水合物中释出,还会改变沉积物的物理性质,极大地降低海底沉积物的工程力学特性,使海底软化,出现大规模的海底滑坡,毁坏海底工程设施,如海底输电或通信电缆和海洋石油钻井平台等。

(2)天然气水合物呈固态,不会像开采石油那样自喷流出。如果把它从海底一块块搬出,在从海底到海面的运送过程中,甲烷就会挥发殆尽,还会给大气造成巨大危害。为了获取这种清洁能源,许多国家都在研究天然气水合物的开采方法。科学家们认为,一旦开采技术获得突破性进展,那么天然气水合物立刻会成为 21 世纪的主要能源。

3)天然气水合物的分布

天然气水合物是 20 世纪科学考察中发现的一种新的矿产资源。它的外貌极像冰雪或固体酒精,点火即可燃烧,被誉为 21 世纪具有商业开发前景的战略资源。自 20 世纪 60 年代以来,人们陆续在冻土带和海洋深处发现了天然气水合物。

全球天然气水合物的储量是现有天然气、石油储量的 2 倍,具有广阔的开发前景,美国、日本等国均已经在各自海域发现并开采出天然气水合物。据测算,中国南海天然气水合物的资源量为 700 亿 t 油当量,约相当于中国陆上石油、天然气资源量总数的 1/2。

世界上已发现的海底天然气水合物主要分布区是大西洋海域的墨西哥湾、加勒比海、南美东部陆缘、非洲西部陆缘和美国东海岸外的布莱克海台等,西太平洋海域的白令海、鄂霍茨克海、千岛海沟、冲绳海槽、日本海、四国海槽、日本南海海槽、苏拉威西海和新西兰北部海域等,东太平洋海域的中美洲海槽、加利福尼亚滨外和秘鲁海槽等,印度洋的阿曼海湾,南极的罗斯海和威德尔海,北极的巴伦支海和波弗特海,以及大陆内的黑海与里海等。

在地球上大约有 27% 的陆地是可以形成天然气水合物的潜在地区,而在世界大洋水域中约有 90% 的面积也属于这样的潜在区域。已发现的天然气水合物主要存在于北极地区的永久冻土区和世界范围内的海底、陆坡、陆基及海沟中。由于采用的标准不同,不同机构对全世界天然气水合物储量的估计值差别很大。

全球蕴藏的常规石油、天然气资源消耗巨大,很快就会枯竭。科学家的评价结果表明,仅在海底区域,天然气水合物的分布面积就达 4000 万 km^2,占地球海洋总面积的 1/4。2011 年,世界上已发现的天然气水合物分布区多达 116 处,其矿层之厚、规模之大,是常规天然气田无法相比的。科学家估计,海底天然气水合物的储量至少够人类使用 1000 年。

中国在天然气水合物开采领域居世界领先位置。2020 年 3 月 26 日自然资源部宣布,中国海域天然气水合物第二轮试采取得成功,在水深 1225 m 的南海神狐海域,试采创造了"产气总量 86.14 万 m^3,日均产气量 2.87 万 m^3"两项新的世界纪录,攻克了深海浅软地层水平井钻采核心技术。

中国是全球首个采用水平井钻采技术开采天然气水合物的国家,天然气水合物的开采实现了"从无到有"的新局面,搭建的钻井平台成功进行了对天然气水合物的"试验性试采"。中国天然气水合物从"探索性试采"到"试验性试采"的转变,就是全球"从无到有"的转变。当前中国的能源结构转变使天然气水合物的开发利用成为趋势之一。而中国在全球都没有经验借鉴的情况下完成了开采,将有助于提升中国能源安全水平。

1.2.5　人类文明发展中能源利用存在的问题

人类利用能源的历史已非常久远,能源对人类发展的巨大贡献是显而易见的。人类社会发展到今天,创造了前所未有的文明,但同时带来了一系列问题。随着人类社会的发展,一方面人口增长,能源的人均占有量将下降,能源将供不应求,供需矛盾突出;另一方面,人类在改造自然、发展经济的同时,由于不合理地开发利用自然资源,酿成了全球性的生态破坏,对人类的生存和发展构成了威胁。

在工业革命以前的漫长岁月中，能源消费以薪柴为主。由于消费量不大，一方面植物的自然生长足以补充其作为能源的消费；另一方面环境容量可以"吸收和消化"薪柴利用过程中排放的废弃物，因此能源开发利用的环境影响基本上不成为问题。当时的环境问题主要是由于人口增长导致过度开垦造成的土质退化问题。

工业革命促使矿物能源取代薪柴成为能源消费的主体，现代环境问题随之产生。自工业文明以来，尤其是 20 世纪以来，随着科学技术的飞速发展，人类干扰、改造自然界的力量日益强大，能源的生产消费活动日益频繁，随之而来的环境问题发生的频率也相应增加，强度增大，范围更广。例如，新中国成立以来，随着大规模工业化进程的开展，我国薄弱的能源工业得到了迅速发展。特别是改革开放以后，随着社会经济进入全新发展时代，能源工业无论从数量还是质量上都取得了空前的快速进步，我国已进入了世界能源大国的行列。然而在能源开发和利用的生命周期中，从能源资源的开采、加工和运输，到二次能源的生产（发电），以及电力的传输和分配，直至能源的最终消费，各阶段都会对环境造成压力，引起局部的、区域性的，乃至全球性的环境问题。我国长期以来对能源的安全供应非常重视，相对来说忽视了能源发展对环境所产生的负面影响，导致环境问题日益严重。随着我国全面建设社会主义现代化国家步伐的加快，对能源生产和能源消费会有更高的要求，能源需求的持续快速增长必将使我国的环境保护面临更加沉重的压力。由能源开发利用导致的能源环境问题既是我国当前面临的现实问题，也是影响我国长远发展的战略问题。

开发利用可再生能源整体上较传统化石能源来说，更加清洁安全，但是仍然会带来一些问题。如风能开发中，风机会产生噪声和电磁干扰，并对景观和鸟类产生负面影响等。太阳能开发也会产生不利的环境影响，主要是占用土地、影响景观等。此外，制造光伏电池需要高纯度硅，属能源密集产品，本身需要消耗大量能源。含镉光伏电池的有毒物质排放虽然在安全范围之内，但公众仍担心对健康的危害。生物质能利用对环境的不利影响，主要是占用大量土地，可能导致土壤养分损失、生物多样性减少，以及用水量增加。另外，农村居民使用薪柴和秸秆等生物质能作炊事和供热燃料的传统方式，引起室内空气污染，对居民健康产生严重危害。地热资源开发利用的环境影响主要是地热水直接排放造成地表水热污染；含有害元素或盐分较高的地热水污染水源和土壤；地热水中的二氧化碳和硫化氢等有害气体排放到大气中；地热水超采造成地面沉降等。海洋能是洁净的能源，对环境不会产生大的不利影响。潮汐电站会对海岸线生态环境带来一定影响；波浪能发电装置能起到使海洋平静的消波作用，有利于船舶安全抛锚和减缓海岸受海浪冲刷，但波浪能发电装置给许多水生物提供了栖息场所，促使其繁殖生长，可能会堵塞发电装置；海洋温差发电装置的热交换器采用氨作工质，氨可能会污染海洋环境；建在河口的盐差能发电装置，还存在要解决河水中的沉淀物和保护海洋生物的问题。

我国能源利用总效率较国际平均水平低，其原因主要还是我国能源结构以煤炭为主。根据国家统计局数据，2020 年，我国煤炭消费量占能源消费总量的 56.8%，天然气、水电、核电、风电等清洁能源消费量占能源消费总量的 24.1%。能源浪费严重，能源利用效率偏低是影响我国能源发展的重要问题。我国能源的供应主要依赖于煤炭。大量地消费煤炭，尤其是以终端直接燃烧的方式消费煤炭，是引起大气环境污染的主要原因。目前，大气中 90% 的二氧化硫与 70% 的烟尘排放来源于煤炭的燃烧。大气污染能引起土壤酸化、粮食减产与植被破坏，直接威胁到人类的身体健康。煤炭燃烧排放出大量的二氧化碳，引起温室效应。如图 1-34 所示，环境问题已从局部的、小范围的环境污染与生态破坏演变成为区域性、全球性的环境问题。因此,我国必须加强清洁能源的利用和开发,并逐步减少煤炭消费在总能源消费量中的比重,解决因能源的生产和消费所造成的环境污染问题。

工业废气　　　　　　　　　　　　　　　PM2.5

水污染　　　　　　　　　　　　　　　垃圾污染

图 1-34　环境问题

除此之外,中石油松花江污染、云南曲靖铬渣污染、紫金矿业汀江污染等不断发生的污染事件提醒人们,在能源的开发利用中,缺乏对自然环境的敬畏与呵护,对公共利益和公众关切视而不见,只重经济数据不重环境保护,这样的模式算不得科学发展,也注定不可能持久。

世界上许多国家包括一些发达国家,都走过“先污染后治理”的老路。在发展过程中把生态环境破坏了,搞了一堆没有价值甚至是破坏性的东西,再补回去,成本比当初创造的财富还要多。20 世纪发生在西方国家的“世界八大公害事件”,如洛杉矶光化学烟雾事件、伦敦烟雾事件、日本水俣病事件等,对生态环境和公众生活造成巨大影响。有些国家和地区,像重金属污染区,水被污染了,土壤被污染了,到了积重难返的地步。西方国家工业化迅猛发展,在创造巨大物质财富的同时,也付出了十分沉重的生态环境代价,教训极为深刻。

1.3　人类文明演进与能源利用

能源作为人类社会生产与生活中不可缺少的动力,其开发利用亦不是亘古至今一成不变的。随着社会生产力的不断发展,人类对能源的利用深度和广度在不断发展和扩大。

在人类发展史上,从原始社会到当今瞬息万变的高科技时代,人类经历了四个文明,即原始文明、农业文明、工业文明和生态文明[26]。在这几个文明中，人类已经历了四个利用能源的阶段，即柴草时期、煤炭时期、石油时期和多元化新能源时期，相应的能源利用类型逐渐由高碳能源转变为低碳能源，甚至零碳能源。

1.3.1　原始文明与能源利用

纵观人类文明的发展，当人类学会使用工具以后，便产生了与其他动物的区别，跻身于高级动物的行列。旧石器时代和新石器时代是人类的第一个文明时代，称为原始文明，它是完全接受自然控制的发展系统。人类的生活完全依靠大自然的赐予，狩猎采集是发展系统的主要活动，也是最重要的生产劳动，经验累积的成果如石器、弓箭、火是原始文明的重要发明和发现。原始社会的物质生产活动是直接利用自然物作为人的生活资料，对自然的开发和支配能力极其有限。人类文明演进坐标系如图 1-35 所示。

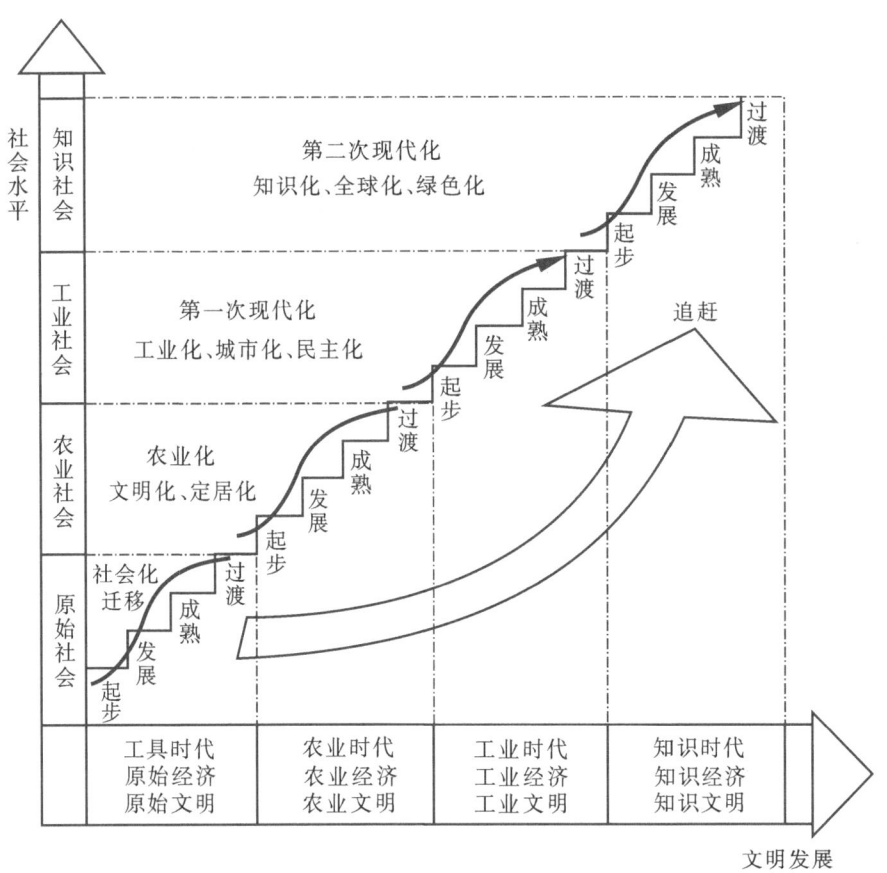

图 1-35　人类文明演进的坐标系[27]

从原始社会到 18 世纪漫长的历史年代，草木作为取火燃料一直是最主要的能源。人们把这个漫长的能源发展的历史阶段称为柴草时期或木柴时期。这个阶段人类可利用的能源种类贫乏，利用能源的方法也是原始落后的，生产力发展水平亦很低。

原始社会的一个伟大的能源利用技术是火的利用和人工取火[28]。火是大自然中的一种自然现象，如火山爆发引起的大火，雷电使树木、含油物质等易燃物燃烧而产生的天然火。这些野火远在人类诞生以前就存在于地球上了。因此,树木等燃烧形成的火构成了原始文明的主要能源。人类用火的历史最晚不迟于 50 万年以前。人类开始发现和利用的是自然火,后来慢慢学会了保护火种的方法。最早的人工取火方法可能是用燧石相击引燃易燃物,或以木木相摩擦而生火(图 1-36)。1965 年在我国云南元谋县发现的元谋人属于早期直立人,年代约在 17 万年前。在含元谋人牙齿化石的地层中发现了很多炭屑,表明元谋人已经知道用火。

图 1-36　原始社会自然火和钻木取火

因此,火的来源主要有以下三种形式。

(1)自然火。火山爆发、雷电轰击、陨石落地、长期干旱、煤和树木的自燃等,都可以形成天然火。这种过程反复多次,使人们看到了火的威力和作用,逐步学会了用火。可能是把火种引到洞内经常放入木柴,形成不易熄灭的火堆供人们使用。

(2)钻木取火。通过钻木摩擦生火,再引燃易燃物,取得火种,点燃火堆。

(3)用火石、火镰、火绒取火。传说原始人打猎时用石块投掷猎物,因石块相碰冒出火星,久而久之学会用石头互相撞击打出火星,再引燃植物的绒毛取火。

火给原始人类的生活带来了巨大的改变:原始时代的人类多居洞穴,火可以驱散洞穴内的潮湿,从而减少疾病;洞外的火堆可以驱走夜晚来袭的野兽,降低了死亡率;可以用火围攻猎取野兽;结束生食的历史,从生食转为熟食,使食物中的营养更易吸收,缩短了消化过程,也扩大了食物来源的种类,这对人类肢体和大脑的发育产生了极为有益的影响;火带来了光明,即使在夜间也可以活动,延长了活动时间;火带来的温暖可以让人们向较为寒冷的地区迁徙,扩大了人类的活动领域。

人类的发展历史告诉我们,用火是继制作石器之后,人类在获取自由征途上的一件划时代的大事,它开创了人类进一步征服自然的新纪元。最初人们对火种的保存和火堆的管理还是煞费苦心的。在对天然火使用的漫长过程中,原始人类不断加深对火的认识,逐渐开始了人工取火(图 1-37)。人们学会取火后,便尽力扩大火的用途,从而使火在人类征服自然界中发挥着巨大的作用。火可用来加工武器和工具,如木矛用火烧后再冷却,它的尖部变得坚硬。借助火的使用,人类向过去未曾生活过的地区扩散。特别是人类在长期用火的过程中,发现泥土经过焙烧后变得坚固而不透水,并且可以依照人们的需要烧制成各种器皿,从而发明了陶器。陶器的成功制造,是人类在火的作用下,对黏土的物理化学变化最早的有意义的运用。原始农业的发展与火的使用也是紧密联系在一起的。当时的农业十分粗放,然而"刀耕火种"却对人们定居下来起到了很重要的作用(图1-38)。

图1-37 原始社会人用木材生火

图1-38 原始社会刀耕火种

原始社会末期,社会的物质生产有了进一步发展。随着用火技术的提高,人们开始冶炼金属,使用青铜器了。以后由于鼓风技术的诞生,人们进一步发明了生铁的冶炼。有了青铜器和铁器后,大规模地砍伐森林、开垦荒地、发展农业和开发牧场成为可能。因此,火有力地促进了原始社会生产的发展。

1.3.2 农业文明与能源利用

中国的农业文明经历了很长的时间,此阶段主要是指现代印刷术发明前的一段时间,即从奴隶社会到封建社会(19世纪初)之间的时期。中国农业文明的发展程度世界领先,它是一个非常稳定且不断进行自我调节(王朝更替)的系统。在农业文明时期,人类主要的能源来源还是秸秆和木材(图1-39),而这些燃料多为黄色,因此这个文明时期也称为"黄色文明"。

薪柴被用来做饭、取暖、照明,也用来烧制工具。随着文明发展,生活水平提高,人口增多,人类对木材的需求出现了供不应求的局面。欧洲曾是世界工业最发达的地区。早在16世纪文艺复兴时期,农业、手工业、商业、远航贸易的发展增加了木材的砍伐量,引起森林的滥垦滥

图 1 - 39　秸秆燃烧

伐。到 16 世纪后期,在整个欧洲,作为主要热能来源的木材奇缺,供不应求,价格暴涨。另一方面,森林被大面积砍伐,破坏了自然环境和生态平衡,引起社会各方不满。凡此种种曾使欧洲文明一度出现停滞局面。

1.3.3　工业文明与能源利用

工业文明是从 16 世纪发生于欧洲的"木材危机"开始的,人们被迫用煤代替木材作为主要能源,这个以煤炭为主要能源的时期也称为"黑色文明"。煤炭这种新兴矿物质燃料能源的开采使用,引起社会生产力、生产技术、生产结构的一系列变革。

1776 年,英国人瓦特制造出第一台有实用价值的蒸汽机,煤炭才逐渐成为人类生产生活的主要能源,并由此拉开了一轮浩浩荡荡的工业革命。第一次工业革命始于英国的机械创新,而蒸汽机的改良和广泛使用,则将工业革命推向了一个高峰,也带动了煤炭开采和利用的爆发式增长。

16 世纪末到 17 世纪后期,英国的采矿业,特别是煤矿,已发展到相当规模,单靠人力、畜力难以满足排出矿井地下水的要求,而现场又有丰富而廉价的煤燃料。现实的需要促使许多人,如英国的萨弗里、纽科门等,致力于"以火力提水"的探索和试验。萨弗里制成世界上第一台实用的蒸汽提水机,在 1698 年取得名为"矿工之友"的英国专利。萨弗里的提水机靠真空的吸力汲水,汲水深度不能超过 6 m。为了从几十米深的矿井汲水,须将提水机装在矿井深处,用较高的蒸汽压力才能将水压到地面,这无疑是困难而又危险的。纽科门及其助手卡利在 1705 年发明了大气式蒸汽机,用以驱动独立的提水泵,被称为纽科门大气式蒸汽机。这种蒸汽机先在英国,后来在欧洲大陆得到迅速推广,它的改型产品直到 19 世纪初还在制造。纽科门大气式蒸汽机的热效率很低,这主要是由于蒸汽进入汽缸时,在刚被水冷却过的汽缸壁上冷凝而损失掉大量热量,其只在煤价低廉的产煤区才得到推广。

新大陆的发现和地理大扩张,让英国拥有了巨大的商品市场。毛纺织业贡献了当时英国对外贸易的主要产品,当传统的手工操作无法满足巨大的市场需求时,英国人发明了飞梭,继而又发明了水力纺纱机、水力织布机,这些机械的应用大大提高了纺织业的效率。利用水力作为能源有很大局限性,它必须建在河流附近,且河流水量不固定,这显然不适合机械大生产的需要。于是,以煤为燃料的蒸汽机改良运动应运而生。1765年,瓦特发明了带冷凝器的单向式蒸汽机,1782年又发明双向式蒸汽机。1785年蒸汽机开始用于毛纺业,1789年应用于毛织业。得益于蒸汽机的使用,从1766年到1789年,英国的纺织品产量在20多年内增长了5倍。

1807年美国人富尔敦建造了世界上第一艘蒸汽动力的轮船。不久,英国人史蒂文森发明了蒸汽火车机车,1825年英国建成世界上第一辆蒸汽机车和铁路(图1-40)。到18世纪末,蒸汽机普遍代替其他动力,成为英国许多工业部门的主要动力来源。

图1-40　工业文明时的蒸汽机

蒸汽机应用到纺织业,提高了纺织业的效率和产量;蒸汽机应用到运输业,载重上千吨的火车开始在大陆上穿越,载重上万吨的轮船开始在大洋中横渡;蒸汽机应用到矿山开采业,降低了人类的劳动强度,并且可以昼夜不停、连续开采;蒸汽机应用到金属冶炼上,大型鼓风机开始使用,煤炭成为冶炼的主要燃料;蒸汽机应用到机械制造上,可以制造出更复杂、更精密的工具。伴随着蒸汽机在工业生产领域的广泛使用,近代的能源工业开始在世界范围内广泛建立起来。1861年,英国的煤炭年产量已经超过5000万t。广泛利用的煤炭,被人们誉为黑色的金子、工业的食粮,成为18世纪以来人类使用的主要能源之一。

1861年,煤炭在世界一次能源消费结构中只占24%,1920年则上升为62%,此后世界能源进入了"煤炭时代"。20世纪30年代以后,随着发电机、汽轮机制造技术的完善和输变电技术的改进,特别是电力系统的出现以及社会电气化对电能的需求,火力发电进入大发展的时期。煤炭在世界能源中的主导地位一直保持到20世纪60年代。

随着科技、经济的发展,石油在一次能源结构中的比例开始不断增加,并于20世纪60年代超过煤炭,成为世界经济和各国工业发展需求最大的能源。如果说钢铁是近代工业经济的"筋骨"的话,那么石油就是近代工业经济的"血液"。很难想象缺乏石油,世界经济和科技能够有什么样的发展。自从工业革命以来,机械的快速发展和大规模应用所带来的不仅是科技对于人类社会发展的冲击,更重要的是,随着生产效率的不断提高,农业经济开始向工业经济转变。这一转变无论是在社会结构、政治体制还是在国防外交方面,都对人类的国家系统和世界系统产生了翻天覆地的彻底性颠覆,从而形成了延续至今的工业文明社会。而其中,支持和制约这种发展的重要因素之一,就是能源。

人类正式进入石油时代是在 1967 年。这一年石油在一次能源消费结构中的占比达到 40.4%，而煤炭所占比例下降到 38.8%。石油需求的增长和石油贸易的扩大起因于石油在工业生产中的大规模使用。"一战"以前，石油主要被用于照明，主要产油国美国和俄罗斯同时是主要的消费国。在"一战"中，石油的战略价值已初步显现出来。石油燃烧效能高、轻便，对于军队战斗力的提高具有重大战略意义。20 世纪 20 年代，石油成为内燃机的动力，石油需求和贸易迅速扩大。但是由于化石能源带来的生态问题越来越严重，人类不得不去寻找更清洁的新能源。

1.3.4　生态文明与能源利用

21 世纪是生态文明的世纪。生态文明是人类与自然将实现协调发展的社会系统，也是人类文明发展形态的新定位。生态文明是"社会记忆"中第四阶段的文明，是建立在教育和科技高度发达基础上的文明，强调自然界是人类生存与发展的基石，明确人类社会必须在生态基础上与自然界相互作用、共同发展，才能持续发展。正如习近平总书记指出："我们既要绿水青山，也要金山银山。""宁要绿水青山，不要金山银山，而且绿水青山就是金山银山。""绿水青山"就是优质的生态环境，就是与优质生态环境关联的生态产品；"金山银山"就是经济增长或经济收入，就是与收入水平关联的民生福祉。

人类与生存环境的共同进化就是生态文明，生态文明不再是纯粹的发展系统，而是一个和谐发展的社会系统。由于可持续发展系统是一个普遍的复杂复合系统，而且是进化的开放系统，其进化的基础是继承先前文明的一切积极因素，所以生态文明也就涵盖人类以前一切文明成果，其理论与实践基础直接建立在工业文明之上，是对工业文明以牺牲环境为代价获取经济效益进行反思的结果，是传统工业文明发展观向现代生态文明发展观的深刻变革。建设生态文明，要求人类通过积极的科学实践活动，充分发挥自己以理性为主的调节控制能力，预见自身活动所必然带来的自然影响和社会影响，随时对自身行为做出控制和调节。

能源既是文明进步的动力，又是文明进一步发展的基础。原始文明的狩猎与采集，农业文明的耕作与手工，是广泛使用人力和畜力所呈现的自然经济状况，其能源来自太阳能的自然转化；工业文明的机械化系统依赖蒸汽机动力，其能源来源于化石能源，极易造成环境污染且不可再生。在传统文明向生态文明转型的关键期，既不能割断历史的经脉又应有所突破，是不可再生能源向可再生能源的转移递进，甚至转换替代直至有序发展成为生态能源的过程，以推进无污染、低碳、零碳能源和可再生能源的高效清洁利用，建设绿色生态文明（图 1-41）。在以后长期的生态文明建设中，新型清洁能源（包括太阳能、风能、海洋能等）和传统能源的洁净化利用将得到进一步发展，这些在能源消费结构中所占的比例会越来越大。

我国生态环境的基本状况是总体恶化、局部改善，以化石能源为主体、可再生能源为补充的能源供应体系严重制约着生态文明建设。能源企业在产业链上都可能因为生产需要或者排放造成对环境的污染。以石油行业为例，在勘探开发过程中，可能会产生有害的废液泥浆对地下水造成污染；在油气炼化与加工过程中，可能会因为化学加工及相关排放造成空气污染、土壤污染；在油气销售环节也会因为油气挥发造成大气污染。由于石油产品本身含有对人体和动物有害的化学成分，一旦发生严重的污染事件必然造成严重的后果。一些石油企业仍然延续着传统的"生产—污染—治理"的发展模式，这是与社会经济绿色、低碳的发展特征相悖的。因此，生态文明建设需要与生态环境变化相适应的生态能源体系。

图 1-41　建设无污染、人类与自然和谐发展的生态文明

1.3.5　未来文明与能源利用

随着人类社会的不断发展,地球上可以利用的资源会越来越少,很难满足人类日益增长的需求。因而,人类终究会走出地球,走向宇宙,迈向未来文明——宇宙文明,也可称为"蓝色文明"。在未来文明中,科学和信息技术高度发达,人类会更多地利用宇宙空间中存在的多样的能源,例如空间太阳能、反物质等,实现真正的零碳排放,高效的能源利用形式将进一步多样化。

1.4　能源利用现状

1.4.1　能源结构

能源结构指能源总生产量或总消费量中各类能源的构成及其比例关系,包括生产结构和消费结构。能源生产结构是指各类能源产量在能源总生产量中的比例;能源消费结构是指各类能源消费量在能源总消费量中的比例。能源结构是能源系统工程研究的重要内容,它直接影响国民经济各部门的最终用能方式,并反映人民的生活水平(表 1-3 及图 1-42、图 1-43)。

表 1-3　中国一次能源生产结构

年份	能源生产总量/万 t 标准煤	原煤/万 t 标准煤	原油/万 t 标准煤	天然气/万 t 标准煤	水电、风电、核电等/万 t 标准煤
2014	361866	266333	30396	17007	48128
2015	361476	260985	30725	17350	52414
2016	346037	241534	27375	17993	57134
2017	358500	249516	27246	19359	62379

续表

年份	能源生产总量/万 t 标准煤	原煤/万 t 标准煤	原油/万 t 标准煤	天然气/万 t 标准煤	水电、风电、核电等/万 t 标准煤
2018	377000	261261	27144	20735	67860
2019	397000	272342	27393	22629	74636
2020	408000	275808	27744	24480	79968

（数据来源：国家统计局）

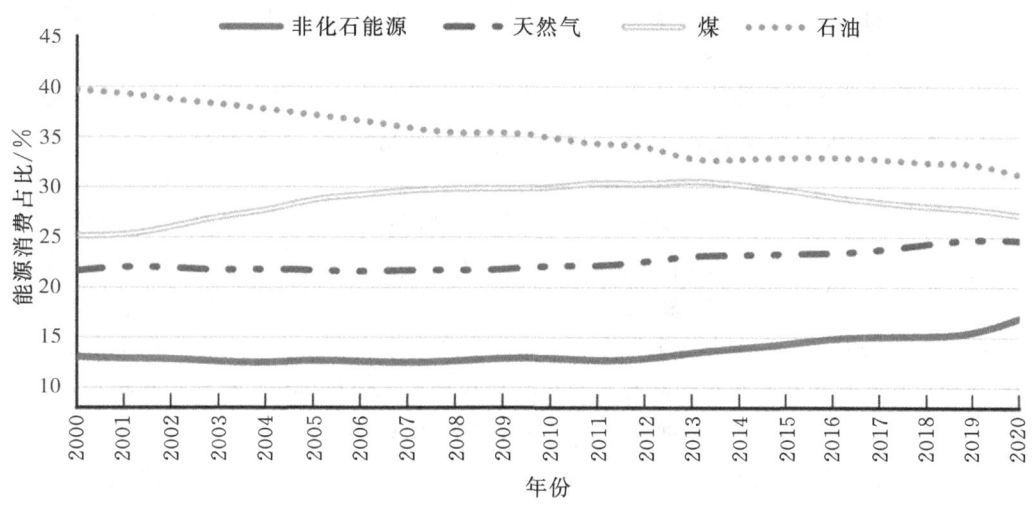

图 1-42　世界能源消费结构变化

（数据来源：英国石油公司）

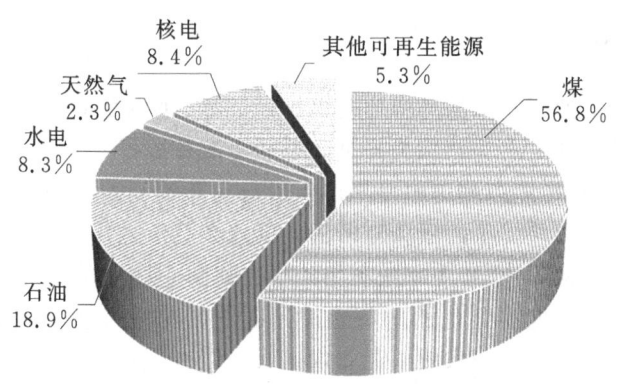

图 1-43　2020 年中国能源消费结构

（数据来源：国家统计局）

　　世界的资源分布是不均匀的，每个国家的能源结构差异非常大。在发达国家的人们充分享受着汽车、飞机、暖气、热水这些便利时，贫困国家的人们甚至还靠着原始的打猎和伐木等方式做饭、生活。国际能源署的能源统计资料清楚地告诉我们，非经济合作与发展组织的地区，如亚洲、拉丁美洲和非洲，是可燃性可再生能源的主要使用地区，这三个地区使用能源的总和达到了总数的 62.4%，其中很大一部分用于居民区的炊事和供暖。

目前世界各国能源结构的特点，一般取决于该国资源、经济和科技发展等因素[10]。

（1）煤炭资源丰富的发展中国家，在能源消费中往往以煤为主，煤炭消费比例较大。例如，2020 年中国煤炭消费量占能源消费总量的 56.8%。

（2）发达国家的石油在能源消费结构中所占比例较高。例如，2019 年美国为 39.1%，日本为 40.3%，俄罗斯为 22.04%，而中国仅为 19.7%。

（3）天然气资源丰富的国家，天然气在能源消费结构中所占比例均在 50% 以上。例如，2019 年俄罗斯为 53.7%。

（4）化石能源缺乏的国家根据自身的特点发展核电及水电，其中 2019 年法国的核能在能源消费结构中所占比例为 36.8%。

总之，现阶段就全世界而言，石油在能源消费结构中占第一位，其所占比例正在缓慢下降；煤炭占第二位，其所占比例也在下降；目前天然气位于第三位，其所占比例持续上升，前景良好。

中国是世界上以煤炭消费为主的少数国家之一，根据国家统计局数据，2020 年煤炭消费占能源消费总量的 56.8%，石油消费占 19.3%，天然气消费占 8.3%，风电、太阳能等可再生能源消费占 5.4%。这些数据偏离当前世界能源消费以油气燃料为主的基本趋势和特征。我国需继续推动能源结构转型，以实现"碳达峰、碳中和"为契机，加快调整优化产业结构和能源结构。2020 年我国可再生能源发电装机容量已经达到 9.34 亿 kW，还需进一步扩大可再生能源装机规模，推进清洁能源增长、消纳和储能协调有序发展[29]。

为进一步推进能源革命，建设清洁低碳、安全高效的能源体系，提高能源供给保障能力，2021 年我国"十四五"能源发展规划特别强调了大力提升风电、光伏发电规模，加快中东部分布式能源建设，建设一批多能互补的清洁能源基地，将非化石能源占能源消费总量的比例提高到 25% 左右。

1.4.2　能源效率

能源效率是单位能源所带来的经济效益多少的问题，也就是能源利用效率的问题。世界能源委员会对能源效率的定义为："减少提供同等能源服务源投入"。我国学者认为，从物理学角度来看，"能源效率，是指能源利用中发挥作用的与实际消耗的能源量之比"；从经济学角度来看，"能源效率是指为终端提供的服务与所消耗的能源总量之比"。例如，一种新技术可以将汽车燃料的有效使用率从每 10 L 中有效利用 4 L 提高到 6 L，则能源效率就会提高 50%。

提高能源效率是缓解能源危机的一条途径。由于欠发达国家在技术和资金方面的有限性，能源效率十分低下，与发达国家的差距非常巨大，即使是发达国家也需要继续开发新技术以实现更高的能源效率。例如在生产中，使用高能效锅炉、水泵及蓄冷系统、电热联产和电热冷三联供系统，并对系统定期进行维护，以提高能效。

我国从开采、加工与转化、储运到终端利用的能源系统总效率很低，能源效率仅为 33%。我国是一个能源消耗大国，一次能源消耗量居世界第一（2021 年版《bp 世界能源统计年鉴》数据），且人口众多，能源相对缺乏，人均能源占有量仅为世界平均水平的 40%，建筑能耗已经占到社会总能耗的 40% 左右。我国的能源效率比发达国家落后 20 年，能耗强度大大高于发达国家及世界平均水平，约为美国的 3 倍，日本的 7.2 倍。如何提高能源利用效率，已经成为中国政府在中国未来经济发展中需要解决的一个紧迫问题。

1.4.3　能源安全

能源是国民经济的基本支撑,是人类赖以生存的基础。能源安全是国家经济安全的重要方面,它直接影响到国家安全、可持续发展及社会稳定。能源安全不仅包括能源供应的安全(如石油、天然气和电力),也包括对由于能源生产与使用所造成的环境污染的治理和人身安全的保障。

能源安全的概念直到 20 世纪 50 年代后才提出,传统上,能源安全是指以可支付得起的价格获得充足的能源供应。考虑到能源安全形势的新变化,当今的能源安全包括以下六个方面。

(1)物质安全,指能源资产、基础设施、供应链和贸易路线的安全,以及紧急情况下必要和迅速的能源资产、基础设施、供应链和贸易路线的替代。

(2)能源获取最为关键,包括物质上、合同上、商业上开发和获取能源供应的能力。

(3)能源安全是一种系统或体系,由国家政策和国际机制构成,旨在针对供应中断、油价暴涨等紧急情况,以合作和协调的方式迅速做出反应,维持能源供应的稳定性。

(4)能源安全与投资安全紧密相关,需要足够的政策支持和安全的商业环境,需要鼓励投资,确保充足和及时的能源供应。

(5)能源安全与气候变化或环境安全问题密切联系。当今气候变化和环境的困境在于能源的生产和消费方式,节能减排、低碳经济、清洁能源发展已经成为能源技术革命和全球能源结构变化的主要趋势。

(6)能源安全不仅仅局限于石油供应和油价安全。

能源安全是国家安全的基石,国家安全是能源安全的价值归属[30]。能源既是各国政治与外交政策的主要目标,也是各国政治与外交政策的主要手段。冷战结束以来,能源出口国加重了能源输出在其对外政策和外交手段上的分量,对主要能源进口国而言,能源因素已经成为它们对外政策的决定因素。石油资源主导权的争夺更趋复杂难料,成为 21 世纪国际冲突与战争的根源。能源是一项重要的战略资源,能源安全涉及国内与国际、供给与需求、经济与环境、法律与科技等多个方面,非单一手段所能解决。为此,国家维护能源安全需要结合全球化背景下的能源地缘政治格局和国际利益分配,从相互统一的整体来看,注重政治、经济、军事、外交等多种手段的综合运用与协调。

我国石油、天然气资源相对较少,人均石油探明剩余可采储量仅为世界平均值的 1/10。根据中国石油经济技术研究院数据,我国是油气进口第一大国,2020 年我国石油和天然气对外依存度分别攀升至 73% 和 43%,且能源供需缺口呈逐年扩大趋势。能源的供需平衡涉及国家的能源安全,供需不平衡有可能引起国际石油市场振荡和油价攀升,油源和运输通道也易受到别国控制。能源安全包括能源的安全生产与使用。能源使用得当,是人类进步的基本动力;使用不当则会对经济社会发展造成巨大破坏。现如今,煤、电、油、气在人类生产生活的每一个环节都扮演着不可或缺的重要角色,能源领域的一个安全隐患有可能引发极大的安全事故。小到一个配电箱短路引发仓库大火,一次瓦斯抽采违规引起矿井爆炸;大到 2003 年美国大停电事故造成 5000 万人没有电力供应,2012 年印度大断电直接导致一半以上国土内民众的生产生活陷入瘫痪。2011 年日本的福岛核电站事故(图 1-44),对人体和动植物造成长远的危害。正因为能源为经济社会提供了强大动力,一旦出现问题,其后果也往往是灾难性的。

图 1-44　日本福岛核电站事故

1.4.4　能源环境

自工业革命,尤其是 20 世纪以来,随着科学技术的飞速发展,人类干扰、改造自然界的力量日益强大,能源的生产、消费活动日益频繁,随之而来的环境问题也相应增加,强度增大,范围更广(图 1-45)。

图 1-45　全球气候变暖引起冰川融化

煤炭在开采过程中会造成矿山生态环境的破坏,威胁生物栖息环境,主要包括对地表的破坏、引起岩层的移动、矿井酸性排水、煤矸石堆积等。而煤层排放的甲烷等污染物,是造成大气污染和酸雨的主要原因。煤炭消费过程也排放温室气体,造成全球性环境问题(图 1-46)。

石油和天然气的勘探开采和加工利用对环境的不利影响,主要是油田勘探开采过程中的井喷事故,采油废水的排放使土壤盐渍化,海上采油影响海洋生态系统,以及石油因井喷、漏油、海上采油平台倾覆、油轮事故和战争破坏等原因泄入海洋对海洋生态系统产生严重影响,机动车尾气等造成大气污染等。

水电是一种相对清洁的能源,但其对生态环境仍有多方面的不利影响,主要表现在截流造成污染物质扩散能力减弱,水体自净能力受影响;淹没土地、地面设施和古迹,影响自然景观,尤其是风景区;小水电站还会向生物圈排放一些温室气体,特别是由于水库中生物质的腐烂而

图 1-46　煤燃烧引起的环境污染

产生甲烷等。

我国的能源消费主要是化石能源资源,并且以煤炭为主体,而化石燃料的燃烧会排放大量的二氧化碳与其他有毒有害气体。这就决定了我们在能源消费的过程中将会产生一系列环境问题,比如大气污染、温室效应等。现阶段环境问题已从局部的、小范围的环境污染与生态破坏演变成为区域性、全球性的环境问题。

1.4.5　能源技术

能源技术包括常规能源技术、传统能源洁净化利用技术、可再生能源技术等,其中,常规能源技术包括火力发电,天然气和石油开采、燃烧等;传统能源洁净化利用技术包括煤炭的先进气化和液化技术(干煤粉加压气化技术、新型水煤浆气化技术、煤炭液化技术等)、先进燃烧技术、污染物脱除技术等;可再生能源技术主要包括水能开发利用,风电、太阳能利用,现代生物质能和其他可再生能源利用技术等(图 1-47)[31]。现阶段,在全球能源利用中,常规能源技术仍占据主导地位,可再生能源技术呈现多样化并逐步发展的趋势。

近年来,我国的常规能源工业技术水平有明显提高,一些大型能源企业最新采用的技术和装备已经达到或接近世界领先水平。例如在煤炭工业方面,我国已拥有一批技术先进的大型矿井,其综合机械化采煤技术已达到国际领先水平,并拥有世界一流的年产 1000 万 t 以上的工作面。

在石油、天然气工业方面,我国已逐步形成了从资源勘探、工程设计、施工建设到生产运营的技术和管理体系。石油生产部门在油田二次、三次采油技术方面开发了很多新技术,其中油田早期注水分层开采、高含水油田稳油控水开发、聚合物驱油提高采收率、复杂断块油田滚动勘探开发等技术达到国际先进水平。

在核电方面,我国已初步具备了规模化发展压水堆核电站的能力,能够自行设计制造 600 MW 压水堆核电站成套设备,已具备生产百万千瓦级核电站燃料组件以及其他反应堆燃料元件的能力。在太阳能热利用方面,我国自主研发了太阳能真空管集热技术,并迅速产业化,目前已形成较为完整的太阳能热水器市场和产业,应用规模居世界第一。

但对于我国来说,能源技术水平参差不齐,一些关键技术与国际先进水平相比仍有较大差距[32]。我国虽然在一些大型能源企业中拥有了世界一流的大型、高效和清洁的能源生产设

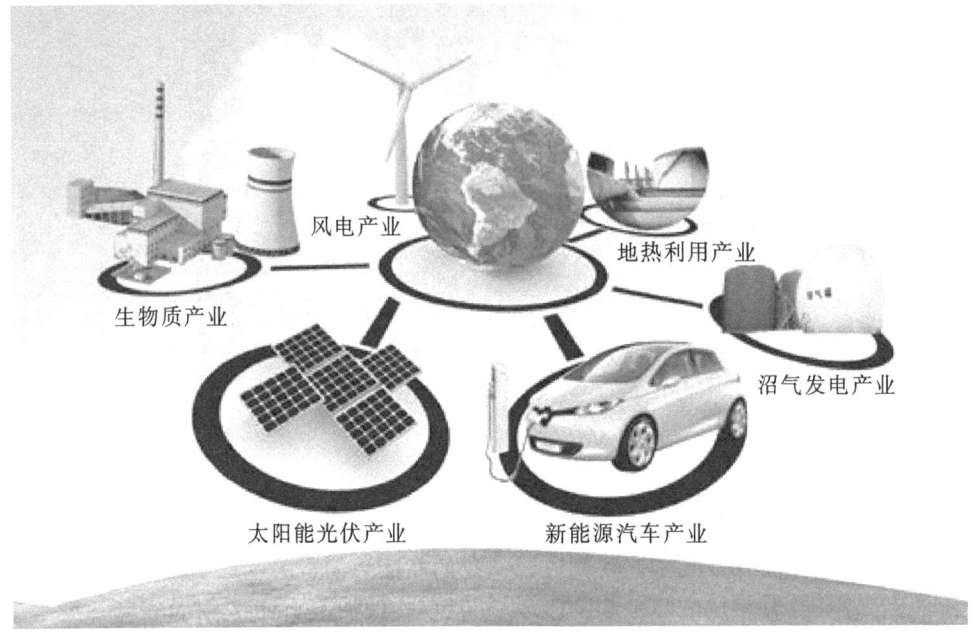

图1-47　新能源技术产业

备，但同时大量低效、落后的设备仍在使用之中，现代装备和落后设备的并存导致我国能源工业的整体技术水平仍不高。例如在煤炭开采中，世界最先进的综合机械化采煤设备和最大的单矿工作面与大量小煤窑依靠人工开采的落后开采方式并存；石油炼制企业的总体效率也与国际先进水平有一定差距。我国有关能源方面的前沿技术也与发达国家或国际大型能源企业有着较明显的差距。例如在深海油气田勘探开采方面，我国大型企业的开采深度仅在海下3000 m左右，而国际大型企业的开采深度已经超过海下3000 m，技术能力的不足已成为限制我国开采海上油气资源的主要障碍。

　　另一方面，与世界发达国家相比，我国的自主创新能力较弱。能源装备制造业的科技含量高低，是决定一个国家能源工业技术水平高低的关键环节，也是一个国家能源科技实力和综合实力的集中体现。近年来，我国的能源工业总体规模发展很快，设备的国产化能力也有所提高，但仍有相当一批核心设备需要国外技术的支撑，国内装备制造企业的消化吸收和自主创新能力尚不能满足能源产业可持续发展的需求，很难为战略性的重大技术创新提供支撑。由于缺乏自主创新能力，尽管我国的一些能源装备市场很大，但市场受制于人的局面仍很难改变。以风电为例，近年来我国的风电市场发展迅速，风电设备需求增加。但由于国内的风电设备制造行业没有完全掌握大型风机总体设计和集成技术，关键零部件配套能力低，无法满足市场需求，使风电装备市场只能受国外风电企业控制。

参考文献

[1]弗洛伊德.图腾与禁忌[M].台北：志文出版社，1985.
[2]叶文虎.论人类文明的演变与演替[J].中国人口·资源与环境，2010，20(4)：106-109.
[3]黄琳.人类文明演进与人地关系思想的演变[D].成都：成都理工大学，2010.

[4]佚名.能源的分类[J].能源与节能,2012.

[5]何鸣元,孙予罕.绿色碳科学:化石能源增效减排的科学基础[J].中国科学:化学,2011,41
(5):172-179.

[6]代丹,邓月光,刘静.人力智能电网:一种新型电网的构建及其可行性分析[J].科技导报,
2010,28(5):104-110.

[7]张珺.中国常规能源构成:海洋能资源观察[J].现代物业,2011(4):103-105.

[8]郝丽莎,赵媛.世界石油资源空间分布格局演化分析[J].自然资源学报,2010(11):
1897-1906.

[9]薛锌锴.论述我国石油资源分布概况[J].软件(电子版),2013(7):244-245.

[10]王革华.能源与可持续发展[M].北京:化学工业出版社,2014.

[11]张金带,李友良,简晓飞.我国铀资源勘查状况及发展前景[J].中国工程科学,2008,10
(1):54-60.

[12]关根志,左小琼,贾建平.核能发电技术[J].水电与新能源,2012(1):7-9.

[13]佚名.光伏[J].集成电路应用,2008(7):20.

[14]赵争鸣.太阳能光伏发电及其应用[M].北京:科学出版社,2005.

[15]杨敏林,杨晓西,林汝谋,等.太阳能热发电技术与系统[J].热能动力工程,2008,23(3):
221-228.

[16]林宗虎.风能及其利用[J].自然杂志,2008,30(6):309-314.

[17]赵英庆.风力发电机原理及风力发电技术[J].科技资讯,2015,13(25):25-26.

[18]佚名.中国风能资源储量与分布[J].地球,2015(1):81.

[19]袁振宏,吴创之,马隆龙.生物质能利用原理与技术[M].北京:化学工业出版社,2005.

[20]周广森,原玉丰.21世纪绿色能源:生物质能[J].农业工程技术:新能源产业,2009
(2):18-20.

[21]肖珑,张宇红.电子资源评价指标体系的建立初探[J].大学图书馆学报,2002,20(3):
35-42.

[22]阿姆斯特德.地热能[M].北京:科学出版社,1978.

[23]朱家玲.地热能开发与应用技术[M].北京:化学工业出版社,2006.

[24]肖钢.海洋能[M].武汉:武汉大学出版社,2013.

[25]余志.海洋能源的种类[J].太阳能,1999(4):25.

[26]汉默顿.人类文明[M].北京:石油工业出版社,2015.

[27]何传启.东方复兴[M].北京:商务印书馆,2003.

[28]远德玉.科学技术发展简史[M].沈阳:东北大学出版社,2000.

[29]佚名.2050年中国非化石能源比重有望达到78%[J].石油规划设计,2021,32(1):9.

[30]倪健民.能源安全[M].杭州:浙江大学出版社,2009.

[31]刘晔.可再生能源技术现状及发展方向[J].科技情报开发与经济,2009,19(4):153-154.

[32]白泉,时璟丽,高虎,等.我国能源技术的现状、问题及建议[J].电力与能源,2007,28(4):
195-198.

第 2 章

人类与可持续发展

2.1 可持续发展的提出

2020 年 12 月 10 日,由联合国全球契约组织指导、全球契约中国网络主办的以"新格局、新发展、新动能"为主题的"2020 实现可持续发展目标中国企业峰会"在北京举行。峰会由国家发改委、中国企业联合会等作为支持单位,旨在通过主旨演讲、主题论坛、专题展台、先锋企业表彰等方式,展现中国企业积极响应联合国可持续发展目标,在发展经济、服务社会、保护环境等方面做出的贡献。步入 21 世纪以来,世界正在目睹不断恶化的紧张局势和经济不确定性,一些热点地区的生态系统正在退化,气候变化和不平等待遇造成的冲击进一步加剧。国际社会必须共同应对这些挑战,才能为所有人建立一个包容的社会,实现全球的可持续发展。

2.1.1 可持续发展的历史进程

几千年来,人类文明有了巨大的进步,而这种进步与人类对自然资源的认识、开发、利用紧密相关。在进步的同时,人类也面临着生存的资源、环境问题。特别是进入 20 世纪以来,随着人类生存环境的日益恶化,环境和生态危机成为当今世界最引人关注的突出问题之一。从历史的角度去审视,人类破坏其赖以生存的自然环境的历史几乎同人类文明史一样古老。贝尔纳认为,从远古时代的猎人开始,"人就从事推翻自然界的平衡以利于自己"的活动[1]。

在原始文明时期,由于征服和改造自然的能力低下,人类与自然存在着密切的依存关系(图 2-1)。人类依赖大自然的恩赐,自觉利用土地、生物、水和海洋等自然资源。世界四大文明古国古埃及、古印度、古巴比伦、中国分别发端于水量充沛、自然条件优越的尼罗河、印度河、两河流域(幼发拉底河、底格里斯河)、黄河流域。人类接受大自然的馈赠,逐水草而居,刀耕火种,从事渔猎,与大自然和谐共处。这一时期,生产力水平很低,人类对自然环境的破坏也较小。

进入农业文明后,人类已经能够利用自身的力量去影响和改变局部地区的自然生态系统,在创造物质财富的同时产生了一定的环境问题(图 2-2)。随着生产工具的不断改进,人类征服和改造自然的能力不断加强,与自然的依存关系相对减弱。从原始的石制工具开始,到青铜工具的出现,再到铁制工具的广泛应用,人类利用自然、改造自然的能力进一步增强。更多的土地被开发,人类更好地繁衍,但农耕文明的发展面临着人与资源的激烈矛盾。人类社会需要更多的资源来扩大物质生产规模,烧荒、垦荒、兴修水利工程等改造活动的出现,推动了农耕文

图 2-1　原始文明

图 2-2　农业文明

明的发展,却引发了一些严重的环境问题,如地力下降、土地盐碱化、水土流失,甚至河流淤塞、改道和决口,危及人类的生存。在中国,根据有关史料,自 1949 年回溯 2500 年,黄河下游决口2500 多次,较大的改道 26 次,无数人丧生。正如著名历史学家阿·汤因比所说,人类"通过求生走向毁灭"。苏美尔文明、地中海文明和美洲玛雅文明等惨痛的衰落史告诉我们,文明的产生和发展是人与环境协调的产物,它依赖于物质生产者同自然环境和自然资源之间进行的劳动及其产出,这种劳动和产出的过程构成人类文明的"生命支持系统";文明的延续需要这种系统,并且必须在一个相对稳定的基础上使其持续下去,否则一定地区内的文明就无法延续[2-4]。中国古代思想家们意识到了这一点,提出"天人合一""辅万物之自然而不敢为"的思想,也提出了"制天命而用之"的观念。我们的祖先在向自然界索取资源时,已经懂得了要有节制,具有了良好的生态保护意识。孔子和孟子两位先哲对此都有过深入的思考和独到的见解。孔子说:"天何言哉?四时行焉,百物生焉"(《论语·阳货》),这里所谓的天,是指生生不已的自然之天,人、天、地、万物与自然都是一体的,保持和谐相通。孟子告诫统治者"仁民爱物",重物节物,才可能维系人类的持续发展。可见,孟子主张发展经济是与保护环境、走可持续发展之路相提并论的。当然,从整体上看,农耕文明时期,人类对自然的破坏作用尚未达到造成全球环境问题的程度。这时,人类的环境意识尚属原始,在宗教思想中表现出崇拜自然、畏惧自然、依赖自然。

随着工业文明的到来,人类利用、征服自然的能力迎来一个飞跃(图2-3)。第一次技术革命,人类步入了蒸汽时代,促使交通运输、冶金、采煤、机器制造业大发展,极大地提高了社会生产力。第二次技术革命,人类历史进入了电气时代。内燃机的发明和使用,促使石油的开采和提炼得到发展,石油像电力一样成为极其重要的能源。随着工业文明发展,人的生存建立在对自然界不可再生资源的过分开发利用,以及对自然的污染和破坏的基础之上。欣欣向荣的工业文明使一部分人自认为已经能够彻底摆脱自然的束缚,成为主宰地球的精灵。以培根和笛卡儿为代表提出的"驾驭自然,作自然的主人"的机械论思想开始影响全球,鼓舞着一代又一代人企图征服大自然,创造新文明。在这一时代,人们把自然环境同人类社会、把客观世界同主观世界形而上学地分割开来,没有意识到人类同环境之间存在着协同发展的客观规律。人们的生活方式和价值观都发生了重大的变化,"人定胜天"的思想充斥着整个世界。直到威胁人类生存和发展的环境问题不断地在全球显现,这才引起人们的震惊与正视。在这样的价值取向下,人们的主观能动性会脱离人的受动性而盲目膨胀,以致祸及自身。早在一个多世纪之前,恩格斯就指出:"我们不要过分陶醉于我们对自然界的胜利。对于每一次这样的胜利,自然界都报复了我们。"当人类受到自然界报复的时候,也就受到了自然界的教育。马克思说:"人作为对象的感性动物,是一个受动的存在物。"[5,6]即作为主体的人必然要受到客体的制约。在改造自然的过程中,人并不能以纯粹自我规定的活动来实现自己的主观愿望,不能对人所具有的能动性无限制地发挥。

图2-3 工业文明

无论是大气污染、水污染、水土流失、土地荒漠化,还是酸雨和有毒化学品污染,各式各样的环境问题几乎都是人类文明进程中的伴生物。在从20世纪中叶以来处理环境问题的实践中,人们又进一步认识到,单靠科学技术手段和用工业文明的思维定式去修补环境是不可能从根本上解决问题的,必须在各个层次上去调控人类的社会行为和改变支配人类社会行为的思想[7]。至此,人类终于认识到,环境问题也是一个发展问题,是一个社会问题,是一个涉及人类社会文明的问题。人类经过了多少个世纪的探索和努力,终于得到一个结论:必须走可持续发展之路。这也标志着人类文明发展即将进入一个崭新的阶段,可持续发展文明正迎面向我们走来(图 2 - 4)。

图 2 - 4 可持续发展文明

2.1.2 中国古代源远流长的可持续发展思想

人类生存繁衍的历史可以说就是人类社会同大自然相互作用、共同发展和不断进化的过程。哲学在对"天人关系"的不断思考中得以深化,社会则在这种反思中评价并选择其发展模式,以实现人类社会的进步。

选择什么样的生存和发展模式以及如何实现它,一直是人类世世代代思考、探索的重大命题。在这个问题上,无论是东方或西方,历史或现在,都存在着不同的观点。哲学家从不同的视角出发,提出了自己对人与自然关系的见解和主张。从对大自然的顶礼膜拜到对技术的自信和对"人定胜天"的崇尚,再到对协调发展的认知和对可持续发展的着手实施,这是一个艰难的实践、认识、再实践、再认识,并且仍在继续着的过程。

或许有人会认为,眼下风靡全球的可持续发展理论和绿色环境运动理念是纯粹的泊来品,中国历史上恐怕少有人问津此事并有所阐述。其实不然,中国的可持续发展思想源远流长,2000 多年前就已经涌现。

在古代中国哲学中,"天命论"始终占统治地位,先哲们把"天命"奉为万物的主宰。春秋战国时期"百家争鸣",从那时就开始讨论"天人关系"问题,《周易》中就提出"观乎天文以察时变,观乎人文以化成天下"。孔子对"天人关系"语焉未详,但他代表儒家提出了"尊天命""畏天命","唯天为大,唯尧则之"的说法,认为天命是不可抵抗的;以老子为代表的道家则主张"自然无为",认为人在自然和社会面前是无能为力的;佛家则提出"万物有灵""普度众生"的概念;孟子继承并发展了儒家思想,主张"天人合一","天时不如地利,地利不如人和";战国时期的荀子在"天人关系"上虽然提出了"制天命而用之"的消极思想,但他并不排斥人与自然的和谐共存,提出了以"义"调节人与物的关系的原则:"夫义者,内节于人而外节于物也"(《荀子·强国》);董仲舒的天人感应之说有神秘成分,但他仍十分推崇人的地位和作用,肯定人与天密不可分,他在《春秋繁露·立元论》中说:"天生之,地养之,人成之",并指出,天地是生命之本源,而人的作用在于使天地所生所养的万物致于完善和成熟;王充主张天道自然无为,他在《论衡》中说:

"夫人不能以行感天,天亦不随行而应人";贾思勰在《齐民要术》中讲:"顺天时,量地利,则用力少而成功多;任情返道,劳而无获"(图2-5)。

图2-5　中国古代可持续发展思想

从我国古代思想家诸多的论述中不难看出,"天人关系"的争论贯穿于整个中国哲学史,他们所追求的人与自然相和谐的理论与现代可持续发展思想所秉持的价值取向不谋而合。国际环境协会主席、当代生态伦理学权威科罗拉多先生曾说,生态伦理学的基础和方向就在中国传统的哲学思想中。在推进可持续发展的进程中,我们可以从古代"天人合一"的思想宝库中汲取有用的思想养料,弘扬中国传统文化的精华,从中得到有益的启示。

可持续发展思想不仅体现在中国古代的哲学争论中,更重要的是反映在古代的社会生产、生活的实践当中。春秋战国时期就有保护正在怀孕的鸟兽鱼鳖以利"永续利用"的思想和封山育林定期开禁的法令。先秦古籍《逸周书·文传解》也提到:"山林非时不升斤斧,以成草木之长;川泽非时不入网罟,以成鱼鳖之长"。春秋时在齐国为相的管仲,从发展经济、富国强兵的目标出发,十分注意保护山林川泽及其生物资源,反对过度采伐。他说:"为人君而不能谨守其山林菹泽草莱,不可以立为天下王"(《管子·地数》)。著名思想家孔子在《论语·述而》中提出"钓而不纲,弋不射宿"的观点(指只用一个钩而不用多钩的鱼杆钓鱼,只射飞鸟而不射巢中的鸟)。孟子主张:"不违农时,谷不可胜食;数罟不入洿池,鱼鳖不可胜食也;斧斤以时入山林,材木不可胜用也。"(《孟子·梁惠王上》)即是说,不违农时,不用细密的网子捕鱼,按适当的时间入山林,就可以有吃不完的粮食、鱼类和用不尽的木材。孟子把这种有计划、有节制地利用资源的做法视为"王道之始"。战国时期的荀子也把对自然资源的保护视作治国安邦之策,特别注重遵从生态学的季节规律(时令),重视自然资源的持续保存和永续利用。他说:"斩伐养长,不失其时,故山林不童,而百姓有余材也"。1975年在湖北云梦睡虎地11号秦墓中发掘出1100多枚竹简,其中的《田律》清晰地体现了可持续发展的思想:"春二月,毋敢伐树木山林及雍堤水。不夏月,毋敢夜草为灰,取生荔……毋毒鱼鳖"[8-10]。这或许是世界上最早针对保护环境制定的法律。"天人合一",人与自然和谐相处,可以说是中国古代先贤修身安邦的目标和理想。

2.1.3　西方现代可持续发展理论的提出

西方现代可持续发展理论的产生与建立,开始于人类经受了惨痛教训之后的反思。可持续发展观念的酝酿和提出,被称为世界发展史上一次划时代的事件,受到全世界的极大关注。

1.《寂静的春天》

1962 年,美国海洋生物学家雷切尔·卡逊(Rachel Carson)的著作《寂静的春天》问世(图 2-6),书中描绘出杀虫剂,特别是 DDT 对鸟类和生态环境的毁灭性危害,惊呼人类将失去"春光明媚的春天"。该书一出版,迅速成为畅销书。作者在书中的大声疾呼引起美国公众的警醒,舆论迫使美国政府对剧毒杀虫剂的危害进行调查,并成立环境保护局,各州立法规定禁止生产和使用剧毒的 DDT。《寂静的春天》的出版引发了公众对环境问题的注意,从此环境问题从一个边缘问题逐渐走向全球经济议程的中心,各种环境保护组织纷纷成立,环境问题成为不容忽视的焦点,标志着人类关心生态环境问题的开始。

图 2-6　雷切尔·卡逊与《寂静的春天》

2.《人类环境宣言》

1972 年 6 月,联合国在斯德哥尔摩召开了有 183 个国家和地区的代表参加的第一次人类环境会议(图 2-7),这成为"环境时代"的起点。这次会议的宗旨是"取得共同看法,制定共同原则,以鼓舞世界人民保持和改善人类环境"。会议还通过了将每年的 6 月 5 日作为"世界环境日"的建议。会议把生物圈的保护列入国际法之中,这成为国际谈判的基础。第三世界国家成为保护世界环境的重要力量,环境保护成为全球的一致行动,并得到各国政府的承认与支持。在会议的建议下,成立了联合国环境规划署。会议通过了著名的《斯德哥尔摩人类环境宣言》(简称《人类环境宣言》)和《人类环境行动计划》。《人类环境宣言》是保护环境的一个划时代的历史文献,是世界上第一个维护和改善环境的纲领性文件。宣言认为保护和改善人类环境是关系到全世界各国人民的幸福和经济发展的重要问题,也是各国人民的迫切期望和各国政府的责任;人们在决定行动时,必须更加审慎地考虑它们对环境产生的后果。为人类当代和将来的世世代代保护和改善环境已成为我们的紧迫目标。世界各国在制定自身环境政策、开发自然资源时,不得损害其他国家环境,应遵循平等和合作的原则解决国际环境冲突,这掀开了人类可持续发展的序幕。

图 2-7 第一次人类环境会议

同年,享誉全球的《只有一个地球》问世。该书的作者是美国著名学者芭芭拉·沃德 (Barbara Ward)和雷内·杜博斯(Rene Dubos),它的出版将对人类生存和环境的认识推向一个新的高度。1980 年,国际自然保护联盟(IUCN)在世界野生生物基金会(WWF)的支持下,制定发布了《世界自然保护大纲》,可持续发展的概念第一次被提出,并予以系统阐述:"研究自然的、社会的、生态的、经济的以及利用自然资源体系中的基本关系,确保全球可持续发展"。《世界自然保护大纲》着眼于植物资源的保护,强调发展经济的同时要保护自然资源。在人与生物圈的关系问题上,可持续发展要保证生物圈既能满足当代人的利益要求,又能保持满足后代人需要与欲望的潜在能力。1981 年,在国际自然保护联盟发表的另一份文件——《保护地球》中,可持续发展的概念得到进一步阐述。

3. 罗马俱乐部和《增长的极限》

20 世纪中叶以来,在全球问题研究上最享有盛名的是罗马俱乐部。罗马俱乐部成立于 1968 年 4 月,是非官方的国际研究机构。罗马俱乐部针对某些人迷信科学技术的奇迹,一味追求经济增长的盲目乐观情绪,指出了人类的困境,唤醒人类对未来的忧虑。从 1972—1982 年的 10 年间,俱乐部成员提交了 12 个研究报告,反映了俱乐部对全球问题的研究所经历的复杂进化过程。

丹尼斯·梅多斯(Dennis Meadows)等人撰写的第一个报告《增长的极限》,是在 20 世纪 70 年代初西方经济陷入严重困难,能源、原料、生态问题日趋严重的情况下问世的,因而带有强烈的悲观主义情绪。《增长的极限》运用系统方法建立了"零增长模型"。这个模型表明,人口、农业生产、自然资源、工业生产和污染这五个变量,如按当时水平继续下去,在未来的 100 年内将达到这个星球的增长极限,因而只有停止增长才能达到全球均衡。《增长的极限》一发表,立即引起世界的广泛评论,褒贬不一。罗马俱乐部的第二个报告《人类处于转折点》提出世界系统模型从零的增长过渡到有机增长,这无疑是一个进步,但它仍没有突破物理极限的框框,基调仍然是悲观的。由诺贝尔奖获得者、著名荷兰经济学家让·廷伯根(Jan Tinbergen)主持编写的第三个报告《重建国际秩序》,标志着罗马俱乐部的思想出现了决定性的转变,完成了从自然极限向社会极限发展的飞跃。罗马俱乐部在其以后的报告里,从国际关系、收入和分配平等、人的发展和能力、微电子学对社会的影响等方面分析了增长的社会极限,把对全球问题的研究提高到一个新水平,提供了许多有价值的数据和模型,对研究和解决全球问题做出了举世公认的贡献。

美国的《公元 2000 年全球研究》是少见的一份官方研究报告,是美国环境质量委员会和国务院根据总统卡特的指示会同其他有关政府机构历时 3 年撰写的,试图从全球的角度对公元 2000 年地球上的人口、资源和环境状况,以及可能出现的各种问题进行预测。《公元 2000 年全球研究》在分析了公元 2000 年人口、资源和环境的相互关系及发展趋势后,得出结论:公元 2000 年的世界将比我们现在生活在其中的世界更为拥挤,污染更加严重,生态更不稳定,并且更易受到破坏;尽管物质产量会更多,但世界上的人们在许多方面比今天更贫困[11-14]。报告从全球人口、资源、生态环境的相互联系上阐明了它们的发展趋势及其对未来的影响,但没有提出改善和解决问题的对策,并具有明显的明天不如今天的悲观主义色彩,遭到一些人的批评。

如果说罗马俱乐部的第一个报告《增长的极限》和美国《公元 2000 年全球研究》是全球可持续发展问题研究中悲观论的代表,那么,以赫尔曼·卡恩(Herman Kahn)为首的美国赫德森研究所的研究成果——《今后二百年:美国和世界的一幅远景》则是乐观论的代表。卡恩等人对世界前景和全球问题的研究和预测是从一个较长的历史时期出发的。他们以 1976 年为原点,把前 200 年(1776—1976 年)和后 200 年(1976—2176 年)的人类世界作了比较,认为前 200 年是一个人口较少、贫穷,并且受自然力支配的世界;后 200 年是一个人口众多、富裕,并能控制自然力的世界[15,16]。卡恩等人对人类的未来充满信心和希望。他们并不否认人口增长过快、经济停滞、环境污染、自然资源匮乏等全球性问题,但他们认为这些问题是发展中的问题,是由贫穷世界向繁荣世界过渡中产生的问题,基本上可以解决,或者在近、中期的未来可以解决。

4.《我们共同的未来》

向当代可持续发展话语的真正转变是由格罗·哈莱姆·布伦特兰(Gro Harlem Brundtland)及其领导编写的《我们共同的未来》来完成的。1983 年 11 月,联合国成立了世界环境与发展委员会(WECD),由挪威首相布伦特兰夫人担任主席。委员有 22 位代表,都是在科学、教育、经济、社会及政治方面具有影响的人物,其中 14 位来自发展中国家,中国科学院院士马世骏教授为委员之一。

1987 年,该委员会把经过 4 年研究、论证的报告——《我们共同的未来》提交联合国大会,一针见血地指出,过去我们关心的是发展对环境带来的影响,现在我们则迫切地感到生态的压力对发展所带来的影响。这份报告涵盖了国际经济、人口、粮食、能源、制造业、城市和制度变化的分析和建议。它的主要贡献是把许多看似相互孤立,或至少相互竞争的难题系统地连接起来,如发展、全球环境问题、人口、和平与安全、代内与代际的社会公正。报告中首次明确提出了"可持续发展",在这种发展观的指导下,人类对经济增长、环境改善、人口稳定、和平与全球正义等的追求可以相互促进,这一过程本身亦能够在长时间内得以维持。报告对可持续发展的原则、目标、要求和策略都进行了详细论述。布伦特兰关于可持续发展定义的权威性和概括性得到了共同的认可,也使可持续发展真正成为一种具有逻辑内涵和完整内容的思想体系。

《我们共同的未来》对可持续发展下了这样的定义:可持续发展是在"满足当代人的需要的同时,不损害人类后代满足其自身需要的能力"。这个定义鲜明地表达了两个基本观点:一是人类要发展,尤其是穷人要发展;二是发展要有限度,不能危及后代人的发展。《我们共同的未来》将可持续发展的概念从生态范围转向社会范围,提出消灭贫困、限制人口、政府立法和公众参与等社会政治问题。1989 年,为了进一步统一国际社会对可持续发展原则的认识,联合国环境规划署的环境规划理事会发布了《关于可持续发展的声明》,提出了可持续发展绝不侵犯国家主权、国际和国内合作、国家和国际公平以及维护合理使用自然资源等原则,丰富了可持续发展的内容。

5. 里约峰会和《21 世纪议程》

1992 年在巴西里约热内卢召开的联合国环境与发展会议,又称地球首脑会议,标志着可持续发展原则在全球环境和发展领域内正式确立。这次会议通过了五份重要的环境保护文件,即《里约环境与发展宣言》《21 世纪议程》《联合国气候变化框架公约》《生物多样性公约》和《关于森林问题的原则声明》,都贯穿了可持续发展原则的精神。《里约环境与发展宣言》的许多原则对可持续发展的要求和内容直接进行了诠释,如原则 1:"人类处于普受关注的可持续发展问题的中心,他们应享有以与自然相和谐的方式过健康而富有生产成果的生活的权利";原则 3:"为了公平地满足今世后代在发展与环境方面的需要,求取发展的权利必须实现";原则 8:"为了实现可持续的发展,使所有人都享有较高的生活质量,各国应当尽量减少和消除不能持续的生产和消费方式,并且推行适当的人口政策"。著名的《21 世纪议程》(图 2-8)是里约峰会的重要成果,是全球可持续发展计划的行动蓝图,也是世界各国制定可持续发展战略的指导性纲领。各国依据国情不同制定出本国 21 世纪议程或可持续发展战略,再提交给联合国

图 2-8 里约峰会成果文件《21 世纪议程》

可持续发展委员会(CSD)审核并提出意见。《21 世纪议程》是将环境、经济和社会关注事项纳入一个统一政策框架的具有划时代意义的文件。《21 世纪议程》载有 2500 余项各种各样的行动建议,包括减少浪费,扶贫,保护大气、海洋和生物多样化,以及促进可持续农业的详细提议。至今,《21 世纪议程》内的提议仍然是适当的,后来联合国关于人口、社会发展、妇女、城市和粮食安全的各次重要会议又对其予以扩充和加强。

中国和由 128 个发展中国家组成的"七十七国集团"在大会的筹备和进行过程中起了主导作用。早在 1972 年,在周恩来总理的亲自指示下,中国就派出代表团参加了在斯德哥尔摩召开的第一次人类环境会议,并积极参与了《人类环境宣言》的起草工作。20 年后的里约峰会上,中国与世界各国一道,共同接受了大会通过的三个重要的国际文件,并签署了《联合国气候变化公约》和《生物多样性公约》。里约峰会后不久,中国政府为履行自己的政治承诺和贯彻大会精神,参照联合国《21 世纪议程》的框架和格式,根据本国国情,率先制定了《中国 21 世纪议程》,把里约峰会上的共识和决议变为具体行动。1994 年 3 月 25 日,国务院第 16 次常务会议通过了《中国 21 世纪议程》,并将其确定为中国 21 世纪人口、环境与发展白皮书。《中国 21 世纪议程》作为中国今后发展的总体战略性文件,从中国的可持续发展总体战略、社会可持续发展、经济可持续发展以及资源与环境的合理利用与保护等四个方面,规划了全社会的发展进程,体现了新的思路和观念。《中国 21 世纪议程》把可持续发展的思想、理论具体化为中国可持续发展的战略,即把近期与长远发展结合起来,以经济、社会、人口、资源、环境的协调发展为目标,在保持高速增长的前提下,实现资源的综合利用和环境质量的不断改善。它成为中国在可持续发展理论建立、完善和实践过程中的里程碑。

6. "里约＋10"峰会

约翰内斯堡高峰会是根据 2000 年 12 月第五十五届联合国大会第 55/199 号决议,于 2002 年 8 月 26 日至 9 月 4 日在南非约翰内斯堡召开的第一届可持续发展世界首脑会议,又被称为里约后十年会议(简称"里约＋10"峰会)。它是继 1992 年联合国环境与发展会议(里约峰会)之后,全面审查和评价《21 世纪议程》执行情况,重振全球可持续发展伙伴关系的重要会议。中国时任总理朱镕基率代表团与会并在大会上发言。会议的召开对于人类进入 21 世纪所面临的需要解决的环境与发展问题有着重要的意义。20 世纪人类在经济、社会、教育、科技等众多领域取得了显著的成就,可持续发展的观念也逐渐形成。但是由于国际环境发展领域中的矛盾错综复杂,利益相互交错,以全球可持续发展为目标的《21 世纪议程》等重要文件的执行情况并不好,环境与发展问题面临着严峻的挑战。一方面,由于自身经济不发达,发展中国家实现经济发展和环境保护目标困难重重;另一方面,发达国家并没有履行公约中向发展中国家提供技术、资金支持的义务。大多数国家认为召开新的国际会议,总结回顾里约峰会的精神,讨论里约峰会建立的全球伙伴关系所面临的新问题有着极大的必要性,2002 年的首脑会议就是基于此目的召开的。本次会议涉及政治、经济、环境与社会等广泛的问题,全面审议 1992 年以来《里约环境与发展宣言》《21 世纪议程》等重要文件和其他一些主要环境公约的执行情况,并在此基础上就今后的工作制定行动的战略与措施,积极推进全球的可持续发展。针对水资源、能源、健康、贫穷、农业资源、生物多样性等可持续发展相关议题,与会者交换了意见,并发表了《世界高峰会可持续发展行动计划》和《约翰内斯堡可持续发展宣言》。此次会议强调的重点包括:①审议《21 世纪议程》《生物多样性公约》《关于森林问题的原则声明》和《联合国气候变化框架公约》的执行情况;②重视"全球化"的趋势;③重视生物科技和信息科技的冲击；④落实国际合作；⑤以"行动"展示推动决心；⑥改变非可持续发展的消费及生产形态。

7．"里约＋20"峰会和《我们憧憬的未来》

2012 年 6 月 20—22 日，联合国可持续发展大会（简称"里约＋20"峰会）在巴西里约热内卢举行。"里约＋20"峰会是自 1992 年联合国环境与发展会议和 2002 年可持续发展世界首脑会议后，在可持续发展领域举行的又一次大规模、高级别的国际会议。峰会最终达成了题为《我们憧憬的未来》的成果文件，开启了可持续发展的新里程。

《我们憧憬的未来》重申了"共同但有区别的责任"原则；决定启动可持续发展目标讨论进程；肯定绿色经济是实现可持续发展的重要手段之一；决定建立更加有效的可持续发展机制框架；敦促发达国家履行官方发展援助承诺。这是"里约＋20"峰会取得的重要成果，这项成果开启了可持续发展的新里程，其理论探索和实践总结将是学术界不懈努力的方向。在《我们憧憬的未来》的框架下，整合现有可持续发展的相关政策，综合考虑各国独特的社会、经济发展和环境保护问题的特殊性，我们认为可持续发展研究需要在以下六个方面做出努力。

（1）绿色经济的概念、发展模式与政策创新研究，主要包含了绿色经济的内涵；绿色经济与可持续发展之间的关系；绿色经济与就业、脱贫等之间的关系；衡量绿色经济的具体指标体系；对不同区域和不同行业经济发展绿化程度的测度；绿色壁垒的形式以及对中国国际贸易的影响；发展绿色经济对国际政治经济格局的影响；绿色经济的发展模式与政策创新研究等。

（2）自然资本核算、生态补偿机制与政策研究，主要包含了自然资本的内涵；自然资本与可持续发展之间的关系；各种生态服务之间的耦合关系；如何建立基于自然资本核算方法体系的多层次、多元化的生态补偿投融资及其运行机制和生态补偿方式；如何从法律、体制、机制、政策等多层面构建一套完整的、具有可操作性的生态补偿政策和制度保障体系等。

（3）可持续发展的全球治理机制研究，主要包含了可持续发展领域的国际合作与冲突机制及有效的全球环境治理机制和可持续发展的国际管理体制的研究；中国、巴西、印度等新兴经济体应该如何应对在未来全球可持续发展中面临的压力和责任，以及经济全球化对于可持续发展的负面影响等。

（4）科技创新与可持续发展研究，主要包含了科技创新对可持续发展的贡献度；各类型产业可持续发展技术（或者是低碳技术、绿色技术等）的识别、评价和预测；可持续发展技术的创新机制研究；如何通过加强可持续技术的研发和应用，促进绿色产业发展和民生改善等。

（5）可持续发展的投融资机制研究，主要包含了提高可持续发展中转移支付、生态环境保护专项资金（基金）、生态税、税收差异化等财政手段效率的体制和机制创新问题；如何推进投融资渠道和方式多元化，实现资金供给与资本结构优化的协调互动，以及资金配置与运作效率的高效互动等。

（6）可持续发展利益相关方的有效参与机制研究，主要包含了系统研究可持续发展利益相关者参与机制创新的可行路径，建立中国可持续发展利益相关者参与的分析框架；研究与设计能够在宏观（或共性）层面和微观（或个性）层面有效运行的参与机制；研究可持续发展利益相关者参与机制创新的制度相容性和实践可行性。

可持续发展如同过去的农业革命、工业革命一样，是人类为求生存发展而进行的革命性的变革，是一种新的科学观、自然观和发展观，是人类面对未来生存困境所做出的理性抉择。国际社会和世界各国对于全球可持续发展的共识逐步提高，可持续发展的观念正在成为国际社会所追求的新发展模式和共同目标。

8. 联合国可持续发展目标峰会

2015 年 9 月 25 日,联合国可持续发展目标峰会在纽约召开。联合国 193 个成员国在峰会上正式通过了《改变我们的世界:2030 年可持续发展议程》。该议程涵盖了经济、社会、环境三个方面的 17 个可持续发展目标。这些发展目标可以用于继续指导 2015—2030 年的全球发展工作。

可持续发展目标呼吁所有国家行动起来,在促进经济繁荣的同时保护地球。目标指出,消除贫困必须与一系列战略齐头并进,包括促进经济增长,解决教育、卫生、社会保护和就业机会等问题,遏制气候变化和保护环境。

2020 年 9 月 15 日,由联合国发起的"行动十年"计划首次"聚焦可持续发展目标"活动在线上召开。该活动邀请了联合国所有的会员国和观察员,活动目的是在世界忙于应对"新冠"疫情以及 17 个可持续发展目标进展情况参差不齐之时,致力于制定十年行动的愿景,展望在2019 年疫情之后如何恢复得更好;对可持续发展目标进展情况进行简述;重点阐明弥合执行工作重大差距的各项计划的行动;展示可持续发展目标各利益相关方的力量、行动效果与创新。

2.2　可持续发展的定义与内涵

2.2.1　可持续发展的定义

可持续发展概念由"可持续"与"发展"两个子概念构成,"二战"后经济学家和社会学家曾就此争论,目前大多数学者基本认同"发展"的定义。发展指生活于绝对贫困线以下人数不上升和收入分配不平等程度不增大的条件下,国家实际人均收入的长期增加过程。因此,现在的关键是定义"可持续"子概念,不同专业背景的学者对"可持续"理解有别,导致"可持续发展"内涵的差异很大[17]。

1. 生态学定义

生态学家的可持续定义侧重于生态系统的自然生物学过程生产力与生态功能的连续性。生态的长期可持续性要求保护基因资源和生物多样性。《世界自然保护大纲》的可持续发展生态学定义为:保护基本的生态过程和生命支持系统;保护基因多样性和物种与生态系统的可持续利用。农业、森林、海岸与淡水系统是人类最重要的生命支持系统,面临着巨大威胁。学者们认为,要使经济发展可持续,必要条件是经济活动依赖的生态系统必须可持续,生态系统可持续是支撑人类生命在未来能享有特定福祉水平所必需的生态条件持续存在。强调生态可持续极端重要性的学者(深度生态倡导者)认为,整个自然资产都不能利用,即使这种利用方式可持续。这种极端思想与生态伦理学的某些流派有联系。由于生态学定义否认以生命支撑系统为核心的生态系统的可替代性,可持续发展就要求保护所有生态要素的完整性和再生能力。特纳(Turner)因此称生态学定义为"强可持续"(SS)。生态学定义将可持续发展的关键规定为生态可持续,强调自然给人类活动赋予的机会和附加约束。持这种观点的学者主要是生态学家和物理学家,他们的侧重点是生态可持续的生态条件,即决定生态环境对人类活动的反应和人类利用生态环境能力的生物物理定律或模式。莱勒(Lele)认为,不仅是生态条件,社会条件也会影响生态可持续性。譬如,土壤侵蚀破坏了人类社会的农业基础,导致生态不可持续。这可能是由于在边际土地上耕种时未适当保护土壤,属生态原因。但边际土地的破坏性耕种可能有其社会原因,如地租过高、贫困人口增加、土地管理不善、产权模糊等,这些是生态不可持续的社会根源。生态学家指出,生态各要素间互补,任一要素的功能丧失将导致生态系统功能丧失。一种物种的灭绝将威胁其他物种的生存,生态学家与强调资源可替代性的主流经济学家之间对此争论已久。

2. 环境学定义

环境学家根据容纳能力概念定义可持续性。容纳能力概念长期被用于刻画环境可连续支撑的最大人口规模,它产生于种群生物学领域,经直接类比用于人类系统。人类容纳能力可简单地定义为给定面积大小的土地上能够支撑的人数。奥德姆(Odum)试图区别最大和最优容纳能力两个概念。他定义最大容纳能力为理论上虽可持续,但处于阈值线上且对于环境微小变化也十分脆弱(会造成不可逆损害)的最大容许人口规模。如果环境遭破坏(即使很小),人口规模也会减少。他将最优容纳能力定义为一种更小但更加稳定的人口规模,环境变化不会对这种规模造成不可逆重大影响。奥菲尔斯(Ophuls)指出最优人口容纳能力大约为最大容纳能力的一半。特定地域的容纳能力可能会变化。增加资本和技术投资,或从外部输入能源和资源,容纳能力会增大,但不可能不考虑国际间的交换而确定一国的容纳能力。城市工业带的生存依赖于更大的周边地域,估计容纳能力应考虑支撑特定地域的整个大区域。如果土地肥力下降,特定区域的容纳能力也会下降。《全球环境展望2000》通过社会经济要素间的复杂作用描绘了导致人类容纳能力连续下降的反馈环。在此过程中,人口压力引起环境退化,导致人类生活条件恶化,使出生率上升(出生率与人均收入成反向变化),人口倾向于增加更多,最终导致恶性循环。从全球范围看,人类容纳能力有限。环境学定义的可持续发展为局限在人类容纳能力范围内的经济可持续发展,环境学家对可持续发展的定义着重于地球环境有限的容纳能力对人口规模的限制,称为环境可持续;环境可持续还要求经济活动对环境的压力局限在阈值内,一定规模人口和一定强度的环境压力是环境可持续的必要条件。

3. 经济学定义

爱德华·巴比尔(Edward Barbier)把可持续发展定义为"在保持自然资源的质量和所提供服务的前提下,使经济的净利益增加到最大限度";大卫·皮尔斯(David Pearce)将可持续发展定义为自然资本不变前提下的经济发展;世界资源研究所的定义则是"不降低环境质量和不破坏世界自然资源基础的经济发展"。

4. 热力学学派定义

热力学学派定义又称为极强可持续(VSS)或稳态可持续(SSS)定义,学派代表人物为戴利(Daly),他强调人类活动规模对全球容纳能力的规模效应,认为温室效应、臭氧层耗损和酸雨都是我们已经越过宏观经济合理规模"警戒线"的有力证据。热力学学派认为稳态经济(steady-state economy)为可持续发展模式。稳态经济指零经济增长和零人口增长,由此可保证宏观经济规模的零增长。对此,热力学学派与环境学派的定义相接近。热力学学派定义的根据是地球系统由于热力学极限和资源有限成为有限系统,所能容纳的宏观经济总规模有限,因此,可持续发展要求整个经济的物质流和能量流速率应该极小化。热力学第二定律意味着能量的百分之百循环不可能,而注入地球系统的太阳能有限(此点有争议),这又给经济生产可持续水平附加了限制。稳态经济范式的支持者们并不排除发展,他们排除"数量型"发展,强调在零增长中进行"质"的发展。

5. 社会学定义

社会学定义关注在存在环境种族主义和自然资源利用决策中的利益集团及收入分配不平等条件下,人类社会是否可持续。社会学家还更广泛地关心文化、制度、传统技能等因素的可持续性,认为收入分配不平等和贫富不均(包括国与国之间)是导致社会经济不可持续的主要原因。巴比尔定义社会可持续为维持理想的社会价值、传统、制度、文化或其他社会要素的能力。社会可持续与生态可持续存在密切联系,如战争摧毁人类社会是社会不可持续的例子,但战争发生的原因却可能源于生态危机,即生态不可持续。目前,社会可持续概念模糊不清,布朗(Brown)提出社会可持续是社会基础设施(运输和通信等)、服务设施(健康、教育和文化)及政府(协议、法律及其实施)等的正常运行与存在;提斯德尔(Tisdell)认为社会可持续是政治和社会结构可持续;而诺加德(Norgaard)又增加了文化可持续,包括价值观念与信仰系统可持续。迄今仍无关于社会可持续的详尽分析。莱勒认为,也许实现理想社会确是如此困难,以致讨论其可持续性无实际意义。他还认为,由于社会追求的目标具有动态性,不同时期、不同人均收入的社会目标存在差别,故可持续性并非社会制度结构的重要特征。巴比尔指出,社会分配不平等是导致环境恶化的重要原因之一,"穷人为生存而被迫破坏环境,从而造成长期损害。他们过度放牧、缩短土地休耕期造成草地和耕地退化"。国际间贫富不均,极度贫困的国家对本地自然资源过度开发,因为穷国除了自然资源再没有其他可以带来收入的机会。雷佩托(Repetto)指出,人口对资源的压力通常反映了一种极端扭曲的资源分配状态,当农民侵占热带雨林时,人们往往将其归结为人口压力造成的后果,但实际上造成这种后果的原因是大地主拥有大量土地,土地分配过分集中于少数人。因此,社会可持续发展不仅要求收入分配较为平等,还要求资源分配较为平等,社会可持续与生态可持续应互相补充。

6. 工程技术层面的定义

詹姆斯·古斯塔夫(James Gustave)认为,可持续发展就是转向更清洁、更有效的技术——尽可能接近零排放或密闭式工艺方法,尽可能减少能源和其他自然资源的消耗。世界资源研究所则认为,可持续发展就是建立极少产生废料和污染物的工艺或技术系统。

7. 中国学者对可持续发展的解释

北大可持续发展研究中心叶文虎认为,可持续发展是"不断提高人均生活质量和环境承载力的、满足当代人需求又不损害子孙后代满足其需求能力的、满足一个地区或一个国家人群需求又不损害别的地区和国家满足其需求能力的发展"。

学者杨开忠认为可持续发展既要反映全球、区域和部门的相对独立性,又要反映他们之间的相互作用,空间维是其质的规定,定义应该体现这一规定。他认为可持续发展可更好地定义为:"既满足当代人需要又不危害后代人满足需要能力,既符合局部人口利益又符合全球人口利益的发展。"它包括四个相互联系的重要方面,即一般持续发展、部门持续发展、区域持续发展、全球持续发展。

中科院地理所的龚建华认为可持续发展的内涵极其丰富,外延包括了人类所有的物质和精神领域,是一个非常综合的概念,应从三个不同层次,即高层次、中层次和低层次上理解。从高层次理解,可持续发展就是要保持人和自然的共同协调进化,达到人和自然的共同繁荣,着重于人类和整个大自然的关系,即"天人"关系。从中层次理解,可持续发展既满足当代需求,又不危及后代满足其需求的能力,着眼于地球和地球上人类的关系,即"人地"关系。从低层次理解,可持续发展是资源、环境、经济和社会的协调发展,重点在于区域,在于"人人"之间的关系。

还有学者这样定义可持续发展:"持续发展是一个变化中的过程,在该过程中,资源开发、直接投资、技术发展方向和组织变革等十分和谐,满足人类需求的现在和未来的发展潜力都可以得到提高。"

中国学者还从三维结构复合系统定义可持续发展为"能动地调控自然—经济—社会的复合系统,使人类在不突破资源和环境承载能力的条件下,促进经济发展、保持资源永续利用和提高生活质量"。

2.2.2 可持续发展的内涵

1. 可持续发展的主要内容

作为一个具有强大综合性和交叉性的研究领域,可持续发展涉及众多的学科,可以从不同方面有重点地展开。例如,生态学家着重从自然方面把握可持续发展,认为可持续发展是不超越环境系统更新能力的人类社会的发展;经济学家着重从经济方面把握可持续发展,认为可持续发展是在保持自然资源质量及其持久供应能力的前提下,使经济增长的净利益增加到最大限度;社会学家从社会角度把握可持续发展,认为可持续发展是在不超出维持生态系统涵容能力的情况下,尽可能地改善人类的生活品质;科技工作者则更多地从技术角度把握可持续发展,把可持续发展理解为建立极少产生废料和污染物的绿色工艺或技术系统。这表明,可持续发展虽然缘起于环境保护问题,但作为一个指导人类走向 21 世纪的发展理论,它已经超越了单纯的环境保护。它将环境问题与发展问题有机地结合起来,已经成为一个有关社会经济发展的全面性战略。

1)经济可持续发展

可持续发展的最终目标就是要不断满足人类的需求和愿望。因此,保持经济的持续发展是可持续发展的核心内容。发展经济,改善人类的生活质量,是人类的目标,也是可持续发展需要达到的目标。可持续发展把消除贫困作为重要的目标和最优先考虑的问题,因为贫困削弱了人们以可持续的方式利用资源的能力。目前广大的发展中国家正经受来自贫困和生态恶化的双重压力,贫困导致生态破坏的加剧,生态恶化又加剧了贫困。对于发展中国家来说发展是第一位的,加速经济的发展,提高经济发展水平,是实现可持续发展的一个重要标志。没有经济的可持续发展,就不可能消除贫困,也就谈不上可持续发展。

2)社会可持续发展

可持续发展实质上是人类如何与大自然和谐共处的问题。人们首先要了解自然和社会的变化规律,才能达到与大自然的和谐相处。同时,人们必须要有很高的道德水准,认识到自己对自然、对社会和对子孙后代所负有的责任。因此,提高全民族的可持续发展意识,认识人类的生产活动可能对人类生存环境造成的影响,提高人们对当今社会及后代的责任感,增强参与可持续发展的能力,也是实现可持续发展不可缺少的社会条件。要实现社会的可持续发展,必须把人口控制在可持续的水平上。许多发展中国家的人口数已经超过当地资源的承载能力,造成了日益恶化的资源基础和不断下降的生活水准。人口急剧增长导致的对资源需求量的增加和对环境的冲击,已成为全球性的问题。

3)资源可持续利用

可持续发展涉及诸多方面的问题,但资源问题是其中心问题。可持续发展要保护人类生存和发展所必需的资源基础。因为许多非持续现象的产生都是由资源的不合理利用引起资源生态系统的衰退而导致的。为此,我们在开发利用资源的同时,必须要对资源加以保护,如利用可更新资源时,要限制在其承载力以内,同时采用人工措施促进可更新资源的再生产,维持基本的生态过程和生命支持系统,保护生态系统的多样性,以实现可持续利用;对不可更新资源的利用要提高其利用率,积极开辟新的资源途径,并尽可能用可更新资源和其他相对丰富的资源来替代,以减少其消耗,要特别加强对太阳能、风能、潮汐能等清洁能源的开发利用,以减少化石燃料的消耗。

4)环境可持续发展

可持续发展也十分强调环境的可持续性,并把环境建设作为实现可持续发展的重要内容和衡量发展质量、发展水平的主要标准之一。因为现代经济、社会的发展越来越依赖环境系统的支撑,没有良好的环境作为保障,就不可能实现可持续发展。

5)全球可持续发展

可持续发展不是一个国家或一个地区的事情,而是全人类的共同目标。当前世界上的许多资源与环境问题已超越国界的限制,具有全球的性质,如全球变暖、酸雨的蔓延、臭氧层的破坏等。因此,必须加强国际间的多边合作,建立起巩固的国际合作关系。对广大发展中国家发展经济、消除贫困,国际社会特别是发达国家要给予帮助和支持;对一些环境保护和治理的技术,发达国家应以低价或无偿转让给发展中国家;对全球共有的大气、海洋和生物资源等,要在尊重各国主权的前提下,制定各国都可以接受的全球性目标和政策,以便达到既尊重各方的利益,又保护全球环境与发展体系的目的。全球可持续发展目标如图 2-9 所示。

图 2-9　全球可持续发展目标

2. 可持续发展的基本原则

《保护地球》一书提出了可持续发展的 9 条原则;《里约环境与发展宣言》更列出了 27 项原则;我国学者王军在博士学位论文中将其概括为 3 条原则,王伟中等则提出了可持续发展的 10 条原则。依据以上可持续发展的众多原则,以下归纳 6 条主要原则。

1)公平性原则

可持续发展强调人类需求和欲望的满足是发展的主要目标。经济学上讲的公平是指机会选择的平等性,可持续发展所追求的公平性原则,包括三层意思。一是本代人的代内公平,即同代人之间的横向公平。可持续发展要满足全体人民的基本需求和给全体人民机会以满足他们要求较好生活的愿望,要给世界以公平的分配和公平的发展权,要把消除贫困作为可持续发展进程特别优先的问题来考虑。二是代际间的公平,即世代人之间的纵向公平。人类赖以生存的自然资源是有限的,本代人不能因为自己的发展与需求而损害人类世世代代满足需求的条件——自然资源与环境,要给世世代代以公平利用自然资源的权利。三是公平分配有限资源。目前的现实是,占全球人口 26% 的发达国家消耗的能源、钢铁和纸张等,占全球的 80%。美国总统可持续发展理事会(PCSD)在一份报告中也承认:"富国在利用地球资源上有优势,这一由来已久的优势取代了发展中国家利用地球资源的合理部分来达到他们自己经济增长的机会。"联合国环境与发展会议通过的《里约环境与发展宣言》,已把这一公平原则上升为国家间的主权原则:"各国拥有着按其本国的环境与发展政策开发本国自然资源的主权,并负有确保在其管辖范围内或在其控制下的活动不致损害其他国家或在各国管辖范围以外地区的环境的责任。"公平性在传统发展模式中没有得到足够重视,传统经济理论与模式往往是为增加经济产出(在经济增长不足情况下)或经济利润最大化而设计的,没有考虑或者很少考虑未来各代人的利益。从伦理上讲,未来各代人应与当代人有同样的权利来提出他们对资源与环境的需求。可持续发展要求当代人在考虑自己的需求与消费的同时,也要对未来各代人的需求与消费负起历史与道义的责任,因为同后代人相比,当代人在资源开发和利用方面处于一种类似于"垄断"的无竞争的主宰地位。各代人之间的公平,要求任何一代都不能处于支配地位,即各代人都应有同样多的选择发展的机会。可持续发展不仅要实现当代人之间的公平,也要实现当代人与未来各代人之间的公平,向当代人和未来世代人提供实现美好生活愿望的机会。这是可持续发展与传统发展模式的根本区别之一。

2)可持续性原则

可持续性是指人类的经济活动和社会的发展不能超过自然资源与生态环境的承载力。可持续发展要求人们根据可持续性的条件调整自己的生活方式,在生态可能的范围内确定自己的消耗标准(图 2-10)。"发展"一旦破坏了人类生态的物质基础,其本身也就衰退了。

3)共同性原则

可持续发展作为全球发展的总目标,所体现的公平性和可持续性原则,则是共同的。并且,实现这一总目标,必须采取全球共同的联合行动。《里约环境与发展宣言》中提到:"致力于达成既尊重所有各方的利益,又保护全球环境与发展体系的国际协定,认识到我们的家园——地球的整体性和相互依存性"。可见,从广义上说,可持续发展的战略就是要促进人类之间及人类与自然之间的和谐。如果每个人在考虑和安排自己的行动时,都能考虑到这一行动对其他人(包括后代人)及生态环境的影响,并能真诚地按"共同性"原则办事,那么人类内部及人类与自然之间就能保持一种互惠共生的关系。也只有这样,可持续发展才能够实现。

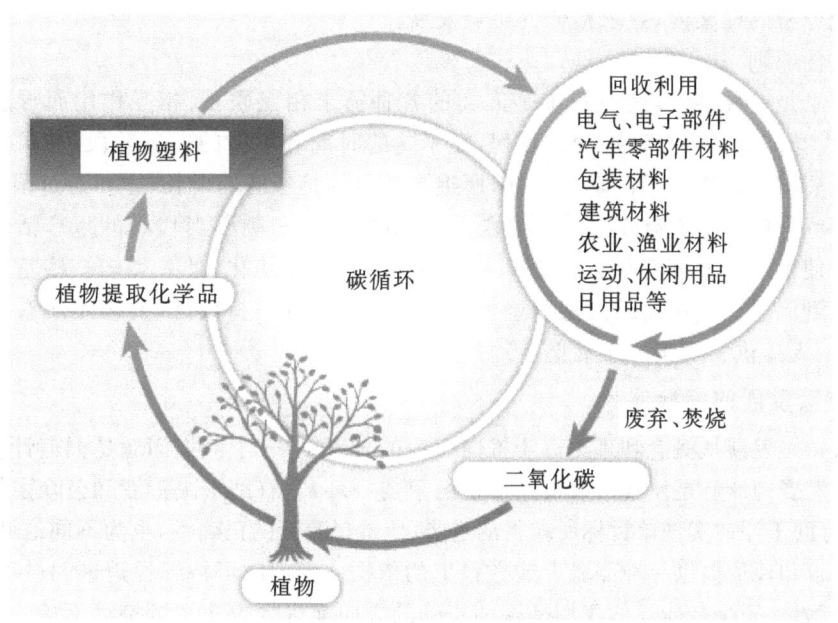

图 2-10　可持续性碳循环

4）质量性原则

可持续发展更强调经济发展的质，而不是经济发展的量。因为经济增长并不代表经济发展，更不代表社会的发展。经济增长是指社会财富即社会总产品量的增加，它一般用实际国民生产总值（GNP）或国内生产总值（GDP）的增长率来表示；而人均 GNP 或 GDP 是被用作衡量一国国民收入水平高低的综合指标，也是常被用作评价和比较经济增长绩效的代表性指标。经济发展当然也包括经济增长，但它还包括经济结构的变化，主要指投入结构的变化、产出结构的变化、产品构成的变化和质量的改进、人民生活水平的提高、分配状况的改善等。由此可见，经济发展比经济增长的内容要丰富得多。经济学家丹尼斯·古雷特（Dennis Goulet）认为，发展包括三个核心内容，即生存、自尊、自由。这是从个体角度而言的，至于群体及群体组成的社会的发展则不仅包括了经济发展的所有内容，还包括生态环境的改善、政治制度和社会结构的改善、教育科技的进步、文化的良性融合与交流、社会成员工作机会的增加和收入的提高等。因此，如果说经济学家提出绿色 GNP（或者绿色 GDP）是一大进步（充分考虑了经济增长中的环境问题），那么可持续发展则站得更高，它充分考虑经济增长中环境质量及整个人类物质和精神生活质量的提高。

5）系统性原则

可持续发展是把人类及其赖以生存的地球看成一个以人为中心，以自然环境为基础的系统，系统内自然、经济、社会和政治因素是相互联系的、系统的。可持续发展有赖于人口的控制能力、资源的承载能力、环境的自净能力、经济的增长能力、社会的需求能力、管理的调控能力等的提高，以及各种能力建设的相互协调。评价这个系统的运行状况，应以系统的整体和长远利益为衡量标准，使局部利益与整体利益、短期利益与长期利益、合理的发展目标与适当的环境目标相统一。不能任意片面地强调系统的一个因素，而忽视其他因素的作用。同时，可持续发展又是一个动态过程，并不要求系统内的各个目际齐头并进。系统的发展应将各因素及目标置于宏观分析的框架内,寻求整体的协调发展。

6)需求性原则

人类需求是一种系统,这一系统是人类的各种需求相互联系、相互作用而形成的统一整体。同时,人类需求是一个动态变化过程,在不同的时期和不同的发展阶段,需求系统也不相同。传统发展模式以传统经济学为支柱,所追求的目标是经济的增长(主要通过国民生产总值GNP来反映)。它忽视了资源的代际配置,根据市场信息来刺激当代人的生产活动。这种发展模式不仅使世界资源环境承受着前所未有的压力而不断恶化,且人类的一些基本物质需要仍然不能得到满足。而可持续发展则坚持公平性和长期的可持续性,要满足所有人的基本需求,向所有的人提供实现美好生活愿望的机会。

3. 可持续发展的指标体系

在将可持续发展从概念和理论逐步推向实践的过程中,一个前提问题是如何计量可持续发展。可持续发展的计量是使其具有可操作性的重要一环,它有助于决策者和公众了解可持续发展的目标,有助于评估实现该目标所取得的进步、所选择政策的正确性,也为不同地域、不同时期进行性能比较和评估提供一种经验上或数量上的依据。我们向可持续性迈进的过程中,迫切需要有一种能测量,至少是能评估我们是否朝正确的方向前进的方法。可持续不是一种不变的状态,而是一个不断探索的过程,是一个不断变化的目标,它不存在最后的状态。因此,评估并不是测量我们离终点有多远,而是测量人类从生态系统获取福利的方式取得多大的进步。

常见的可持续发展指标体系主要有以下几点。

(1)生态需求指标(ER)。该指标早在1971年由美国麻省理工学院提出,旨在定量测算经济增长对于资源环境的压力。此指标简单明了,被学者们认为是1987年布伦特兰报告的思想先锋。但由于它过分笼统,识别能力受到限制,因而未获广泛应用。

(2)人类活动强度指标(HAI)。它由以色列希伯莱大学所建立并已应用于全球人类活动强度的评价与预测中。但其理论基础和方法论均存在某些缺陷,因而尚未得到广泛承认。

(3)人文发展指数(HDI)。它是联合国开发计划署1995年所创立的著名指标,是一项由"预期寿命、教育水准和生活质量"三项基础变量所组成的综合指标,并得到了世界各国的赞同。但对指标变量的选择与计算,仍有较多的争议。此外,人文发展指数更多地偏重于现状的描述和历史序列的分析,其预测和预报的功能还有待改善。

(4)持续发展经济福利模型(WMSD)。它是受世界银行直接资助,由资深经济学家戴尔和库帕所制定的。该模型考虑的因素相当全面,计算也比较复杂,但目前仅适用于发达国家尤其是美国,广大的发展中国家尚无法使用。

(5)调节国民经济模型(ANP)。由莱依帕提出,旨在将原先单一的国民生产总值衡量贫富的标准,转换到考虑更多的调整因素后,再对国民经济加以分析,并且更多地涉及所产生的社会效果。目前该模型引起了不少人的兴趣,但未进入实用化阶段。

(6)环境经济持续发展模型(EESD)。该模型由加拿大国际持续发展研究所(IISD)提出,以科玛奈尔的环境经济模型和穆恩的持续发展框架为依据,发展了一类综合性的可持续发展指标体系,目前正在试用中。

(7)"可持续发展度"模型(DSD)。1993年由中国的牛文元、美国的约纳森和阿伯杜拉共同提出,发表于国际SCI核心刊物《环境管理》上。该模型构造了独立的理论框架,扩展了重要的附加因素,设计了计算程序,并特别考虑了发展中国家的特点。该模型的理论体系较完备,但目前的实用程度还有待改进。

(8)联合国统计局提出的可持续发展指标体系。该指标体系是联合国统计局(UNSTAT)的彼得·巴特尔穆茨(Peter Bartelmus)于 1994 年提出的。它是以《21 世纪议程》中的四个主题即经济问题、大气和气候、固体废物、机构支持为经,以社会经济活动和事件、影响和效果、对影响的响应以及流量、存量和背景条件为纬,形成了一个由 31 个指标构成的指标体系。该指标体系由于基于对联合国"可持续发展指标框架"(framework for indicators of sustainable development)的修改,对环境方面反映较多,社会方面反映较少,而且指标的分类表达比较混乱,缺乏逻辑性。

(9)联合国可持续发展委员会(UNCSD)指标体系。该指标体系是 1996 年由联合国可持续发展委员会与联合国政策协调和可持续发展部(DPCSD)牵头,联合国统计局、联合国开发计划署(UNDP)、联合国环境规划署(UNEP)等组织和机构参与共同提出的可持续发展指标体系。该指标体系以社会、经济、环境和机构四大系统及驱动力(driving force)—状态(state)—响应(response)概念模型为基础,以《21 世纪议程》有关章节内容为脉络而建立,共有 33 个指标。该指标体系采用了驱动力—状态—响应概念模型,指标间的逻辑性较强,尤其突出了环境受到胁迫与环境退化和破坏之间的因果关系,这也可以从整个指标体系中对环境指标的倚重(20/33)反映出来。但是对于社会经济指标,这种模型的应用似乎难以显示其内在的逻辑性,而且指标的归属存在很大的模糊性,指标体系的分解粗细不均,从整体上来看指标体系的结构失衡。

(10)世界银行提出的可持续发展指标体系。世界银行于 1995 年提出了以"国家财富"作为度量各国可持续发展的依据。它把国家财富分解为四个部分,即自然资本、人力资本、生产资本和社会资本。由于除生产资本以外,其他三种资本的货币化存在不同程度的困难,使得以单一的货币尺度衡量一个国家财富的方法在应用时受到限制。

(11)美国总统可持续发展委员会指标体系。美国总统可持续发展委员会提出的可持续发展指标体系围绕美国追求可持续发展的十大国家目标展开,共有 48 个指标。各个国家所处的发展阶段不同,追求的可持续发展目标也会不同。美国总统可持续发展委员会的可持续发展指标体系是针对美国自身的国情而提出的,由于其经济发达,所以可持续发展强调的重点放在社会公平、教育、公众参与、人口、生活质量,以及环境质量的改善和保护等方面。从整个指标体系来看,该指标的分布不平衡,社会、环境方面的指标多,而经济方面的指标少,以追求可持续发展的十大目标来划分指标体系过于繁琐,而且该指标体系只针对美国,必然会影响到指标体系的推广。

(12)环境问题科学委员会(SCOPE)可持续发展指标体系。该指标体系是由环境问题科学委员会与联合国环境规划署共同提出的。该指标体系综合程度较高,既从经济、社会、环境三方面出发,又分别将以上三方面分解为四个方面来刻画。例如对于环境,提出了由 25 个指标构成的指标体系。该指标体系存在的主要问题在于,指标的综合方法因各国的可持续发展目标不同而产生歧义。

(13)瑞士洛桑国际管理学院国际竞争力评估体系。它是针对各国的国际竞争力而言的,从国内经济实力、国际化、政府管理、金融、基础设施、管理、科学与技术、人力资本等八个方面累计 221 个指标构成的指标体系反映各国的国际竞争力情况。由于该指标体系 40% 左右的指标是主观指标,所以难免受人为因素的强烈影响,导致评价的结果波动较大。

2.3 可持续发展的实现途径

2.3.1 人口、资源、环境是实现可持续发展的基本问题

1. 人口均衡与可持续发展

人口压力是可持续发展问题产生的重要根源,人口均衡是实现可持续发展的关键因素。人口作为一种特殊形态的资源,与可持续发展构成了促进与制约并存的关系。人口的过快增长,必然导致对自然资源的过度索取和对生态、环境的严重破坏,由此造成经济、社会的不可持续发展。因此通过人口控制,使人口均衡,与经济、社会、生态环境相适应是实现可持续发展的关键因素[18]。

1)人口压力是可持续发展问题产生的重要根源

人口压力反映人口与其生存地区的关系,表示现有人口对其承载因子所产生的压力水平。尤其对发展中国家而言,人口压力是当前可持续发展问题产生的重要根源。据联合国人口基金会推测,到 2025 年,世界人口将达到 83 亿,到 2030 年,世界人口将达 100 亿! 世界人口的庞大压力,尤其是在发展中国家,对其赖以生存的资源环境造成了严重的威胁。人口增长过快是发展中国家实现经济发展的重要障碍,可能导致资源环境的破坏和经济上的贫困与落后,并引发一系列的社会问题。人口的剧增,不仅使发展中国家的现代化进程步履维艰,由此产生的失业、环境、粮食等问题还使他们面临生存的威胁。

从资源方面来看,人口过多,必然造成对资源的过度需求,导致资源过度消耗,从而加重资源危机。虽然科学技术的发展会不断发现并创造新资源,但目前人类的技术进步还远远赶不上人口增长和消费需求的增长,那些不可再生资源的储量不仅有限,而且必须与一定的生态系统共存,其承受能力十分脆弱。因此,在一定的历史时期和一定的科学技术水平上,资源是有限的,人口过多必然会加剧资源危机。从环境方面来看,人口增加引起了城市膨胀(图 2-11)、居住条件恶化、噪声污染、"三废"(废水、废气、固体废弃物)增加等问题,从而造成环境污染。另一方面,人类通过利用资源对生态系统造成破坏。为满足大量人口生产和消费的需

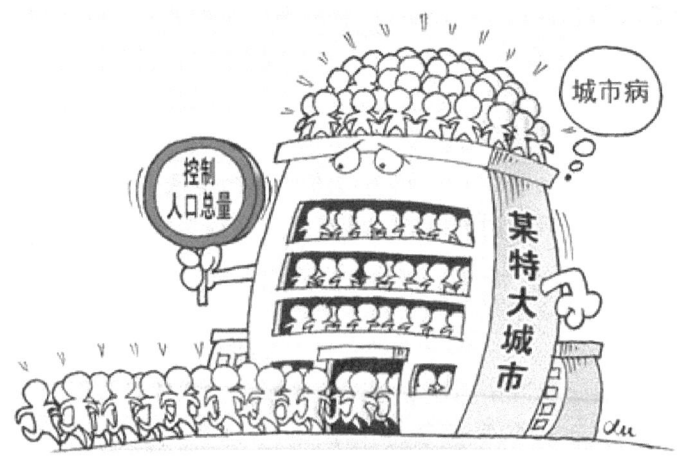

图 2-11 城市膨胀

要,土地沙漠化、森林和草场的破坏、温室效应等将随之而来。可见人口压力实质上是一个影响可持续发展的根本问题。因此,必须积极稳妥地实现对人口增长的控制。

2)适度人口规模和人口发展的规律

人口增长过快或者过慢都不利于可持续发展。过快的人口增长会阻碍可持续发展,过慢的人口增长也对经济社会发展不利。人口过分稀少,缺少内在的刺激经济发展的动力。对农业而言,水利系统必须在人口密度达到一定水平以上才能充分发挥效益。对工业而言,必须有一定规模的人口,才能形成市场,并形成生产的有效需求。而人口的过慢增长,会导致社会老龄化。有利于可持续发展的人口规模是适度人口。

适度人口论于 19 世纪中叶由英国经济学家坎南(Cannan)提出,后经道尔顿(Dalton)、索维(Sauvy)等人发展,将人口数量、预期寿命、文化教育、健康状况等引入适度人口研究,提出获得最大经济效益的"经济适度人口",国家获得最大实力的"实力适度人口"等学说。法国人口学家索维认为,欠发达国家的人口过快增长和经济发展不足,使其人民生活水平极度低下。由此,他提出了适度人口的理论,认为适度人口是使社会发挥最大效率的人口。其含义主要是,人口再生产实现最低限度的扩大,生育受到控制,人口结构得到协调,人口寿命得到延长,人口素质不断提高。

当前,发展中国家正经历着人口再生产类型从传统型向现代型的转变。尽管一些国家,如中国、印度、韩国等国的生育率正在下降,但大多数发展中国家的生育率仍大大高于其"适度"水平。为此,发展中国家必须采用各种特殊而有效的政策措施控制人口增长,这是实现经济发展,摆脱贫困,缓解生态恶化、资源耗竭的需要,也是实现可持续发展的必由之路。

3)家庭决策是人口数量变化的微观基础

家庭是社会的细胞,宏观上的人口增长的根源在于家庭的生育行为。发达国家的人口增长率从正增长转变到负增长,与其家庭人口生育成本和机会成本的上升有着很强的相关关系。而在落后的农业国,生产的自给部分比例还很大,生活方式没有较大的改变,妇女生育抚养孩子的成本和机会成本很低。孩子在 7 岁左右开始因能放牧、砍柴和干家务活而给家庭带来收益。即使这些国家强制实行计划生育措施,也不容易控制多生和超生。因此,人口自我控制的自动机制是调节生育、抚养和教育的成本以及机会成本,人口生育数量受到家庭预算的约束。而从传统社会到现代社会的转变,人口从乡村到城市的迁移,人们生活方式的城市化,将促进人们从偏好生育向自动控制生育转变。从一个国家的人口控制来看,也有一个从强制控制向自动控制转变的过程。

2. 可持续发展的人口政策

人口政策是国家直接调节且直接影响人们生育行为和人口分布的法令及措施的总和。可持续发展的人口政策是为实现可持续发展所制定的人口政策,其目的在于影响人口诸变数沿着有利于实现可持续发展的预期方向发展,有计划地使人口发展与可持续发展相适应。可持续发展的人口政策内容主要包括:

(1)继续实行计划生育政策,实现控制人口规模的既定目标,使人口数量的发展能适应可持续发展的要求;

(2)提高人口质量,特别是科学文化素质,增强科技水平和生产技能,使经济建设能够真正转到依靠科技进步和提高劳动者素质的轨道上来;

(3)把扩大就业作为宏观调控的主要目标之一,努力实现合理的充分就业,积极开发人力资源,把人口负担转化为人力资本优势,促进经济、社会的可持续发展。

3. 资源永续利用与可持续发展

资源稀缺性是经济问题产生的根源,也是经济学研究的起点,资源的可持续利用贯穿了人类发展的全部历史。自然资源是人类社会可持续发展的物质基础,要实现可持续发展必须在经济发展过程中保持一个不变的或增加的资源存量,从而维护可持续发展的物质基础。因此,自然资源的永续利用是实现可持续发展的基础。自然资源的可持续利用对可持续发展的重要性表现在以下三个方面。

1)自然资源是人类生存和繁衍的自然物质基础

关于自然资源的价值,马克思在《资本论》中就引用了威廉·配第(William Petty)的名言:"劳动是财富之父,土地是财富之母。"恩格斯进一步将此解释为,劳动和自然界一起才是一切财富的源泉,自然界为劳动提供材料,劳动把材料变为财富。自然界中的人是生态系统中生命系统的一部分,是生态系统中的主要消费者。因此,人们只有服从一系列的生态规律,才能生存和发展。而自然资源是生态系统中生命支持系统的基础。经济活动的本质是满足人的需要,正是这种需要使人类劳动生产的产品具有价值。而在人类的所有需要中,生存和种族的繁衍是最重要的需要。由于自然资源是人类生存和繁衍的自然物质基础,因此它具有对人类最为重要的生存价值。

2)自然资源的可持续利用是经济可持续发展的物质基础

自然资源的可持续力具体指的是自然资源、生态环境在数量和质量上,不仅为本代人,而且为后代人提供可持续的供给。人既是自然的,也是社会的。作为自然的人,必须遵循自然资源利用规律;作为社会的人,则要不断努力地把生态系统中的自然资源转化为经济系统中的经济资源或物质财富,以满足社会发展的需要。这就要求自然资源必须"源源不断"地向人类提供被转化为物质财富的对象,但这"源源不断"并不意味着自然资源的数量无限。在现代科技水平不断提高的情况下,人类对各种自然资源的利用可以不断扩大其范围和深度,但却无法改变自然资源有限性的特征。也就是说,人类对自然资源的利用,必须维持在生态系统承载能力可负担的阈限之内,如果超出这种阈限,生态系统的平衡就会被打破,其正常运行就不能继续下去,进而经济及人类社会的可持续发展也就会受到限制。因此,自然资源可持续利用是经济可持续发展的物质基础。

3)自然资源的可持续利用状况决定着该社会的可持续发展能力

自然资源具有生存、环境与经济价值,其生存价值和环境价值统称为生态价值,生态价值与经济价值之间存在着相互制约和补充的关系,在一个较长时期,这些价值都会通过经济价值表现出来。例如,当资源的生态价值较大时,经济发展的成本就会较小,劳动生产率会更高,经济发展的速度就会较快;而当自然资源的生态价值较小时,则会一切相反。同样,当自然资源的经济价值小时,它的生态价值就得不到充分反映。可见,从系统和较长时期看,自然资源的生态价值和经济价值是统一的。在经济发展过程中,对自然资源的利用必须既注重其经济价值,又注重其生态价值的保护。如果对某种自然资源的使用量超过一定限度,则社会从中得到的经济价值是很有限的,但为此而失去的生态价值可能非常大,这时的资源使用量严重地得不偿失。这种情况说明,当自然资源一定时,经济发展过程中自然资源的经济利用是受到限制的。经济的发展从长远看不能突破自然资源的永续供给量,或者说,对自然资源的经济利用,不能使社会从中得到的经济价值小于为此而失去的生态价值。所以说,一个社会的自然资源能否得到可持续利用,决定着该社会能否实现经济的可持续发展,或者说,自然资源的可持续利用状况,决定着该社会的经济可持续发展能力。

4. 实现资源可持续利用的对策

1)采取措施增加自然资源的供给

经济发展对自然资源的依赖性在今后相当长的时间内不会改变。因此,必须挖掘自然资源的潜力,努力扩大供给,以满足经济可持续发展的需要。第一,要加强资源调查和勘探工作。目前我国自然资源调查工作还远未完成,很多资源的数量和质量仍不清楚,一些新的资源仍在不断发现,还需要对资源状况进行调查。第二,要加强资源的培育和养护。在自然资源中,一部分是属于可再生的,通过人工的培育和养护,是可以增加其存量的。但可再生资源的更新速度是有限的,需要几十年甚至更长的时间周期,这就要求对此类资源加以很好地保护,森林资源就是一个例子。第三,加强资源的综合利用。某些资源,如共生矿等具有多种用途,需加以综合利用,才能充分发挥资源的潜力。另外,对生产和生活中排放的废弃物,也要努力提高回收和综合利用率,变废为宝,以减轻资源短缺的压力。

2)抑制对自然资源的需求

抑制需求是实现自然资源可持续利用的一个重要方面。对于可再生资源,如果能将开发利用的规模限制在其自然更新的能力范围以内,则该类资源就相当于取之不尽、用之不竭,即实现了可持续利用。抑制需求的途径包括以下三方面。第一,节约利用资源。我国对许多资源的利用效率不高,需要逐步建立资源节约型的生产、运输和消费体系,减少资源的消耗。第二,发展替代资源。随着科学的进步,可以用一种资源替代另一种资源,如建筑行业用钢铁和水泥替代木材。可以寻求一种相对丰富、廉价的资源去替代某种相对稀缺、昂贵的资源。例如,发展公共交通系统以代替小汽车可以节省燃料消耗,降低对能源的需求。第三,延长产品的生命周期。通过改善产品质量等,可以延长产品的生命周期,从而减少了原材料的消耗,抑制了对资源的需求。

3)强化自然资源可持续利用的政策措施

为了保证有限的资源能够满足我国国民经济和社会持续高速发展以及人民生活水平不断提高的需要,除了扩大供给和抑制需求外,还需要各种有效的政策工具,主要包括:第一,加强资源开发和保护的立法与执法;第二,建立有效的行政管理机制,发挥市场对资源的配置作用;第三,研究试行资源核算,推行可持续发展评价制度;第四,依靠科技进步,建立节约型的社会经济体系。

5. 环境保护与可持续发展

人类发展与环境保护是矛盾的两个方面。人类的发展既可以造成环境的污染和生态的破坏,又可以提高保护环境和生态的能力;良好的生态环境可以为人类的发展和进步提供有力的保障,而恶化的生态环境则会制约,甚至动摇发展的基础。因此,环境问题是不可持续发展的根源之一,生态环境的保护是实现可持续发展的基本内容。

1)环境与发展的关系

(1)生态环境是经济持续发展的有力保障。良好的生态环境是人类发展最主要的前提,也是人类赖以生存、社会得以发展的基本条件。与传统的以牺牲资源和环境为代价的经济发展不同,可持续发展是以不降低环境质量和不破坏自然资源为基础的经济发展。现代环境经济学把环境和经济看作是一个生态经济系统,环境向经济系统提供原材料和能源,在生产过程中运用能源并将原材料转化为产品,为消费者提供服务;而原材料和能源经过生产过程最终以废物的形式返回自然环境。根据热力学第一定律和第二定律,在一个封闭的生态经济系统中,从环境进入经济系统的原材料或能源要么在系统中积聚起来,要么作为废弃物回归到自然环境中;同时,由于熵在增加,如果没有新的能量从外部进入,封闭系统的能量最终会消耗殆尽。

(2)经济发展受到环境的制约。生态经济系统本身具有一种内部的自我调节能力,即负反馈效能。依靠这种效能,系统才能保持稳定和平衡。但这种自我调节能力不是无限度的,而是具有一定的临界值,称阈值或容量值,即生态经济系统中环境容量是有限度的。系统中的环境容量是指排入生态系统的废物量未超过生态系统的承受能力,即生态系统的自净能力。如果人类经济活动排入生态环境中的污染物超出了临界值,就会导致生态环境(水资源、土壤、大气等)的严重污染和生物资源的破坏,从而影响经济系统的正常运行。因此,经济活动必须在生态环境许可的范围内进行,环境的服务或废物的排放存在不可逾越的生态限制。

(3)生态平衡需要环境与经济活动的相互作用。生态平衡和环境保护是一个问题的两个方面,生态环境质量的优劣是以生态平衡作为主要标准的。生态平衡是指一个地区的生物与环境在长期适应过程中,生物之间、生物与环境之间建立的相对稳定的结构(物质收支平衡、结构平衡、功能平衡),使整个系统处于功能发挥的最佳状态。根据普利高津(Prigogine)的耗散结构理论,在生态经济系统这一开放系统中,通过自然环境与生产活动的相互作用而使系统负熵值增加,抵消系统自身的正熵,才可保持生态经济系统的相互平衡。如果生态平衡遭到破坏,不但使大自然提供的各种资源供不应求,基本生活、生产资料受到损害,引发自然灾害,而且会使经济各部门的比例关系、收支平衡、信贷平衡失调,影响经济的持续健康发展。

2)生态环境保护与经济发展之间的库兹涅茨曲线

随着经济的不断发展,环境状况一般会经历"好—坏—好"的过程,经济发展与环境保护之间存在着一条倒U形曲线。研究表明,在经济发展过程中,环境质量存在先恶化后改善的现象。在发展的初期,环境质量的下降是不可避免的,甚至会有一个环境急剧恶化的时期。然后到经济发展的某个阶段时,环境质量会开始好转。如果以曲线描述这一过程,就会得到一条类似于收入分配理论中库兹涅茨曲线的环境曲线,如图2-12所示。倒U形的环境库兹涅茨曲线的逻辑含义在于,事情在变好以前,可能不得不经历一个更糟糕的过程。形成这种环境倒U形曲线的原因是多方面的。首先,一国的自然资源和环境状况取决于经济活动的水平和规模。在经济发展的初期,由于经济活动的水平较低,资源的消耗水平和环境污染的水平也较低。在

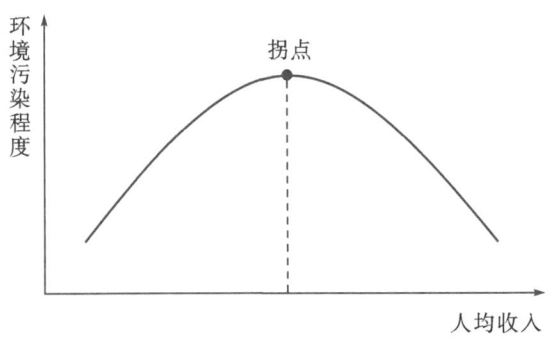

图2-12 环境库兹涅茨曲线

经济起飞、工业大发展阶段,资源的消耗超过资源的再生,环境恶化。但当经济发展到更高阶段,经济结构发生改变,资源消耗高、污染严重的重化工业在经济中的占比减少,而高技术产业、服务业的占比增加,从而使资源的消耗率、污染物的排放率降低。另外,随着经济发展,技术水平、制度建设、人们的环境意识都得到提高,有利于改善环境。

环境库兹涅茨曲线带有一些宿命论的色彩,好像人类的发展必须经过一个先污染后治理的过程,在经济发展没有达到一定水平之前,污染是必然的,政府整治与否都无济于事。这种观点过于机械,不利于后发展国家政府在经济发展中注意环境保护。因为这一曲线很可能被滥用,人们可以借口环境问题的阶段性而推托环境治理的责任,走所谓"先污染后治理"的发展道路。即使在环境和发展关系与库兹涅茨曲线相符的场合,也不是任何环境恶化趋势都会逆转的。如果存在所谓环境阈值,就需要警惕环境恶化程度超过环境阈值的可能。一旦环境阈值被突破,就会导致不可逆变化,甚至使生态系统崩溃,导致环境容量大幅度下降。如果这种现象发生,环境质量就不可能随经济发展程度到达较高水平而恢复到良好状态。所以对于发展中国家而言,在经济发展过程中的重要任务之一,就是要考虑如何降低倒 U 形曲线的峰值,防止倒 U 形曲线超过生态环境的阈值。

6. 可持续发展的环境保护政策

可持续发展的环境保护政策是实现可持续发展的重要保证措施,欧、美、日等一些国家的政府环境部门同经济部门合作,并广泛邀请社会各界参加,制定了综合性的长期环境政策规划,力求实现环境和经济政策的一体化。中国在这方面也有一定进展。

1)可持续发展的环境战略体系和新型机制

为了能够为中国的可持续发展奠定较为坚实的基础,中国政府需要构筑起可持续发展的环境战略体系和新型机制。第一,同环境保护和民主法制建设的发展相适应,构筑可持续发展的法律体系。它包括三个层次:把可持续发展原则纳入经济立法;完善环境与资源法律;加强与国际环境公约相配套的国内立法。第二,同市场经济发展相适应,有效利用市场机制保护环境,建立以市场供求为基础的自然资源价格体制,推行环境税。第三,同经济增长相适应,将公共投资重点向环境保护领域倾斜,并引导企业向环境保护投资。政府应在清洁能源、水资源保护和水污染治理、城市公共交通、大规模生态工程建设等投资方面发挥主导作用,并利用合理收费和企业化经营的方式,引导其他方面的资金进入环境保护领域,使中国的环保投资保持在GDP 的 $1\%\sim1.5\%$。第四,同新的宏观调控机制相配套,建立环境与经济综合决策机制,其核心内容是政府的重要经济和社会决策、计划及项目,要按一定程序进行环境影响评价,要建立对政府的环境审计制度。第五,同政府体制改革相配套,建立廉洁、高效、协调的环境保护行政体系,加强其能力建设,使之能强有力地实施国家各项环境保护法律、法规。

2)进一步完善三大环境保护政策体系

中国的环境保护从 20 世纪 70 年代初在联合国人类环境会议的推动下开始起步。在 40多年的发展中,逐步建立起了预防为主、防治结合,谁污染、谁治理和强化环境管理三大环境保护政策体系。第一,预防为主、防治结合的政策。从环境污染与破坏的长期影响及其治理的费用来看,预先采取防范措施,不产生或尽量减少对环境的污染和破坏,是解决环境问题的最有效办法。中国制定这条政策的主要目的是在大规模经济建设的过程中,同时防治环境污染的产生和蔓延。主要措施有:把环境保护纳入国家和地方的中长期及年度国民经济和社会发展计划;对开发建设项目实行环境影响评价制度和"三同时"制度(即防治环境污染和破坏的设施与生产主体工程同时设计、同时施工、同时投产使用）。第二,谁污染、谁治理的政策。这是国际上通行的污染者负担原则在中国的应用,主要目的是促使污染者承担治理其污染的责任和费用。主要措施有:对超过排放标准向大气、水体等排放污染物的企事业单位征收超标排污费,专门用于污染防治;对造成严重污染的企事业单位实行限期治理;结合企业技术改造防治工业污染。第三,强化环境管理的政策。这一政策的主要目的是通过强化政府和企业的环境管理,控制和减少管理不善带来的环境污染和破坏。主要措施有:逐步建立和完善环境保护法规与标准体系;建立健全各级政府的环境保护机构及完整的国家和地方环境监测网络;实行地方各级政府环境目标责任制;对重要城市实行环境综合整治定量考核。

3)环境保护的具体产业政策

产业环境保护政策,就是政府运用经济、行政、法律及技术手段制定的用以保护环境和生态平衡,引导和促进产业可持续发展的政策。产业环境保护政策的具体目标应该包括控制人口增长、资源耗竭、环境污染。环境保护指向的产业政策,主要包括产业发展的环境保护政策和环境保护产业的扶持政策两项内容,具体有以下四点。

(1)产业结构环境政策,主要包括两个方面的内容:一是鼓励和促进清洁生产政策,即防患于未然;二是制止和治理污染政策,即亡羊补牢。

(2)产业布局环境政策,主要包括人类聚居环境与产业发展的适度比例及有效融合政策,主要针对高排污量产业的特殊布局政策和对国家自然生态保护区的政策。例如,对于高排污量产业的布局,政府通常采取如下政策和措施:实行禁止进入或有条件进入;使之远离城市或分布于人口稀少地区;实行综合利用和集中处理;逐步实行清洁生产等。

(3)产业组织环境政策,主要包括在产业内实施旨在保护环境、防止污染的直接规制政策和促进竞争政策。直接规制政策的主要内容有:对资源开发利用的规制;对污染严重的生产过程的规制;有关污染物排放浓度、频率的规制等。促进竞争政策的主要内容有:促进具有明显规模效应的清洁生产体制的建立及其排污效率的提高;促进采用内部经济性和外部经济性相得益彰的生产过程、生产技术、生产设备和生产工艺;促进具有规模经济效应的企业间的联合,以提高对环境综合管理水平的事先控制能力。促进竞争政策必须建立在市场经济的基础上,否则不仅不能保护自然生态环境,而且可能扰乱社会生态环境的协调发展。

(4)产业技术环境政策,主要包括四个方面的内容:环境污染的成因研究和公布制度;环境保护技术的研究与开发政策;环境保护技术引进及技术转移政策;环境保护的技术审查制度。

2.3.2 科技、制度、文化是实现可持续发展的影响因素

1.科技进步与可持续发展

伴随着经济和社会发展,人口快速增长带来的资源枯竭和环境污染等一系列不可持续发展的难题,可以依靠科技进步来克服或者缓解。技术进步可以减少资源的耗竭,保护环境,推动经济增长并缓解人口增长的压力。

1)技术进步的意义是实现资源代换

资源代换理论是经济可持续发展的一个基本原理,这个原理揭示了经济可持续发展的一个内在条件,以及资源代换的新特点与新趋势。从可持续发展角度分析,技术进步的意义是实现资源代换。技术知识作为重要的资源投入,减轻了经济社会的发展对自然生态系统的压力:一是技术知识可以替代资源;二是通过这种替代,同时减少了生产污染与生活废弃物,有利于

人类生存环境的改善。科技进步是扩大资源供给的有效途径。相对于人类对资源的无限需求,资源的供给是受限的。众多制约因素中,一个关键的因素就是科学技术。科学技术对资源供给增加的作用表现在两方面:一方面,科技进步可以使几年前人们还难以想象其利用价值的自然物成为今天宝贵的资源,从而使资源供给的绝对数量增加;另一方面,科技进步可以提高资源的利用效率,从而使资源供给的相对数量增加。中国资源利用效率明显低于发达国家,说明中国通过科技进步使资源供给的相对数量增加的潜力还很大。

从可持续发展的角度理解,资源代换意味着在社会生产中较高层次的资源取代较低层次的资源。随着技术和知识对自然资源及物质资本的替代,人类生存环境即自然生态系统受到的压力将大大减轻。不仅如此,由于在生产过程中使用的自然资源减少,生产过程中排放的废弃物也将大大减少,自然生态系统净化或消除这些废弃物的压力大大减轻。清洁生产技术(图2-13)的推行,也将进一步减少生产过程对环境的破坏。产品设计的改进,回收利用率的提高,一方面减少了对自然资源的消耗,另一方面减少了对自然环境的污染。

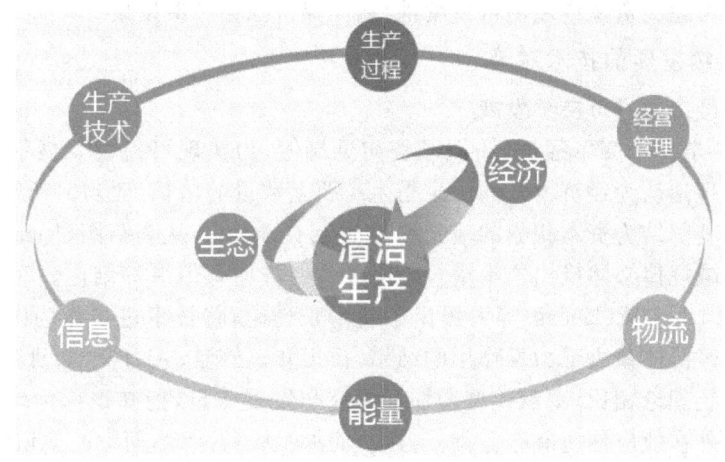

图 2-13　清洁生产技术

2)技术进步促进了经济增长和环境保护

科技进步导致社会生产力的迅速提高,为人类带来了巨大的物质财富,已经成为社会生产力发生质的飞跃的重要标志。人类在相当长的时期中,经济增长方式以粗放型为特征。随着科学技术的高速发展,包括物质生产部门在内的各行各业的生产率都会继续提高。但这种提高不是以增加单位劳动时间的产品数量,而是以提高单位劳动产出的价值量为主要内容的。也就是说,经济增长主要不是表现为产品数量的增加,而是表现为产品品质的改善,从而使经济增长的质量提高,增长将趋于稳定。以资源作为主要投入要素的生产方式,将被提高资源利用效率的生产方式所替代。在现代经济增长中,技术和知识越来越成为经济增长的主要源泉,一切经济活动都以技术和知识为基础。在生产活动的各要素中,知识占主导地位,其他生产要素要靠知识来更新与装备。知识已经成为现代经济增长的重要推动力量。

科技进步在治理环境方面也具有重要作用。首先,知识创新和科技进步为认识和治理环境污染提供了新的技术。如生物工程技术、膜分离技术、高梯度磁分离技术、遥感技术、核技术、活性炭技术等新技术在环境保护中的广泛运用,为环境问题的解决提供了有效的途径。其次,知识创新和科技进步有利于培养人们的环境意识,解决可持续发展的观念问题。没有环境化学和分析化学的产生,人们就不可能很好地认识环境污染中有害物质的浓度及影响。没有近代生态学的诞生,人们就不能深刻认识到生态破坏的危害。人们将环境问题提高到战略高度加以重视,应归功于知识创新和科学技术的发展。再次,科技进步是提高资源利用效率的有效途径,从而使生产可能性边界向外扩展。如计算机使用的硅片可从石头中得到,燃烧时造成空气污染的秸秆经过一定技术的处理成为上好的饲料。

3)科技进步促进了人的全面发展

科技进步是提高人口素质的重要手段。现代经济发展的实践告诉我们,世界上一些国家和地区之所以能创造经济的奇迹,关键在于他们把生产国民财富的重心放在人力资本的开发上,高素质的人力资本是 21 世纪人类财富的主要来源。劳动者素质的提高,从可持续发展的意义上来看,首先是可持续发展意识的提高。在对自然资源的利用方面,不仅考虑到自身的利益,而且考虑到他人的利益;不仅要考虑这一代人的利益,而且要考虑子孙后代的长远利益。在生产中,自觉走绿色道路,自觉处理生产废弃物,减少向自然界的任意排放,保护环境与生态;在生活中,能考虑到资源使用的可持续性,从而保持社会和谐发展。

2. 实现可持续发展的技术对策

1)依靠知识经济促进可持续发展

当今世界,科学技术突飞猛进,知识经济初见端倪,为实现可持续发展带来了新的机遇。传统的经济增长理论认为经济增长的源泉是生产要素数量的增长,亚当·斯密(Adam Smith)在《国富论》中将其归结为资本积累的增长和劳动分工的深化,从李嘉图(Ricardo)的收入分配论和边际收益递减规律必然推出资本增长停滞导致经济增长停滞的结论。20 世纪 80 年代以后,罗默(Romer)、卢卡斯(Lucas)等人提出了新增长理论,将技术进步作为内生增长的源泉,强调经济增长是经济体系内部力量作用的结果,重视知识外溢、人力资本、研究开发、递增收益等的研究。与传统理论相比,罗默模型增加了研究与发展变量,把知识作为增长的主要因素。公共知识产出的外在效应使所有企业都受益,从而揭示收益递增;而专门知识的内在效应给个别企业带来垄断利润,并进一步转化为研究与发展基金。

新经济增长理论带给我们的启示是,迎接知识经济挑战,必须转变增长观,不仅仅停留在粗放式和集约式增长的讨论上。无论粗放还是集约,对资源的消耗都是不可持续的,必须加大知识和科技含量,依靠工业基础和知识经济双轮驱动,以加快经济的增长。

2)重点发展和运用能够促进可持续发展的科学技术

人类应该采取积极措施,重点发展和运用能够促进可持续发展的科学技术成果。技术进步必须有利于经济、社会、环境的协调发展,与可持续发展相适应的技术进步的重点主要有如下几个方面。

(1)突出农业和农村经济发展中关键技术的创新和推广应用。加强信息技术、生物技术与传统农业技术的结合,特别是要在优良品种培育和节水农业两大领域集中力量尽快实现新的突破。

(2)突出高新技术产业领域的创新。在电子信息特别是集成电路设计与制造、网络及通信、计算机及软件、数字化电子产品等方面,在生物技术及新医药、新材料、新能源、航空航天、海洋等有一定基础的高新技术产业领域,加强技术创新,形成一大批拥有自主知识产权、具有竞争优势的高新技术企业。

(3)突出传统产业的技术升级。注重电子信息等技术与传统产业的嫁接,大力开发有利于开拓国内外市场和有竞争力的新产品,提高产品的质量档次和技术附加值,开发和应用先进制造技术、工艺和装备,大幅度提高国产技术装备水平。

(4)突出服务业的知识含量。大力推动电子商务、远程教育等新兴服务业的发展,加快高新技术在金融、咨询、贸易、文化等服务领域的应用与推广。

(5)突出环境保护和资源综合开发利用领域的技术创新。大力发展环保技术及其产业,加快清洁能源、清洁生产相关技术及其产业的发展,加强灾害监测、预报与防治相关技术的开发和推广应用。

美国世界资源研究所的学者在对文献进行广泛研究和对专家专访的基础上,列举了 12 个对可持续发展具有重要意义的技术领域。它们是能源获取技术、能源储存技术、能源最终使用技术、农业生物技术、精细农业技术、制造模拟监测和控制技术、催化剂技术、分离技术、精密制作技术、材料技术、信息技术和避孕技术。

3. 制度进步与可持续发展

哈耶克(Hayek)曾经说过,一种坏的制度会使好人做坏事,而一种好的制度会使坏人做好事。制度并不是要改变人利己的本性,而是要利用人这种无法改变的利己心,去引导他做有利于社会的事。制度的设计要顺从人的本性,而不是力图改变这种本性。"江山易改,本性难移",人性是无法改变的——无论是最有煽动性的说教,还是最严酷的法律。人的利己无所谓好坏善恶之说,关键在于用什么制度去向什么方向引导。要实现可持续发展,不能仅仅靠人性改善,也不能仅仅靠政府,必须建立一套有效的制度。

实现可持续发展的制度安排,从理论上看分为两大类:一类是弥补市场缺陷的制度安排,以庇古税和成本内化制度为代表;另一类是坚持充分发挥市场作用的制度安排,以科斯定理和产权管理为代表。

1)庇古税与成本内化的制度安排

通过税收制度,用成本内化的制度安排来克服市场外部性造成的环境污染的理论,源于庇古(Pigou)20 世纪初关于福利经济学的分析。按照这一理论,空气是自由财富,工厂可以自由排放污染物,因而工厂排污并不构成生产成本。这样,就必然会有企业的私人成本与社会成本(受污染影响的人的损失和企业的成本的总和)的差异,形成了庇古称之为边际净社会产品与边际净私人产品的差额,即私人的经济活动产生的外部成本。庇古认为,这一差额或成本不能在市场上自行消除,因为这些影响或成本与造成污染的产品的生产者和消费者不直接相关。在这种情况下,国家即政府可以采取行动,以征税的形式,将污染成本加到产品的价格中去。庇古的这一关于外部成本通过征税形式(即庇古税)而使之企业内部化的设想,后来构成环境污染经济分析的基本框架。

理论上,人们已经广泛认为庇古税是一种具有经济效率且对环境有效的手段。以污染为例,庇古税是对排污量课征的,其税率应该等于受害者边际福利和边际生产的损失。这一结论表明:①要使企业排污的外部成本内部化,需要对排污征税,以实现一般均衡体系的优化或帕累托最优化状态;②这一税率为均一的,取决于污染的边际损失,并不因企业排污的边际收益不同或边际控制成本差异而有所区别;③污染税只是相对于排污量而征收,与企业的产品产量没有直接联系。

实践上,根据庇古税使外部成本内在化的基本理论,形成了"污染者支付原则"(polluter pays principle)。1972 年经济合作与发展组织(OECD)提出并采用了污染者支付原则,并且把它作为制定环境政策的基本经济原则。该原则要求,污染者必须承担能够把环境改变到权威机构所认可的"可接受状态"所需要的污染削减措施的成本。近年来,人们还将该原则进一步扩展。由于环境质量是一种稀缺的资源,污染者不仅要支付上述达到环境质量的"可接受状态"的污染削减成本,还应该支付由于污染所造成的损害成本。并且,资源利用也被纳入污染者支付原则中,并提出"污染者和使用者支付原则"(polluter and user pays principle)。作为具有稀缺特征的自然资源,多年来,对资源的定价没有完全反映出资源开采和利用的全部社会成本,尤其是没有把资源的耗尽成本,即"使用者成本"纳入资源的价格体系中,由此导致了对资源的过度利用和低效率配置。人们因此提出了依据使用者支付原则对自然资源进行重新定价的观点,以寻求对资源的社会最优配置。

2)科斯定理与产权管理的制度安排

美国经济学家罗纳德·科斯(Ronald Coase,图 2-14)认为,外部效应之所以产生效率问题,就是因为产权界定不明确。产权不明确,就无法确定究竟谁应该为外部效应承担后果或得到报酬。如果产权是明确定义的,协商毫无成本,那么,在有外部效应的市场上,交易双方总能通过协商达到某一帕累托最优配置,不管产权划归哪一方。这就是著名的科斯定理。根据科斯的理论,只要赋予产权明确的定义,资源利用就可以达到最高效率或者帕累托最优,根本无需政府制定各种政策加以调控。科斯把污染归纳为简洁的产权问题。如果造纸厂的污水把一条小河污染了,农民灌溉用水出现了危机。假定利用河水的权利没有法律保障,农民就无法反对造纸厂排污,只能向造纸厂支付一定的费用,使其排污量不影响河水的灌溉效用,而造纸厂会要求农民支付的费用必须等于其减少排污的费用。这种交易产生的均衡费用可以把排污控制在一定的数量(均衡量),并使双方的"边际收益"等于"边际损失"。如果农民利用河水的权利得到合法保障,造纸厂将向农民支付每立方米排污费,农民会要求得到的费用至少可以弥补河水污染带来的损失。这种交易带来的均衡结果同样可以使污染的"边际收益"等于污染造成的"边际损失"。此时,农民和工厂的联合收益达到最大,外部成本通过产权使用协商而被内生化了,满足帕累托最优的条件。

图 2-14　新制度经济学创始人科斯

科斯定理的一个前提是明确的产权。许多自然资产如生物多样性、臭氧层、大气、公海等的产权则不易界定。在这些情况下,产权途径显然不适用。使科斯定理难以实际应用的最主要限制因子,应该是交易各方在协商中应用误导战略。所涉及的各方在讨价还价中均有利益刺激,这促使其蓄意给出错误的(非真实)信号,以使自己获益。只要所涉及的各方有一方为使自己获益而蓄意误导并得不到纠正,产权途径就不能达到帕累托最优解。科斯定理还有一个隐含的条件,就是协商或讨价还价中没有交易成本。但在环境管理实践中,如污染的公共健康影响涉及的人数很多,数以万计。如果所涉及的受影响各方都参与协商不可能,或是成本太高,那么资源破坏就很可能维持现状或继续被破坏下去。

4. 文化与可持续发展

可持续发展不仅要解决资源配置效率问题,还牵涉到资源配置的代际公平问题。可持续发展不仅是经济问题,也是文化问题。因此,实现可持续发展仅依靠成本内化的制度安排和产权管理途径是不够的,还需要充分利用与道德相关的文化机制。可持续发展文化的核心是道德伦理观和价值观,其作用是形成可持续发展的自律机制。

文化是实现可持续发展的灵魂和指导。过去,人们总是习惯于从功利主义的观点出发为我所用,只要是人类需要的,就可以随意地开发使用。可持续发展理论认为,在人类社会的可持续发展运行过程中,人类需要树立起一种全新的现代文化观念,即用生态的观点来重新调整人类与自然的关系,把人类仅仅当作自然界大家庭中的一个普通成员来看待,从而真正建立起人类与自然和谐相处的崭新观念。为了在解决全球问题中成功地取得进步,我们需要发展新的思想方法,建立新的道德和价值标准,当然也包括建立新的行为方式。为此,便需要进行一场艰巨的文化性质的革命,使环境教育重新定向,以适合可持续发展,增加公众意识并推广培训。

5. 实现文化可持续发展的措施

1)树立可持续发展的财富观

自从古典经济学家亚当·斯密提出劳动价值论以来,人们只是把通过劳动或工业生产活动生产的产品当作具有财富意义的东西来看待,从来没有把不通过劳动就可以使用的空气、河流等当作具有价值的东西来看待。但是,当代人类面临的困境是,人们对商品价值过度追求,使生态环境正在失去保证人类健康生存下去的价值,或者说,使自然生态出现了负价值。现代人类要获得大自然恩赐的良好生态环境,必然要付出一定的价值。正是在生态环境的使用价值被破坏,人们必须付出价值才能重新获得的情况下,环境也具有了价值和财富意义。

对现代社会财富观念的冲击,还有来自随着高科技创新推动出现的以知识资源为基础、以信息为主导产业的知识经济。随着知识经济的发展,构成现代社会的以物质价值衡量社会财富的结构发生了巨大的变化。无论是从一国总产值看,还是从某一商品价值看,传统意义物质形态的价值所占份额越来越少,而技术形态、文化形态的价值所占份额越来越大。即使是人们消费的一般物质产品,随着人们对商品的自然需求向审美需求转变,其中包含的技术价值、文化审美价值也是很高的。知识与文化价值,在现代社会中,不仅可以同物质产品一样用价值标准去衡量,还可以同物质产品一样生产出来。知识与文化的商品化,不仅改变整个人类的经济形态,而且在深层上改变着整个社会的消费方式和生活方式。因为国民财富是由物质财富、环境财富和精神财富共同积累而成的。物质财富是一个国家所拥有的一切物质资源、物质产品的总和,是这个国家物质力量的显现;环境财富则是一个国家拥有的环境资源的总和;精神财富是一个国家所拥有的一切精神资源、精神产品的总和,是这个国家精神力量的显现。而这三种财富的共同积累和这三种力量的协同发展、相互融合,便构成和显现了这个国家的综合国力。所以文化是通过生产精神产品、丰富精神资源和充实国民经济体系的方式,成为综合国力的重要标志。

2)提高国民素质

人口和人力资本在可持续发展中具有主体地位,一国的经济发展只有建立在高素质的人的基础上,该国的经济发展才能有一个坚实的可持续发展的基础。我们在建构社会模式时,不仅要考虑到全国人民的物质需要和公平的社会分配制度,还要考虑到人的全面发展与物质需求和精神需求的协调发展。一个健康的社会应当是物质与精神、经济与社会协调发展,只有这样的社会才是一个可持续发展的社会。目前已见端倪的知识经济就是促进人与自然协调、可持续发展的经济,是在充分知识化的社会中发展的经济,反映了人对自然界与人类社会全面的认识。我们应该清醒地看到,市场经济中的利润原则以及有可能滋生的拜金主义,会冲击可持续发展文化的建设,改变文化建设的方向。大众文化应具有娱乐性、休闲性、趣味性,应该生动活泼,让群众喜闻乐见;但也要弘扬主旋律,提高品位,优化文化环境。

2.3.3 循环经济和适度消费是实现可持续发展的微观基础

1. 循环经济范式

20世纪60年代,美国经济学家肯尼斯·鲍尔丁(Kenneth Boulding)提出了"宇宙飞船理论"。他指出,地球就像一艘在太空中飞行的宇宙飞船,要靠不断消耗和再生自身有限的资源而生存,如果不合理地开发资源,肆意破坏环境,就会走向毁灭。这是循环经济思想的早期萌芽。随着环境问题在全球范围内的日益突出,人类赖以生存的各种资源从稀缺走向枯竭,以末端治理为最高形态的"天人冲突"范式将逐渐被以循环经济为基础的"天人循环"范式所替代。这场正在发生的范式革命主要体现在以下几方面。

1)生态伦理观由"人类中心主义"转向"生命中心伦理"和"生态中心伦理"

末端治理的生态伦理观是以人类为中心的。循环经济强调"生态价值"的全面回归,主张在生产和消费领域向生态化转向,承认"生态本位"的存在和尊重自然权利。在这个范式里,人类不再是自然的征服者和主宰者,而只是自然的享用者、维护者和管理者。人与自然是一个密不可分的利益共同体,维护和管理好自然是人类的神圣使命。人类必须依据"自然中心主义"和"地球中心主义",在道德规范、政府管理、社会生活等方面转变原有的观念、做法和组织方式,倡导人类福利的代内公平和代际公正,实施减量化、再使用化和资源化生产,开展无害环境管理和环境友好消费。

2)生态阈值问题受到广泛关注

生态阈值的客观存在是循环经济的基本前提之一。环境的净化能力和承载力是有限的,一旦社会经济发展超越了生态阈值,就可能发生波及整个人类的灾难性后果,并且这个后果是不可逆的。罗马俱乐部最早提出了这个命题,相应地产生了对人类未来的悲观情绪,甚至反发展的消极意识。但是,后来的学者研究表明,生态阈值与零增长没有必然的因果关系。循环经济强调在阈值的范围内合理利用自然资本,从原来的仅对人力生产率的重视转向在根本上提高资源生产率,使"财富翻一番,资源使用减少一半",在尊重自然权利的基础上切实有力地保护生态系统的自组织能力,达到经济发展和环境保护的"双赢"目的。

3)自然资本的作用被重新认识

循环经济强调,任何一种经济都需要四种类型的资本来维持其运转:以劳动和智力、文化和组织形式出现的人力资本;由现金、投资和货币手段构成的金融资本;包括基础设施、机器、工具和工厂在内的加工资本;由资源、生命系统和生态系统构成的自然资本。在末端治理中是用前三种资本来开发自然资本,自然资本始终处于被动的、从属的地位。而循环经济将自然资本列为最重要的资本形式,认为自然资本是人类社会最大的资本储备,提高资源生产率是解决环境问题的关键。要发挥自然资本的作用,一是通过向自然资本投资来恢复和扩大自然资本存量;二是运用生态学模式重新设计工业;三是开展服务与流通经济,改变原来的生产、消费方式。

4)从浅生态论向深生态论的转变

末端治理是基于一种浅生态论,它关注环境问题,但只是就环境论环境,过分地依赖技术,认为技术万能。可是,一旦技术不能解救生态阈值,则束手束脚,拿不出解决问题的办法,甚至产生反对经济增长的消极想法。而循环经济是一种深生态论,它是浅生态论的扬弃。它不单单强调技术进步,而是将制度、体制、管理、文化等因素通盘考虑,注重观念创新和生产、消费方式的变革。它标本兼治,防微杜渐,从源头上防止破坏环境因素的出现。所以,循环经济是积极、和谐的,是可持续的稳定发展。

循环经济范式要求遵循生态学规律,合理利用自然资源和环境容量,在物质不断循环利用的基础上发展经济,使经济系统和谐地纳入自然生态系统的物质循环过程中,实现经济活动的生态化。其本质是一种生态经济,倡导的是一种与环境和谐的经济发展模式,遵循"减量化、再使用、再循环"原则,以达到减少进入生产流程的物质量,以不同方式多次反复使用某种物品和废弃物资源化的目的,强调"清洁生产",是一个"资源—产品—再生资源"的闭环反馈式循环过程,最终实现"最佳生产、最适消费、最少废弃"。

2. 发展循环经济的对策

1)加快制定促进循环经济发展的政策、法律、法规

借鉴日本等国经验,着手制定绿色消费、资源循环再生利用,以及家用电器、建筑材料、包装物品等行业在资源回收利用方面的法律法规;建立健全各类废物回收制度,明确工业废物和产品包装物由生产企业负责回收,建筑废物由建设和施工单位负责回收,生活垃圾回收主要是政府的责任,排放垃圾的居民和单位要适当缴纳一些费用;制定充分利用废物资源的经济政策,在税收和投资等环节对废物回收采取经济激励措施。

2)加强政府引导和市场推进作用

在区域经济发展中,继续探索新的循环经济实践模式,积极创建生态省、国家环境保护模范城市、生态市、生态示范区、生态工业园区、绿色村镇和绿色社区。政府有关部门特别是环保部门要认真转变职能,为发展循环经济做好指导和服务工作;继续扩大生态工业园区和循环经济示范区建设试点工作;依法推进企业清洁生产,加强企业清洁生产审核;充分发挥市场机制在推进循环经济中的作用,以经济利益为纽带,使循环经济具体模式中的各个主体形成互补互动、共生共利的关系,在经济结构战略性调整中大力推进循环经济。

3)实现工业和农业经济结构调整

在工业经济结构调整中,要以提高资源利用效率为目标,降低单位产值污染物排放强度,优化产业结构,继续淘汰和关闭浪费资源、污染环境的落后工艺、设备和企业,用清洁生产技术改造能耗高、污染重的传统产业,大力发展节能、降耗、减污的高新技术产业;在农业经济结构调整中,要大力发展生态农业和有机农业,建立有机食品和绿色食品基地,大幅度降低农药、化

肥的使用量。

4）以绿色消费推动循环经济发展

绿色消费是循环经济发展的内在动力。通过广泛的宣传教育活动，提高公众的环境意识和绿色消费意识；各级政府要积极引导绿色消费，优先采购经过生态设计或通过环境标志认证的产品，以及经过清洁生产审计或通过 ISO14000 环境管理体系认证的企业的产品，鼓励节约使用和重复利用办公用品；要逐步制定鼓励绿色消费的经济政策。

5）探索建立绿色国民经济核算制度

在经济核算体系中，要改变过去重经济指标、忽视环境效益的评价方法，开展绿色经济核算，并纳入国家统计体系和干部考核体系。我国已着手在部分省份试点实行绿色 GDP 核算，并将环保业绩纳入官员政绩。

6）开发建立循环经济的绿色技术支撑体系

以发展高新技术为基础，开发和建立包括环境工程技术、废物资源化技术、清洁生产技术等在内的"绿色技术"体系。通过采用和推广无害或低害新工艺、新技术，降低原材料和能源的消耗，实现投入少、产出高、污染低，尽可能把污染排放和环境损害消除在生产过程之中。

总之，发展循环经济有利于提高经济增长质量，有利于保护环境、节约资源，是走新型工业化道路的具体体现，是实现经济、社会可持续发展的重要途径。

3. 可持续发展的消费理念

什么是可持续消费？联合国环境署在 1994 年发表《可持续消费的政策因素》报告，对可持续消费作了如下定义："提供服务以及相关的产品以满足人类的基本需求，提高生活质量，同时使自然资源和有毒材料的使用量最少，使服务或产品的生命周期中所产生的废物和污染物最少，从而不危及后代的需求。"

俞海山根据可持续消费的定义和内涵，提出了可持续消费六大原则，即适度消费原则、公平消费原则、以人为本的消费原则、科学消费原则、和谐消费原则、消费的国别差异原则。

从以上定义和原则可见，我们不是反对一切消费，那样人类将无法生存，更谈不上发展，消费有两种不同的形式，我们反对的是过度消费。从现代经济学的角度看，消费是经济运行的一个重要环节。一方面，从消费的收入条件和物质保证上看，消费决定于以增值为核心的经济运行，是经济运行的结果；另一方面，从经济运行的动力条件和市场保证上看，以市场为导向的经济运行又依赖于消费，这里，消费又是经济运行的前提。在前一种意义上，消费不能超前，否则它将缺乏收入条件和物质条件的保证，从而导致经济过热、通货膨胀等不良经济现象；在后一种意义上，消费又不能滞后，否则它不仅不能容纳经济发展所提供的成果，造成市场疲软，还会因此削弱经济运行的动力，导致经济萧条。因此，对于保证经济运行的平稳有序而言，消费就应该有个"度"的问题，既不超前，也不滞后，而是与一定时期的经济发展水平相适应，表现为适度消费。

总之，只有把消费观念的变革与经济增长模式的变革、价值观的变革统一起来，抛弃传统的片面追求奢侈的消费方式，实现从不可持续的消费观向可持续的消费观的转变，才能真正迈向可持续发展的目标。

4. 倡导可持续发展的适度消费方式

消费理念的变革直接反映消费方式的根本性转换，我们应从消费习惯入手，大力提倡可持续发展的适度消费方式,确保可持续消费理念的贯彻与实施。

1)提倡适度消费

适度消费的精髓是节约资源,这是与过度消费的本质区别之一。有学者把可持续的消费方式形容为一种"美丽环境":"在这个美丽的新世界里,人的生活形态由高消费、高刺激,重返简单朴素。"重返"简单朴素"当然不是回到与过去"生存型"农业社会一模一样的消费,而是主张适度消费的一种表述。适度消费的界限应划定在满足生活需要范围之内,而不是过度的欲求。只要是以满足需要为原则来消费,就是适度消费。适度消费的目标是建立起一种与环境相协调、低资源和能源消耗、高消费质量的适度消费体系。在这种体系中,消费品的特征将是持久耐用、可回收、易于处理。这将意味着奢侈品、一次性用品、耗用资源多的商品迅速衰落,并促成普通用品、耐用品、节约资源的商品大幅度增长。

2)提倡绿色消费

绿色消费是可持续消费方式同传统的"污染型"消费方式的又一个重要区别。由于环境危机日趋严重,被污染的产品泛滥,促进了绿色消费的兴起。在发达国家,民众对环境的日益关注,甚至对政治生态产生了重大影响。政治生态的绿色化,导致了环境法律的日益严厉。发达国家竞相制定严厉的产品环境标准,还积极推行标准化的绿色标志认证制度。在"绿色浪潮"的不断冲击下,企业生产越来越追求"干净"。环保已不仅仅是企业的一种基本责任,而且是关系其生死存亡的一个关键因素。21世纪之初,绿色消费在中国已初见端倪,人们开始更多地选择不受污染的生态产品。但国内企业在清洁生产上还有相当远的路要走,绝大多数企业污染处理的目标仍然停留在达标排放,处在这种末端控制的污染治理阶段,多数产品还是不干净的。此外,目前我国也缺少清洁生产的鼓励政策以及相关的环境法规。就消费者而言,生态消费的意识也还不够强烈,远没有形成一股潮流。

生态产品的优越性是显而易见的,如健康食品、节能且舒适的住宅、便捷的公共交通工具,它们是既节约资源又无污染或少污染,既对环境有利又对人体健康有利的产品。如果使绿色消费成为社会时尚,人们都去消费生态产品,而不是追求所谓的"时髦"产品,那无疑是天大的好事。当前我国已经实现了由卖方市场向买方市场的过渡,没有了商品短缺的困扰,人们的选择余地加大了,购买力提高了,也就有了大力推行绿色消费的现实可能性。政府要提倡,企业要推动,消费者更要强化生态消费意识。如果有一个庞大的绿色消费者群体,就会迫使更多的企业实行清洁生产,也会促使政府下更大的决心解决清洁生产问题。从微观经济的意义上讲,正是消费者的消费需求决定了经济和社会能否可持续发展。

3)提倡精神消费

精神消费同过分追求物质消费的旧消费方式有本质区别。人的需要是立体的,有物质需要和精神需要多个层面。当人们在解决了温饱问题,满足了基本的物质需要以后,应引导人们将精神需要转化为优势需要。精神追求的消费表现在两个方面:一方面,它是一种接近自然的生态消费,不以获得某一具体的有形商品或服务为主要目标,而是以获得美感、知识、闲适为指向的消费方式,如生态旅游、生态小区建设等,都注入了这样的精神内涵;另一方面,它是一种在物质需要之外,更多地注重文化教育、科学技术的学习、健康的娱乐和体育活动等方面的消费。这种精神追求的消费不仅可以优化我们的生态环境,更有利于把人从功利中拯救出来,实现人格的升华。

2.3.4　三种发展观

关于社会发展问题,在不同国家或在同一国家的不同历史时期,人们会有不同的认识和理解,即存在不同的发展观。发展观或发展理念作为一种观点和理论,它的提出和形成是根据社会发展的实际状况和要求,扎根于社会现实之中的,因此也必将伴随着社会实际状况的变化而变化。概括起来,到目前为止主要有三种发展观,即传统发展观、可持续发展观、科学发展观(西方亦称之为新发展观或综合发展观)。

1. 传统发展观

传统发展观实际就是一种工业文明观,即以经济为中心的发展观。这种观点最早是 20 世纪 40 年代由法兰克福学派提出的,主张应以工业产值的增长作为衡量社会发展的唯一尺度和指标,把一个国家的工业化进程看作是现代文明的主要特征和标志。这种发展观体现在经济生活领域,就是盲目追求经济增长和物质财富的增加,实际就是一种以经济发展为中心的"发展＝经济增长"的发展观。传统发展观认为发展就是经济增长和物质总量的增加,把发展简单等同于经济增长,是以物或经济为中心的发展观。在这种发展观指导下的发展方式是高消费、高投入、高污染、高排放、低效率的"四高一低"粗放型经济增长方式,发展理念是只要发展就比不发展好,发展得快就比发展得慢好。至于怎样发展,为什么发展的深层次问题,则不在其思考的范围之内。

在现代化发展的初期,坚持以经济建设为中心的发展观有其存在的合理性。但在对这种发展观的理解上却存在失误和偏差,把以经济建设为中心理解为"经济唯一",认为只要经济发展了,其他一切问题自然而然就能解决,但忽视了社会的全面发展,尤其是忽视了人的发展。西方在工业化发展初期所产生的一系列问题,如环境污染、资源枯竭、生态危机、公平失衡、社会矛盾尖锐等都由此而来。以经济建设为中心的传统发展观,虽然在一定历史时期内有其存在的合理性,但也有其时代的局限性。长期坚持这种慌不择路、饮鸩止渴、杀鸡取卵的发展模式和发展理念,必然会带来人类的生存灾难。

2. 可持续发展观

传统的发展观坚持两个基本信条,即"增长是无限度的"和"发展是天然合理的"。但是,实际情况是增长不是无限度的,发展也不是天然合理的,经济增长必然要受到政治、经济、文化、资源、环境的影响与制约。罗马俱乐部在 20 世纪 70 年代发表的《增长的极限》的报告中,已经给人类敲响了警钟,并以大量的数据驳斥了增长无限论的观点。经济发展使人们的物质生活水平大幅度提高,但也带来了环境污染、能源短缺、生态危机、社会两极分化、精神生活贫瘠等一系列矛盾和问题。

大量事实证明,生活在当今时代的人们并不比过去的人们生活得更舒适、更幸福。经济发展并没有推动整个社会的进步,也没有兑现人们期许的幸福指数的相应提高。对此,法国著名经济学家佩鲁(Perroux)在其《新发展观》一书中指出:"经济增长并不一定等于发展,经济进步也不一定等于社会—人的进步。发展是同时包括经济增长和社会　人的进步,具有整体性、综合性和内生性的一体化过程。"在现实和理论的双重影响和启发下,20 世纪 80 年代在《寂静的春天》《我们共同的未来》《只有一个地球》的启蒙之下,人们又提出了"可持续发展观"。

关于可持续发展观的内涵,联合国环境署第十五届理事会将它定义为"既满足当代人的需要,又不削弱子孙后代满足其需要的能力的发展"。1992年,联合国在巴西召开各国首脑会议,通过了《21世纪议程》决议,各国领导人一致认同并接受"可持续发展观"。从此,可持续发展理论在世界范围内由理论走向实践。这种观点认为,西方的工业化发展模式已经走入绝境,强调健康的经济发展应建立在持续能力的基础上,这种持续能力应建立在一种稳定协调发展的生态系统上,合理开发利用自然资源,保护生态环境,保证社会公平。不仅要实现代内公平,还要实现代际之间的公平;不仅维护协调好当代人之间的利益,也要为子孙后代着想,还要处理好当代人与子孙后代的利益关系;不仅要给他们留下财富,还要给他们留下青山绿水和清洁的空气。由此可见,可持续发展观不是简单地强调经济发展,也不是单纯地强调快速发展,而是注重社会经济的全面、协调、可持续的发展。有人把这种发展观概括为"发展＝经济＋社会"。

3. 科学发展观

可持续发展观与传统发展观相比是一个巨大的进步,但也有其局限性。可持续发展观只是强调了经济发展与环境保护的关系,重点关注了人与自然的和谐统一,而忽视了社会的全面、协调、可持续发展,忽视经济与政治、经济与社会、经济与文化的全面发展。法国经济学家佩鲁的《新发展观》一书在继承和肯定可持续发展观的基础上,进而提出,发展应是整体、综合和内在的发展,应从经济、社会、文化、政治、技术各方面分析发展问题,应确立以社会—人的整体发展为中心的发展观念。可持续发展观虽然已经开始关注人了,但还没有明确和直接提出"以人为中心"或"以人为本"的问题。科学发展观则明确提出社会发展要坚持"以人为本",全面、协调、可持续发展。科学发展观认为"发展＝经济＋社会＋人"。这可以说是当今最新、最全面、最科学的发展观念。

托夫勒(Toffler)在《第三次浪潮》中说:"今天世界上……进步再也不能以技术和生活的物质标准来衡量了。如果在道德、美学、政治、环境等方面日趋堕落的社会,则不能认为是一个进步的社会,不论它多么富有和具有高超的技术。一句话,我们正在走向更加全面理解进步的时代。"

科学发展观对"发展"产生了突破性的认识,在内涵上具有以下三个基本特征,即它强调"整体的""内生的"和"系统的"。

"整体"是这样一种观点,即在系统各种因果关联的具体分析之中,不仅仅考虑人类生存与发展所面对的各种外部因素,还要考虑其内在关系中必须承认的各个方面的不协调。尤其是对于一个国家或整个世界而言,发展的本质在于如何从整体观念上去协调各种不同利益集团和不同规模、不同层次、不同结构、不同功能的实体的发展。发展的总进程应如实地被看作是实现"妥协"的结果。

"内生"指主导着发展行为轨迹的持续推动力,是系统的内生动力。依照数学上的常规表达,它是指描述系统"内在关系"和状态方程组的各个因变量,这些变量的自发组织、自觉调控、向性调控和结构调控,都将影响系统行为的总体结果。在实际应用上,"内生"的概念常常被认为是一个国家或地区的内在禀赋、内部动力、内部潜力和内部创造力的不断优化重组,如其对整合资源的储量与承载力、环境的容量与缓冲力、科技的水平与转化力、人力资源的培育与发挥等的阶梯式提高。

"系统"不是各类组成要素的简单叠加,它代表着涉及发展的各个要素之间的互相作用的有机组合。这种互相作用包含了各种关系(线性的与非线性的、确定的与随机的)的层次思考、时序思考、空间思考与时空耦合思考。既要考虑内聚力,也要考虑排斥力;既要考虑增长量,也要考虑减少量,最终把发展观视作影响它的各种要素的关系"总矢量"的系统行为。

科学发展观的理论核心,紧密地围绕着两条基础主线。其一,努力把握人与自然之间关系的平衡,寻求人与自然的和谐发展及其关系的合理性存在。同时,我们必须把人的发展同资源的消耗、环境的退化、生态的胁迫等联系在一起。其实质就体现了人与自然之间关系的和谐与协同进化。其二,努力实现人与人之间关系的协调。通过舆论引导、伦理规范、道德感召等人类意识的觉醒,更要通过法制约束、社会监督、文化导向等人类活动的有效组织,去逐步达到人与人之间关系(包括代际之间关系)的调适与公正。

归纳起来,全球所面临的"可持续发展",从根本上体现了人与自然之间和人与人之间关系的总协调。有效协同"人与自然"的关系,是保障可持续发展的基础;而正确处理"人与人"之间的关系,则是实现可持续发展的核心。

2.4　中国的可持续发展战略

2.4.1　可持续发展战略的概念

赵丽芬和江勇的《可持续发展战略学》对可持续发展战略的定义是:"简而言之,可持续发展战略,是指促进发展并保证其具有可持续性的战略,是改善和保护人类美好生活及其生态系统的计划与行为的过程,是多个领域的发展战略的总称。"该书进一步对可持续发展战略的作用和国家可持续发展战略的要求作了解释和说明。"可持续发展战略的制定和实施,是实现可持续发展的重要手段,其目的在于使经济、社会、资源、环境等各种发展目标相协调。可持续发展战略依其覆盖范围的宽窄可以划分为全球可持续发展战略、区域可持续发展战略、国家或地区可持续发展战略,以及某个部门或多个部门的可持续发展战略。"

一个国家的可持续发展战略必须符合以下要求。

(1)能够表达一个国家的"发展度",以便于人们据此判断该国家是否在真正地、健康地发展,是否在保证生活质量和生存空间的前提下不断地发展。"发展度"侧重于强调量的概念即财富规模的扩大,表明实施可持续发展并不是要遏制经济增长和财富积累。那种把可持续发展视为停止从自然取得资源,以维持生态环境质量的想法和做法,有悖于可持续发展的本质。

(2)能够衡量一个国家的"协调度",以便于人们据此定量地诊断该国家能否维持四种平衡,即环境与发展之间的平衡、效率与公正之间的平衡、市场发育与政府调控之间的平衡以及当代人与后代人之间在利益分配上的平衡。"协调度"与"发展度"的不同之处在于,它更强调内在的效率和质的概念,注重合理地调控财富的来源、财富的积累、财富的分配,以及财富在满足全人类需求中的行为规范。

(3)能够体现一个国家的"持续度",以便于人们据此判断该国家发展的长期合理性。强调可持续发展战略要体现一个国家的"持续度",意味着对"发展度"和"协调度"的把握不能局限于一定时段内的发展速度和发展质量,它们必须建立在充分长时间内的调控机理之中。

许多专著和论文对可持续发展战略都有精彩的分析,以下列举几条。

邓楠认为,可持续发展战略是以经济建设为中心,从人口、经济、社会、资源和环境相互协调中推动经济建设的发展,并在发展的过程中带动人口、资源和环境问题的解决,逐步将高投入、高消耗、低产出和低效益的发展模式转变成资源节约型的发展模式。

陈耀邦认为,可持续发展战略是指改善和保护人类美好生活及其生态系统的计划和行动的过程,是多个领域的发展战略的总称,它要使各方面的发展目标,尤其是社会、经济及生态、环境的目标相协调。

黄顺基、吕永龙认为,发达国家的可持续发展战略是维持性的,即在原有利益不受损失和足够的技术、资本投入的前提下,以治理环境为主要目标的维持性可持续发展战略。而发展中国家的可持续发展战略是赶超性的,重点在经济发展的同时兼顾环境问题,将环境污染控制在环境与生活最大承受能力的边缘状态,而不是将环境控制在发达国家那样的理想标准状态,是赶超性可持续发展战略。这两种发展战略都不是理想的可持续发展战略。虽然相对于 20 世纪 50 年代前对生态问题尚未重视时,这一发展战略是巨大的历史进步,但要在深层次上推进可持续发展,必须改变现存的不合理的国际经济秩序、不合理的生活方式和生产方式,从生活方式、生产方式、经济形态的创新中,推进可持续发展。

周光召、牛文元认为,作为中国的基本国家战略之一的可持续发展,既从经济增长、社会进步和环境安全的功利性目标出发,也从哲学观念更新和人类文明进步的理性化目标出发,全方位地涵盖了"人口、资源、环境、发展、管理"五位一体的辩证关系,并将此类关系在不同阶段(过程)或不同区域(空间)的差异,融合在整个发展演化的共同趋势之中。作为国家的一项基本发展战略,它除了应具有十分坚实的理论基础和知识内涵之外,面对实现其战略目标(或战略目标组)的总体要求,还应当进一步规定实施战略目标的方案和规划,从而组成一个完善的战略体系,在理论上、实证上、应用上去寻求实施战略过程的最大"满意解"。

2.4.2　可持续发展战略的目标

可持续发展战略目标包括以下七个方面,它们之间相互制约、相互促进、相互关联,共同构成一个有机的目标体系,缺一不可。

1. 保持经济增长

特别强调"健康状态下的增长",将"保持增长"确定为可持续发展战略的重要目标之一。所谓健康的增长,指的是在相应的发展阶段内,以"财富"扩大的方式和经济规模增长的度量,去满足人们在自控、自律等条件约束下的需求。正如著名经济学家索洛(Solow)所言:"可持续发展就是在人口、资源、环境各个参数的约束下,人均财富可以实现非负增长的总目标。"

2. 提高经济增长质量

这主要体现在连续不断地改善和提高新增财富的内在质量,具体体现为:结构日趋合理与优化;新增财富对资源和能源的消耗越来越少;对生态环境的作用强度越来越小;知识含量和非物质化程度越来越高;总体效益越来越好。这表明,经济增长质量的提高依赖于经济增长方式的转变,即传统的资源高消耗型的增长方式向以知识创新和专业化人力资本为核心的经济收益递增型的增长方式转变。

3. 满足人的基本生存需求

可持续发展把人的基本生存需求和生存空间看成是一切发展的基石,因此,该发展战略的目标之一就是较好地满足人的基本生存需求;要把全球、区域、国家的生存支持系统维持在规定的水平之上,较好地满足就业、粮食、能源、饮用水和健康等基本生存需求;通过基本资源的开发提供充分的生存保障;通过就业比例的确定与调整,使收入、储蓄等在结构上更加合理,由社会中的群体和个体共同维护全体社会成员的身心健康。

4. 控制人口的数量增长,不断提高人口素质

在控制人口数量方面,首先要保证人口数量的年均增长率稳定地低于 GDP 的年均增长率,然后逐渐实现人口的"零增长"。与此同时,要把人口素质的提高摆在宏观政策调控的重要位置上。该战略目标的实质是把人口自身的再生产同物质再生产"同等地"保持在可持续发展的水平上。只有当人口的可持续发展达到人的"体能、技能、智能"无论在个体的分配还是群体的分配上均保持在某种可以接受的状态时,人口与发展之间才能达到理想的均衡状态。

5. 维持、扩大和保护地球的资源基础

地球资源是人类生存与发展的唯一物质来源,保持经济增长和满足人类的基本生存需求的实物基础主要依赖于地球资源的维持、深度开发和合理利用,以及废弃物的资源化。科学研究证明,地球上植物和动物的自然形态及习性在很大程度上是由环境塑造的,这就要求我们科学地认识地球的生命,了解自然,掌握并遵守自然规律,加强环境保护,加大环境污染治理的力度,不断改善生态环境。只有这样,才能保护和扩大地球的资源基础,保证人类的生存与发展。

6. 依靠科技进步突破发展瓶颈

人口、资源、环境是发展的瓶颈,在实施可持续发展战略的全过程中,突破这些约束的动力和潜力就在于科技进步。只有依靠科技进步,并促进相关研究成果迅速地、积极地转化为经济增长的推动力,才能克服发展过程中的各种瓶颈,达到可持续发展的总体要求。

7. 促进环境与发展之间的平衡

通过灵活有效的调控,维系环境与发展之间的平衡,即在经济发展水平不断提高的同时,也能将环境保持在较高的水平上。

2.4.3 可持续发展战略的措施

党的十八大提出建设"美丽中国",旨在生态文明建设的基础上进一步建立中国特色社会主义,即人与自然和谐美好、人与人和谐完美的中国。这是在世界文明从工业文明向生态文明转型的历史时期,我国作出的重大战略抉择。我国要把握历史机遇,走上一条生态美、发展美、和谐美的发展新路。

党的十九大报告指出,要坚持人与自然和谐共生。建设生态文明是中华民族永续发展的千年大计。必须树立和践行绿水青山就是金山银山的理念,坚持节约资源和保护环境的基本国策,像对待生命一样对待生态环境,统筹山水林田湖草系统治理,实行最严格的生态环境保护制度,形成绿色发展方式和生活方式,坚定走生产发展、生活富裕、生态良好的文明发展道路,建设美丽中国,为人民创造良好生产生活环境,为全球生态安全作出贡献。

1. 转变经济发展方式

过去几十年我国所走的"追赶型"和"粗放型"发展道路推动了经济的快速增长,也带来了资源与环境等一系列问题。这些问题已成为影响我国未来发展的主要制约因素。对我国来说,科学发展、可持续发展才是发展的目的。"粗放型"的发展对自然资源的巨大消耗与对矿藏资源的短视开发,虽然能给经济带来快速增长,但是它却不能实现"美丽中国"的目标。在目前的发展阶段,我国的产业结构已经逐步发生变化,以重工业为代表的传统产业的增长逐步放缓,以高端制造业与服务业为标志的新兴产业快速增长。这种分化符合经济增长的趋势,也为我国转变经济增长方式、寻求新路径提供了新机遇。未来要结合我国经济"新常态",在发展中注意转变发展理念与模式,改变先污染、后治理的发展路径,走可持续发展之路。

党的十九大报告指出,发展是解决我国一切问题的基础和关键,发展必须是科学发展,必须坚定不移贯彻创新、协调、绿色、开放、共享的发展理念。必须坚持和完善我国社会主义基本经济制度和分配制度,毫不动摇巩固和发展公有制经济,毫不动摇鼓励、支持、引导非公有制经济发展,使市场在资源配置中起决定性作用,更好发挥政府作用,推动新型工业化、信息化、城镇化、农业现代化同步发展。

(1)健全法律法规,奠定环保与发展方式转型的制度基础。把"绿色"指标纳入地方考核体系,提倡使用绿色 GDP;完善相关法律制度,把对环保的监察落实到实际行动上。中央按照生态文明建设的要求重新配置地方财政与人力资源,对各级政府行为进行有效的监督与引导,增加环境污染防治资金预算,加大行政处罚力度,提高企业污染成本,转变企业发展理念。

(2)结合我国"新常态"历史机遇期,淘汰落后产能,大力发展新兴产业。推进原有产业优化升级,促使环保产业成为新的经济增长点。继续加强污染末端治理,增加污染企业罚款,加大对问题企业的惩罚力度。扩大资金、人才投入,开发新能源,培育绿色企业。

(3)不断提高企业创新能力。通过对外绿色投资与南南合作等措施,引导节能环保、新能源企业与拥有自主知识产权的产品走出国门、开拓国外市场,转变以往依靠廉价工业品出口的经济模式,大力发展绿色新兴产业。积极推动企业与科研院所的配对与结合,鼓励科研机构与企业交流,根据企业实际需求进行研发,并把科技成果推广到企业生产中提高生产率,从而推动企业与科研机构的协同发展。

(4)转变个人生活消费方式。落实可持续发展战略、转变经济发展方式不只是国家与企业的任务,民众也扮演着重要角色。在日常生活中加强对民众的可持续发展教育,逐步转变生活消费方式,提升资源利用率。在生活中鼓励民众减少不必要的水电消耗与能源浪费,提倡使用新能源产品与节能产品,注意生活用品的循环使用与废物利用,杜绝铺张浪费。

2. 改革管理体制

我国目前的环境保护工作主要采取政府主导、分散管理的方式,这种模式不利于生态保护整体性的发挥。因此我们应吸取国际经验,从政府管理转向多主体参与的方式,形成政府主导、部门协同、企业担责、社会参与的治理模式。

(1)在生态文明建设框架下,创建有效的资源和生态行政管理体制,强化政府管理职能。在中央按照开发与保护分离、各部门权责分明、生态系统完整性等原则,确立资源环境改革方向,形成统一管理、分工负责、协调合作的行政管理构架。理顺中央政府和地方政府的关系,明确各自职责,加大监管力度。中央政府加强对地方政府的政策指导与后期监察,地方政府加强对当地企业的监督管理,并制定具体的细则监督企业落实。

(2)在发挥政府有效行政管理作用的同时,更加注重促进企业、社会的多方参与,逐步形成生态综合治理体系。明确政府、企业和社会各自的生态环境保护责任和义务,完善相关制度并充分调动企业环保积极性。健全社会组织及公共参与的相关制度,充分发挥行业协会、民间环保团体与社会大众的监督指导作用。

3. 积极发挥市场作用

(1)加快自然资源的产权制度改革,实施自然资源的资产化管理与产权交易。按照十八届三中全会的要求,同时依据《自然资源统一确权登记暂行办法》,对各类生态空间进行确权登记,形成完善的自然资源资产产权制度。学习西方发达国家形成产权的交易制度,把市场机制引入环保领域。

(2)加快完善、实施资源与生态服务付费制度。推进资源能源价格改革,并结合资源的使用与污染进行梯次定价,征收资源税,加快能源税与环境税的出台,建立绿色税收体系。推进生态补偿制度与生态服务付费制度,建立重点生态保护、矿产资源开发等领域的生态补偿机制。

(3)完善投融资机制。健全绿色贷款政策,鼓励银行机构探索适合生态环境保护特点的贷款方式,建立绿色风险贷款基金和准备金。健全绿色证券政策,规范上市公司环境保护核查和督察制度,促使上市公司加强环境管理。健全绿色投资政策,引导各类创业投资公司、信托投资公司、股权投资基金向生态环境保护领域投资。健全绿色保险政策,在高环境风险行业强制推行环境责任保险。确保在生态环境保护领域能融到资、有投资、有保险。

4. 加大创新力度

一个国家只有通过自主创新,拥有了核心技术,才能拥有核心竞争力。目前世界各国都把开发新能源、推动绿色创新作为经济的未来增长点。我国在"美丽中国"建设中,也要加大技术创新,建设创新型国家。

(1)政府积极引导,加强宏观统筹与制度建设。充分发挥政府的引导与协调作用,加大环保领域的资金投入与人才培养力度,整合各部门的资源与绿色科技规划。注意协调中央政府与地方政府的关系,明确各自职责,加大监管力度。

(2)鼓励企业与个人推进技术创新。未来我国面临的形式越来越严峻,这就要求企业与个人强化创新意识,激励企业积极投资绿色产品研发,鼓励个人改变生活方式,把绿色创新方案用于日常生活。政府采取信贷、税收、补贴等综合手段制定鼓励政策,积极引导企业投资绿色技术与相关产品的推广,加强对技术人才的培养,加大科技创新投入,完善科技成果奖励与知识产权保护制度,鼓励个人、机构积极参与绿色创新。

5. 积极应对国际新局势

(1)面对在国际社会上热议并逐步实施的碳关税,我国应采取坚决的抵制与反对态度。但是从中长期来看,仍然无法阻挡碳关税的实施。碳关税对我国来说既是机遇也是挑战,应以积极的态度面对减排。我国应主动参与制定相关贸易条款,积极倡导建立公正合理的全球贸易体系。我国要扩大内需,减少出口依赖度,加快产业结构与出口产品调整,提升中国制造的形象,促进产业升级,加快经济增长方式的转变。

(2)大力发展碳交易市场。要加强规划、制定政策法规,为我国碳交易市场的发展创造良好的政策与市场环境,研究制定全国碳市场发展的总体规划与路线图。建立统计核算体系,加强温室气体排放核算工作。例如,建立温室气体排放基础统计制度,将温室气体排放基础统计纳入统计指标体系等。深化试点,逐步拓展碳交易的覆盖行业,探索跨地区碳交易,逐步建立全国性碳市场。

(3)借鉴国际碳金融市场的发展经验,发展碳金融。通过加强对碳金融的宣传,对碳金融产品进行全面的风险管理,创新碳金融产品及服务,完善交易体系与配套设施建设,以不断完善我国碳金融市场。创新金融产品,开放二级市场,把握机遇尽快完善国内的碳交易体系,让碳交易市场充分活跃起来,为我国乃至世界低碳经济的发展贡献力量。

6. 全面参与全球可持续发展进程

面对全球性的发展、资源与环境难题,党的十九大报告指出,我国应主动参与和推动经济全球化进程,发展更高层次的开放型经济。

(1)我国应以更加积极的姿态参与全球气候变化及多边环境公约谈判,切实承担起与自身能力相符的责任。以实际行动提高国际话语权,树立一个负责任的大国形象。

(2)实行绿色化"走出去"战略,实现海外投资与贸易的绿色转型。把节能减排、绿色发展的理念融入对外经济合作与国际商务活动相关领域。企业不仅在国内绿色发展,走出去也承担当地的社会与环境责任,走可持续发展道路。

(3)强化国际合作,加强科技文化输出,全面参与可持续发展的全球化进程。企业应转变以往的低端产品出口模式,提高产品的科技附加值,加强知识与文化的输出。提高国家软实力,积极引导节能环保企业走出去,走绿色发展新路。

作为一个发展中的大国,由于发展阶段、技术基础与机制体制的限制,我国的可持续发展仍然任重道远。但是我国一直以积极的态度探索生态文明建设之路,构建立足我国基本国情又符合世界潮流的可持续发展模式。我国可持续发展能力逐步提高,开启了重视生态文明、实现中华民族伟大复兴的征程,成为了发展中国家走可持续发展道路的表率。相信随着可持续发展战略的全面落实,我国将进一步全面深化改革,实现更有效率、更加公平、更可持续的发展目标。通过与世界各国协调配合,最终实现人类的永续发展。

2.4.4　全球可持续发展的中国贡献

1. 新时代中国可持续发展

2020 年可持续发展进入关键年,面对全球性的共同挑战,可持续发展已成为国际社会的共识。从《21 世纪议程》到《2030 年可持续发展议程》,中国一直是全球可持续发展的坚定支持者、积极践行者和重要贡献者。新时代中国实施可持续发展战略面临人口老龄化、资源短缺与环境污染等多重挑战,也拥有诸多机遇。随着中国经济、社会的不断发展,我们对可持续发展的认识也在不断深化,新时代实施可持续发展战略有以下几个趋势。

(1)注重"发展理念"。创新、协调、绿色、开放、共享是中国共产党在十八届五中全会提出的新发展理念,既符合我国国情,更顺应时代要求,是我国的长期发展思路、发展方向和发展着力点。一方面我们要深入理解、准确把握其科学内涵和实践要求;另一方面,我们要结合实际,确实把新发展理念贯彻到经济、社会发展的各个环节之中,转化为经济、社会发展的动力和标准。

(2)注重"源头把控"。地方政府应在发展经济前期注重绿色发展,在源头上把住环保关;项目审批部门要严把审批关,坚决把污染大、难治理的项目挡在门外;环保部门要严把监管关,做到靠前监管、日常监管,把"放管服"改革同严格监管相结合,通过简政放权创新监管的方式,切实把环保监管落到实处;企业要环保、利润两手抓,既要在商言商重利润,也要为国为家重环保,自觉做到不赚"黑钱"赚"绿钱"。

（3）注重"科学治理"。面对污染,我们要坚持科学治理的方式。一是切忌急功近利,污染不是一天形成的,治理也非一天可以达标,要坚持绵绵发力、久久为功的原则,把突击作业和日常清洁相结合,一张蓝图绘到底,一任接着一任干;二是注重抓关键节点,要找准污染的"病因",把住治理的"源头",在关键节点狠下功夫、狠抓落实,做到事半功倍;三是要边治理、边预防,既要重治理也要重预防,既要关注治理手段和治理成效,避免形成二次污染,也要及时开展"回头看",防止治理成果出现污染反弹。

2. 全球可持续发展的中国担当

2020 年 9 月 22 日,习近平主席在第七十五届联合国大会一般性辩论上发表重要讲话,宣布"中国将设立联合国全球地理信息知识与创新中心和可持续发展大数据国际研究中心,为落实《2030 年可持续发展议程》提供新助力"。可持续发展议程是 2015 年联合国 193 个会员国共同达成的一份纲领性文件,涵盖经济、社会、环境三大维度的 17 个可持续发展目标和 169 个具体目标,重在消除贫困饥饿、推动社会进步、保护自然环境,为人类社会描绘了美好未来。据联合国发布的报告显示,可持续发展议程虽然在部分领域取得进展,但总体落实情况并不尽如人意。实现可持续发展议程亟待世界各国加紧付诸行动、共同落实目标。

中国实践,全球典范。中国秉持创新、协调、绿色、开放、共享五大发展理念,深入推进经济高质量发展,与可持续发展议程的目标要求高度契合,都是要实现更有效率、更加包容、更可持续的发展。中国高度重视并全面落实可持续发展议程,不仅率先发布国别方案和进展报告,还将其与"十三五"规划等中长期发展战略有机结合,取得了显著成效。中国拥有 14 多亿人口,中国可持续发展的成就本身就是全球可持续发展的重要组成部分。中国探索出的一条经济、社会、环境协调并进的可持续发展之路,为广大发展中国家提供了中国智慧和中国方案。

科技创新是实现可持续发展目标的重要手段。联合国提出了可持续发展技术促进机制,中国共产党在十八大上提出了创新驱动战略,在十九大上提出了加快建设创新型国家,二者高度吻合。中国明确指出,以科技创新推动可持续发展成为破解各国关心的一些重要全球性问题的必由之路。"新冠"疫情给各国社会和经济造成重创,严重影响着 2030 年议程目标的实现,国际社会期待着从困境中寻求破解发展难题的方法。2020 年,在联合国成立 75 周年和 2030 年议程实施 5 周年之际,中国宣布将设立可持续发展大数据国际研究中心。2021 年 9 月 6 日,该中心在北京正式成立,它是全球首个以大数据服务联合国《2030 年可持续发展议程》的国际科研机构。中国用中国智慧、中国行动为联合国可持续发展提出中国方案和中国经验,为可持续发展的全球落实作出实质性贡献。

贯彻新发展理念,实现《2030 年可持续发展议程》中的目标绝非一朝一夕之功,我们要树立正确观念,注重源头把控,做到科学治理、久久为功、善做善成,以扎实有效的工作成绩答好新时代的可持续发展答卷,在全球可持续发展中贡献自己的力量,展现大国担当。

参考文献

[1]贝尔纳.历史上的科学[M].北京:科学出版社,1981.
[2]余文涛,袁清林,毛文永.中国的环境保护[M].北京:科学出版社,1987.
[3]汤因比.历史研究[M].上海:上海人民出版社,1986.
[4]段炼.可持续发展的历史透视[M].北京:北京大学出版社,1994:38 - 43.

［5］马克思,恩格斯.马克思恩格斯全集[M].北京:人民出版社,2003(20):519.

［6］马克思,恩格斯.马克思恩格斯全集[M].北京:人民出版社,2003(42):169.

［7］张坤民.可持续发展论[M].北京:中国环境科学出版社,1997.

［8］张天飞.天人合一:儒学与生态环境[M].成都:四川人民出版社,1995.

［9］中国环境年鉴编委会.中国环境年鉴(1990)[M].北京:中国环境出版社,1990.

［10］张坤民.可持续发展从概念到行动[J].世界环境,1996(1):4.

［11］王翘亭,井文涌,何强.环境学导论[M].北京:清华大学出版社,1985.

［12］刘东辉.从"增长的极限"到"持续发展"[M].北京:北京大学出版社,1994:33－37.

［13］梅多斯 D H,兰德斯,梅多斯 D.增长的极限[M].成都:四川人民出版社,1984.

［14］福斯特.生存之路[M].北京:商务印书馆,1981.

［15］卡恩,布朗,马特尔.今后二百年:美国和世界的一幅远景[M].上海:上海译文出版社,1980.

［16］佚名.公元 2000 年全球研究[M].郭忠兰,等译.北京:科学技术文献出版社,1984.

［17］赵士洞,王礼茂.可持续发展的概念和内涵[J].自然资源学报,1996,11(3):288－292.

［18］冯华.怎样实现可持续发展:中国可持续发展思想和实现机制研究[D].上海:复旦大学,2004.

第3章

能源与物质文明

3.1 物质文明

3.1.1 物质文明的含义

物质文明指的是人们物质生产的进步和物质生活的改善。物质生产的进步是指用什么方法以及工具创造物质财富(物质生产方式);物质生活的改善是指创造了多少物质财富供人类享用(经济生活的进步)。一个社会物质文明的发展程度要通过这两个方面体现出来。这与社会生产力发展水平相一致,并受生产关系、地理条件和人口因素的制约和影响。例如,封建社会的铁器生产要比奴隶社会的青铜器生产进步得多,生产的物质产品丰富得多。同样,资本主义社会的大机器生产要比封建社会的手工工具生产进步得多,生产的物质产品丰富得多。征服自然的能力和水平不一样,物质文明的程度就有显著的区别。物质文明是人类改造自然的结果,标志人类物质生产和生活条件的进步状态,表现为劳动工具和技术的进步,以及社会物质财富的增长。它是人们发挥主观能动性的结果,是人们实践活动的产物,是发展变化的。由此可见,物质文明是一个历史的概念,不同社会有不同社会的物质文明。人类的文明史实质上是人类征服自然、改造自然的历史。随着社会生产力的不断解放和提高,必将创造出人类社会更高发展水平的物质文明[1]。

3.1.2 物质文明的发展

物质文明是人类社会的一种物质现象,是人类所创造的物质财富的总和。它是反映物质运动和存在的一种具体形式的哲学范畴。物质文明越高,表明人类离开野蛮状态越远,依赖自然的程度越小,控制自然的能力越强。物质文明的高度发展为人类改造自然、推动人类社会本身的进步创造了优越的、必要的、先决的条件。同时,物质文明的高度发展也伴随着对自然的蚕食和破坏,越来越多的环境问题在当今凸显。

人类社会物质文明的发展有十分悠久的历史,从现有的研究看,可以将其分为不同的阶段。

1. 按照生产工具分[2]

从生产工具方面来看,人类经历了石器时代、青铜器时代、铁器时代、蒸汽时代、电气时代、电子信息时代等(图 3 - 1)。

| 石器时代 | 青铜器时代 | 铁器时代 |

| 蒸汽时代 | 电气时代 | 电子信息时代 |

图 3 - 1　物质文明的发展历程

1)石器时代

石器时代又可划分为旧石器时代和新石器时代。旧石器时代主要以打制石器为主,人类以狩猎和采集为生,过游群生活。在这一时代人类学会了使用火。典型代表如北京猿人。新石器时代以磨制石器为主,人类开始发展原始的畜牧业和种植业,并逐渐定居下来,出现村落。大的游群逐渐分化为较小的氏族,若干氏族又进一步联合成部落以及部落联盟。先后实行血缘群婚和氏族外婚、部落内婚。社会财富增加,阶级分化趋显。制陶术出现并广泛使用,晚期出现青铜器冶铸技术。由部落联盟发展而来的国家和城邦已初具雏形。典型代表为我国的夏代早期和河姆渡文明。

2)青铜器时代

这一时期东西方基本都处于奴隶社会,人们已熟练掌握青铜冶炼技术。青铜器主要是作为兵器、礼器或装饰品,劳动工具仍以石器为主。奴隶制国家得以建立并发展,与之相适应的政治、法律、科学、技术、文学、艺术等一系列古代文明成果集中爆发。典型代表如中国的商周时代和欧洲的希腊、罗马古典文明。

3)铁器时代

铁器几乎与青铜器同时出现,铁器时代主要是指铁器被广泛应用于生产工具和战争武器之后的时代。铁器的广泛应用极大地提高了劳动生产率,推动了奴隶制的瓦解和封建制的产生。铁器时代的主要经济形式在中国为小农经济,在欧洲为封建领主庄园农奴制经济,以自给自足的农业经济为主是这一时代的主要特点,后期出现资本主义萌芽。典型代表为欧洲中世纪和中国封建社会。

以上时代可以统称为前工业时代。

4）蒸汽时代

这是指英国工业革命之后至第二次工业革命之前的一段历史时期,特点是机器生产逐渐取代手工劳动,传统的手工业工场被机器大工厂所取代,先进的技术使社会生产力得到了前所未有的迅猛发展。资本主义在世界范围内的统治地位逐步确立,自由资本主义进入发展的黄金时期,各老牌资本主义国家开始进行海外扩张。典型代表为18世纪的大英帝国。

5）电气时代

这是指第二次工业革命至新科技革命之间的时期,其特点是电作为能源得到广泛利用,带来了生产力的又一次飞跃。资本主义工业化最终确立,各主要资本主义国家相继进入垄断资本主义阶段,世界殖民地格局基本形成,社会财富空前增加。但贫富差距同样空前扩大,同时德、日、俄等新兴工业国家兴起,对以英、法为代表的老牌工业国家的地位提出了挑战,从而导致了两次世界大战的爆发。典型代表为俾斯麦时期的德意志。

蒸汽时代和电气时代可以统称为工业时代。

6）电子信息时代

电子信息时代和航空航天时代或生命科技时代都可称为后工业时代,即我们现在所处的这个时代。它以20世纪50年代的新科技革命为先导而产生,主要特点是电子计算机的发明和广泛应用,信息以前所未有的速度在全球流动。科技成果更新的速度超过了以往任何时代,知识和信息成为一种重要的战略资源,经济全球化和区域集团化进一步加强,人们已经可以探测大到河外星系、小到基本粒子的大多数物质结构,人文主义复兴。环境的恶化使人们开始重视人与自然的可持续发展问题,教育的普及使人口素质普遍提高,网络的兴起更是打破了信息的垄断,促进了泛精英时代的到来。

2. 按照使用材料分

按照每个时期使用的典型材料来划分,人类物质文明的发展至今经历了石器时代、青铜器时代、铁器时代、钢铁/水泥时代和硅材料时代,并即将进入纳米材料时代(图3-2)[3]。

3. 按照社会形态分[4]

在社会形态范围内,人类物质文明的发展有两种基本的划分方法:一种是三种形态的社会划分法(根据人的发展状况);另一种是五种形态的社会划分法(根据生产关系的不同性质)。三分法把人类社会依次划分为人的依赖性社会、物的依赖性社会和个人全面发展的社会。五分法把人类社会依次划分为原始社会、奴隶社会、封建社会、资本主义社会、共产主义社会。如果把两种方法对应起来:原始、奴隶、封建社会属于人的依赖性社会;资本主义社会属于物的依赖性社会;共产主义社会属于个人全面发展的社会。划分方法从各自不同的角度和不同的侧面说明了人类社会发展进程和阶段,但这两种划分方法在本质上是一致的,它们共同揭示了人类社会发展的普遍规律。每一种社会形态都有占主导地位的经济基础和上层建筑,从而决定社会形态的性质和特征。同时在这一形态里,还存在着旧社会形态的残余及思想影响,也会出现即将诞生的新的社会形态的物质前提和萌芽。社会形态逐渐进步,一种社会形态总要被更高的社会形态所代替,人类社会最终将发展到共产主义社会。

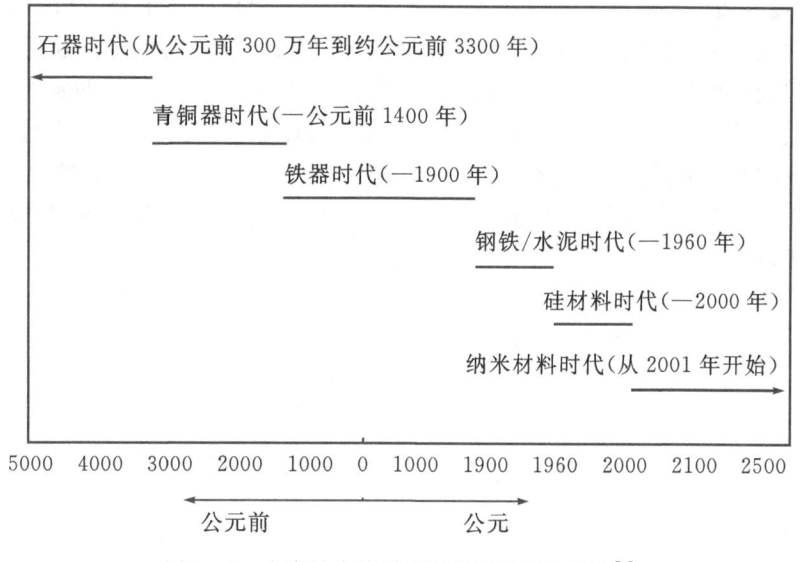

图 3-2　人类社会物质文明发展阶段的划分[3]

3.2　能源经济与物质文明

3.2.1　能源经济的概念及内涵

　　能源经济是指能源生产与再生产的经济关系。它包括进行生产和再生产过程中,与社会以及自然界发生的关系。能源经济包括能源生产、交换、分配和消费的全部经济活动。能源经济学作为经济学的一个分支出现于 20 世纪 70 年代石油危机之后;在我国,能源经济学的兴起主要是在 21 世纪前后,随着我国进入工业化中期阶段,工业化和经济的发展受能源资源的制约效果逐渐显现。由于化石能源消耗引起的环境压力和气候变化压力的增加,我国能源关注焦点已从能源安全转移到能源强度和能源效率问题上来。能源经济学属于交叉学科范畴,是一门区别于传统的新兴学问,居于能源科学、经济学、管理学和政策学的交叉地带;通过跨学科的视角和方法论,可以解决能源开发和利用过程中"经济不经济"的问题。

3.2.2　能源经济对物质文明发展的重要性

　　党的十九大报告指出,实现"两个一百年"奋斗目标、实现中华民族伟大复兴的中国梦,不断提高人民生活水平,必须坚定不移把发展作为党执政兴国的第一要务。人们认为近代社会发展的四大支柱有能源、材料、信息和生物技术,其中能源可以说是近代社会发展最基本的物质基础。纵观古今,能源历来是人类文明的先决条件,人类社会的一切活动都离不开能源。从人类的衣食住行到文化娱乐,都要直接或间接地消耗一定数量的能源。当前,虽然信息产业、生命科学和纳米科技正在以惊人的速度迅猛发展,但能源对世界经济的影响仍占主要位置。

　　图 3-3 表示的是我国各行业的能源消费情况,可以看出社会各行业的发展都离不开能源的支撑。能源与工业、农业、国防和科技现代化都有着非常密切的关系。在现代社会中,任何产品的生产都必须投入一定数量的能源。在生产过程中,能源的作用一般是提供热(或冷)和

动力,或者使投入的材料转变为其他形式。一个国家的工业化实质上是以机器代替劳力的过程。在工业化过程中,经济的迅速增长有赖于钢铁、化工、建材等高耗能工业的发展。能源工业向耗能部门提供燃料和动力,耗能部门则向能源工业提供材料和设备,两者之间有着相互依赖又相互制约的关系。同样,农业现代化实际上就是用能源来代替人力、畜力和天然农肥的过程。农业现代化意味着用很少的劳动力生产出更多的食物。目前,我国食物系统直接或间接消耗的能源占全国商品能源总消费量的 30% 以上。因此,开发农村新能源和节能是我国能源工作的一个重点。

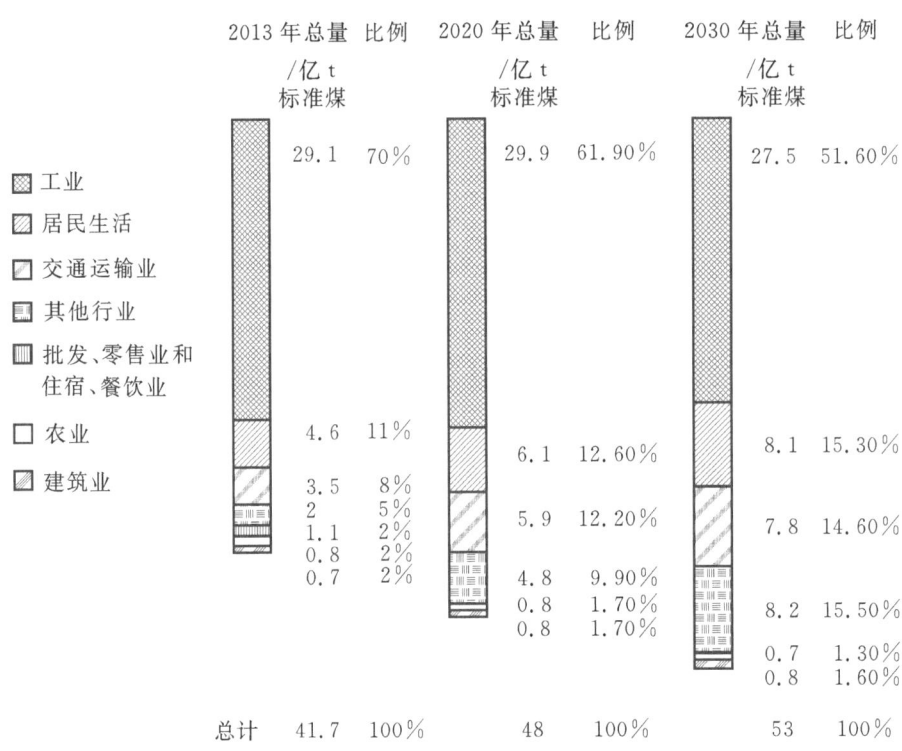

图 3-3 各行业能源消费结构
(数据来源:《中国能源展望 2030》,国家能源局)

党的十九大报告指出,创新是引领发展的第一动力,是建设现代化经济体系的战略支撑。在人类过去 400 万年的发展历史中,从人类学会使用火开始,经过石器、铁器时代,直到近代工业化革命,各种技术的发展使人类文明达到了一个前所未有的高度。其中,能源是科学技术进步的前提,而新技术的应用是提高能源开发和利用效率的关键。从历史来看,能源技术的历次突破都伴随着生产技术的重大改革。能源技术进行了三次重大突破,即蒸汽机、电力和新能源的发明与应用,正是新的能源技术促进世界能源结构的转变。新能源不但是世界新的技术革命的重要内容,也是推动世界新的产业革命的力量。新能源技术的综合应用将加速世界技术革命的进程,新的技术革命也为人类面临的能源挑战开辟了广阔的前景。

今天,能源在国民经济中具有特别重要的战略地位,它是人类社会赖以生存和发展的物质基础;现代化程度越高,对能源的依赖性也就越强。我国是一个拥有 14 多亿人口的发展中国家,正处在建设现代化经济体系过程中,而我国社会主义现代化国家的建设将在很大程度上取决于能源产业的发展。因此,我国已经把能源确定为经济发展的战略重点,放在优先的位置。

3.2.3　能源的需求与供给

1. 世界的能源形势

2021 年版《bp 世界能源统计年鉴》显示,2020 年全球一次能源消费量同比下降了 4.5%,为 1945 年以来的最大跌幅。过去一年全球能源的需求与供给已表现出长期趋势,全球能源消费进一步放缓,能源结构正在向低碳燃料转型。其主要原因是全球经济持续疲软,加之"新冠"疫情影响。而中国正在从工业型经济向服务型经济转变,这都导致了能源消费增长放缓。在供给侧,能源的种类也在随着技术的进步而不断增加。从全球范围来看,太阳能在过去 10 年中供应量增加了 60 倍,美国通过页岩革命已获得了大量的石油和天然气资源。技术的快速发展也为可再生能源的强劲增长提供了支撑。

2020 年能源供应充裕和"新冠"疫情导致的能源需求增速放缓这两个趋势相互影响,所有化石燃料的价格均有所下滑。石油平均价格跌至 41.48 美元/桶,是 2004 年以来最低水平。2021 年前三季度,布伦特原油现货均价为 67.73 美元/桶,同比上涨 65.9%。由于天然气期货价格的居高不下,加之全球疫情常态化后的经济复苏导致的石油需求增加,多方面原因刺激着原油期货价格不断升高。根据 2021 年版《bp 世界能源统计年鉴》数据,石油仍是全球的主要燃料(占比为 31.2%),煤炭以 27.2% 的份额保持第二大燃料的位置,天然气在一次能源消费中的市场份额为 24.7%。可再生能源对能源供应量增长的贡献率呈大幅提高趋势,而煤炭、石油对能源供应量增长的贡献率不断下降。世界一次能源供应情况如图 3-4 所示。

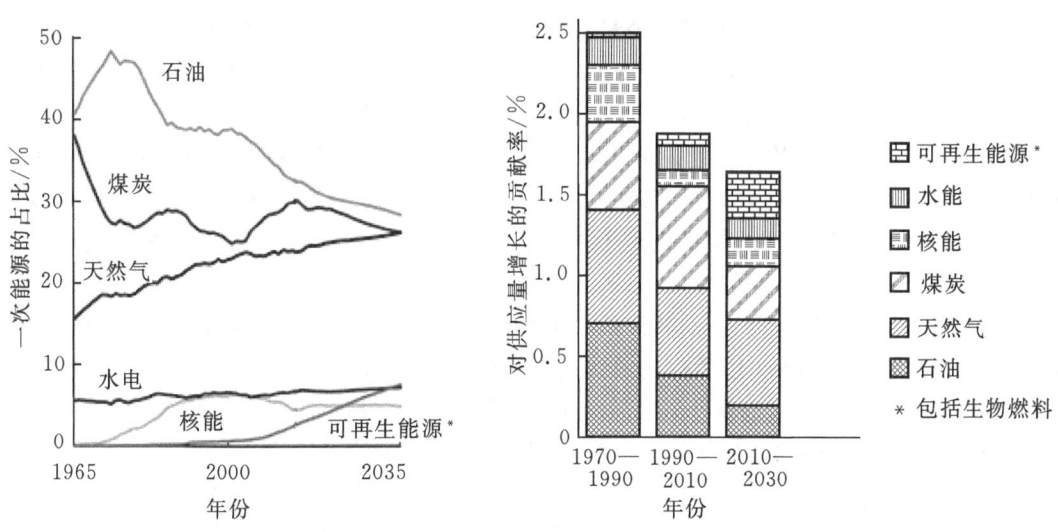

图 3-4　世界一次能源供应情况

当前全球石油供需形势的变化将促使市场加速调整,预计不久可趋近再平衡。不过,仍有两大因素令油价处于不断波动过程中。首先,全球石油库存仍维持高位,消化库存的过程将对油价上涨形成抑制。同时,随着石油价格逐渐恢复,美国的页岩油气厂家开始增产。天然气在发电领域日益占上风,液化天然气重要性的提升以及竞争格局的变化成为 2015 年以来全球天然气市场发展呈现出的三大趋势。在美国,天然气已经取代了煤炭,成为发电领域最重要的一种能源,这是历史上从来没有出现过的情况。这意味着美国电力行业的能源组成发生了根本性的变化。尽管天然气的非电力需求增速放缓,但由于 2015 年以来天然气价格的持续下行,使其在发电领域对煤炭的替代作用越来越显著。液化天然气在世界天然气市场中的重要性正在不断提升。不同地区的天然气供应来源如图 3-5 所示。

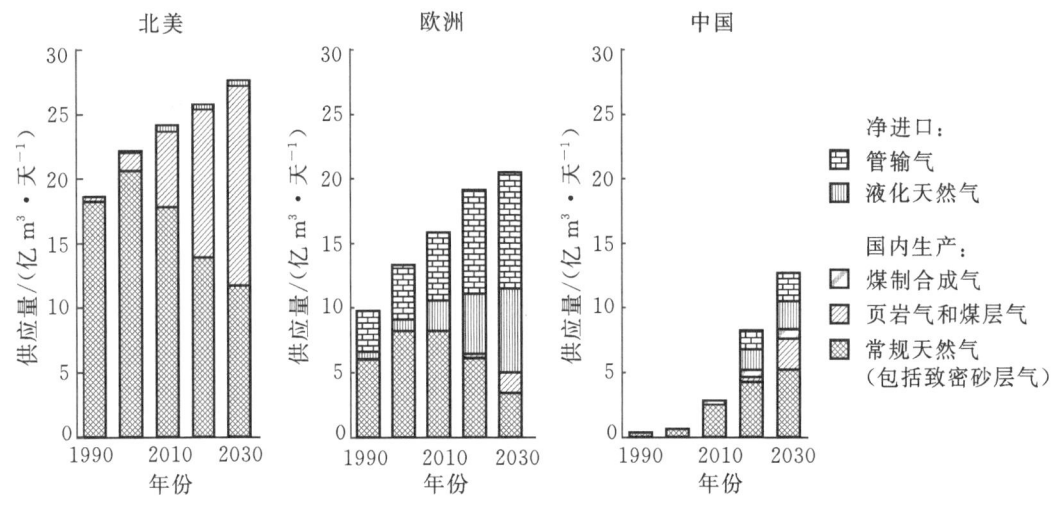

图 3-5　不同地区和国家的天然气供应来源

2. 中国的能源形势

虽然 2020 年新兴经济体能源消费量降低 2.4％,与 10 年期 3.1％的平均增幅相差巨大,但这些国家仍然是全球能源消费增长的主力军。其中,2020 年中国能源消费量逆势增长 2.1％,增速低于过去 10 年平均水平(3.8％),但仍然是世界上最大的能源消费国,占全球消费量的 26.1％。中国是少数几个能源需求量正增长的国家。从能源种类来看,在化石能源中,消费增长最快的是天然气(6.9％),其次是石油(1.7％)、煤(0.3％)。石油、天然气、煤的增长率均远低于 10 年平均水平。煤炭仍是中国能源消费的主导燃料,占 56.8％,为历史最低值,而最高时达到 74％(2005 年前后)。中国大陆化石能源消费量变化如图 3-6 所示。1965 年至 20 世纪末,中国大陆煤炭、石油和天然气消费量缓慢增长。自 2000 年以来,各类化石能源消费量增速稳定,但 2015 年以后煤炭消费量增长停滞,甚至略有下降。2020 年中国的二氧化碳排放量增长率为 0.6％,远低于 2.4％的 10 年平均水平,也低于 1.4％的全球 10 年平均增速。这些数据体现出中国能源结构在改变,能源效率在提高[5]。

在能源供给方面,2020 年中国除煤炭产量增长了 1.2％,低于 10 年平均水平(2.2％)外,其他化石燃料产量增速均高于 10 年平均水平,天然气和石油分别增长 9.0％和 1.7％,均高于 10 年平均水平(7.5％、0.1％)。中国可再生能源生产量全年增长 15.1％,在全球总量中的份额从 5 年前的 17％提升到了 24.6％。在非化石能源中,其他可再生能源增长最快(16.2％),其次是太阳能(15.8％)、风能(14％)和核能(4.7％),水电在 2020 年增长了 3.2％,低于 10 年平均水平(6.9％)的一半。2015 年,中国超越德国与美国,成为世界最大的太阳能发电国并保持至今。

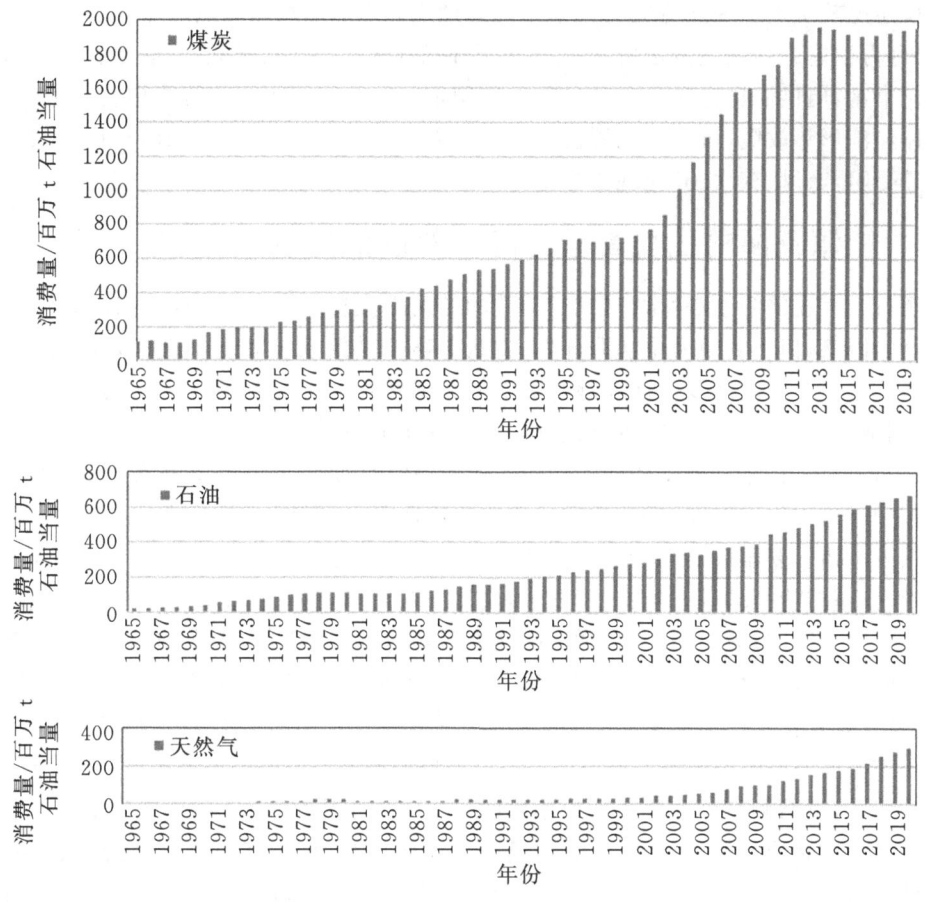

图 3-6　中国大陆化石能源消费量变化

（数据来源：英国石油公司 2021 年版《bp 世界能源统计年鉴》）

3. 中国能源行业面临的问题

（1）能源供给结构不合理，大量煤炭消费造成环境污染。根据国家统计局数据，2020 年，我国能源消费总量中一次能源煤炭占 56.8%，尽管大部分以转化为二次清洁能源电力的方式消费，但由于煤炭清洁技术尚在研制及推广使用阶段，同时火电生产中对排放的管制尚无法一步到位，煤炭消费仍是造成环境污染的主要影响因素之一。

（2）根据国家能源局数据和中国电力企业联合会《2020—2021 年度全国电力供需形势分析预测报告》，2016 年以来，我国火电装机容量增速持续在低位徘徊。2020 年我国火电装机容量达 124624 万 kW，同比增长 4.8%，增速连续 4 年小于 5%。截至 2020 年，我国煤电装机容量为 107992 万 kW，同比增长 3.7%，占全部装机容量的 49.07%，首次降至 50% 以下。2021年，作为我国主要能源的煤炭的价格大幅上涨并居高不下，火力发电的成本陡然上升，大大加重了发电企业的生产成本和负担，加之我国提出"碳达峰、碳中和"的目标，这些因素会使未来的火电装机容量增速进一步降低。

（3）石油仍是交通运输行业的主要能源，新能源机动车保有量不足。随着经济的发展，交通运输需求持续增加，而新能源汽车，尤其是电动汽车由于制造技术不成熟、充放电不便利等问题发展还比较缓慢。因此造成的汽车尾气已经成为当前空气污染的一个重要来源。

（4）可再生能源存在供需矛盾，电力输运配置不合理。水能、风能、光能在我国能源结构中储量相对丰富，但供需显逆向分布。尽管国家制定了一系列可再生能源发电优先上网政策，但由于整体经济形势放缓，可再生能源富集区电力需求不足，不合理的电力输送网络架构配置使外送渠道受阻，弃风、弃水、弃光现象严重。

3.2.4　能源资源的优化配置（能源的供给侧改革）

能源行业存在的问题是"供需错位"导致的结构性失衡，其中尽管有我国能源资源禀赋分布不平衡的因素，但主要原因是能源开发、输送等整个供给系统规划不全面，其次是能源行业内各种能源运作系统之间及一次能源与二次能源的转化系统交互单一，再次是能源行业与交通运输、制造业等其他行业之间供给系统与需求系统的不协调。

2015 年 11 月 10 日上午，习近平主持召开中央财经领导小组第十一次会议，研究经济结构性改革和城市工作。会议强调，推进经济结构性改革，是贯彻落实党的十八届五中全会精神的一个重要举措。要牢固树立和贯彻落实创新、协调、绿色、开放、共享的发展理念，适应经济发展新常态，坚持稳中求进，坚持改革开放，实行宏观政策要稳、产业政策要准、微观政策要活、改革政策要实、社会政策要托底的政策，战略上坚持持久战，战术上打好歼灭战，在适度扩大总需求的同时，着力加强供给侧结构性改革，着力提高供给体系质量和效率，增强经济持续增长动力，推动我国社会生产力水平实现整体跃升（新华社 2015 年 11 月 10 日消息）。

2016 年 5 月 16 日，习近平主持召开中央财经领导小组第十三次会议。会议指出，要准确把握基本要求，供给侧结构性改革的根本目的是提高供给质量满足需要，使供给能力更好满足人民日益增长的物质文化需要；主攻方向是减少无效供给，扩大有效供给，提高供给结构对需求结构的适应性，当前重点是推进"三去一降一补"（去产能、去库存、去杠杆、降成本、补短板）五大任务；本质属性是深化改革，推进国有企业改革，加快政府职能转变，深化价格、财税、金融、社保等领域基础性改革。要发挥好市场和政府的作用：一方面遵循市场规律，善于用市场机制解决问题；另一方面政府要勇于承担责任，各部门、各级地方政府都要勇于担当，干好自己该干的事（新华社 2016 年 5 月 16 日消息）。

2019 年 4 月 22 日，习近平主持召开中央财经委员会第四次会议，会议强调要深化供给侧结构性改革，巩固"三去一降一补"成果，增强微观主体活力，提升产业链水平，畅通国民经济循环。要抓住用好新机遇，加快经济结构优化升级，提升科技创新能力，深化改革开放，加快绿色发展，参与全球经济治理体系变革，更多地在推动高质量发展上下功夫（新华社 2019 年 4 月 22 日消息）。

针对能源行业出现的结构性失衡，2016 年 2 月 18 日，国家能源局召开全面深化改革领导小组会议，会议的主要任务是落实党中央、国务院关于供给侧结构性改革的决策部署，落实全国能源工作会议关于能源体制改革的工作部署。会上审议通过了《国家能源局 2016 年体制改革工作要点》。推进供给侧结构性改革是党中央、国务院作出的重大决策部署，是适应和引领经济发展新常态的重大创新。在能源消费增长减速换挡、结构优化步伐加快、发展动力开始转换的新常态下，做好能源工作，思维要调整，重心要转变。应对新常态，能源改革势在必行、刻不容缓。能源发展方式要从粗放式向提质增效转变，能源工作方式要从审批项目为主向推进改革和技术创新转变。破解新常态下能源发展面临的传统能源产能过剩、可再生能源发展瓶颈制约、能源系统整体运行效率不高等突出问题,必须创新能源体制机制,大力推进能源供给侧结构性改革。

2021 年 4 月 23 日,国家能源局召开全面深化改革暨推进职能转变工作领导小组会议,会议总结了能源体制改革和"放管服"(简政放权、放管结合、优化服务)改革取得的成绩,部署了2021 年重点任务。会议指出,我国能源体制改革步伐稳健,能源市场体系逐步健全,多元能源市场结构初步形成,市场决定能源价格机制和能源治理体系逐步完善。会议强调,要深刻领会党中央、国务院对能源改革的新部署、新要求,从保障能源安全、推进能源低碳转型、激发市场活力、完善能源治理体系等方面,纵深推进能源体制改革和"放管服"改革工作,推动实现"碳达峰、碳中和"目标,保障国家能源安全。

针对"深化供给侧结构性改革",党的十九大报告指出,建设现代化经济体系,必须把发展经济的着力点放在实体经济上,把提高供给体系质量作为主攻方向,显著增强我国经济质量优势。加快建设制造强国,加快发展先进制造业,推动互联网、大数据、人工智能和实体经济深度融合,在中高端消费、创新引领、绿色低碳、共享经济、现代供应链、人力资本服务等领域培育新增长点,形成新动能。支持传统产业优化升级,加快发展现代服务业,瞄准国际标准提高水平。促进我国产业迈向全球价值链中高端,培育若干世界级先进制造业集群。加强水利、铁路、公路、水运、航空、管道、电网、信息、物流等基础设施网络建设。坚持去产能、去库存、去杠杆、降成本、补短板,优化存量资源配置,扩大优质增量供给,实现供需动态平衡。激发和保护企业家精神,鼓励更多社会主体投身创新创业。建设知识型、技能型、创新型劳动者大军,弘扬劳模精神和工匠精神,营造劳动光荣的社会风尚和精益求精的敬业风气。

1. 完善能源市场建设

要开展能源供给侧改革,必须坚持市场导向原则,发挥市场优化配置资源的决定性作用。由于能源对国家安全的重要性,其中尤其是电力还具有公共事业属性,电力行业属于自然垄断行业,在市场建设方面一直步伐相对落后。但是加快构建一个公平竞争、健康有序的市场,无疑是我国深化经济体制改革中的一大重要任务。能源行业迫切需要变革,其中电力行业以一系列电力体制改革配套文件的颁布揭开了构建电力市场的序幕,放开属于竞争环节的发电侧和售电侧,引入多元化社会资本。只有市场竞争机制、价格机制、供求机制充分发挥作用,才能引导资源进行优化配置,提高新能源竞争能力,调整能源供给结构,同时提高能源利用效率,借助能源精细化管理实现能源可持续性发展的目的。

2. 能源供给侧改革的重点

华北电力大学能源互联网研究中心曾指出,要解决能源行业存在的结构性失衡问题,完善能源供给规划,促进多类型能源的相互补充与供需系统的协调发展,需要应用前瞻性视角、系统性思维来思考包括能源生产、运输、消费全行业在内的广义能源系统运作问题,明确能源供给侧改革的重点所在。

1)培育发展新兴能源需求

李克强总理主持召开国务院"十四五"规划《纲要草案》编制工作领导小组会议,根据新华社消息,会议强调要体现深化供给侧结构性改革,体现深化改革开放,展示中国坚定推进改革开放的决心。要充分发挥市场在资源配置中的决定性作用,更好发挥政府作用。供给侧改革实际上是对供应管理的变革,其中的"供"是对升级需求和新兴需求的"应"答,关键点在于以

"供""应""需"。因此供给侧改革最重要的起步措施就是对升级需求和新兴需求的培育和引导。具体到能源方面,需要加大对服务品质消费、绿色节能消费等的培育,促使能源用户产生更多的服务、信息、节能、品质需求。能源用户发出新型能源需求信号,而供应侧在接收到此信号后会相应地给予应答。通过满足新兴能源需求,以消费升级引领产业升级,以技术创新和商业模式创新实现电能替代和清洁替代,逐步加大可再生能源消费比例,提高能源利用效率,控制能源消费总量,实现能源供给结构的调整和发展模式的变革。

2)建设广义能源互联网

能源互联网绝不是能源与互联网的简单加合,也不是单纯包括一种能源的电力互联网,而应是广泛意义上的能源互联网,即能够实现横向多源互补,纵向源—网—荷—储协调,能源与信息高度融合的新型能源利用体系。其中多源互补指的是包括石油、燃煤、天然气等一次能源之间,以及一次能源与二次能源之间的交互补充;而纵向源—网—荷—储协调指的是能源被消费之前的开发、输送、储存与利用等环节之间的相互协调。在这种交互补充和相互协调的过程中,能量流和信息流有序地双向流动,从而达成能源供给子系统的整体。

3)加强能源整体规划引导

我国在清洁能源供给与消费上天然存在着逆向分布的特征,因此要实现清洁能源的大规模开发利用,必须解决清洁能源当地消纳能力不足,以及无法大规模向外输送的难题。此时,就需要树立"顶层设计"的系统性思维,摒弃原有"各自为政"单纯"扩张保供"的能源发展思路,对现有的能源管理体制进行改革,以体制创新促进技术创新与商业模式创新,从而促进能源系统的良性循环运行,为能源行业注入持久活力。

3.2.5 低碳经济和循环经济

随着国际间关于气候变化的话题讨论得越来越热,特别是近几年来国际社会应对气候变化由理念转入行动后,"低碳技术""低碳产品"和"低碳经济"的概念在西方发达国家应运而生,并迅速传播开来。特别是联合国环境规划署将2008年"世界环境日"(6月5日)的主题确定为"转变传统观念,推行低碳经济"后,低碳经济成为各种国际经济论坛中热度最高的词汇之一。已有专家断言,低碳经济会成为发达国家引领世界经济发展的新潮流和国际经济秩序的新规制。

1. 低碳经济的内涵和产生的背景[6]

低碳经济是指在可持续发展理念指导下,通过技术创新、制度创新、产业转型、新能源开发等多种手段,尽可能地减少煤炭、石油等高碳能源消耗,减少温室气体排放,达到经济社会发展与生态环境保护双赢的一种经济发展形态。低碳经济的提出是由于化石燃料的燃烧会增加大气中二氧化碳的浓度,以二氧化碳为代表的温室气体的增加会导致全球气候变暖,进而会给全球人类的基本生活元素带来灾难性伤害——水资源失衡、粮食减产、生态系统损害、海平面上升等。这本来是早在1896年由阿累利乌斯提出的一个科学假说,长期以来被业界的许多专业人士怀疑。但近些年来,这个命题被国际上的政府间气候变化专门委员会(IPCC)组织的几千名科学家所作的四次评估报告以及英国的《斯特恩报告》给予了证明。在1906—2005年的100年时间里,全球地表平均温度升高了0.74 ℃。最近50年,气温上升的趋势是过去100年间的2倍左右,且是由人类活动造成的。

最早提出"低碳经济"是在2003年英国政府发布的能源白皮书《我们能源的未来:创建低

碳经济》中。英国当时的目标是到 2010 年二氧化碳排放量在 1990 年的水平上减少 20%,到 2050 年减少 60%,在英国建成一个低碳经济体,并需要建立低碳排放的全球经济模式。英国主张,在 21 世纪要努力维持全球温度升高不超过 2 ℃,全球温室气体排放到 2050 年要削减一半。美国也在 2007 年 7 月,由参议院提出了《低碳经济法案》。奥巴马在竞选中提出了"绿色振兴"计划,把新能源占比提高到 30%,每年拿出 150 亿美元大举投资太阳能、风能和生物能源等,创造 500 万个绿色就业岗位,并且举全国之力构建美国的低碳经济领袖地位。奥巴马上台后在出台的应对金融危机的经济刺激计划中,把新能源和智能电网的改造作为政府拉动经济的主要投资方向。欧洲、日本、澳大利亚等发达国家和地区把发展低碳经济作为自己的政治目标加以宣扬。在世界范围内,碳减排行动的帷幕已经拉开。到 2019 年 12 月,《联合国气候变化框架公约》缔约方已召开了 25 次会议,取得了一些共识和阶段性成果。但在下一步的"可测量、可报告、可核实"的减排问题上,发达国家和发展中国家之间以及发达国家之间正在进行艰苦的谈判,这里包含着国家、民族之间利益的博弈,也有对全球实现可持续发展的共同愿景,低碳经济因而也具有多面色彩。

2. 循环经济的内涵及其发展演变的基本情况

循环经济也是起源于发达国家的经济发展新理念,但在时间和发展阶段上要早于低碳经济。"循环经济"一词是美国经济学家 K.波尔丁(K·Paulding)在 20 世纪 60 年代提出的。从概念上讲,循环经济是运用生态学规律来指导人类社会的经济活动,是以资源的高效循环利用为核心,以"减量化、再利用、再循环"(reduce、reuse、recycle,简称 3R 原则)为原则,以低消耗、低排放、高效率为基本特征的社会生产和再生产范式,其实质是以尽可能少的资源消耗和环境污染代价实现最大的发展效益。把 3R 原则作为一种理念和模式从生产领域引入建设、流通、消费等领域,人类历史上第一次有一种经济发展模式把经济增长与环境保护、资源节约有机地结合到一起,使可持续发展从理念变成现实。1990 年英国经济学家戴维·皮尔斯(David Pearce)和凯利·特纳(Kerry Turner)把这种经济发展模式概括为"循环经济"(circular economy)。1996 年德国政府第一次在国家法律文本《废弃物管理和循环经济法》中使用了循环经济概念。从此,循环经济的理念和模式在世界各国得到广泛共识[6]。

循环经济的产生有两个背景:一是 20 世纪 50 年代已经完成工业化后的西方发达国家寻求解决他们"先污染、后治理"的工业化发展道路所产生的环境污染问题的办法;二是 20 世纪 70 年代爆发的能源危机使人们认识到资源短缺对经济发展的制约,迫使人们寻求资源永续利用的途径和方法。他们在环境治理和节约资源的探索性实践中逐渐发现,单纯的末端污染治理模式不仅不能从根本上解决问题,而且投入巨大,难以为继。3R 原则下的资源利用模式可以概括为"资源—产品—废弃物—再生资源"循环利用模式。通过这种模式改造和构建新型国民经济体系,不仅提高了资源利用效率,节约了资源,减少了生产成本,提高了经济综合效益,而且有效地改善了生态环境。大量废弃物被资源化地循环利用,不仅解决了大量不可再生资源的再生利用问题,又产生了新的经济增长点,创造了新的就业岗位。

循环经济既然是一种新的经济发展理念和模式,发展的关键在于加速经济转型。也就是说,要按照生态经济理论和科学发展观的要求,从传统的资源依赖型量消耗型、粗放经营的经济增长方式向资源节约利用循环型、集约经营的经济增长方式转变。体制、制度、机制没有根本改变,经济增长方式是难以转变的,更谈不上经济转型。要完成经济转型必须建立一整套新的经济制度体系,包括产权、价格等基础性制度,生产、采购、消费和贸易等规范性制度,财政、金融、税收和投资等鼓励性制度,国民经济核算、审计和会计等考核性制度。通过一定的制度安排,规范引导经济运行。此外,国家经济综合部门要制定产业政策,鼓励发展资源消耗低、环境污染少、附加值高的高新技术产业、服务业和运用新技术改造的传统产业。要运用财政、税收和投资手段鼓励企业积极节约资源和循环利用废弃物,对生产再生资源的产品实施税收优惠政策。要积极运用价格杠杆促进循环经济发展,合理调整资源型产品与最终产品的比价关系,完善自然资源与再生资源的价格形成机制,解决价格障碍。建立健全生态与环境保护和资源补偿机制,充分发挥各种杠杆的调节作用。明确生产商、销售商和消费者对废弃物回收、处理和再利用的义务。要依法建立健全生产者责任延伸制度和消费者回收付费制度。

正处于工业化、城镇化加速发展阶段的中国,经济发展遇到了前所未有的资源和环境压力。发达国家在 200 多年工业化过程中分阶段出现的资源环境问题,中国现阶段集中显现出来;发达国家在经济高度发达后花几十年解决的问题,我们要在 5~10 年里逐步解决,难度之大前所未有。为此,中国政府在科学发展观指导下,审时度势,借鉴国外的经验,从中国国情出发,在 21 世纪初,把发展循环经济提升到国家战略层面,把发展循环经济作为转变经济发展方式、建设资源节约型和环境友好型社会的重要途径加以大力推进,取得了经济增长与资源节约和环境保护同步趋优的良好态势。在城市经济转型中,特别是资源型城市,更要重视同城市建设、产业优化和老工业基地的改造相结合,要按照生态经济、循环经济的理念,合理进行城市规划和功能布局。在城市规模、基础设施建设等方面,要充分考虑城市产业体系之间的衔接以及环境的可容量,使生态经济理论指导下的循环经济在企业、产业园区、城市和社区全面推进,有序地加快发展,走出一条有中国特色的资源节约型的发展道路。中国在"十一五"发展规划中提出了单位 GDP 能耗下降 20%,主要污染物排放总量下降 10% 的约束性指标,是节能减排的具体行动,是对世界气候变化的实际贡献。在"十二五"发展规划中提出了单位 GDP 能耗下降16%,能源综合效率提高到 38%,火电供电标准煤耗下降到 323 g/(kW·h)时,炼油综合加工能耗下降到 63 kg/t。在"十四五"规划中提出,未来 5 年累计单位 GDP 能耗下降 13.5%,单位 GDP 二氧化碳排放量降低 18%,低于"十三五"的实际完成值(单位 GDP 能耗下降 14%,单位 GDP 二氧化碳排放量降低 18.2%)。

3. 循环经济与低碳经济的联系和区别

循环经济和低碳经济都起源于发达国家的经济发展理念和模式,既有联系又有区别。在最终目标上,二者都是要实现人与自然和谐的可持续发展;但循环经济追求的是经济发展与资源能源节约和环境友好三位一体的模式,而低碳经济聚焦于经济发展与气候变化的双赢上。在实现的途径上,二者都强调提高效率和减少排放;但低碳经济强调的是通过改善能源结构提高能源效率、减少温室气体的排放,而循环经济强调的是提高资源和能源的利用效率,减少所有废弃物的排放。循环经济是适应工业化和城市化全过程的经济发展模式,而低碳经济是新世纪、新阶段应对气候变化而催生的经济发展模式。对于处于工业化、城市化过程中的发展中国家来说,循环经济是不可逾越的经济发展阶段。

显而易见,循环经济关注的是提高生产、流通、消费领域所有资源能源的利用效率,使废弃物排放量最小化,这其中包括温室气体排放量的最小化。低碳经济的关注重点在低碳能源利用和温室气体减排上,聚焦在气候变化上,这是与发达国家经济发展阶段相对应的。发展中国家的传统污染问题尚未得到解决,气候变化的问题又摆在面前。发达国家在引领低碳经济发展的同时,利用低碳技术、低碳标准设置关税贸易壁垒,从而达到打压新兴工业国家、巩固自己的传统优势、保持较强竞争力的目的,这些是发展中国家制定自己的低碳经济发展战略时应该考虑的。从以上分析可以看出,循环经济和低碳经济在终极目标上是高度吻合的,但二者的关注重点有一定的区别。在应对气候变化的问题上,发展中国家应该坚持"共同但有区别的责任"的原则,与发达国家一道实现"长期合作行动的共同愿景",在讨论长期减缓气候变化目标的同时要立足当前,把低碳经济作为战略取向,坚定不移地走具有本国特色的循环经济发展之路,为低碳社会目标的实现打下坚实的基础。

3.3　能源与经济发展的关系

3.3.1　能源与经济发展的相互关系

能源是支撑人类文明进步的物质基础,是物质文明必需的生产要素和投入因子,是社会生产、生活的根本动力来源;经济发展是以能源为基础的,自然资源是经济发展的物质基础。从经济学的角度分析,能源与经济增长的关系,一方面是经济增长对能源的依赖性,即能源促进了经济的增长;另一方面能源的发展要以经济增长为前提,因为经济增长促成了能源的大规模开发与利用。能源作为经济动力因素的同时,也是一种障碍,能源的逐渐耗竭及能源带来的生态、环境问题,都将严重阻碍经济的发展。

能源发展史也是人类的物质文明进化史,古代能源的利用与物质文明一同进步。在中国距今 170 万年以前的云南元谋人遗址中和大约同一时期山西芮城西侯度遗址中,发现了已知的人类最早的用火遗迹。在距今 50 万年以前的北京周口店"北京人"居住的岩洞里,上、中、下部都找到了"灰烬层"。在"灰烬层"中,草木灰中夹杂着木炭、石头和兽骨,灰烬按一定部位成堆分布,这说明"北京人"已有意识地用火。对火的认识和使用,是人类历史上第一个伟大的化学发现。它为物质发生化学变化创设了重要条件,增长了人类和自然作斗争的威力,也改变了人们的生活习惯和生活方式。可以说火的使用既改造了自然,也改造了人类本身。

煤炭,中国古代称石炭、乌薪、黑金、燃石等。最早记载煤的名称和产地的著作是战国时期的《山海经》。《汉书·地理志》上也记载:"豫章郡出石可燃,为薪。"说明煤已用于江西南昌附近人民的日常生活中。1975 年,根据对河南郑州古荥镇冶铁遗址的挖掘,发现当地从西汉中叶至东汉前期,是以煤为能源冶铁的。北魏地理学家郦道元在《水经注·河上》篇中第一次在文献中记载用煤冶铁。南北朝时我国北方家庭已广泛使用煤取暖、烧饭,唐朝时我国南方也广泛使用煤了。宋朝时,煤炭在京都汴梁已是家用燃料,庄绰在《鸡肋编》云:"数百万家,尽仰石炭,无一家燃薪者",即是明证。元朝时,意大利的马可波罗看到中国用煤盛况,并在他写的《马可波罗游记》一书中作了记载,致使欧洲人把煤当成奇闻传颂。明朝时,煤炭已是冶铁的主要燃料。著名科学家宋应星在他的《天工开物》一书中就有关于"冶铁"的记载,提到用煤的约占 7/10。中国宋朝时已用焦炭炼铁,1961 年在广东新会县发掘出的南宋炼铁遗址中,除发现有炉渣、石灰石、铁矿石外,还发现焦炭。目前所知,这是世界上用焦炭炼铁的最早实例,说明中国用煤炼焦,比欧洲早了 500 多年。煤炭工业的发展促进了铁器时代的发展,也为蒸汽时代的到来奠定了能源基础。英国的煤炭产量由 1850 年的 5000 万 t 增加到 1870 年的 11200 万 t,生铁产量也由 230 万 t 增加到 600 万 t。以煤炭为能源、钢铁为材料的蒸汽时代在英国拉开序幕,从此人类历史进入了一个崭新的时代。

石油在古代又称石漆、水肥、石脂、猛火油、雄黄油、石脑油等。最早记载石油的文献是公元 1 世纪的《汉书·地理志》。书中云："高奴，有洧水可燃。"高奴即今陕北延长县一带。《后汉书·郡国志注》对石油产地、性质作了较详细的描述。到了晋时，石油不但用作燃料，还用于机械润滑。北魏至隋唐时代，中国西北多处发现石油，劳动人民用石油涂牛皮，既可润泽皮革又可防水。宋朝时，劳动人民开始用含蜡量极高的固态石油制成蜡烛，用以照明。宋朝著名科学家沈括发明用石油作墨，最早把石油用作石油化工原料，他在《梦溪笔谈》中明确提出"石油"一词。世界石油的开采量由 1860 年的 6.7 万 t 增加到 1918 年的 5000 万 t。石油的大规模利用促进了内燃机的发展，1886 年德国的戴姆勒（Daimler）发明了第一台使用石油为燃料的内燃机。内燃机开始逐渐取代蒸汽机的历史地位，为汽车、飞机和轮船的发展提供了基本条件。从此人类更加紧密地与能源联系到了一起，人类的文明进步和经济发展与能源发展相随。

化石能源是目前全球消耗的最主要能源。但随着人类的不断开采，化石能源会不断枯竭。按照目前的开发利用趋势，大部分化石能源在 21 世纪将被开采殆尽。化石能源的大量消费，使大气中温室气体浓度增加，导致全球气候变暖。1860 年以来，全球平均气温提高了 0.4～0.8 ℃。政府间气候变化专门委员会所作的气候变化预估报告的结论是，二氧化碳为温室气体的主要部分，其中约 90% 以上的人为二氧化碳排放是化石能源消费活动产生的。化石能源，特别是煤炭的使用带来大量的二氧化硫和烟尘排放。机动车尾气污染等问题日益严重，特别是在大城市，煤烟型空气污染已开始转向煤烟与尾气排放的混合型污染。以化石能源为主的能源结构具有明显的不可持续性。因而，开发更清洁的可再生能源是今后发展的方向。

新能源的开发和应用已经成为全球关注的焦点。特别是由于全球性能源短缺、国际油价持续波动、燃煤火电对环境的污染和气候的影响，积极推进能源革命，大力发展可再生能源，已成为各国、各地区培育新的经济增长点的重大战略选择。可再生能源可分为太阳能、风能、水能、生物质能、地热能、海洋能等。从图 3-7 可以看到化石能源消费量仍然占有较高比例，可再生能源占全球发电量的比例为 27.2%，其中水力发电所占比例最高，其次是风能（国际可再生能源机构数据）。过去 30 年间，全球可再生能源增长率超过了一次能源的增长率。新能源的开发和利用必然伴随着人类物质文明的又一次发展。根据欧洲可再生能源委员会估计，到 2050 年可再生能源将能满足全球 50% 的一次能源需求，其中 70% 的电力将来自于可再生能源（包括水电）。努力减少对化石能源的依赖，是保证未来人类文明得以延续的必然选择。不断提高可再生能源在全部能源中所占比例，最终实现对化石能源的替代，是人类社会发展的必然趋势。

新能源的发展对世界经济和产业结构调整有着重要的意义。首先，新能源产业吸纳的巨大投资及其创造的就业岗位将成为拉动各国内需的重要因素之一。其次，新能源产业还可以拉动其他相关产业的发展。新能源产业是资金、技术密集型产业，其产业链较长，涉及产业较多。发展新能源产业，不仅可以促进本行业的发展，而且对产业链上其他行业具有较大的促进作用，从而形成一个规模庞大的产业集群。新能源产业有可能成为未来经济发展中的主要增长点。最后，发展新能源产业还可逐步降低经济增长对传统能源的依赖程度，提高资源利用效率和清洁化水平，减少经济增长的能源成本和环境成本，有助于经济的可持续快速增长。历史经验表明，每一次全球经济危机都孕育着新的技术突破，都会催生新的产业变革。在当前的全球能源变革中，新能源被认为是能够同时解决金融危机和气候危机的战略性支点，因而成为新一轮国际竞争的制高点。

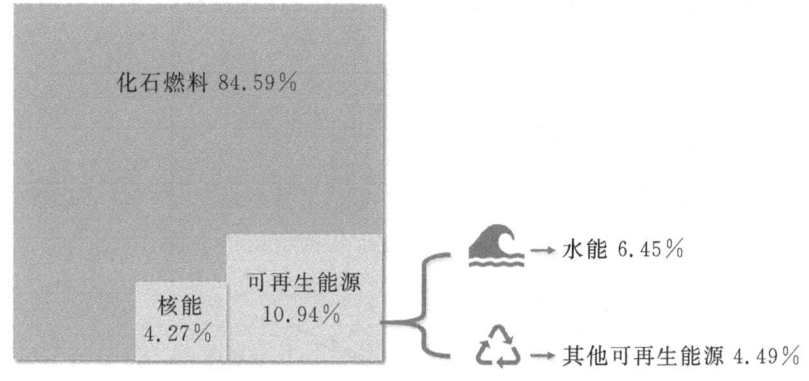

（a）可再生能源占全球能源消费量比例

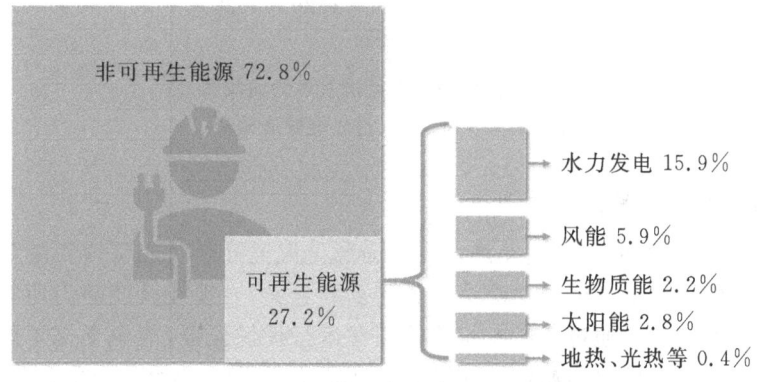

（b）可再生能源占全球发电量比例

图 3-7　可再生能源占全球能源消费量和发电量比例（2019 年）

对于我们这个经济正处于强劲上升势头的发展中大国来说,能源既是我国全面建设社会主义现代化国家的关键物质保障,又是我国屹立于世界民族之林中与其他国家博弈的一颗重要棋子。目前我国能源消费结构亟待优化,必须改变过于依赖石油进口和煤炭的现状,加大对新能源的开发使用力度。这不仅有利于节能减排,也是我国经济实现可持续发展的战略选择。

3.3.2　能源消费与经济发展的基本规律

能源是人类社会赖以生存和发展的重要物质基础,它与人们的日常生活及社会的经济发展息息相关。人类社会进入工业化时代以后,能源开始广泛而深刻地影响人们的生活和社会的发展。长期以来,经济的发展同能源消费之间有着密切的关系。对于能源与经济发展的关系问题,国际学术界有两种不同的观点:一种认为经济增长与能源供应有着固定的联系,能源供给与经济增长存在正相关性;另一种观点则认为可通过采用节能技术和调整经济结构等手段控制对能源的需求,经济增长并不一定需要能源供给的同步增长。但学术界都认为,经济的高速增长,尤其是高耗能的粗放经济增长方式,必然导致能源短缺,这种能源短缺反过来又会制约经济的发展。我国作为发展中国家,离低碳经济模式还有相当的距离,能源需求的增长是由经济增长导致的。因此,正确处理能源和经济发展的关系,对于我国的可持续发展非常重要。我国要实现经济、社会的可持续发展和全面建设社会主义现代化国家的战略目标,必须以能源与经济的协调发展为基本前提。能源消费与经济发展的关系如图 3-8 所示。

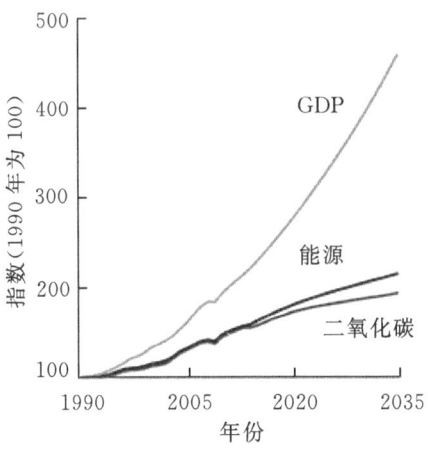

图 3-8　能源消费与经济发展的曲线图
（数据来源:《bp 2035 世界能源展望》）

1. 能源消费对经济增长的影响[7]

在现代社会,能源已经成为一国经济发展的命脉。人类社会对经济增长的需求很大程度地反映在其对能源的需求上。能源对经济增长的重要意义,表现在其能够为所有机器化生产活动提供不可或缺的动力。通过为所有行业的正常运行提供保证,能源支撑了国民经济的增长。能源对经济的支撑作用在能源供应充足时表现得并不明显,然而一旦能源供应滞后,各个行业便会因为动力不足而陷入发展停滞状态。因此,在工业化社会,能源供应不足已经成为经济增长的重要制约因素之一。由此可见,能源问题与经济、社会、国家乃至人类文明等都有着非常紧密的关系,能源可以推动或制约一国的经济增长。

1)能源消费对生产发展的推动作用

能源的开发与利用始终贯穿于人类文明发展的历史中,尤其到了工业化时代,人类对能源利用技术的突破更是极大地推动了人类社会的经济增长。瓦特发明的蒸汽机促进了能源在生产领域的大量使用,可以说煤炭在蒸汽机中的大量使用极大地提高了人类的劳动生产率,并由此开始引发资本主义的产业革命,极大地促进了人类文明的发展。而随着石油产业的发展,人类对能源的利用进入了又一个全新的时代。人类社会由柴草到煤炭再到石油的能源消费结构的转变,极大地促进了世界经济的繁荣与发展。世界上的工业化国家通过对化石能源的利用,在短短几十年时间创造出了人类历史上前所未有的物质文明和精神文明。尤其是 19 世纪末随着电气化的普及,蒸汽机被电动机取代,油灯和蜡烛被电灯取代,社会生产力更是大幅提高,人类社会的面貌焕然一新。

2)能源消费对经济规模的推动作用

劳动、资本、技术以及资源等要素的投入是经济增长的前提条件,而要素顺利转化为产出,需要通过能源的消费提供动力支持。能源的供应很大程度上制约着人类生产活动的规模和水平。一旦能源供应滞后,其对经济增长的约束作用比其他任何要素都表现得更加强烈和明显。1973 年的世界石油危机便是一个很好的例证,美国由能源短缺导致的 GNP 减少达到了 930亿美元。而据有关研究结果来看,能源短缺对一个国家 GDP 造成的损失,大致为能源短缺量价值的 20～60 倍。

3）能源消费对技术进步的推动作用

每一次改变人类文明的重要技术发明，实质上是人类对能源利用方式的转变。蒸汽机的发明是人类对煤炭利用方式的重大转变；内燃机的发明是人类对石油利用方式的转变；交通工具的演变背后也与人类对煤炭、石油、电力的利用直接相关。同时，能源在开发利用过程中也不断推动着人类技术水平的提升。煤炭化工、石油化工等以矿石能源为原材料的能源工业的崛起，带动了与之密切相关的一批新兴产业的兴起，为传统工业的技术进步以及生产规模扩大提供了充足的动力支持。

4）能源消费对人民生活水平的推动作用

能源是人类生活不可或缺的物质基础，人类生活水平越高，对能源的需求和依赖度也就越高。自从人类学会利用火以后，能源就和人类生活紧密联系。人类生活与能源的联系表现在以下两个方面：首先，能源为人类日常生活提供热量支持，现代社会中人类依赖的交通工具需要能源提供动力支持；其次，能源促进了工业文明的发展，为人类生活水平的进一步提高提供了更加丰富的物质和精神产品。

5）能源消费所产生的污染问题威胁经济的可持续发展

在能源资源的开发和利用过程中，会产生大量的废气、废水以及固体废弃物。废气的大量排放严重污染了大气环境，如温室效应、臭氧层破坏和酸沉降等。废水和固体废弃物又会对地球的水循环系统和土地造成严重污染。

总之，能源的大量开发利用，一方面推动了经济的高速发展；另一方面其产生的污染，又部分地抵消了经济发展的成果。人类在享受经济增长带来的物质文明的同时，不得不付出巨大代价来治理环境污染，并承担由环境污染引发的自然灾害所带来的严重后果。

2. 经济增长对能源消费的影响[7]

1）经济增长推动能源需求，为能源消费提供广阔市场

经济的增长为能源工业提供了越来越广阔的市场，推动着能源需求的增加与能源工业的发展。同其他行业一样，市场需求是能源工业生产水平和规模提高的重要因素。主导能源的更替是人类经济发展史上几次飞跃式发展的重要标志，而促成每次主导能源更替的动因则是经济增长导致的主导能源需求量剧增与该主导能源储量稀缺之间的矛盾。在人类经济发展的大部分时间内，能源消费量总是伴随着经济的增长而增加，且大多保持着一定的比例关系。

2）经济增长促进了人类对能源开发利用的技术水平的提升

经济增长提高了人类的科技水平，而科技水平的提高又为人类更加有效率地开发和利用能源提供了坚实的技术基础。在能源开发利用和经济增长的过程中，人类对能源科学的研究也不断深入，更加高效的能源形式和利用方式被不断地引入能源供应系统，最终造成主导能源的更替。毫无疑问，能源开发利用技术的发展，与人类科技水平的提高是紧密相联的。历史研究表明，人类对自然物质的利用效率取决于对该物质的认识程度，因此人类科技水平的提高促进了能源利用效率的提高，而经济增长又是人类科技水平提高的前提。

3）经济增长是能源发展的有利保障

进入工业化时代以来，对矿物能源、水电和核电等能源资源的开发工程一般都投资巨大，而且建设回收期很长，没有足够的财力、物力以及技术水平是无法完成的。因此，经济增长的状况决定着对能源工业资金、技术支持的力度，也极大地制约着能源开发利用的规模、程度和

水平。

总之,能源消费与经济增长之间的关系是相辅相成的。一方面,随着人类社会的进步、经济的增长,其对能源的需求和依赖程度会越来越高;另一方面,经济的增长、社会的进步与发展,又促进了能源行业自身的发展。

3.3.3 能源消费与经济增长关系的评价方法

能源消费强度和能源消费弹性系数是目前最为常用的评价能源消费与经济增长关系的指标。能源消费强度,即单位 GDP 的能源消费量,反映的是能源消费量与经济总量之间的数量关系;能源消费弹性系数,即某一时期内能源消费增速与 GDP 增速的比值,反映的是能源消费量与经济总量之间的速度关系。

1. 能源消费强度[7]

能源消费强度(energy intensity)是某个国家或地区、行业或部门在一段时间内每单位 GDP 的能源消费量,它既反映了一个国家的经济增长对能源消费的依赖程度,又反映了一个国家的能源利用效率。从表面上来看,能源消费强度是由 GDP 与能源消费量两个数值所决定的,实质上一个国家能源消费强度高低的决定因素是该国的技术实力、企业管理经验和水平以及经济体制和结构的创新。此外,能源消费结构、能源价格、投资也是能源消费强度的影响因素。

能源消费强度由于受到多方面因素的共同作用,其短期波动较为频繁,因此没有具体规律可循。但是从长期来看,各个先行工业化国家的能源消费强度都呈现出"先升后降"的倒 U 形发展过程。图 3-9 为先行工业化国家能源消费强度的变化趋势图,从中可以总结出以下几点规律。

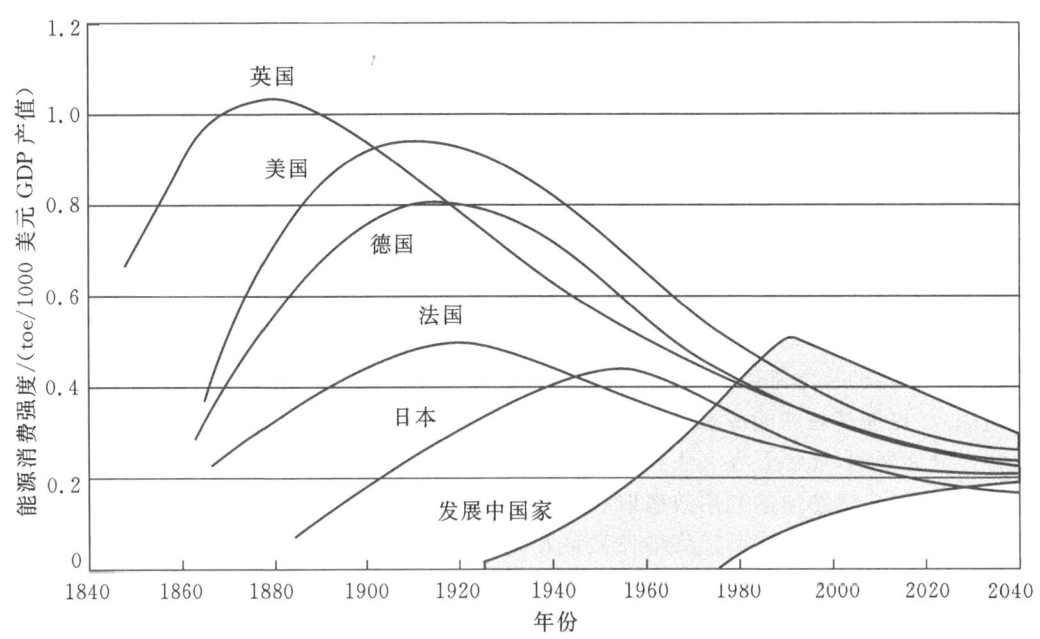

图 3-9 先行工业化国家的能源消费强度曲线[7]

（1）先行工业化国家的能源消费强度变化曲线与该国的工业化进程是密切相关的。在工业化初期，能源消费强度开始上升。在工业化加速阶段，由于能源密度较高的产业快速发展，能源消费强度也迅速攀升。当重工业产值占总产值比例最高时，能源消费强度也达到峰值。当工业化发展到成熟阶段且产业结构高级化时，能源消费强度开始下降。英国是最早完成工业化的西方发达国家，其能源消费强度的峰值出现在 1880 年左右，是先行工业化国家中能源消费强度峰值出现最早的国家。美国和德国工业化初步完成的时间为 20 世纪初，因此其能源消费强度的峰值出现在 1920 年左右。在这一时期，两国都处于工业化起飞阶段，重工业逐渐开始占据两国工业的主导地位。因此，发达国家能源消费强度出现峰值的时期，正是其产业结构重化的时期。在工业化后期，发达国家第三产业的迅猛发展又导致能源消费强度不断下降。在 1950—1997 年间，美、英、法三国的第三产业产值占比有较大幅度的提高，分别为19.6%、19.7%和39.5%。到 1997 年，三国的第三产业产值占比已经全面超过第二产业。在此过程中，三个国家的能源消费强度也不断下降。

先行工业化国家能源消费强度的演变历程都遵循这样一条规律，即在工业化进程开始之前，产品生产以手工劳动为主，因此这一时期的能源消费强度维持在一个比较低的水平上。工业化进程开始后，能源密集型产业逐渐替代以手工劳动为主的劳动密集型产业，在这一时期能源消费强度会急速提高。而在工业化进程完成以后，能源密度较低的高新技术产业和第三产业逐渐在经济结构中占据重要地位，能源利用的科技水平大大提高，再加上能源资源短缺和能源价格上涨所带来的限制作用，能源消费强度在这一时期不断降低。

（2）各个国家能源消费强度的峰值随着工业化完成时间的推迟逐渐降低。由图 3-9 可以看出，能源消费强度的峰值由高到低依次为英国、美国、德国、法国、日本，而这一顺序与以上国家工业化完成时间的先后顺序吻合。这一现象主要是由科技进步带来的能源消费效率提高、经济全球化等原因造成的。人类社会迄今为止所经历的三次重大的科学技术革命，无一不是在以改变能源利用方式的"能源革命"的推动下实现的。开始于英国的第一次科技革命是以蒸汽机的发明为标志，以煤炭为动力的蒸汽机大大地推进了生产力的发展。19 世纪中叶的第二次科技革命则是以石油代替煤炭发挥重要作用为背景的。在此过程中，电力、化学、汽车制造、造船等与石油密切相关的行业开始产生和发展，尤其是电力的广泛应用，促进了电灯、电报、电话以及大量电气自动化机器的发明和应用，大大改变了人类的生产、生活方式。发端于美国的第三次科技革命更是以新能源技术为主要推动力量，由此推动了一批新兴产业——电子技术、航空航天、原子能、核工业以及信息工程等的产生和兴起。由此可见，人类社会所经历的三次科技革命，每一次都是以能源科技的重大发展为背景的。工业化进程越晚的国家，就会具备越明显的后发优势，可以采用能源利用效率更高的生产技术和工艺设备，以实现"低能耗"的工业化发展道路。同时，由于全球经济一体化进程的快速推进，后发国家可以通过国际产业转移的机遇，在较短的时间内实现其产业结构的升级。在此过程中，能源利用效率会逐渐提高，其经济增长过程中对能源的过度依赖会得到一定程度的缓解。因此，对后发优势的利用已经成为后发国家提高能源利用效率的重要手段之一。

综上所述，一个国家长期能源消费强度的变化是有规律可循的，且在很大程度上与该国工业化进程密切相关。我国目前正处于工业化中期阶段，重化工业发展势头强劲，能源消费强度也呈现一定程度的反弹趋势，因此短时间内能源消费强度远远高于国外发达国家的现状难以改变。但是我国可以通过自身的后发优势，总结和借鉴先行工业国的历史经验和教训，引进适合自身特点的先进技术和管理经验,以期能够尽早度过能源消费强度的峰值阶段。

2. 能源消费弹性系数[8]

能源消费弹性系数是某一时期内能源消费增速与GDP增速的比值,反映的是能源消费量与经济总量之间的速度关系。

能源消费弹性系数的计算公式为

$$e = \frac{\mathrm{d}E/E}{\mathrm{d}G/G} = \frac{\mathrm{d}E}{\mathrm{d}G}\frac{G}{E}$$

式中,e ——能源消费弹性系数;

$\quad E$ ——前期能源消费量;

$\quad \mathrm{d}E$ ——本期能源消费增量;

$\quad G$ ——前期经济产量;

$\quad \mathrm{d}G$ ——本期经济产量的增量。

能源消费弹性系数是能源经济的一个宏观指标,反映了能源消费与经济增长速度的关系。影响能源消费弹性系数的主要因素有科技进步水平、经济结构以及居民消费水平等。科技水平高,就可以以较低的能源消费增长量实现较高的产出增长量,从而降低能源消费弹性系数。从产业结构的发展演变过程来看,当第一产业在产业结构中占主导地位时,能源消费增长速度一定程度上低于经济增长速度,在此阶段能源消费弹性系数小于1;当能源密度较大的第二产业尤其是重工业在经济中占主导地位时,能源消费增长速度高于经济增长速度,在此阶段能源消费弹性系数大于1;当经济进一步发展至第三产业占主导地位时,能源消费增速逐渐减缓,能源消费弹性系数又会降至1以下。从先行工业化国家的能源消费弹性系数的发展趋势来看,也印证了上面的分析,在其工业化起步和发展阶段,能源消费弹性系数一般都大于1,即能源消费增速高于GDP增速;在工业化中后期,能源消费弹性系数一般都降低至1以下。目前发达国家的能源消费弹性系数大都小于1,而大部分发展中国家都大于1,且国民收入越低的发展中国家,能源消费弹性系数越大。

3.4　当前全球能源经济新形势及中国的战略思考

3.4.1　当前全球能源经济新形势[9]

1. 全球能源消费重心加速向新兴国家转移

随着美、英、法、德、日等国相继步入后工业化时代,经合组织能源消费量开始呈现缓慢下降的态势。而发展中国家在中国、印度等新兴市场国经济崛起的带动下,能源消费量迅速增长,2008年首次超过经合组织国家,成为世界能源消费的主体,占世界能源消费量的50%以上。

金融危机爆发后,西方经济陷入衰退,能源消费量明显下降,进一步加剧了全球能源消费重心向非经合组织经济体的转移。2009—2019年,经合组织国家能源消费量年均增速为0.4%,而非经合组织国家能源消费量年均增速为3.1%。如表3-1所示,经合组织能源消费量占世界一次能源消费量的比例由2008年的48.1%下降到2020年的39.0%,下降约9%,以美、英、法、德为首的发达国家一次能源消费量占比也在逐步下降,中国、印度两国占世界能源消费量的比例从 2008 年的 22.9％提高到 2020 年的 31.8％。全球能源消费重心正向以中国为代表的新兴国家转移。世界新增能源需求在中国、印度、东南亚、中东、拉美和非洲等地进一步聚集。英国石油公司预测,到 2030 年非经合组织国家能源消费量将占世界能源消费量的65％,届时全球 96％的能源消费量增长都将来自这一经济体,而经合组织国家人均能源消费量将年均下降 0.2％。

表 3-1　不同国家或组织能源消费量占世界一次能源消费量的比例(％)

国家或组织	2008 年	2012 年	2015 年	2020 年
经合组织	48.1	43.4	41.9	39.0
非经合组织	51.9	56.6	58.1	61.0
美国	19.7	17.5	17.3	15.8
英国、法国、德国	6.8	6.0	5.7	5.0
中国、印度	22.9	26.7	28.2	31.8

2. 美国"能源独立"战略影响全球能源格局

美国"能源独立"是一个具有全球影响的重要战略,将改变全球能源、经济乃至地缘政治版图。自 1982—2005 年,美国一次能源自给率从 91.1％持续下降至 69.2％的历史最低点。2006 年开始,能源自给率逐渐提高,2013 年达到 81.4％。2019 年,美国石油净进口占比降至约 11％。美国能源信息署称,未来美国油气的自给能力将进一步提高,预计 2035 年可实现供需平衡。美国"能源独立"战略将推动国际油气市场格局发生新变化。首先,世界能源重心将发生变化。中东地区的能源战略地位将不断被弱化。美国页岩气、加拿大油砂、墨西哥湾和巴西深海的油气资源都非常丰富,美洲正在成为世界能源供应版图中的重要板块。美国能源需求渐渐回归北美,欧洲也更多地依赖俄罗斯,这在一定程度上将削弱中东地区能源的战略地位。其次,能源价格不稳定性将因此增强。美国提高能源自给率,减少了从中东进口的石油量,不会再像过去那样,花大力气直接控制中东等产油区的石油销售渠道来维持国际石油市场上价格的稳定,国际原油供给和价格波动将大幅增加。再次,美国在国际能源市场上的地位将不断增强。美国能源储量丰富,加上页岩气资源,美国可供开采的油气资源居世界首位,比沙特阿拉伯多 24％,是巴西的 7 倍多,中国的 11 倍。另外,美国煤炭探明储量达 2489.4 亿 t(2020 年),居世界第一。

美国"页岩气革命"不仅改变了美国的能源格局,甚至可能改变全球能源格局,而且大大降低了工业生产成本。这场源自美国的能源供应领域的革命已经进行了数十年之久。20 世纪70 年代末,美国才开始初步探索页岩气的开采技术,而 2020 年其就已占美国天然气开采量的2/3。2020 年,美国日均生产原油 16476 桶,已经超越俄罗斯和沙特,成为世界上最大的原油生产国,同时成为全球最大的天然气出口国和石油生产国。未来,随着美国近海石油开采量、新能源生产量及页岩气开采量的高速增长,北美将取代沙特和俄罗斯成为"新中东"。

3. 新能源获得更多发展机遇

金融危机爆发后,全球可再生能源产业呈现快速发展态势。化石能源价格居高不下,核能发展受阻,促使人们去寻找新的替代能源。为应对危机、刺激经济发展,一些国家也把新能源产业作为新的经济增长点,给予大量政策支持。如美国为了保障"再工业化"战略的顺利实施,正推动一场以新能源为主导的新兴产业革命,推出了一些相互配合的政策和措施,尤其重视新能源装备制造业的发展。美国能源部选择了部分新能源制造企业予以资助,扩大规模,拉动就业。根据欧盟统计局数据和欧洲议会、欧洲理事会、欧盟委员会公布的《可再生能源指令协议》,到 2030 年,欧盟的可再生能源占其能源消费总量的比例将由 2020 年的 22% 上升到32%;日本提出到 2030 年要使海上风力、地热、生物质、海洋(波浪、潮汐)四个领域的发电能力扩大到 2010 年度的 6 倍以上。据英国石油公司预测,今后 20 年可再生能源在世界一次能源消费量中的占比将由现在的 1.6% 增加到 6%,到 2030 年,可再生能源对世界能源消费量增长的贡献将从现在的 5% 增加到 18%。

可再生能源装机量在 2020 年创下新纪录。仅考虑太阳能和风能,2020 年新增可再生能源发电装机容量约 238 GW,增长量比以往最高年份还高 50%。同时,现代可再生能源热容量保持增长态势,可再生能源在交通领域的应用也在扩大。分布式可再生能源系统的快速发展正在缩小能源富有群体和能源短缺群体之间的差距。由于太阳能光伏发电的技术成本、风力涡轮机组的制造成本和生物燃料加工成本的下降,近年来非水力可再生能源发电和生物燃料生产已成为可再生能源利用中增长最快、最具发展潜力的领域,全球在这些领域的投资也高速增长。预计未来全球可再生能源的增长仍将强劲,各国政府将会越来越重视这一领域的开发,并会继续出台相关扶持政策。因为从长远来看,化石能源正在呈现逐渐减少的趋势,供应变得越来越不可依赖,而可再生能源在节能减排、低碳发展和实施能源多样化方面可起到关键性的作用。无论出于能源安全,还是保护环境的考虑,各国政府都会积极发展该项产业,它还可以为社会创造许多就业的机会。

4. 能源成本优势助推美国"制造业回流"

2008 年金融危机爆发之后,美国开始反思自己的经济增长模式,奥巴马政府提出了"再工业化"战略。奥巴马认为,美国经济要转向可持续的增长模式,即制造业增长和出口推动型增长。2009 年以来,奥巴马政府先后推出了《美国制造业振兴法案》、"购买美国货"、"五年出口倍增计划"、"内保就业促进倡议"等多项政策来帮助美国制造业复兴。为提高美国制造业吸引资本和投资的能力,还通过调整税收优惠政策来降低制造业的税收负担,并使暂时性减税措施永久化。美国在华企业也纷纷响应。美国消费品巨头佳顿、卡特彼勒等世界 500 强企业,纷纷将部分产品从中国多家代工工厂撤回本土生产;福特汽车公司又将 1.2 万个工作岗位从中国和墨西哥迁回美国;星巴克也把其陶瓷杯制造从中国撤回美国。许多"中国制造"正逐渐变成"美国制造"。同时,美国页岩气领域的繁荣并不仅仅表现在能源行业本身,它会为整个美国经济带来显著影响。美国能源领域的这种革命性变化,对工业领域而言是巨大的成本优势,也是制造业回流美国的主因。

3.4.2 中国能源经济的战略思考 [10]

党的十九大报告指出,我国经济已由高速增长阶段转向高质量发展阶段,正处在转变发展方式、优化经济结构、转换增长动力的攻关期,建设现代化经济体系是跨越关口的迫切要求和我国发展的战略目标。必须坚持质量第一、效益优先,以供给侧结构性改革为主线,推动经济发展质量变革、效率变革、动力变革,提高全要素生产率,着力加快建设实体经济、科技创新、现代金融、人力资源协同发展的产业体系,着力构建市场机制有效、微观主体有活力、宏观调控有度的经济体制,不断增强我国经济创新力和竞争力。

随着经济全球化的不断深化,能源全球化进程正在加速,能源革命在全球展开,将对能源市场和能源贸易带来深远影响。特别是以美国页岩气革命为首的能源革命,将对世界经济产生重大影响。与此同时,全球范围内对能源资源的控制和争夺也将日趋激烈,新能源的开发将加快步伐,世界能源领域正在掀起一场新的变革,而发达国家已经开始抢占新一轮能源变革和能源科技竞争的制高点。

据有关数据资料显示,中国是个不折不扣的能源消耗大国,每年消耗的钢铁占世界消耗总量的 25%,消耗的水泥占世界水泥消耗量的 40%,消耗的煤炭超过了世界煤炭消耗量的35%。但中国的能源使用效率却很低,跟发达国家相比还存在很大差距,仅就发达地区——京津唐、长江三角洲以及珠江三角洲地区来说,三大城市群平均每创造 1 美元消耗的能源是美国的 4.3 倍,是德国和法国的 7.7 倍,是日本的 11.5 倍。在这种形势下,中国作为世界第一大能源消费国和自身能源供应短缺的国家,能源安全正在面临严峻的挑战,经济的可持续发展也面临着较大的压力。为实现经济与能源的协调发展,应从以下几方面入手。

1. 积极推进产业结构优化升级,大力发展第三产业

长期以来,我国的经济发展形成了以第二产业为主体的经济结构。这种产业结构特征在一定程度上决定了工业是能源消费最主要的部门。从国际经验来看,随着经济的发展和经济结构的升级,服务业占比不断上升是普遍规律。例如美国、英国等国家服务业的占比为 70%,而日本服务业的占比也将近 70%。相对于工业来说,服务业能耗较小,因此大力发展第三产业,提高服务业在国民经济中的比例,是节能降耗的有效途径,也可以避免经济发展过程中过度依赖能源的投入。

我国应该加快产业和产品结构的不断升级,大力发展第三产业。第一,通过法律、法规、技术标准严格控制高耗能、高耗材、高耗水产业发展,加快淘汰资源消耗高的落后生产能力。第二,发展高新技术产业群,支持新能源、新材料、信息、生物、医药、节能环保等新兴产业发展,培育新的经济增长点。第三,继续不断深化对外开放,注重外资引进质量,有选择地引进外资项目,减少一般性产业项目的引进,限制高耗能、高耗材、高污染项目的引进,限制高耗能产品的出口,鼓励企业出口高附加值、高技术的产品。第四,对第三产业的发展制定有关优惠政策,加快现代服务业发展,优化服务业结构,加快发展金融、保险、咨询、物流等知识型服务业或"生产型"服务业,推动服务业的结构升级和增强服务业的竞争力。

2. 提高能源使用效率,倡导节约能源

2020 年,我国全年能源消费总量为 49.8 亿 t 标准煤,比上年增长 2.2%,是世界能源消费第一大国。其中天然气、水电、核电、风电等清洁能源消费量占能源消费总量的 24.3%,比2019 年提高 1%,水电、风电、太阳能发电累计装机规模均位居世界首位。根据中国核能行业协会数据,截至 2021 年 12 月 31 日,我国运行核电机组共 53 台(不含台湾地区),额定装机容量为 54646.95 MW,排名世界第三。同时,能源的绿色发展对碳排放强度下降起到了重要作用。2019 年我国碳排放强度比 2005 年降低 48.1%,提前实现了 2015 年提出的碳排放强度下降 40%～45% 的目标。据生态环境部数据,2020 年我国碳排放强度比 2015 年降低了18.8%。

为此我们需要不断大力提高我国的能源利用效率。第一,加大节能研发力度,以科学技术为支撑构建节能型社会。采取法律、市场等手段鼓励企业增加节能研发投入,强化企业自主创新,加速技术进步,推广应用新技术、新工艺;将高耗能的工业部门作为节能重点对象。第二,建立健全相关节能法律法规。把节约能源作为基本国策,建立节约型社会规范,对能源开采、生产、运输、消费的各环节进行全面立法;完善《节约能源法》及其配套法规,对重点耗能行业和用能单位制定节能标准和规范;尽快出台适合于我国国情的循环经济法,综合利用资源减少浪费。第三,建立完善的节能管理体系。加大宣传力度,不断提高全民资源节约意识;建立市场经济条件下的节能机制,利用价格、财政、税收、信贷等政策措施鼓励企业节能,通过有效的市场竞争推动节能。

3. 加大对可再生资源的投入力度

煤多油少是我国能源赋存结构的基本特点,一次能源结构中,煤炭占近70%。我国地域辽阔,具有丰富的可再生能源资源。加大可再生能源资源的开发力度,将逐步改善我国以煤为主的能源供应与消费结构,减少煤炭对环境的污染,促进常规能源资源更加合理和有效地利用,实现能源、经济与环境的协调和可持续发展。建议国家在财政预算内资金中安排一部分可再生能源专项资金,加强可再生能源技术的开发,增强自主创新能力;对国产风力发电设备制造、无电地区电力建设、屋顶并网太阳能光伏发电、生物质能开发利用等进行补贴,形成具有吸引力的可再生能源市场;引导国外设备制造企业来我国合资办厂,转让成熟先进的可再生能源和成套制造技术,加快可再生能源设备制造的本地化和国产化,促进我国可再生能源产业的持续健康发展。

4. 积极开拓国际能源市场,确保我国能源安全

如今,经济的快速增长与资源的大量消耗之间日益尖锐的矛盾已经不再是预测,而成为严峻的现实了。严重的资源瓶颈使我国的经济增长面临极限。因此我们一方面要立足于国内能源资源;另一方面要抓住经济全球化的国际机遇,积极参与开发国际能源资源,进一步扩大对海外市场的战略性石油投资,以此建立稳定的进口石油安全机制,同时加强与产油区相关国家的合作,开辟稳定的能源供给新基地,确保油气资源来源的多元化,从来源上减少能源供应的脆弱性。

"一带一路"沿线分布着多个重要能源生产国,如俄罗斯、中亚五国等。伴随"一带一路"倡议的提出和实施,中国应进一步加快同中亚各国能源合作的步伐。中石油经济技术研究院数据显示,"一带一路"沿线国家和地区的石油储量为461亿t,天然气储量为108万亿m^3,分别占世界总储量的20%和56%。中石油在中亚、中东、亚太、俄罗斯等"一带一路"沿线地区和国家的合作项目已经取得了有效进展,在中亚地区的主要合作项目是中国—中亚天然气管道。该管道目前规划有四条线路,其中三条线已相继建成投产,管道全线输送能力为每年550亿m^3,可满足中国国内近1/4的天然气消费需求。第四条线1号隧道已于2020年1月顺利贯通,预计该线路完工后将实现每年300亿m^3的输气能力。"一带一路"能源合作的重点在于,加强能源基础产业和深加工产业的合作,形成能源开发利用一体化产业链。中国与沿线国家能源合作潜力巨大,一方面,中国经济、社会对油气资源的有效需求稳定;另一方面,"一带一路"沿线国家资源出口需求旺盛。根据英国石油公司2020年的统计,中东、俄罗斯、非洲、中亚里海沿岸国家的石油储量分别占全球的48.3%、6.2%、7.2%和8.4%,而相应的天然气储

量则是全球的 40.3％、19.9％、6.9％和 30.1％。此外,在电力合作方面,国家电网公司与俄罗斯、蒙古国、吉尔吉斯斯坦、朝鲜等国已建成数十条互联互通输电线路,也成功投资运营菲律宾、巴西、葡萄牙、澳大利亚、意大利等国家和地区的骨干能源网。

但是,目前"一带一路"沿线国家能源市场仍然较为分散,可再生能源的集中规模化开发和借助特高压等技术的电力远距离输配成为必然趋势。要解决这些问题必须加快跨国区域能源合作,实现"区域能源一体化",创造互联互通、充分竞争的市场以及能源合作机制,构建包括特高压输变电、天然气管道建设、智能电网建设、新能源网络建设在内的能源基础设施蓝图等。

参考文献

[1]许启贤.关于物质文明和精神文明的科学含义[J].学术论坛,1983(4):27-28.

[2]本书编写组.马克思主义基本原理概论:2010 年修订版[M].北京:高等教育出版社,2010.

[3]杨英健,张邦维.人类社会物质文明发展的六个时代[J].华南理工大学学报(社会科学版),2011,13(6):101-109.

[4]赵家祥.五种社会形态划分法和三种社会形态划分法的含义及其相互关系[J].观察与思考,2015(2):3-9.

[5]谢玮.第 65 版《BP 世界能源统计年鉴》发布:2015 能源市场:供应充裕 需求放缓[J].中国经济周刊,2016(28):73-74.

[6]杨春平.循环经济与低碳经济内涵及其关系[J].中国经贸导刊,2009(24):21.

[7]吴明明.中国能源消费与经济增长关系研究[D].武汉:华中科技大学,2011.

[8]刘卫东,仲伟周,石清.2020 年中国能源消费总量预测:基于定基能源消费弹性系数法[J].资源科学,2016,38(4):658-664.

[9]李继峰,肖宏伟.当前世界能源经济新形势及中国的战略思考[EB/OL].(2014-12-10)[2017-3-20].http://www.sic.gov.cn/News/82/3860.htm.

[10]陈凯.中国能源消费与经济增长关联关系的实证研究[D].太原:山西财经大学,2010.

第4章

能源与社会文明

4.1 社会文明

4.1.1 社会文明的概念及标志

文明是社会进步和国家发展的重要标志。在社会主义核心价值观中，"文明"集中体现着社会主义先进文化的前进方向和社会主义精神文明的价值追求。弘扬和践行社会主义文明观，必须自觉遵循文化建设规律，既要吸取古今中外一切文明成果的有益成分，更要立足于中国特色社会主义伟大实践，使文化建设与时代进步同行、与实践发展同步。

在人类发展史上，文明作为一种价值追求，对社会主体的实践活动起着十分重要的价值导向作用。社会主体对文明的追求，可以提升个人素养，优化社会秩序，推动国家发展。概括地讲，人类社会史就是一部人类文明史。文明不仅是社会个体文化素养的表征，还是国家发展的目标和动力。从历史唯物主义角度来看，文明是对国家发展状态的一种总体描述，文明即国家创造的物质财富与精神财富的总和。文明的产生，与生产力发展紧密相联："文明时代是学会天然产物进一步加工的时期，是真正的工业和艺术产生的时期"。

社会文明有两种不同的概念，第一种社会文明是指人类改造主观世界和客观世界所获得的积极成果的总和，人类社会的进步程度和开化状态是政治文明、物质文明、社会文明和精神文明等方面的综合体。第二种社会文明是指与政治文明、物质文明和精神文明并列的社会建设的积极成果和社会领域的进步程度，包括社会主体文明、社会制度文明、社会观念文明、社会关系文明、社会行为文明等方面的集和。

社会主体文明是指社会主义社会文明的基础条件和主体方面，包括个人发展、社会和谐、邻里和睦、家庭幸福等方面的总和。社会主义的社会关系文明是社会主义社会文明的核心内容和结构要求，包括人际关系、社团关系、家庭关系、邻里关系、群体关系等方面的总和。社会主义的社会观念文明是社会主义社会文明的前提条件和精神状态，包括社会风尚、社会理论、社会心理、社会道德等。社会主义的社会制度文明是社会主义社会文明的基本保证和规格要求，包括社会政策、社会制度、社会体制、社会法律等方面。社会主义的社会行为文明是社会主义社会文明的关键所在和外在表现，包括社会工作、社会活动、社会管理等方面。

社会主义社会文明的本质是全体人民各得其所、各尽所能、和谐相处。党的十九大报告强调，要优先发展教育事业，发展素质教育，推进教育公平，建设学习型社会，实现更高质量就业和更充分就业,全面建成覆盖全民、城乡统筹、权责清晰、保障适度、可持续的多层次社会保障体系,人民生活更为宽裕,中等收入群体比例明显提高,城乡区域发展差距和居民生活水平差距显著缩小,基本公共服务均等化基本实现,全体人民共同富裕迈出坚实步伐[1]。

社会主义文明是人类文明发展的必然结果。社会主义文明之所以是迄今为止最先进的文明,就在于它继承了先前人类文明形态的一切积极成果,并在全新的基础上发扬光大。对于中国这样一个有几千年悠久文明传统的国家而言,培育和践行社会主义文明观,首先就要继承和弘扬中华民族的优秀文化传统。

坚持以人为本,立足于提升公民文明素养,促进每个人的自由全面发展。人民群众是历史的创造者,也是社会文明的创造者。社会主义文明之所以是人类迄今为止最先进的文明形态,就在于它以最广大劳动人民为服务对象,以最终实现人的自由全面发展为最高价值目标。培育和践行社会主义文明观,必须以人为本,尊重人民群众的主体地位。

公平正义是衡量一个国家和社会文明发展的标准,是我国构建社会主义和谐社会的基本条件之一。在建设中国特色社会主义的今天,实现公平正义对我国的经济社会发展具有重要意义。公平正义是构建社会主义和谐社会的基础,是中国特色社会主义的核心价值理念,是社会主义现代化建设发展的需要。改革开放 40 多年来,我国在政治、经济、文化、社会建设等方面都取得了举世瞩目的伟大成就,但是随着社会的发展,社会面临的矛盾和问题更加突出。只有维护和促进好公平正义,才能保证实现最广大人民的根本利益,使社会安定有序,中国特色社会主义才能实现新的跨越。

随着我国经济社会的快速发展,中国特色社会主义事业的总体布局更加准确地由社会主义经济建设、文化建设、政治建设三位一体,发展为生态文明建设与经济建设、政治建设、文化建设、社会建设相依靠的五位一体。我们在建设中国特色社会主义的伟大实践中要更加自觉地建设社会主义社会文明,构建社会主义和谐社会,使政治文明、物质文明、社会文明和精神文明全面协调共同发展。

国家的产生是人类进入文明社会的重要标志。在原始社会蛮荒时代,国家是不存在的,那时的人类社会基本上是以血缘关系为纽带构成的部落群体。原始部落过着群居生活,虽然原始人类已经掌握了使用工具和制造工具的简单技术,并且能够用言语准确地表达自己的想法和认识,从而达到交流的目的,人类从动物界与其他动物区别开来。但是原始社会以血缘为纽带的群体生活也是其他动物的生活形式,说明群居生活限制了人类最终脱离其他动物[2]。

随着社会的快速发展,原有的以血缘关系为纽带的群居生活严重地阻碍了人类进一步进化。一种新的社会组织开始出现,那就是超越了血缘关系的国家。不同血缘的人群固定生活在一个区域,在这一区域里面共同从事劳动生产和分享劳动成果。但是,人们在共同劳动过程中,难免会产生一些矛盾需要调解,这就必须要有一个权力组织机构来维持和协调生产或者生活的秩序,政治制度也就应运而生。在原始社会没有政治组织,国家的出现形成了政治组织,并且有了政治生活,政治生活是人类进入文明社会的重要标志之一。

4.1.2　资本主义社会文明与社会主义社会文明

人类文明的发展经历了由低级到高级的发展过程。从人类脱离野蛮时代后,产生了四种文明,依次为奴隶制文明、封建制文明、资本主义文明、社会主义文明。与封建制文明相比,资本主义文明取得了巨大的进步。新诞生的资本主义生产关系为生产力的发展开辟了广阔的发展道路,在不到 100 年的阶级统治中,资产阶级所创造的生产力多于过去所创造的全部生产力。资本主义无情地打碎了封建的伦理观念和宗法关系。人们从封建关系的压迫下解放出来,摆脱了人身依附关系。资本主义消灭了封建制度,打破了闭关自守和自给自足的状态,开拓了世界市场,把世界变成了开放共享的世界,使一切国家的生产和消费发展成为世界性的,形成了各国之间经济相互依赖、渗透和竞争的新格局。资本主义使乡村从属于城市,使半开化和未开化的国家从属于文明国家,迫使所有民族使用资本主义的生产方式,把一切民族都融入到现代文明中[3]。

在资本主义条件下,许多国家实现了生产的工业化、社会化、商品化、现代化。资本主义使技术、科学、教育及文化的发展也呈现出前所未有的新局面。各民族的精神产品在精神生产方面成了公共财产,民族的局限性和片面性日渐消失。资本主义建立了完善的法制体系,用来摧毁封建专制制度,从而保障资产阶级的利益,表明资本主义文明比封建制文明更高级。马克思坚决反对一切企图倒退到中世纪去的行动和主张。他说:"我们向小资产者和工人说:宁肯在现代资产阶级社会里受苦,也不要回到已经过时了的旧社会中去! 因为现代资产阶级社会以自己的工业为建立一种使你们都能获得解放的新社会创造物质资料,而旧社会则以拯救你们的阶级为借口把整个民族抛回到中世纪的野蛮状态中去。"

资本主义文明又有其历史局限性和阶级局限性。资本主义文明同奴隶制文明、封建制文明一样,仍然是以一个阶级对另一个阶级的剥削压迫,以生产资料私有为基础的文明。文明的成果与资产阶级榨取工人的剩余价值在资本主义社会中一起为资产阶级所享用。所以,列宁称之为"野蛮的文明""吃人的文明"。随着资本主义固有矛盾的发展,这种文明形态的进步性将逐步消失,最终由建立在公有制基础上的社会主义文明所取代。尽管如此,对于已经建立了社会主义制度的国家来说,资本主义文明在一定范围内、一定条件下,仍然具有积极的意义。

人类社会文明的发展是一个辩证的过程。各种文明形态之间既有历史的联系,又有质的飞跃。每一种高级的文明形态既否定它以前文明形态的局限性,又继承其优势。

社会主义文明是对资本主义文明的否定,与资本主义文明相比有本质的区别。按充分发展的形态来说,它完全高于资本主义文明,使广大的人民群众享受到更多的文明成果,享受富裕的、高尚的精神生活和物质生活。从另一方面来说,社会主义文明是资本主义文明的后继者,由此造成了社会主义文明的一些具体特点和发展的特殊方式。社会主义文明按其充分发展了的形态和本质来说高于资本主义文明。但是按照现实的形态来说,社会主义社会都是建立在经济比较落后的国家,并且其中有些国家资本主义文明尚未得到充分的发展。因此,初期的社会主义文明在某些方面,尤其是基本精神文明和制度文明的思想道德方面,远远高于资本主义文明;而精神文明、物质文明、文化等方面低于发达的资本主义文明,并且遗留着许多封建制文明的痕迹。社会主义文明由于历史的起点较低而产生的不平衡状态,并不能说明它比资本主义文明低级。社会主义文明本身需要经历一个从低级到高级的发展过程。认为社会主义文明一产生就具有完备的形态,与原有文明形态毫不相关的观点,是毫无科学道理的。如果把理想状态当成现实来构建社会主义文明,那只是纸上谈兵,是不切实际的空想[4]。

社会主义文明的发展要从旧的文明形态中吸取长处,继承其优秀成果。新的社会主义文明并不是简单抛弃原有的文明,而是产生在原有文明的土壤之中。继承是创新的先决条件,如果没有历史上各种文明的积累,就不可能产生新的文明形态。恩格斯指出:"没有奴隶制,就没有希腊国家,就没有希腊的艺术和科学;没有奴隶制,就没有罗马帝国;没有希腊文化和罗马帝国所奠定的基础,也就没有现代的欧洲"。从这个意义上来说,没有古代的奴隶制,就不会有现代的社会主义,批判资本主义文明中有益的东西和不承认社会主义文明的态度都是错误的认识。

4.2　社会文明对能源利用的要求

4.2.1　高效绿色利用能源

绿色能源是绿色化学的一个重要组成部分,越来越受到科学家们的重视。绿色能源可概括为再生能源和清洁能源。狭义地讲,绿色能源是指太阳能、氢能、水能、风能、生物能、燃料电池、海洋能等可再生能源,而广义的绿色能源包括开发利用过程中污染较低的能源,如清洁煤、天然气和核能等。

21 世纪将是新能源和可再生能源大展作为的世纪。大力开发可再生绿色能源是一个必然趋势,寻找新能源是未来人类及中国能源战略的关键。德国、日本、美国等发达国家在 20 世纪 90 年代前后就已经把建立绿色型社会、发展绿色能源看作是实施可持续发展战略的形式和重要途径,并在实践过程中取得了比较好的成效。我国绿色能源开发处在摸索和起步阶段,借鉴和学习发达国家的经验,对我国绿色能源的开发具有重要意义[5]。

1. 绿色能源的有效利用

绿色能源有效利用就是要找到一条经济上可行,做法上简单、实用,有利于环境保护和节能减排的新途径。电能的远距离输送看起来很美,实际是有很高代价的,既要大量投入电网建设,还要承受远距离输电的线损和线路维护运营费用。电网如同高速公路,只有在车流持续稳定的条件下,利用效率才有保证。可再生能源天然具有间歇性,把可再生能源都转化成电能,再通过远距离输电传送给用户,不可避免地会造成输电线路的利用效率比较低,同时线损比例偏高。即使采用风火、风水或风光打捆送出的方式,也不能完全解决问题。因此采取适当方式,把宝贵的清洁能源用到该用的地方去,建立以满足清洁能源利用为目的、有当地特色的转换系统,尽可能实现就地消纳,达到与地方和谐共处,让当地政府和老百姓也从中受益,才能实现清洁能源的有效利用。风能和太阳能等可再生能源应该像已经获得广泛应用的太阳能热水器那样,不需要政府补贴,发挥每个企业和用户的积极性,既实现企业盈利,也让老百姓得到实惠。

2. 绿色清洁能源与当地的和谐发展

风电等清洁能源通常都在条件非常艰苦的地区,发展清洁能源要能够使地方政府和老百姓从中受益,体现"以人为本、和谐发展"的理念。为了使地方政府和群众积极参与清洁能源的开发和就地转化,使老百姓的生活得到实质性改善,应当根据当地实际情况,考虑采用参股、合作等灵活方式,与地方或风场附近与风电相关的居民建立利益共同体。这种清洁能源与当地和谐发展的模式更符合人性的特点,只有采用这种模式才能从根本上解决新能源企业如何留住人,如何提升运营维护水平的难题。

同时,应当鼓励发展需求智能管理和直供销售,这是实现清洁能源利用与当地和谐发展的有效途径。发展需求智能管理,就是要采取有效措施,引导电力用户优化用电方式,提高终端用电效率,优化资源配置,改善和保护环境,以最小成本满足用电需求。需求侧智能管理,既可以通过推广使用高效设备或节能建筑减少总能源的使用,也可以通过改变用电方式进行负荷整型、移峰填谷。发展直供销售,就是要允许发电企业向用户直接供电。直供销售在推进电力市场建设、改变电网单一购买者格局、在售电侧引入竞争机制、探索输配分开和电网公平开放等方面都具有重要意义,有利于开发新能源和实施节能降耗战略。同时有助于形成合理的电价机制,便于实施环保和污染控制。一些高耗能企业通过建设自备电厂或实行企电联营等方式,在市场上站稳了脚跟,体现了直供销售的生命力。

3. 绿色能源有效利用是未来清洁能源最好的出路

绿色能源的有效利用,可以适应可再生能源的间歇性特点,符合客观规律,不依赖输电,不受电网制约。充分利用因电网限制出力造成的废弃资源,符合各方利益,有助于调动各方积极性,达到多方共赢和人与自然和谐发展的目标。这种方式通过清洁能源的就地转化,造福地方,对地方 GDP 增长也会有更大贡献,有利于解决地方重复引进风机厂,并强制风电开发商购买当地风机的问题。可以说,绿色能源的有效利用是未来清洁能源最好的出路,前景广阔。

要从政策和具体做法两个方面,努力推动绿色能源的有效利用。国家需要从两个方面给予政策支持:一是要允许风电场直接对外提供电力供应;二是要允许国有企业与地方(或风场附近与风电相关的居民)建立合作性质的公司。在国家从政策、法规层面给予支持的同时,企业和地方也应该从实际操作层面,积极探索可行的方式,从小到大开展实验,并逐步进行推广。

4.2.2　能源改革[6]

能源改革有四项“革命”:一是推动能源消费革命,抑制不合理能源消费;二是推动能源供给革命,建立多元供应体系;三是推动能源技术革命,带动产业升级;四是推动能源体制革命,打通能源发展快车道。

近 200 年来,工业经济的快速发展促进了化石能源的大规模利用,使人类跨入了工业文明,但也带来了日益严峻的气候变化问题和生态环境问题。20 世纪 90 年代以来,随着全球应对气候变化进程的推进,实现能源系统的低碳化成为积极应对温室气体排放、气候变化的核心。调整能源结构、转变能源发展方式是实现可持续发展的根本途径,也逐步成为全球各国满足未来能源需求的方法。

美国、欧盟等国家和地区都纷纷采取相关行动,以提高能效、发展清洁能源技术和可再生能源为具体路径,制定了一系列环境能源政策和减排、低碳发展目标。可再生能源技术在很多国家的建筑、交通、工业等重要用能领域广泛应用,在全部电力消费中可再生能源发电的占比也在全球范围内迅速提升,不仅有效促进了社会就业和国家经济增长,也促进了能源互联网以及电网升级改造的发展,将逐步成为构建未来电网的主体。

随着可再生能源技术升级、规模化应用和成本下降,国际社会对可再生能源在未来能源领域发挥重要作用的预期不断增加。加速全球能源新格局演化,以可再生能源为主的能源转型战略已成为全球共识。

中国是发展中的大国,能源结构以煤炭为主,面临更大的气候变化和能源环境压力。因此,中国高度重视能源转型发展。并向国际社会承诺力争在 2030 年单位国内生产总值二氧化碳排放比 2005 年下降 65％以上,非化石能源占一次能源消费比例达到 25％左右(《人民日报》2020 年 12 月 13 日 02 版)。这要求中国积极融入全球能源变革的发展潮流,积极推动以可再生能源为主,以清洁化和低碳化为特征的能源生产革命,以控制消费总量和提高能源效率为特征的能源消费革命,加强与各国的交流与合作,建立共赢的合作模式与机制,促进全球向低碳和可再生能源体系的转型。

能源改革应坚持社会主义市场经济改革方向,按照统筹兼顾、远近结合、标本兼治、突出重点的原则,抓紧制定和实施深化能源体制改革的指导意见,加快建设现代能源市场体系,着力化解关键环节和重点领域的突出矛盾,争取尽快取得突破。具体从以下三方面努力[7]。

1. 加快现代能源市场体系建设

科学界定竞争性和非竞争性业务,对可以实现有效竞争的业务引入市场竞争机制,积极培育市场竞争主体;对自然垄断业务,加强监管,保障公平接入和普遍服务。加快国有能源企业改革,完善现代企业制度。完善区域性、全国性能源市场,积极发展现货、长期合约、期货等交易形式。

2. 推进重点领域改革

1)继续深化电力体制改革

加快现代电力市场体系的建立,稳步开展输配分开试点工作,组建独立的电力交易机构体系。分批放开用电大户、独立配售电企业与发电企业之间的直接交易,逐步在区域及省级电网范围内建立市场交易平台。同时改善发电调度方式,逐步增加经济因素在调度中的作用,为实行网上竞价提供改革和探索的经验。按照基本公共服务均等化和现代企业制度的要求,兼顾电力市场化的改革方向,统筹推进农村电力体制改革。

2)深化煤炭领域改革

首先要完善行业管理体制,加强有关机构对煤炭资源勘探开发和生产经营等全过程的监督管理,同时加快推进煤矿企业兼并重组,推行煤电运等一体化运营。其次要由国家统一管理煤炭一级探矿权市场,规范矿业权二级市场,以此完善煤炭与煤层气的协调开发机制。最后要深化煤炭流通体制改革,实现重点合同煤和市场煤并轨,积极推行中长期合同,还要推进煤炭铁路运力市场化配置,加快健全区域煤炭市场,从而逐步培育和建立起全国范围的煤炭交易市场,以便开展煤炭期货交易试点。

3)推进石油、天然气领域改革

首先要加强油气矿业权监管,完善准入和退出机制。其次要推进页岩气投资主体多元化,加强对页岩气勘探开发活动的监督管理,还要完善炼油加工产业市场准入制度,推动原油和成品油的进口管理改革,形成有效竞争格局。最后要明确政府的油气储备应急责任,政府要加强油气管网监管,稳步推动天然气管网独立运营和公平开放,以此来保障将各种气源无歧视地接入和统一输送。

4)推进可再生能源和分布式能源体制机制改革

一方面要建立新能源,如水能资源开发权的公平竞争、有偿取得以及利益合理分配的体制机制,创新移民安置和生态补偿机制。另一方面也要完善有利于可再生能源良性发展的管理体制,促进形成可再生能源和分布式能源无歧视、无障碍并网的新机制。同时探索建立可再生能源的电力配额和交易制度,新增水电用电权跨省区交易机制。

3. 完善能源价格机制

1)理顺电价机制

首先要加快推进电价改革。逐步形成发电和售电价格由市场决定,输配电价由政府制定的价格机制。加大政府对电网输配业务及成本的监管,核定独立输配电价,同时改进水电、核电及可再生能源发电定价机制。其次要推进销售电价分类改革。大力推广峰谷电价、季节电价、可中断负荷电价等电价制度。推进工业用户按产业政策实行差别化电价和超限额能耗惩罚性电价,完善居民阶梯电价制度。

2)深化油气价格改革

深化成品油价格市场化改革。深入推进天然气价格改革,在总结广东、广西试点经验的基础上,建立能够反映资源稀缺程度和市场供求关系的天然气价格形成机制,逐步理顺天然气与可替代能源比价关系,建立上下游价格合理传导机制。研究推行天然气季节性差价和可中断气价等差别性价格政策。页岩气出厂价格实行市场定价。

推动全球能源转型,实现绿色持续发展,是人类社会的共同事业。各国应携手并进,积极推动能源领域改革创新,深入探索转型之路,加快实现能源生产和消费的根本性变革;破除障碍,加大支持,加快可再生能源开发利用,大力提高可再生能源在能源结构中的占比;加强国际交流,建立更加密切的能源合作机制,加快构建全球能源互联网,不断提高能源配置效率。

4.3 能源与社会进步

4.3.1 能源更迭与社会发展

能源是人类社会赖以生存和发展的重要物质基础。纵观人类社会发展的历史,人类文明的每一次重大进步都伴随着能源的改进和更替。能源的演变经历了木柴—煤炭—石油(天然气)的更迭[8]。

1. 火的使用

自然界中的风雷闪电,在令远古人类感到震惊的同时,也给他们带来了神奇的自然火。世界上发现的最早用火遗址在中国。大约在距今 20 万～50 万年前,人类学会了使用自然火,如雷电之火、山火等,并保存了火种,但他们还不会人工取火。人工取火是人类在制造工具的过程中学会的。当人们制造石器的时候,两块燧石相撞,会迸发出火星。除了用石头碰撞取火以外,人类还发明了摩擦取火、钻木取火等多种方法。

2. 柴薪能源时代

人类利用能源的历史悠久,火的使用让远古人类学会利用第一种自然能源——柴薪,从而进入生物质燃料时代。远古人类利用生物质能源经历了漫长的岁月,直到 18 世纪煤炭的大规模利用。据统计,世界上 50% 以上人口的生活能源还是柴薪、秸秆等生物质能源,占世界总能源消费量的 6%。随着社会的发展,能源短缺和环境恶化等问题日益严重,人类又开始审视生物质能源,将来它会成为能源的重要补充[9]。

3. 煤炭时代

人类发现煤炭的历史悠久,但它成为世界主要能源却经历了漫长岁月。人类真正进入煤炭时代是在 18 世纪。在欧洲,当时英国煤产量遥遥领先,是整个欧洲大陆的 3～4 倍。煤炭推动了工业革命的进程。在近一个世纪的第一次工业革命时期,煤炭一直是能源之王。在中国,北魏郦道元在《水经注·河水》篇中记载了在今新疆库车一带利用煤炭炼铁的事实,至唐代渐盛。到宋代,煤炭开采已形成完整技术。

煤炭代替生物质能源不仅可以大幅度提高生铁产量,还可以将生铁炼成熟铁,完成了人类历史上的第一次能源结构大转变。煤炭的开发和使用是工业革命的基础和先导,由此产生了采矿、钢铁、交通运输和纺织等新兴工业部门。两次工业革命的比较如表 4-1 所示。

表 4-1　两次工业革命的比较[10]

比较内容	第一次工业革命 (英国:1765—1840 年前后)	第二次工业革命 (19 世纪)
主要成就	珍妮机(开始标志)、蒸汽机	电力、内燃机、化工技术 发展、钢铁工业进步
象征	蒸汽机的发明	电力的使用
出现的新交通工具	火车、汽船	飞机、汽车
出现的新能源	煤	电力、石油
出现的新工业部门	棉纺织、机器制造、交通运输	电力工业、电气产品制造业、 石油工业、汽车工业等
生产组织形式	工厂制	大企业(垄断组织)
科研与技术革新的关系	未结合	真正结合
发生的国家	从英国向欧美国家扩展	多个国家同时进行

4. 石油和天然气时代

石油古时便有,中国人工开采石油始于明朝。美国人于 1859 年在宾夕法尼亚州打出了西方第一口石油井,后被作为现代石油业的起点载入了史册。世界石油的开采量在 1860 年只有 6.7 万 t,到 1918 年猛增到 5000 万 t。石油大规模开发利用的意义,首先在于它为内燃机的发展提供了条件。1886 年德国的戴姆勒制成了第一台使用液体石油的内燃机,从此石油开采和内燃机互为需求,形成了世界能源革命的第二个高潮。石油代替煤炭,引发了世界第二次能源结构的转变。

20 世纪,石油在天然气的协助下,把煤炭从能源之王的宝座上拉了下来。发达的资本主义国家纷纷削减煤炭的用量而大量使用石油。石油已经成为所有工业化国家的经济生命线。和煤炭、石油相比,天然气是最洁净的化石能源。过去的 150 年,能源系统正完成由固态能源、液态能源向气态能源的过渡。

过去 100 多年里,发达国家先后完成了工业化,消耗了地球上大量的自然资源,特别是能源资源。一些发展中国家在工业化阶段的能源消费量增加是经济社会发展的客观必然。

中国是世界上最大的发展中国家,中国能源供应持续增长为经济社会发展提供了重要的支撑,能源消费的快速增长为世界能源市场创造了广阔的发展空间。中国已经成为世界能源市场不可或缺的重要组成部分,对维护全球能源安全正在发挥着越来越重要的积极作用。中国政府正在以科学发展观为指导,加快发展现代能源产业,坚持节约资源和保护环境的基本国策,把建设资源节约型、环境友好型社会放在工业化、现代化发展战略的突出位置,努力增强可持续发展能力,建设创新型国家,继续为世界经济发展和繁荣作出更大贡献。

4.3.2　当代文明社会能源消费情况

世界对能源的消费不断增加,常规能源的开发和供应已难以满足社会对能源的需求,能源危机的阴影笼罩着整个世界。显然,能源不足对一个国家国民经济发展的影响是很大的,主要能源供应不到位,经济发展就会减慢,甚至停滞,人民生活也会受到严重影响。所以,能源是保证社会稳定和发展国民经济的重要物质基础。不仅如此,能源问题还是当今世界影响政治形势的一个重要问题,1990 年的海湾战争就是一个典型[11]。

能源的利用,使人类的物质生活不断得到改善,但却逐渐恶化了自己的生存环境。人类在谋求持续发展的过程中必须解决好这一矛盾。为了缓解能源的供需矛盾,世界各国都在积极研究开发新能源,特别是再生能源,以保证人类长期稳定的能源供应。这方面的措施主要有发展利用核能、太阳能、生物质能、氢能、地热能、风能、潮汐能、海洋温差和波浪发电等。

20 世纪以来,特别是在第二次世界大战后,工业化成为世界各国经济发展的主要目标,工业生产的活动范围在工业化不同发展阶段具有较明显的趋向性。初期时,工业生产活动往往局限在一定的地域范围内(点状分布),随交通条件的改善而呈线性或带状向外扩散,最终达到一个国家或地区的相对均衡分布状态。工业化的发展,对人类社会的进步既有积极作用,也有消极影响。伴随大规模工业化而产生的日益严重的环境问题,例如大气、海洋和陆地水体的污染,大量土地被占用,水土流失和沙漠化加剧等,都对社会、自然和生态环境造成巨大破坏,甚至危及人类自身生存,迫使各国对工业化的发展进行某种限制和改造。

能源消费始终是伴随经济发展的。2020 年全球 GDP 下降约 3.6%,与此同时一次能源消费量降低 4.5%,是 1945 年以来的最大跌幅。除中国和挪威以外,所有国家的一次能源消费增长量都低于 10 年间的平均水平。全球一次能源消费量前二十强经济体如图 4-1 所示。前五名分别为中国大陆、美国、印度、俄罗斯和日本。

与发达国家相比,发展中国家使用煤炭等固体燃料的比例较高,使用较清洁和优质燃料如石油、天然气等的比例较低,这就使得在燃料消耗时比较容易造成严重的环境污染。由于资金和技术的限制,发展中国家能耗水平较高,利用率低,与发达国家相比还存在较大的差距。

发展中国家的能源消耗存在以下特征。首先,发展中国家大约拥有世界 78% 的人口,却只消费 18% 的商品能源,人均商品能源消耗量非常低。其次,对于某些国家(如埃塞俄比亚、索马里、尼泊尔、尼日利亚、苏丹),木柴仍是最主要的能源,占能源消耗总量的 80%。木柴的使用造成森林过度砍伐,引发水土流失、生态平衡破坏等一系列严重的后果。再次,由于能源的储量极不平衡,发展中国家的很多地区缺少能源,不得不依赖进口,从而使得一些国家无法得到能源的保障。最后,由于生产技术水平的限制,发展中国家的单位能耗约为发达国家的3～10 倍,如此高的能耗使得一些发展中国家的经济发展比较缓慢。

中国国家统计局数据显示(表 4-2),近十几年来中国一次能源消费总量一直呈上升态势。2020 年中国一次能源消费总量达到 49.8 亿 t 标准煤,同比增长 2.1%。总体来看,中国一次能源消费量增速随着中国经济增速的变化而变化,一次能源消费量增速低于 GDP 增速。虽然中国的能源消费总量已居世界第一位,但由于经济发展和经济活动水平有限,能源消费水平还很低,今后伴随着经济的发展,能源消费需求量还将增长。

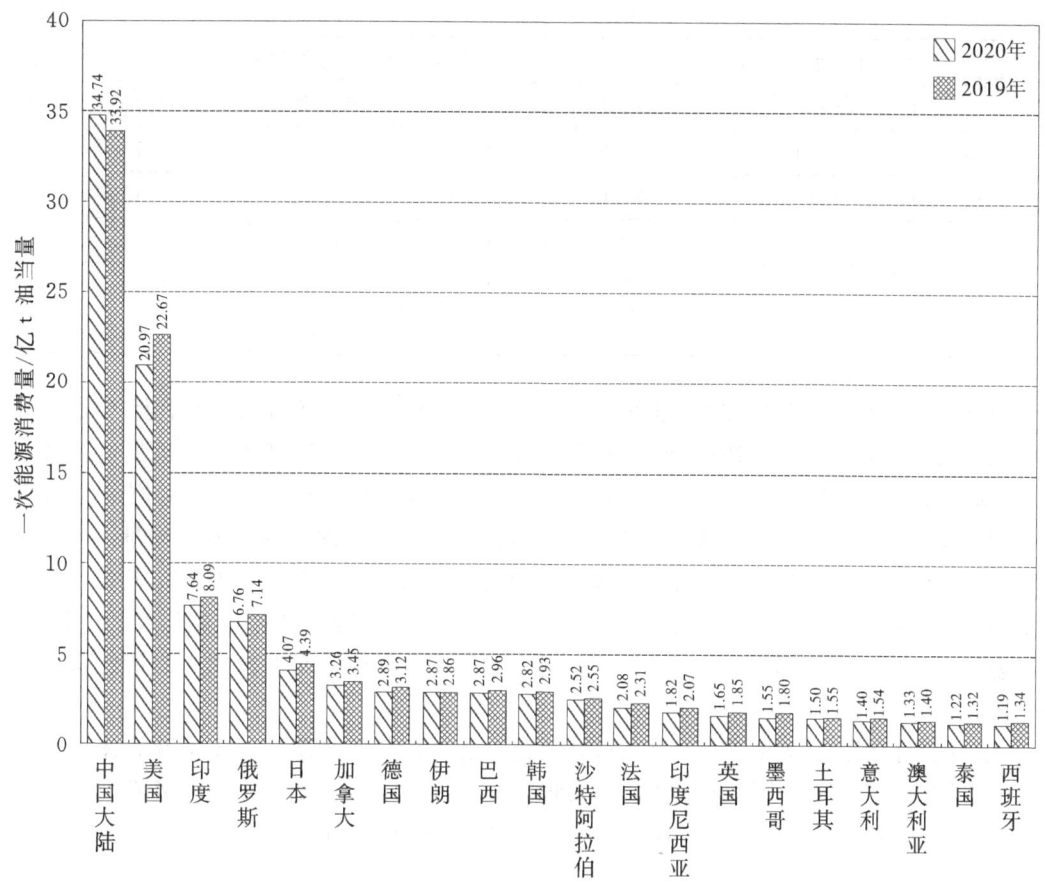

图 4-1　全球一次能源消费量前二十强经济体

（数据来源：2021 年版《bp 世界能源统计年鉴》）

表 4-2　2006—2020 年中国能源消费总量及构成[12]

年份	能源消费总量 /万 t 标准煤	占能源消费总量的比例/%			
		煤炭	石油	天然气	一次电力及其他能源
2006	286467	72.4	17.5	2.7	7.4
2007	311442	72.5	17.0	3.0	7.5
2008	320611	71.5	16.7	3.4	8.4
2009	336126	71.6	16.4	3.5	8.5
2010	360648	69.2	17.4	4.0	9.4
2011	387043	70.2	16.8	4.6	8.4
2012	402138	68.5	17.0	4.8	9.7
2013	416913	67.4	17.1	5.3	10.2
2014	428334	65.8	17.3	5.6	11.3
2015	434113	63.8	18.4	5.8	12.0

年份	能源消费总量/万 t 标准煤	占能源消费总量的比例/%			
		煤炭	石油	天然气	一次电力及其他能源
2016	441492	62.2	18.7	6.1	13.0
2017	455827	60.6	18.9	6.9	13.6
2018	471925	59.0	18.9	7.6	14.5
2019	487488	57.7	19.0	8.0	15.3
2020	498000	56.8	18.9	8.4	15.9

根据中国自然资源部发布的《全国石油天然气资源勘查开采通报（2020 年度）》数据,2020 年中国的天然气新增探明地质储量为 10514.58 亿 m^3。根据 2021 年版《bp 世界能源统计年鉴》数据,2020 年中国天然气已探明储量为 8.4 万亿 m^3,占世界天然气探明总储量的 4.5%。同时中国煤炭探明总储量占世界煤炭探明总储量的 13.3%,中国石油探明总储量占世界石油探明总储量的 1.5%。由于中国人口庞大,占世界总人口的 18.5% 左右,中国人均能源资源占有量与世界平均值相比依然存在不小的差距。从长期来看,能源供应将面临潜在的总量短缺,尤其是石油、天然气供应将面临结构性短缺,严重的话能源有可能再次成为制约经济发展的"瓶颈"。

工业化不仅对经济发展有巨大影响,对社会生活也带来较大影响。工业化带来的是人类生活节奏加快、文明程度提高和工会的强大政治影响力。同时,工业化使得社会生产率不断提高,这为大批就业人口转向第三产业奠定了基础,使得工业社会逐步向后工业社会和信息社会迈进。

4.4 中国社会文明发展对能源的需求

4.4.1 能源需求的影响因素

能源消费需求问题是一个复杂的系统问题,能源消费需求受多种因素的影响,如经济、人口的增长带动能源消费需求,能源价格影响能源消费需求。对能源的直接需求部门是能源的下游产业,如发电业、钢材制造、建筑产业和化工产业等。从对能源需求的根本影响因素考虑,能源需求与经济增长、城市化水平、产业结构、价格因素、技术进步与能源利用效率、国家宏观政策等因素相关[13]。

1. 经济发展水平

一国的经济发展水平在一定程度上反映了该国的经济发展规模,一般采用 GDP 来计算,即一国能源消费需求与该国经济规模密切相关,GDP 越高,能源消费需求越大。因此,经济规模的变化是影响能源需求的重要因素。

能源是经济增长所必需的生产要素,两者之间的关系分为两个方面。一方面表现为经济增长对能源的依赖和需求。各国经济的发展无不伴随着能源的开发利用,可以说,一国经济发展史同时是一国能源开发利用史。人类历史上发生了三次重要的能源革命,因蒸汽机的发明而使煤炭得到广泛利用,内燃机的发明促进了石油的开发利用,石油危机使人们开始寻找和探索可再生能源等新型能源。三种能源依次走上历史舞台,每一次的能源变革都给经济发展带来了质的飞跃。因此人们普遍认为,能源是经济增长的动力所在,它促进了经济的快速增长,影响着经济的规模和发展方向。另一方面,经济的发展促进能源的发展,为能源发展提供物质和资金保证。另外,能源经济本身也是经济的重要组成部分,能源产业是一个关系国民经济稳定的重要产业。总之,能源是经济增长的重要动力源泉,而经济增长又是能源发展的必要前提和保障。

2. 人口数量

人口是社会系统中最基本的因素,人口数量在一定程度上影响能源消费总量。虽然居民直接消费的能源较少,但居民数量的多少影响着能源消费量,同时对一国人均能源消费量和消费方式产生一定的影响。我国资源储备丰富,尤其煤炭储量居世界前列。但由于我国人口众多,即使人均能源消费量较低,能源消费总量也较大。因此,能源是我国经济社会发展的基础,而人口的数量则直接影响着我国能源的消费量。

3. 城市化水平

城市化水平也叫城市化率,是衡量城市化发展程度的数量指标,一般用一定地域内城市人口占总人口数量的比例来表示。城市人口指生活在城市的居民,在我国一般按户口所在地计算,而农村人口为居住在农村的人口。我国人口流动性比较大,大量农村闲置劳动力进入城市生活,因此城市化水平并不能真正反映我国城市居住人口。对于城市居民和农村居民,他们在能源消费水平和能源利用方式上有很大差别。城市具有较完善的能源供应基础设施,包括电力供应设施、天然气和煤气管道等,这为城市居民的能源消费提供了很好的条件;而由于农村的基础设施比较落后,农村居民则不能获得完善的能源基础设施服务。另外农村居民人均收入水平较低,大部分收入用于食品、医疗和子女教育,导致农村居民的能源消费量较低,从而使农村居民消费对能源的需求影响较低。因此,人口结构的变化或城市化水平对能源的需求具有一定的影响。

4. 能源价格

一般来说,商品需求受商品价格的影响。在我国,能源的价格不是由市场决定,而是受政府控制的,其价格低于国际市场价格。改革开放前期,我国的经济属于计划经济,能源的供给是限额分配,能源价格对能源需求的影响很小,即使有资金也不一定买得到能源,能源供给还是比较紧张的。随着改革开放,国家对部分商品的价格实行市场化,由市场供给和需求来决定商品的价格。但是对于能源的价格,由于其重要性和具有国家战略意义,能源工业仍由国家投资和控制,不允许个人资本进入。能源价格使用政府和市场双向指导,但能源价格并没有反映出市场上能源的供需状况,能源价格一直保持稳中有升的趋势。能源需求对价格变化不敏感,缺乏弹性。

5. 技术进步和能源效率

技术进步提高能源的利用效率,降低单位 GDP 能耗,不仅促进了经济的发展,而且减少了能源消耗,因此科学技术的进步对经济发展和能源消费都产生了重要的影响。在能源消耗较大的行业,尤其是金属冶炼、化工、交通运输等行业中,技术进步提高了行业的生产效率。一方面,生产设备效率的提高降低了单位产品的能耗;另一方面,科学技术的进步带来了信息通信等产业的发展,简化了交易过程,降低了产品的交易成本,能源消费强度下降,从而降低了能源消费量。同样的产出,我国单位 GDP 能耗远远高于发达国家。由此可见,我国的技术水平与发达国家相比还有很大差距,通过技术进步降低能耗还很大的发展空间。

6.国家宏观政策

随着经济的快速发展,环境日益恶化,人们对周边的环境质量越来越关注,因此在对能源开发利用的同时,环境问题成为一个不可忽视的重要因素。我国经济发展已经达到了一定水平,而环境恶化程度日益严重,因此国家和地方政府越来越关注环境问题。政府正在逐步制定严格的污染排放标准,加大不清洁能源的使用成本以减少其使用量,鼓励新能源、清洁能源的利用,使清洁能源替代高污染的能源。现在越来越多的城市制定大气污染治理指标,鼓励小型车的使用。对污染比较严重的能源品种使用强制性措施禁止使用,如北京出于环境考虑,在市区实行天然气代煤,以改善生态环境。

4.4.2 中国实现社会主义现代化的农村能源战略思考

实施乡村振兴战略需要农村能源支撑。农村能源是满足农村生活、发展现代化农业生产、改善农村环境的重要保障,将在乡村振兴战略中作出全面贡献,全面支撑农村经济发展。农村能源作为国家整个能源系统不可分割的组成部分,其发展必然影响我国能源供求形势,关系到我国实现社会主义现代化和公平、可持续发展的目标。

农村能源是指主要用于农村生活、生产的生物质能(沼气、秸秆、薪柴等),以及太阳能、风能、地热等新能源和可再生能源。狭义的农村能源是指农村应用的能源。由于在农村既有能源消费(主要包括农业生产、乡镇企业和农村家庭能源消费),也有能源的开发(主要是当地的可再生能源),因此农村能源既包括外界输入的商品能源,也包括当地的可再生能源。广义的农村能源是指农村的能源问题,是对农村范围内的各种能源以及从开发(或输入)至最终消费过程中的技术、经济及管理问题的总称。我国农村能源基础设施落后,依靠传统的能源很难满足农村经济社会发展的需求,农村能源紧缺的问题还将进一步显现。

我国是一个农业大国,随着农村经济社会的发展,农村对能源的需求将不断增加,尤其是对商品化、清洁能源的需求将急剧增加。同时,农业生产活动不仅消耗能源,而且生产能源,农作物秸秆、畜禽粪便是很好的能源资源。通过调整农业产业结构,还可以种植能源作物,例如生产生物柴油的油料作物、生产酒精的甜高粱等。从这两个方面出发,一要加大开发利用可再生能源的力度,尤其要加快从传统的生物质能利用向现代生物质能利用的转换,如秸秆气化、发电、供热、沼气技术等;二要密切结合农业生产、农村经济,将农村可再生能源建设融入整个农村的社会经济活动中,使农村干部群众能直接体验到其效益,实现农业增效、农民增收的目标;三要与生态环境建设密切结合,由于无污染和可持续的特点,可再生能源将在生态环境建设中发挥重要作用,因此合理开发利用可再生能源是有利于生态环境的重要能源战略。农村能源利用如图 4-2 所示。

1.发展农村能源的途径[14]

1)以沼气为纽带的生态家园经济模式

以沼气为纽带的生态家园经济模式,即以沼气池建设为核心,带动畜禽养殖,通过沼肥综合利用生产优质蔬菜、水果等农产品,并结合厨房、猪圈和厕所改造来改善生活环境。其主要

<table>
<tr><td>沼气</td><td>太阳能发电</td></tr>
<tr><td>太阳能热水</td><td>可再生能源利用</td></tr>
</table>

图 4-2　农村能源利用

思路是从农民最基本的生产和生活单元内部挖掘潜力,引导农民改变落后的生产生活方式,达到遏制植被破坏、保护生态环境的目的。

2)以农业废弃物资源化高效利用为核心的能源环境产业

20 世纪 90 年代以来,随着畜牧业的迅猛发展,畜禽粪便造成的环境污染越来越引起人们的重视,同时由于生态农业和无公害农产品生产的发展,有机肥料有了越来越大的市场。因此人们开始把大中型沼气工程技术用于处理粪便、治理环境、生产有机肥。大中型沼气工程的建设目的从单纯获取能源转向了能源与环境并重,同时综合利用沼渣和沼液,形成了能源环境工程模式。能源环境工程在提供清洁能源的同时治理了环境污染,而且通过发酵残余物的综合利用(如商品化有机肥生产)使企业获得经济效益。

3)以液体燃料为主产品的能源农业

能源农业是指以提供能源资源及其转换产品为主要目的的农业生产及相关活动。能源农业的范畴不仅涵盖了传统概念上的种植业,即能源作物品种的优化选育和栽培、收获及储运,还包括了能源资源的加工转化和二次能源的利用等相关活动。美国、巴西、欧洲等国家和地区开发种植能源作物的经验表明,农业可兼有能源消费和能源生产的双重性。根据当地自然资源条件,通过调整农业生产结构,适当开发种植以提供能源资源为主要目的的作物,如甜高粱、甘蔗、木薯、油料作物、高能速生薪炭林以及油料树种等，不仅提供了能源，也有助于增加和稳定农民收入，实现农业生产良性循环。此外，考虑到有限的化石能源资源储量将会枯竭，其利用对环境造成有害影响，以光合作用为主要生产过程的农业能源资源已被普遍认为是一种可再生资源，它的生产和利用能够达到温室气体"零排放"效果，不会对环境产生负面的影响，因此是可持续发展的。随着我国能源结构性矛盾的日益突出，对石油进口的依赖性越来越大，开发以农产品为原料的液体燃料，如乙醇和生物柴油等势在必行，并应成为农业结构调整的发展方向之一。

4）以提供产品、工程施工和技术服务为特色的可再生能源产业

大力推进以提供产品、工程施工和技术服务为特色的可再生能源产业，以产业促进事业发展，增加就业，促进农村产业结构调整。建设有利于新技术普及推广和产品升级换代的产业体系，要通过技术引进和技术创新提高可再生能源产品的技术含量；在项目建设中通过招投标的方式，推广价廉质优的产品，打破地方封锁，扶持一批有实力的企业迅速发展，形成规模效益；制定规范化、系列化的产品技术标准，加强产品质量监督检验体系建设，打击假冒伪劣产品，维护良好的市场经济秩序；通过产品出口和对外技术援助等促进农村可再生能源产业的发展。

5）以"小型公益设施"推进西部可再生能源建设

西部地区以及中西部农村的能源设施建设仍然需要政府的支持。农村能源项目的主要建设内容包括沼气、秸秆气化集中供气、小型风力发电系统和太阳能利用四个方面。项目重点在农村能源短缺、生态环境相对恶劣、经济状况相对落后的中西部和粮棉主产区，补助内容包括建设工程的设计费、技术服务费、主要原材料（水泥、砖、砂石料）和配套设备的部分经费，补助对象主要为项目区农户。要以"小型公益设施"为突破点，全面推进西部可再生能源建设。

2. 发展农村能源的重要意义[15]

从国际上来看，21世纪是缺能的时代。随着全球经济的发展，各种耗能产业不断增多，化石能源资源越来越少，许多濒于枯竭，世界各国正在寻求多种能源利用方式以满足继续发展的要求。

实施乡村振兴战略。要坚持农业农村优先发展，按照产业兴旺、生态宜居、乡风文明、治理有效、生活富裕的总要求，建立健全城乡融合发展体制机制和政策体系，加快推进农业农村现代化。在发展农村公共事业中要大力普及农村沼气，积极发展适合农村特点的清洁能源。目前，我国农村能源有两个特点：一个是在经济落后地区普遍使用薪柴、秸秆等传统生物质能，能源利用效率低，对环境破坏大；另一个是在有些地区商品能源使用量达到一定的比例，导致大量秸秆堆放在田间地头或是场院周围，这不仅影响村容、村貌，而且是对资源的浪费。

1）发展农村能源有利于促进农民生活方式的改变

能源问题已成为制约经济社会发展的严重问题。农村的能源问题更为严重，农村用电一遇到供电紧张就拉闸断电，农民买了电器也不能用。因此，必须大力发展适合新时期要求的新型农村能源，提高生活质量，推进农业农村现代化。

2）发展农村能源有利于改善农村能源结构，促进城乡融合

从战略意义而言，这也是城乡统筹的重要内容。我国乡村人均生活能源消费量与城市人均生活能源消费量相比存在不小的差距，煤炭在我国农村能源消费结构中占主导地位，清洁能源和可再生能源使用较少，发展农村能源是调整农村能源结构的着力点。

3)发展农村能源有利于促进农业增长方式的根本转变

发展农村能源与农业生产有机结合,就会带动农业结构调整,促进农业增长方式的转变和农民增收。如"家禽—沼—果(粮、菜)"能源生态经济模式,就是把种植业与养殖业有机结合起来,把养殖业所产生的废弃物转换成可再生能源沼气和有机肥料。既解决了农村燃料问题,又减少了化肥、农药的使用量,改善了农产品品质,提高了农产品的市场竞争力;既促进了农业结构调整,又增加了农民收入。若有一口沼气池,不仅可解决生活用能问题,每年还可提供有机肥料约 20 t,节柴 2000 kg 以上,户均节支增收 1000~2000 元。

4)发展农村能源有利于促进农村卫生状况和生态环境的改善

随着养殖业的迅速发展,大量的畜禽粪便得不到及时有效的处理,已严重污染了农村居住环境和生产环境,成为农村的一大公害。通过推进农村能源发展,实施秸秆综合利用、沼气项目建设等,短期内可用低成本改变农村的环境卫生状况,解决养殖业带来的环境污染问题,改善人居环境,阻断疫病传染源,使农村村容、村貌在潜移默化中发生根本变化,促进农村社会文明进步。

5)发展农村能源有利于促进资源循环利用,缓解农村能源短缺问题

发展农村沼气、太阳能和生物质能等能源,不仅使农村的资源得到有效利用,而且通过改厕、改厨、改圈、改院等建设,把农村的"三废"(秸秆、粪便、垃圾)变成"三宝"(燃料、饲料、肥料),实现了社会要生态、农民要致富的目标,促进了生产、生活、生态的协调发展。

3. 我国农村能源的发展历程[16]

1)商品能源极度短缺阶段

中国几千年自给自足的农村经济基本上没有外界能源的输入,都是依靠人力和畜力进行农田耕作和收获,利用人力和风力提水灌溉农田。家庭炊事燃料则主要是秸秆和薪柴等自生能源,仅有的能源输入是每年仅几千克的照明用煤油。新中国成立前煤油被称为"洋油",就是我国能源短缺阶段的真实写照。

2)商品能源适当发展的阶段

20 世纪 60、70 年代农村电网逐步建立,部分家庭采用电力照明。由于供应极不稳定和农户收入很低,所用电力极为有限。至 20 世纪 70 年代末,农村人口占全国的 80%,但消费的商品能源(煤、油、电)却只有全国的 15%,约 1 亿 t 标准煤,农村所耗电量(包括农村生产耗电在内)只有 330 亿 kW·h,人均年耗只有 40 kW·h。由于农村人口的增长,农村当地生物质能的合理提供量与需求量之间出现了缺口,家庭炊事燃料普遍不足,短缺严重地区往往是生态环境本来就较为恶劣地区。随之出现的对生物质(秸秆和薪柴)的过度采伐,造成当地水土流失,土壤有机质含量下降,农作物产量下降。1979 年在全国范围内的调查表明,竟有 2/5 的农户全年缺烧三个月以上,农村的生活用能(炊事、取暖)以及许多农产品加工,如制茶、烧烟叶等,主要靠烧薪柴和秸秆,年耗实物量高达 6 亿 t,其中 2.4 亿~2.6 亿 t 的薪柴中有四成至三成是由过量采樵掠取,这是加剧我国水土流失和荒漠化程度的重要原因之一。

3)商品能源快速发展的阶段

1979 年开始的农村经济体制改革,带来了农业、林业产量的提高,使得秸秆和薪柴的可提供量大幅增加,加之节柴灶、沼气池等技术的推广,基本解决了燃料不足的问题。1982 年确立,并经 1986 年修正的"因地制宜、多能互补、综合利用、讲究效益"的农村能源建设方针,其目标基本在于解决农村能源问题,试图通过发展沼气、薪炭林,推广省柴节煤灶,以及在有条件的

地方发展小水电、小煤炭、风能、太阳能、地热能,探索出一条具有中国特色的农村能源建设道路。随着商品能供应的市场化,农民可以通过市场购买煤炭、燃料油。农村地区的电网改造使得农村电网损失率大幅下降,电力成为农村家庭用能中增长最快的能源。遍布城乡的液化气代销点使得农民可以较方便地购买液化气作为家庭的燃料。

我国正处在社会经济发展的重要阶段,随着城镇化、工业化进程加快,农村能源需求数量和结构将明显发生改变。农村能源建设不能延续过去资源耗竭性的发展模式,改善农村生产和生活用能条件,要发挥农村尤其是西部农村地区资源优势,利用小水电、太阳能光伏发电和风力发电等可再生能源,增加电力供应,实现农村燃料的商品化和清洁化。

综上分析,我国农村能源战略的基本内容可以概括为:为全面建设社会主义现代化国家,在我国能源发展整体战略背景下,适应农村经济、社会、人口发展变化的要求,按照"因地制宜,多元发展,外部商品能源输入为主与发展农村内部的再生能源相结合"的原则,统筹城乡能源发展系统,优化农村能源供求结构,不断提高电力在农村能源消费中的比例,发挥各地资源优势,加快农村可再生能源开发利用,不断推进农村能源的经济化、商品化和优质化进程,建设符合农村特点的能源多样化的发展道路。

4.4.3 第二个百年奋斗目标下的能源要求

中国正在从第一个百年奋斗目标向第二个百年奋斗目标进军,中国发展进入新时代,中国的能源发展也进入新时代。习近平总书记提出"四个革命"(能源消费革命、能源供给革命、能源技术革命、能源体制革命)和"一个合作"(加强全方位国际合作)能源安全新战略,为新时代中国能源发展指明了方向,开辟了中国特色能源发展新道路,中国能源进入高质量发展新阶段。在第一个百年奋斗目标下,能源领域努力适应经济、社会快速发展,坚定不移地推进能源革命,推进全面协调可持续发展,能源综合生产能力显著增强,能源发展取得历史性成就。中国已成为世界上最大的能源生产消费国,是能源利用效率提升最快的国家。可再生能源开发利用规模稳居世界第一。根据国际能源局数据,截至 2020 年底,中国可再生能源发电装机总规模达 9.3 亿 kW,占总装机量的 42.4%;可再生能源发电量达 2.2 万亿 kW·h,占全社会用电量的 29.5%;非化石能源占一次能源消费量的 15.9%;水电、风电、太阳能发电累计装机规模均位居世界首位。

但是也要清醒地认识到,我们在能源安全供应、高效利用、清洁发展和可持续发展等方面还存在较大压力,实现"能源中国梦"仍然面临严峻挑战。由于煤炭等化石能源的大规模、高强度开发利用,造成严重的环境污染和生态破坏,保护生态环境、应对气候变化的压力日益增大。在可持续发展方面,与主要发达国家相比,我国能源技术尖端人才缺乏,自主创新基础薄弱,煤炭、石油、电力等领域的一些关键核心技术、设备和材料仍然依赖进口,新型能源研发应用还存在很多问题,能源工业总体上大而不强,能源可持续发展压力很大。

在不同的历史阶段,能源工业的愿景不同。立足当前的认识,"能源中国梦"就是以安全、高效、清洁、可持续发展的能源工业服务"中国梦",推动实现"中国梦"[17]。

1. 保障安全供应是"能源中国梦"的根本任务

在实现社会主义现代化和全体人民共同富裕的进程中,能源始终是一个重大战略问题。我国能源发展的基本特征是人均资源量少、消费水平低、总量规模大、对外依存度高。2035 年我国人均 GDP 要达到中等发达国家水平,能源安全供应任务十分繁重。我们必须把提供充足、可靠、不间断的能源供应作为头等大事,统筹谋划,扎实推进。

2. 推动高效利用是"能源中国梦"的必然选择

能源与资源环境之间的矛盾始终是困扰我国经济发展的重大问题。党的十九大提出"推进能源生产和消费革命,构建清洁低碳、安全高效的能源体系",能源工业必须积极推动能源生产和利用方式变革,加强节能降耗,节约集约利用资源,高效利用能源,走低投入、高产出、低消耗、少排放、能循环、可持续的发展路子,以尽可能少的能源消耗支撑经济、社会持续健康发展。

3. 推进清洁发展是"能源中国梦"的重要方向

建设生态文明,是关系人民福祉、关乎民族未来的长远大计。实现"能源中国梦",必须毫不动摇地走绿色、低碳、清洁发展道路,为发展社会主义生态文明、建设"美丽中国"作出应有贡献。能源工业要在加快煤炭、石油等传统化石能源清洁利用的同时,积极开发水能、风能、太阳能、核能、页岩气等低碳清洁能源,推动我国能源结构优化升级[18]。

4. 实现可持续发展是"能源中国梦"的内在要求

科技决定能源的未来,科技创造未来的能源。实现能源工业可持续发展,关键靠科技。以新一代信息技术和可再生能源产业整合为基础,以绿色、低碳、智能为主要特征的新一轮产业革命正在全球兴起,新的能源技术革命已经开启。我们要面向未来,瞄准可燃冰、核聚变、氢能、海洋能、空间太阳能等新型能源,加大研发应用力度,努力占领新的发展制高点。

4.4.4　中国的"双碳"目标

1. "双碳"目标的背景与提出[19]

世界气象组织发布的《2020 年全球气候状况》报告显示,2020 年是有气象记录以来最暖的三个年份之一,全球平均气温比工业化前上升了大约 1.2 ℃,2011—2020 年是有气象记录以来最暖的 10 年。全球气候的变暖导致了海洋持续变暖,冰冻圈风险加大,洪水与干旱事件频发等问题。在全球快速升温,亟须控制碳排放水平的时代背景下,净零排放已成为全球共同努力的目标,各国正在开展一场史无前例的大规模合作行动。

中国作为世界第二大经济体、全球最大的发展中国家,正面临着既要控制二氧化碳的排放总量,又要保持经济稳步增长这一发展挑战。在强烈的大国责任感与担当的驱动下,中国政府认识到实现碳中和是一项重任。虽然和发达国家相比,中国节能减排行动起步晚、负担重,实现碳中和比想象中要困难得多,但是 2020 年 9 月习近平主席在第七十五届联合国大会一般性辩论中阐明:"应对气候变化的《巴黎协定》代表了全球绿色低碳转型的大方向,是保护地球家园需要采取的最低限度行动,各国必须迈出决定性步伐。"同时宣布,"中国将提高国家自主贡献力度,采取更加有力的政策和措施,二氧化碳排放力争于 2030 年前达到峰值,努力争取 2060 年前实现碳中和"。这就是中国的"双碳"目标。中国这一庄严承诺,在全球引起巨大反响,赢得国际社会广泛的积极评价。

在多个重大国际场合,习近平主席反复重申了中国的"双碳"目标,并强调要坚决落实。特别是在 2020 年 12 月举行的气候雄心峰会上,习近平主席宣布:"到 2030 年,中国单位国内生产总值二氧化碳排放将比 2005 年下降 65% 以上,非化石能源占一次能源消费比重将达到 25% 左右,森林蓄积量将比 2005 年增加 60 亿 m³,风电、太阳能发电总装机容量将达到 12 亿 kW 以上。""中国历来重信守诺,将以新发展理念为引领,在推动高质量发展中促进经济社会发展全面绿色转型,脚踏实地落实上述目标,为全球应对气候变化作出更大贡献。"而在"十四五"规划和 2035 年远景目标纲要中,广泛形成绿色生产、生活方式,碳排放达峰后稳中有降也成为重要内容。

2. 实现"双碳"目标的四项关键要素[20]

如期实现"双碳"目标,机遇与挑战并存。从技术层面看,对低碳技术、零碳技术、负碳技术等技术创新的需求会越来越大;从产业层面看,"双碳"会带来企业商业理念的变化,重新塑造企业治理、战略、投资决策、内部管理、工艺流程等内容;从政策层面看,需要围绕"双碳"目标设计财税体系、投融资体系等;从国际影响看,实现"双碳"目标必须多边合作、互利共赢。

1)技术可行

技术是推动社会进步、提高生产力的重要因素。在我国既需要保持经济的高质量发展,又要在 40 年内以"中国速度"实现全社会能源低碳转型的背景下,大力发展可复制、可推广的低碳技术是实现碳中和目标的根本路径。为什么技术对于实现碳中和如此重要?一方面,我国是世界第一大碳排放国,实现碳中和所需的碳排放减量远远多于其他经济体;另一方面,我国目前的能源结构仍以煤炭、石油等传统化石燃料为主,可再生能源在能源供给中贡献较小,当前经济发展与碳排放尚未完全脱钩,因此在考虑减少碳排放的同时,还要兼顾经济的持续发展。高耗能、高排放行业对我国的经济发展尤为重要,这就要求企业在保持经济发展贡献的前提下,以先进技术为重要依托,最终实现碳中和愿景。可以预见,在未来几十年,以碳捕获、利用与封存技术(应对全球气候变化的关键技术之一)、可再生能源技术、电气化技术、信息技术等为中心的一系列低碳技术发展路线将在能源转型中发挥不可替代的作用。碳捕获、利用与封存技术能够帮助高耗能行业提升能源利用效率;可再生能源技术、电气化技术的发展将加快传统化石能源的淘汰,推动清洁能源产业结构的进一步升级换代;此外,大数据、物联网、人工智能等信息技术也将助力我国碳减排进程,对减少碳排放具有重要意义。

然而,由于我国的碳减排技术起步较晚,相关技术的深入研究与大规模应用还未进入快车道。现阶段大部分技术仍处于前期研究阶段,对碳减排、碳替代的贡献还相对较小,未来能否大规模推广应用还是未知数。我国距离完全消减碳排放需求和实现能源替代的愿景目标还有很长的一段路要走。

2)成本可控

绿色低碳技术的发展固然会推动我国技术转型的全面升级,形成国际竞争力,但技术的研究与发展需要企业"买单",这无疑会大幅提高企业的成本,使产品丧失市场竞争力。低碳技术的应用也会相应增加产业链各环节中间产品、终端消费品的成本。因此,碳中和目标的实现需考虑低碳与市场发展的平衡,在技术可行的前提下做到成本可控,这样才能实现可持续发展。零碳经济将彻底重构产业链,这也意味着价值链的全面转型。从几大高耗能、高排放的控排行业来看,绿色低碳转型将大幅提高能源供给与节能减排的成本。

以钢铁行业为例,燃料成本是与碳减排关联度最大的生产成本之一,因此,降低燃料成本应成为整个钢铁行业实现碳减排的重点举措。其中,加大废钢电炉炼钢法的研发,推动碳捕获、利用与封存技术的应用是钢铁行业成本投入的主要部分,具体包括电力成本,回收废钢成本,碳捕获、利用与封存技术的研发应用及推广成本等。这些"绿色成本"将直接影响钢铁行业的产品价格。从长远来看,新增的绿色成本所带来的经济效益不但能够抵消其自身成本,甚至还能产生净收益。

短期来看,脱碳行动带来的"绿色成本"必然会给企业发展带来竞争劣势。对于某些难脱碳的行业,如钢铁行业,脱碳会使每吨钢的成本上升 20%,这对钢铁企业来说影响巨大。但是对于使用零碳钢铁的汽车制造企业来说,成本增量不会超过现在的 1%。1% 的增量对消费者不会造成什么影响。因此,碳价和相关制度的保障对全面推动脱碳进程至关重要。逐步建立我国的碳定价体系及各国碳价的互联机制,可以避免相关企业在国际竞争中处于劣势。

3) 政策指引

虽然我国已在一定程度上具备 2060 年实现碳中和愿景的政策基础,但是由于时间紧、任务重,我国脱碳之路对行业产业结构、生产方式的调整,以及社会大众生活方式的改变提出了更严苛的要求。这就需要政府部门发挥"指挥棒"的作用,制定相应的政策去规划与监督全社会的行为,充分发挥引导、调动和约束的作用。

对于企业而言,实现碳中和意味着越来越严格的碳排放标准和越来越高的碳排放成本,因此企业很难主动参与到实现碳中和的行动中来。同时,碳中和将对高耗能、高排放企业在发展低碳技术项目的融资方面产生较大挑战。低碳技术项目存在初期投入巨大、投资建设周期长、经济效益不确定等问题,难以得到银行、民间私募机构的青睐。

因此,政府需要完善行业排放标准、建立碳税征收机制、建立健全碳排放权交易市场、构建绿色金融体系等,实施一系列碳减排政策,为企业发展碳减排新技术提供政策上的支持与引导,助力企业尽早开展低碳转型的尝试,帮助企业降低转型成本和融资难度,降低企业应用碳减排技术的风险,从而让企业以最低的成本和风险实现低碳转型。

4) 多边共赢

要实现碳中和目标,一方面需要国际间的合作与交流;另一方面需要产业链上下游利益共同体的协同努力,从而实现互惠互利、合作共赢。

碳中和为什么需要国际合作?首先,二氧化碳等温室气体在大气层中留存的时间长且影响范围广,使实现碳中和不是某几个国家的责任,而是全球共同的责任。其次,与欧美等发达国家开展技术合作,充分利用全球绿色低碳转型的共识与契机,能够缩小我国与其他国家碳减排技术的差距,从而加速我国高耗能、高排放企业的能源转型与产业结构调整升级,促进绿色低碳技术的大规模应用与推广,实现不同国家之间在节能减排、低碳技术上的互补。

3. "双碳"目标的提出是中国主动承担应对全球气候变化责任的大国担当[19]

新中国成立以来,特别是改革开放以来,中国在发展进程中始终致力于维护世界和平、促进全球发展。1992 年,中国成为最早签署《联合国气候变化框架公约》的缔约方之一。之后,中国不仅成立了国家气候变化对策协调机构,而且根据国家可持续发展战略的要求,采取了一系列与应对气候变化相关的政策措施,为减缓和适应气候变化作出了积极贡献。2002 年中国政府核准了《京都议定书》。2007 年中国政府制定了《中国应对气候变化国家方案》。2013 年11 月,中国发布第一部专门针对适应气候变化的战略规划《国家适应气候变化战略》,使应对气候变化的各项制度、政策更加系统化。在中国的积极推动下,世界各国在 2015 年达成了应对气候变化的《巴黎协定》。2016 年,中国率先签署《巴黎协定》并积极推动落实。到 2019 年底,中国提前超额完成 2020 年气候行动目标,树立了信守承诺的大国形象。2020 年 9 月,习近平主席提出,中国的"二氧化碳排放力争于 2030 年前达到峰值,努力争取 2060 年前实现碳中和"的"双碳"目标。

"双碳"目标是我国基于推动构建人类命运共同体的责任担当和实现可持续发展的内在要

求而作出的重大战略决策,展示了我国为应对全球气候变化作出的新努力和新贡献,体现了对多边主义的坚定支持,为国际社会全面有效落实《巴黎协定》注入强大动力,重振全球气候行动的信心与希望,彰显了中国积极应对气候变化、走绿色低碳发展道路、推动全人类共同发展的坚定决心。这向全世界展示了应对气候变化的中国雄心和大国担当,使中国从应对气候变化的积极参与者、努力贡献者,逐步成为关键引领者。

参考文献

[1]薄贵利.十九大报告国家战略解读[J].领导科学论坛,2018(14):32-45.

[2]卢小平.共同体的维度:现代国家建构中的族群问题研究[D].北京:中央民族大学,2010.

[3]黄聚有.从三明的实践探讨社会主义精神文明建设的规律[J].福建论坛(人文社会科学版),1984(3):1-6.

[4]臧秀玲.建设有中国特色社会主义与利用资本主义文明成果[J].东岳论丛,2000(6):15-17.

[5]王文平,施跃文.清洁能源的有效利用[J].神华科技,2011,9(6):86-89.

[6]朱金凤.能源变革 电力为核[J].电气时代,2016(1):11.

[7]张万奎.农村能源及其对策[J].湖南理工学院学报(自然科学版),1996(2):66-69.

[8]邹才能,赵群,张国生.能源革命:从化石能源到新能源[J].天然气工业,2016,36(1):1.

[9]董鹏,刘均洪.木质生物质的生物炼制及其综合利用[J].化工科技市场,2009,32(7):28-32.

[10]鞠芸,万维其.两次工业革命之比较[J].高中生之友,2003(3):45.

[11]郭隆隆.中东的"潘朵拉盒"已经打开:试论海湾战争的后果及影响[J].国际展望,1991(6):5-7.

[12]张嗣明.中国统计年鉴2014能源消费总量及构成[J].统计学报,2015,21(5):3.

[13]邓志茹,范德成.中国能源需求影响因素的研究[J].统计与信息论坛,2010,25(2):65-68.

[14]张无敌,谢建,孙世中,等.面向新世纪的农村能源发展途径[J].科学中国人,1999(8):2.

[15]师连枝.中国发展农村能源经济的意义和政策建议[J].郑州大学学报(哲学社会科学版),2006,39(4):69-72.

[16]王春晓.我国农村能源发展的问题及对策[J].北京农业,2015(27):168-169.

[17]王蕾,梁振华.面向实现"中国梦"的中国新能源发展之路[J].科技致富向导,2013(24):361.

[18]施文涛.中国新能源发展现状研究[J].新教育时代电子杂志(学生版),2017(5):248.

[19]高世楫,俞敏.中国提出"双碳"目标的历史背景、重大意义和变革路径[J].新经济导刊,2021(2):4-8.

[20]安永碳中和课题组.一本书读懂碳中和[M].北京:机械工业出版社,2021.

第 5 章

能源与生态文明

5.1 能源与生态文明的关系

5.1.1 生态文明的概念

生态,指生物之间及生物与环境之间的相互关系及存在状态,即自然生态。自然生态有着自在自为的发展规律。人类社会改变了这种规律,把自然生态纳入人类可以改造的范围之内,这就形成了文明。

从人与自然和谐的角度,对生态文明的定义是:生态文明是人类为保护和建设美好生态环境而取得的物质成果、精神成果和制度成果的总和,是贯穿于经济建设、政治建设、文化建设、社会建设全过程和各方面的系统工程,反映了一个社会的文明进步状态。

生态文明是人类文明发展的一个新的阶段,即工业文明之后的文明形态;生态文明是人类遵循人、自然、社会和谐发展这一客观规律而取得的物质与精神成果的总和;生态文明是以人与自然、人与人、人与社会和谐共生、良性循环、全面发展、持续繁荣为基本宗旨的社会形态。

生态文明强调人的自觉与自律,强调人与自然环境的相互依存、相互促进、共处共融,既追求人与生态的和谐,也追求人与人的和谐,而且人与人的和谐是人与自然和谐的前提。可以说,生态文明是人类对传统文明形态特别是工业文明进行深刻反思的成果,是人类文明形态和文明发展理念、道路和模式的重大进步。

5.1.2 生态文明建设及意义

生态文明建设是中国特色社会主义事业的重要内容,关系人民福祉,关乎民族未来,事关下一个百年奋斗目标和中华民族伟大复兴中国梦的实现。党中央、国务院高度重视生态文明建设,先后出台了一系列重大决策部署,推动生态文明建设取得了重大进展和积极成效[1]。

十九大报告提出,建设生态文明功在当代、利在千秋,是中华民族永续发展的千年大计。面对资源约束趋紧、环境污染严重、生态系统退化的严峻形势,必须树立尊重自然、顺应自然、保护自然的生态文明理念,把生态文明建设放在突出地位,融入经济建设、政治建设、文化建设、社会建设各方面和全过程,努力建设美丽中国,实现中华民族永续发展。

我们要建设的现代化是人与自然和谐共生的现代化,既要创造更多物质财富和精神财富以满足人民日益增长的美好生活需要,也要提供更多优质生态产品以满足人民日益增长的优美生态环境需要。必须坚持节约优先、保护优先、自然恢复为主的方针,形成节约资源和保护环境的空间格局、产业结构、生产方式、生活方式,还自然以宁静、和谐、美丽。

1)推进绿色发展

加快建立绿色生产和消费的法律制度和政策导向,建立健全绿色低碳循环发展的经济体系。构建市场导向的绿色技术创新体系,发展绿色金融,壮大节能环保产业、清洁生产产业、清洁能源产业。推进能源生产和消费革命,构建清洁低碳、安全高效的能源体系。推进资源全面节约和循环利用,实施国家节水行动,降低能耗、物耗,实现生产系统和生活系统循环链接。倡导简约适度、绿色低碳的生活方式,反对奢侈浪费和不合理消费,开展创建节约型机关、绿色家庭、绿色学校、绿色社区和绿色出行等行动。

2)着力解决突出环境问题

坚持全民共治、源头防治,持续实施大气污染防治行动,打赢蓝天保卫战。加快水污染防治,实施流域环境和近岸海域综合治理。强化土壤污染管控和修复,加强农业面源污染防治,开展农村人居环境整治行动。加强固体废弃物和垃圾处置。提高污染排放标准,强化排污者责任,健全环保信用评价、信息强制性披露、严惩重罚等制度。构建政府为主导、企业为主体、社会组织和公众共同参与的环境治理体系。积极参与全球环境治理,落实减排承诺。

3)加大生态系统保护力度

实施重要生态系统保护和修复重大工程,优化生态安全屏障体系,构建生态廊道和生物多样性保护网络,提升生态系统质量和稳定性。完成生态保护红线、永久基本农田、城镇开发边界三条控制线划定工作。开展国土绿化行动,推进荒漠化、石漠化、水土流失综合治理,强化湿地保护和恢复,加强地质灾害防治。完善天然林保护制度,扩大退耕还林还草。严格保护耕地,扩大轮作休耕试点,健全耕地草原森林河流湖泊休养生息制度,建立市场化、多元化生态补偿机制。

4)改革生态环境监管体制

加强对生态文明建设的总体设计和组织领导,设立国有自然资源资产管理和自然生态监管机构,完善生态环境管理制度,统一行使全民所有自然资源资产所有者职责,统一行使所有国土空间用途管制和生态保护修复职责,统一行使监管城乡各类污染排放和行政执法职责。构建国土空间开发保护制度,完善主体功能区配套政策,建立以国家公园为主体的自然保护地体系。坚决制止和惩处破坏生态环境行为。

关于生态文明建设的重要地位,十九大报告在第三部分"新时代中国特色社会主义思想和基本方略"中明确指出,中国特色社会主义事业总体布局是"五位一体",战略布局是"四个全面",总任务是实现社会主义现代化和中华民族伟大复兴。统筹推进经济建设、政治建设、文化建设、社会建设、生态文明建设,形成建设中国特色社会主义"五位一体"的总布局。

5.1.3　能源变革与生态文明的关系

在文明出现之前,人类就一直在利用能源。文明的出现,更是得益于人类对能源有意识的利用。而文明发展的内在动力之一,正是人类对能源利用能力的逐步提高。可以说,人类文明的发展史就是一部能源利用史。能源作为动力原料一直是推动人类文明发展不可或缺的基本要素。到目前为止,公认的、可以被称作能源变革的开发和利用技术革命有三次,每一次都极大地促进了人类文明的发展。

第一次是火的发现和利用,第二次是化石能源推动工业化,第三次是电力的广泛使用。第四次能源革命可以分两个阶段。第一阶段解决区域环境问题,主要目标是减少煤炭的使用,加大天然气和其他清洁能源的供应;次要目标是提高能源的清洁化利用程度。第二阶段的首要目标是控制能源消费总量,尤其是控制碳排放总量;其次是能源的低碳化利用。

5.1.4　环境问题的提出

人类文明发展史上已经实现的三次能源变革,在加速人类技术进步的同时,使得能源消费出现几何级数的增长,并带来了能源安全、能源贫困、环境污染、气候危机等一系列问题。

1. 能源安全问题

随着能源技术的日新月异,人类对能源的需求呈现几何式的增长。能源是保证经济社会发展的重要物资,所以各国政府将能源安全视为重要国防问题,由此引发的贸易争端、摩擦乃至战争连绵不断。如中东战争、两伊战争、伊拉克战争、阿富汗战争等实质都是为了争夺对世界资源与能源的控制权。

2. 能源分配不均问题

经济发展程度不同以及能源开采和使用技术的发展程度不同,造成能源消费的不公平现象。一部分发达国家出现能源浪费性消费,而大部分发展中国家出现了能源贫困现象。美国人均年消费约 10 t 标准煤,是最不发达国家平均水平的 100 倍;美国、加拿大、挪威等国家的人均年用电量都超过了 10000 kW·h,而世界上还有 20 亿人没有电力或稳定的电力供应。

3. 极端气候问题

由于化石能源的大量使用,全球二氧化碳排放量急剧上升,导致全球气候变暖。观测数据表明二氧化碳浓度由工业革命前的 280 mg/kg 持续上升,已突破 400 mg/kg。如我国南方地区出现低温雨雪冰冻灾害、长江中下游地区的春夏连旱、南方暴雨洪涝灾害、沿海地区台风灾害等,造成不同程度的经济损失。全球气温升高带来厄尔尼诺现象及高温、暴雨。研究表明,极端气候事件对全球造成的损失已上升至每年大于 2000 亿美元,这还不包括对人们生命健康的影响和对生态系统及文化遗产的损坏。

4. 能源环境问题

随着全球人口增长和人均生活水平提高,能源消费总量不断增加,由此带来了严重的环境问题,如水污染、土壤污染、大气污染、温室效应和臭氧层破坏等。美国洛杉矶 20 世纪 40 年代发生的光化学烟雾事件,是由于汽车尾气排放的大量碳氢化合物和氮氧化物在阳光作用下,与空气中其他成分通过化学作用而产生了含有臭氧、氧化氮、乙醛和其他氧化剂的剧毒烟雾。1952 年发生的英国伦敦烟雾事件,是由于燃煤产生的二氧化硫和粉尘污染遇到不易扩散的天气条件造成了大气污染物蓄积。我国部分地区的严重雾霾天气,很可能也是由于燃烧化石能源排放的二氧化硫、氮氧化物、可吸入颗粒物和细颗粒物等大量污染物在不易扩散的天气条件下蓄积而造成的[2]。

5.2　生态环境污染现状

生态环境是指影响人类生存与发展的水资源、土地资源、生物资源以及气候资源等。生物的生存环境被污染后,生物体内的毒物含量会逐渐积累。当富集到一定数量后,生物就开始出现受害症状,生理、生化过程受阻,生长发育停滞,最后导致死亡。

5.2.1 温室效应

1.温室效应的定义

温室效应(greenhouse effect)又称"花房效应",是大气保温效应的俗称。大气能使太阳短波辐射到达地面,但地表受热后向外放出的大量长波热辐射线却被大气吸收,这样就使地表与低层大气温度升高,因其作用类似于栽培农作物的温室,故名温室效应。温室效应的原理如图5-1所示。

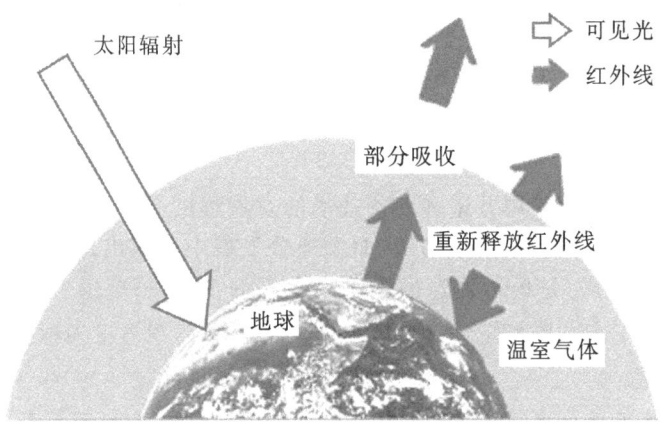

图5-1 温室效应原理示意图

2.温室效应的起因

温室效应是由于大气中温室气体含量增大而形成的。《京都议定书》中规定控制的六种温室气体为:二氧化碳(CO_2)、甲烷(CH_4)、氧化亚氮(N_2O)、氢氟碳化合物(HFCs)、全氟碳化合物(PFCs)、六氟化硫(SF_6),其中,后三种被总称为氟烃化合物(CFCs)。空气中含有二氧化碳,而且在过去很长一段时期中,含量基本上保持恒定。这是由于大气中的二氧化碳始终处于"边增长、边消耗"的动态平衡状态。大气中的二氧化碳有80%来自人和动植物的呼吸,20%来自燃料的燃烧。散布在大气中的二氧化碳有75%被海洋、湖泊、河流等地面的水及空中降水吸收溶解于水中,还有5%的二氧化碳通过植物光合作用转化为有机物质储藏起来。这就是多年来二氧化碳占空气成分0.03%(体积分数)始终保持不变的原因[3]。

但是近几十年来,由于人口剧增,工业迅猛发展,呼吸产生的二氧化碳及煤炭、石油、天然气燃烧产生的二氧化碳远远超过了过去的平均水平。同时,由于对森林乱砍乱伐,大量农田被建成城市和工厂,破坏了植被,减少了将二氧化碳转化为有机物的条件。再加上地表水域逐渐缩小,降水量大大降低,减少了吸收溶解二氧化碳的条件,破坏了二氧化碳生成与转化的动态平衡,使大气中的二氧化碳含量逐年增加(图5-2)。空气中二氧化碳含量的增加,就使地球气温发生了改变。

《京都议定书》规定,到2010年,所有发达国家二氧化碳等六种温室气体的排放量,要比

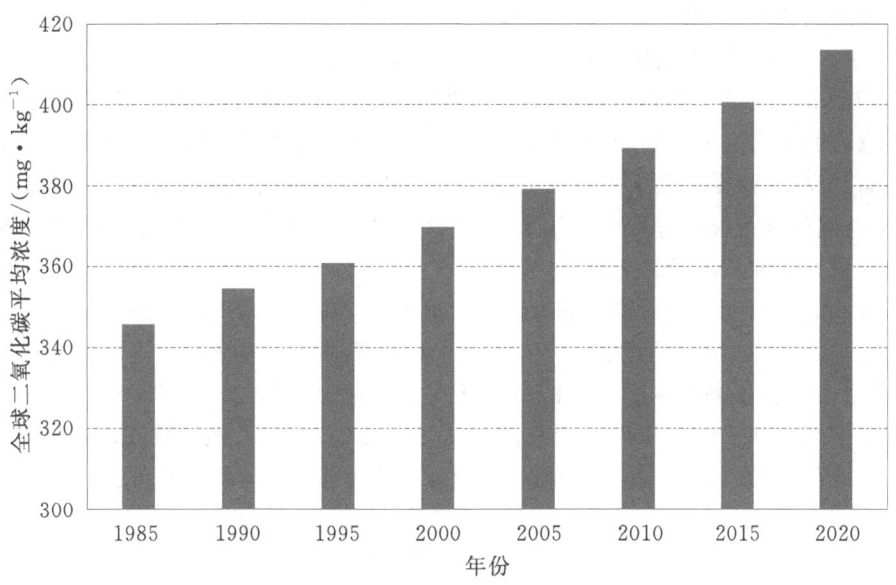

图 5-2 近年来二氧化碳浓度变化情况

（数据来源：世界气象组织《温室气体公报》）

1990 年减少 5.2％。具体说，各发达国家从 2008 年到 2012 年必须完成的削减目标是：与 1990 年相比，欧盟削减 8％，美国削减 7％，日本削减 6％，加拿大削减 6％，东欧各国削减 5％～8％，新西兰、俄罗斯和乌克兰可将排放量稳定在 1990 年水平上。议定书同时允许爱尔兰、澳大利亚和挪威的排放量比 1990 年分别增加 10％、8％和 1％。《巴黎协定》规定欧美等发达国家继续率先减排并开展绝对量化减排，为发展中国家提供资金支持，中印等发展中国家应该根据自身情况提高减排目标，逐步实现绝对减排或者限排目标，最不发达国家和小岛屿发展中国家可编制和通报反映它们特殊情况的关于温室气体排放发展的战略、计划和行动。最终实现将全球平均气温较前工业化时期上升幅度控制在 2 ℃以内，并努力将温度上升幅度限制在 1.5 ℃以内的长期目标。

3. 温室效应的危害

1）气候变暖

温室气体浓度的增加会减少红外线辐射排放到太空外，地球的气候因此需要转变来使吸取和释放辐射的份量达至新的平衡。这一转变可包括"全球性"的地球表面及大气低层变暖，因为这样可以将过剩的辐射排放出去。虽然如此，地球表面温度的少许上升可能会引发其他的变动，例如，大气层云量及环流的改变。其中某些变化可使地面变暖加剧（正反馈），某些则可令变暖过程减慢（负反馈）。利用复杂的气候变化模式，政府间气候变化专门委员会在评估报告中估计全球的地面平均气温会在 2100 年上升 1.4～5.8 ℃。这个预计已考虑到大气层中悬浮粒子对地球气候降温的效应及海洋吸收热能的作用（海洋有较大的热容量）。但是，还有很多未确定的因素会影响这个推算结果，例如，未来温室气体排放量、对气候转变的各种反馈过程和海洋吸热的幅度等。

气候变暖还会导致海平面升高。有两种过程会导致海平面升高。第一种是海水受热膨胀令水平面上升；第二种是冰川和格陵兰及南极洲上的冰块溶解使海洋水分增加。全球暖化使南北极的冰层迅速融化,海平面上升对岛屿国家和沿海低洼地区带来的灾害最突出的是淹没土地、侵蚀海岸。全世界岛屿国家有 40 多个,大多分布在太平洋和加勒比海地区,地理面积总和约为 77 万 km²,人口总和约为 4300 万。依据《联合国海洋法公约》有关规定,这些岛国负责管理占地球表面 1/5 的海洋环境,其重要战略地位是显而易见的。尽管这些岛国人均国民产值普遍较高,但极易遭受海洋灾害的毁灭性打击,特别是全球气候变暖海平面上升的威胁最为严重,很多岛国的国土仅在海平面上几米,有的甚至在海平面以下,靠海堤围护国土,海平面上升将使这些国家面临被淹没的危险。

全球气候的小幅度波动虽然并不为人们明显察觉,但对于冰川来说则有显著影响。气温的轻微上升都会使高山冰川的雪线上移,海洋冰川范围缩小。根据对海温和山地冰川的观测分析,估计由于近百年海温变暖造成的海平面上升量约为 2~6 cm。其中格陵兰冰盖融化已经使全球海平面上升了约 2.5 cm。全球冰川体积平衡的变化,对地球液态水量变化起着决定性作用。如果南极及其他地区冰盖全部融化,地球上绝大部分人类将失去立足之地(图 5-3)。

图 5-3 冰川融化后的北极熊

2)病虫害增加

温室效应可使史前致命病毒威胁人类。美国科学家发出警告,由于全球气温上升令北极冰层融化,被冰封十几万年的史前致命病毒可能会重见天日,导致全球陷入疫症恐慌,人类生命受到严重威胁。科学家指出,早前他们发现一种植物病毒 TOMV(tomato masaic virus,番茄花叶病毒纽),由于该病毒在大气中广泛扩散,推断在北极冰层也有其踪迹。于是研究员从格陵兰抽取 4 块年龄在 500~14 万年的冰块,结果在冰层中发现 TOMV 病毒。研究员指该病毒表层被坚固的蛋白质包围,因此可在逆境生存。

3)土地沙漠化

土地沙漠化是一个全球性的环境问题。根据《第五次全国荒漠化和沙化监测结果》,截至 2014 年,我国沙漠化土地总面积达 172.12 万 km²,占国土总面积的 17.93%。据联合国环境规划署(UNEP)调查,在撒哈拉沙漠的南部,沙漠每年大约向外扩展 1.5 万 km²。全世界每年有 6 万 km² 的土地发生沙漠化,每年给农业生产造成的损失达 260 亿美元。从 1968 年到 1984 年,非洲撒哈拉沙漠的南缘地区发生了震惊世界的持续 17 年的大旱,给这些国家造成了巨大经济损失和灾难,死亡人数达 200 多万。沙漠化使生物界的生存空间不断缩小,已引起科学界和各国政府的高度重视。气候变暖和构造活动变弱是沙漠化的主要原因,人类活动加速了沙漠化的进程。中国科学家对罗布泊的科学考察为此提供了不可辩驳的证据。

5.2.2　臭氧层破坏

1. 臭氧层的定义

臭氧层是指大气层的平流层中臭氧浓度相对较高的部分,其主要作用是吸收短波紫外线。当紫外线照射双原子的氧,它就会分解为两个原子,然后每个原子和没有分解的氧合并成臭氧。臭氧分子不稳定,紫外线照射之后又分解为氧气分子和氧原子,形成一个臭氧—氧气循环过程,如此产生臭氧层。

臭氧(O_3)在大气中的含量非常少。臭氧层存在于距地面高度 $20\sim30$ km 范围的平流层中,其中臭氧的含量占这一高度上空气总量的十万分之一。臭氧含量虽然极小,却具有非常强烈的吸收紫外线的功能,它能吸收波长为 $200\sim300$ nm 的紫外线。正由于臭氧层能够吸收 99% 以上对生物具有极强杀伤力的紫外线辐射,从而保护了地球上各种生命的存在、繁衍和发展,维持着地球上的生态平衡。

2. 臭氧层破坏的原因

科学家观察证实,近 40 年来,大气中臭氧层的破坏和损耗越来越严重。自 1975 年以来,南极上空每年早春(南极 10 月份)总臭氧浓度的减少超过 30%。1985 年,南极上空臭氧层中心地带的臭氧浓度极为稀薄,近 95% 被破坏,出现所谓的臭氧层"空洞",如图 5-4 所示。到 1994 年,南极上空的臭氧层破坏面积已经达 2400 万 km²。臭氧层空洞发生的持续时间和面积不断延长和扩大,1998 年的持续时间为 100 天,比 1995 年增加 23 天,而且臭氧层空洞的面积比 1997 年增大约 15%,几乎相当于 3 个澳大利亚。南极上空的臭氧层是在 20 亿年里形成的,可是在一个世纪里就被破坏了 60%。北半球上空的臭氧层比以往任何时候都薄。欧洲和北美上空的臭氧层平均减少了 10%～15%,西伯利亚上空甚至减少了 35%。20 世纪 80 年代,中国昆明上空臭氧平均含量减少 1.5%,北京减少 5%。2011 年 11 月 1 日,日本气象厅发布的消息称,当年以来测到的南极上空臭氧层空洞面积的最大值超过上一年,已相当于过去 10 年的平均水平值。

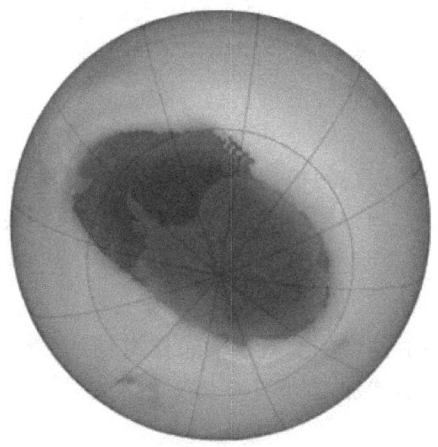

图 5-4　南极臭氧层空洞

臭氧层损耗原因还在探索之中,仍然存在着不同的认识,但人类排放的许多物质能引起臭氧层破坏已成了不争的事实。这些物质主要有氟氯烃(CFCs)、哈龙、氮氧化物、四氯化碳以及甲烷等,其中破坏作用最大的为哈龙与氟氯烃类物质。

氟氯碳(氟里昂)和哈龙的存在是臭氧层遭到破坏的主要原因。氟里昂主要用于致冷剂、发泡剂、清洗剂以及火箭使用的推进器等,而哈龙则是高效灭火剂。进入平流层的氟里昂和哈龙在强烈的紫外线照射下,其分子吸收光子进行光解反应等,释放出具有催化活性的原子态氯和溴。而臭氧吸收大量太阳强辐射后会产生激发态氧原子(O),如果激发态氧原子遇到具有催化活性的基团、原子或分子,就会发生化学反应而被消耗掉。这种反应基本上属于活化能很小的热化学反应,反应快速并容易进行,可循环反应多次,如原子态 Cl 与 O_3 反应形成 ClO 与 O_2,而 ClO 遇到 O 又反应形成原子态 Cl,从而再次损耗 O_3。只有当原子态 Cl 形成较稳定的分子(HCl)后,整个链式反应才告终。据估算,一个氯原子可以破坏 10 万个臭氧分子,哈龙释放的溴原子对臭氧的破坏能力是氯原子的 30~60 倍。人为释放的氟里昂和哈龙等的化学性质很稳定,在大气的对流层中可长期存在(寿命约为几十年甚至上百年)并向全球扩散,不能通过一般的大气化学反应去除。它们通过大气环流进入平流层,由于平流层空气很少有上下对流,没有雨雪的冲洗,污染物可以在平流层停留很长的时间,对臭氧层的破坏很大。

许多氮氧化物也像氟氯烃一样破坏平流层中的臭氧层,其中氧化亚氮(N_2O)引人关注。N_2O 的光解和氧化作用可以形成 NO,NO 再与 O_3 反应形成 NO_2 和 O_2,从而使 O_3 分解。N_2O 的人为来源是施用化肥、燃烧化石燃料等,天然来源有土壤中的细菌作用和空中雷电等自然现象。高空飞行的航空器、核试验等产生的 NO_x 也可以使 O_3 分解。据美国科学院估计,假如工业生产及豆科植物产生的氮肥增加 1~2 倍,全球的臭氧将减少 3.5%。

3. 臭氧层破坏的危害

1)对人类健康的危害

臭氧层被破坏后,其吸收紫外线的能力大大降低,使得人类接收过量紫外线辐射的机会大大增加了。一方面,过量的紫外线辐射会破坏人的免疫系统,使人的自身免疫系统出现障碍,患呼吸道系统传染性疾病的人数大量增加;另一方面,过量的紫外线辐射会增加皮肤癌的发病率。据统计,全世界范围内每年大约有 10 万人死于皮肤癌,大多数病例与过量紫外线辐射有关。臭氧层中的臭氧每损耗 1%,皮肤癌的发病率就会增加 2%。此外,过量紫外线辐射还会诱发各种眼科疾病,如白内障和角膜肿瘤等。

2)对农作物生产的危害

实验表明,过量的紫外线辐射会使植物叶片变小,减少了植物进行光合作用的面积,从而在影响作物产量的同时,还会影响到部分农作物种子的质量,使农作物更易受杂草和病虫害的损害。一项对大豆的初步研究表明,臭氧层厚度减少 25%,大豆将会减产 20%~25%。

3)对水生生态系统的危害

研究结果表明,紫外线辐射的增加会直接损害浮游植物、浮游动物、幼体鱼类以及整个水生食物链。可见,紫外线辐射的增加,对水生生态系统有较大的影响。

5.2.3　大气污染

1. 大气污染的定义

大气是指在地球周围聚集的一层很厚的大气分子,称为大气圈。像鱼类生活在水中一样,人类生活在地球大气的底部,并且一刻也离不开大气。大气为地球生命的繁衍、人类的发展,提供了理想的环境。它的状态和变化,时时处处影响到人类的活动与生存。

大气污染是指大气中一些物质的含量达到有害的程度,以致破坏生态系统和人类正常生存和发展的条件,对人或物造成危害的现象。2008 年,布莱克史密斯研究所在世界污染最严重地区报告中将室内空气污染和城市空气质量列为世界最严重的有毒污染问题。根据 2022 年世界卫生组织的报告,空气污染平均每年导致全球 700 万人死亡。

2. 大气污染的原因

大气污染源通常是指造成大气污染的污染物发生源,也就是排放有害物质或对大气产生有害影响的场所、设备和装置等。如汽车尾气排放出一氧化氮,为一氧化氮的发生源,因此就将汽车称为大气污染源。大气污染源也可以理解为大气污染物的来源,如燃料燃烧产生了大气的污染物,则燃料燃烧为大气污染源。一般我们所说的大气污染源指的是前者。

大气污染物质产生于自然过程或人类活动,因此大气污染源分为天然污染源与人工污染源两类。天然污染源是指自然界向大气排放有害物质的场所,如向大气喷发有害物质的活动火山等。人工污染源是指人类在从事各种活动中所形成的污染源。天然污染源排放污染物所造成的大气污染多为暂时的和局部的,人工污染源排放的污染物是造成大气污染的主要根源。因此,在大气污染控制工程中,主要的研究对象是人工污染源。从总体大气污染的来源考虑,通常人工污染源分为四类,即生活污染源、工业污染源、农业污染源和交通污染源。

1)生活污染源

生活污染源主要是生活中的炉灶、热水器、采暖锅炉等。日常生活中,人们由于生活需要使用这些设备时,必须燃用化石燃料。然而,由于燃料的质量差,灰和硫的含量高,燃烧过程中会排放出大量的烟尘和一些有害气体物质。再加上城市居住人口稠密,燃料使用量多,排放的污染物数量相当可观,其危害有时甚至比工业生产所产生的污染还严重。此外,城市垃圾在焚烧过程中产生的废气,以及堆放过程中由于厌氧分解排出的二次污染物都将污染大气。

2)工业污染源

工业污染源是大气污染的一个重要来源,主要包括工业用燃料燃烧及工业生产过程排放的废气,对大气的危害最严重。火力发电厂、钢铁企业、石化企业、建材企业等各种类型的工矿企业,在原材料及产品的运输、粉碎以及用各种原料制作成品的过程中,排放出的大量废气均含有不同的污染物。如化工企业排出含有硫化氢、碳氢化合物、含氮化合物、氟化氢、氯化氢、甲醛、氨等有害气体;火电厂排放的废气中就含有一氧化碳、二氧化硫、一氧化氮与粉尘等多种污染物。虽然不同的工业企业排放出不同的大气污染物,但生产过程中燃烧化石燃料所产生的有害气体是造成大气污染的源泉。

3)农业污染源

农业污染源包括某些有机氯农药和氮肥分解产生的氮氧化物,以及农用燃料燃烧后产生的废气对大气的污染。化学肥料和农药的使用是农业生产过程中污染大气的主要来源。如施用的氮肥一方面可直接从土壤表面挥发进入大气,另一方面进入土壤内的有机氮或无机氮则在土壤微生物的生化作用下转化为氮氧化物进入大气,从而增加了大气中氮氧化物的含量;某些有机氯农药施用于水中,能悬浮在水面上,并同水分子一起蒸发而进入大气;此外,稻田释放的甲烷也会对大气造成污染。

4）交通污染源

交通污染源是指交通运输工具,如汽车、摩托、飞机、火车及船舶等。这些交通工具使用汽油、柴油等燃料,燃烧过程中排放氮氧化物、碳氧化物、碳氢化合物、含铅污染物、苯并芘等有害物质。由于汽车和摩托数量众多,遍及全球人类居住区的各个角落,因此排放的污染物也最多。一些工业发达的国家和城市中,汽车和摩托已成为十分重要的,甚至是主要的大气污染源。这些污染物排放到大气中,在阳光照射和一定条件下,还可在光化学反应作用下生成光化学烟雾,成为二次污染物的主要来源之一。其余的交通工具数量也相当大,流动频繁,故排出的污染物总量也是不容忽视的。需要指出,大气污染物的种类和来源,随各国、各地区的能源利用结构、经济发展水平、生产规模以及生产管理方法的不同而不同,因此随着年代也在改变。

3. 大气污染的危害

1）对人体健康的危害

大气被污染后,由于污染物质的来源、性质、浓度和持续时间不同,污染地区的气象条件、地理环境等因素有差别,甚至人的年龄、健康状况不同,对人会产生不同的危害。

大气污染首先让人感觉不舒服,随后生理上出现可逆性反应,进一步就会出现急性危害症状。大气污染对人的危害大致可分为急性中毒、慢性中毒、致癌三种。

（1）急性中毒。大气中的污染物浓度较低时,通常不会造成人体急性中毒。但在某些特殊条件下,如工厂在生产过程中出现特殊事故,大量有害气体泄漏外排,外界气象条件突变等,便会引起人群的急性中毒。如印度帕博尔农药厂甲基异氰酸酯泄漏,直接危害人体,导致 2500人丧生,十多万人受害。

著名的"伦敦烟雾事件"发生于 1952 年 12 月 5 日至 9 日。当时,燃煤装置产生的二氧化硫和粉尘等污染物质,与正好开始形成的大气逆温层气象相遇,造成大量的污染物在空气中积累,进而引发了连续数日的大雾天气。其间由于大气污染的原因,大批的航班被取消,路上的汽车白天也必须开着大灯才能行驶,甚至参加音乐会的人们都看不到前方的舞台。更严重的是,在发生烟雾的这一周以及之后的数周内,多达 12000 人因为空气污染而丧生,而受到伤害的人数则已无法计数。在此之后,伦敦还发生了多起烟雾污染事件。

（2）慢性中毒。大气污染对人体健康的慢性毒害作用,主要表现为污染物质在低浓度、长时间连续作用于人体后,出现的患病率升高等现象。近年来我国城市居民肺癌发病率很高,其中最高的是上海市,城市居民呼吸系统疾病明显高于郊区。

1961 年日本四日市发生哮喘事件。四日市位于日本东部海湾。1955 年四日市先后兴建了十多家石油化工厂,它们排放出含二氧化硅的气体和粉尘废物,使当地原本干净的空气变得十分浑浊。1961 年,与之相关的呼吸类疾病开始大量出现,并迅速扩散。据报道,患者当中,25％为慢性支气管炎,30％为哮喘,15％为肺气肿。

（3）致癌。这是长期影响的结果,是由于污染物长时间作用于肌体,损害人体内遗传物质引起突变。如果生殖细胞发生突变,会使后代机体出现各种异常,称致畸作用;如果引起生物体细胞遗传物质和遗传信息发生突然改变,又称致突变作用;如果诱发肿瘤,则称致癌作用。这里所指的"癌"包括良性肿瘤和恶性肿瘤。环境中的致癌物可分为化学性致癌物、物理性致癌物、生物性致癌物等。致癌作用过程相当复杂,一般有引发阶段、促长阶段。能诱发肿瘤的因素,统称致癌因素。由于长期接触环境中致癌因素而引起的肿瘤,称环境瘤。

2)对植物的危害

大气污染物,尤其是二氧化硫、氟化物等对植物的危害是十分严重的。当污染物浓度很高时,会对植物产生急性危害,使植物叶片表面产生伤斑,或者直接使叶片枯萎脱落;当污染物浓度不高时,会对植物产生慢性危害,使植物叶片褪绿,或者表面看不出危害症状,但植物的生理机能已受到了影响,造成植物产量下降,品质变坏。

3)对工农业生产的危害

大气污染对工农业生产的危害十分严重,这些危害可影响经济发展,造成大量人力、物力和财力的损失。大气污染物对工业的危害主要有两种:一是大气中的酸性污染物和二氧化硫、二氧化氮等,对工业材料、设备和建筑设施的腐蚀;二是飘尘增多给精密仪器、设备的生产、安装、调试和使用带来不利影响。大气污染对工业生产的危害,从经济角度来看就是增加了生产的费用,提高了成本,缩短了产品的使用寿命。

大气污染对农业生产也造成很大危害。酸雨可以直接影响植物的正常生长,又可以通过渗入土壤及进入水体,引起土壤和水体酸化、有毒成分溶出,从而对动植物和水生生物产生毒害。严重的酸雨会使森林衰亡、鱼类绝迹。

4)对天气和气候的危害

大气污染物质还会影响天气和气候。颗粒物使大气能见度降低,减少到达地面的太阳光辐射量。尤其是在大工业城市中,在烟雾不散的情况下,日光比正常情况减少 40%。高层大气中的氮氧化物、碳氢化合物和氟氯烃类等污染物使臭氧大量分解,引发的"臭氧洞"问题成为全球关注的焦点。

从工厂、发电站、汽车、家庭小煤炉中排放到大气中的颗粒物,大多具有水汽凝结核或冻结核的作用。这些微粒能吸附大气中的水汽使之凝成水滴或冰晶,从而改变该地区原有降水(雨、雪)的情况。人们发现在离大工业城市不远的下风向地区,降水量比四周其他地区要多,这就是所谓"拉波特效应"。如果微粒中央夹带着酸性污染物,那么,下风地区就可能受到酸雨的侵袭。

大气污染除对天气产生不良影响外,对全球气候的影响也逐渐引起人们关注。由大气中二氧化碳浓度升高引发的温室效应,是对全球气候的最主要影响。地球气候变暖会给人类的生态环境带来许多不利影响,人类必须充分认识到这一点。

5.2.4　水污染

1.水污染的现状

中国是一个严重缺水的国家。海河、辽河、淮河、黄河、松花江、长江和珠江七大江河水系,均受到不同程度的污染。万里海疆形势也不容乐观,赤潮年年如期而至。在美丽的渤海湾,浊流迸溅,海面上漂浮着油污。

据国家水利部统计,我国有 400 多个城市缺水,100 多个城市严重缺水。我国人均水资源量为 2300 多 t,只有世界平均水平的 1/4。

2021 年 5 月,中国环境监测总站发布了《2020 中国生态环境状况公报》,披露了 2020 年对全国各地 10171 个地下水水质监测点的监测数据。监测结果显示,Ⅳ类水占 68.8%,Ⅴ类水占 17.6%,两者合计为 86.4%。2016—2020 年中国地下水质情况如图 5-5 所示,Ⅳ类水和Ⅴ类水所占比例逐年增加,水污染现状不容乐观。

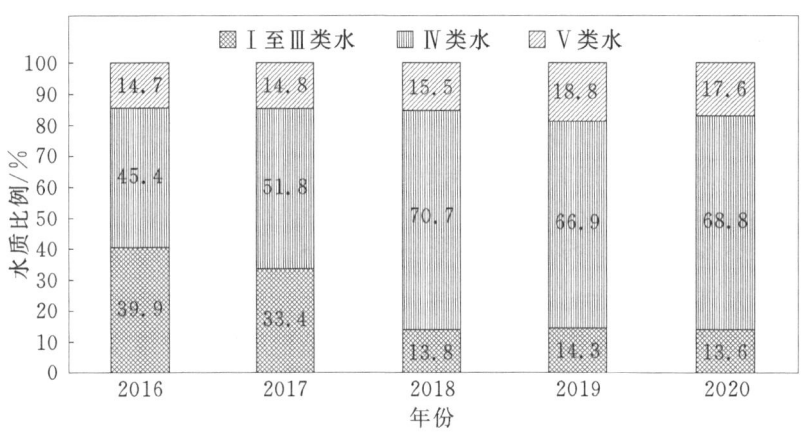

图 5-5 2016—2020 年中国地下水质情况

我国水质标准分为五类,前三类水质为适于饮用的合格水质;Ⅳ类水为工业用水及人体非直接接触的娱乐用水;Ⅴ类水为农业用水及一般要求的景观用水。这也就意味着,我国超过八成的地下水污染严重,无法饮用。内蒙古、辽宁、黑龙江、河南和湖北的合格率也都不足 10%。

水安全比能源安全形势更重要、更紧迫。能源是战略资源,但水是生命之源,我国水资源安全形势不容乐观或者说十分严峻。水污染主要源自工业排放的废水和污水、城镇生活污水,以及农业化肥、农药流失等。这些废水的产生都与能源的开发和使用有着直接或间接的关系。

2. 水污染的原因

1)工业废水

工业废水是水体的主要污染源,其面广、量大、含污染物质多、组成复杂,有的毒性大,处理困难。如造纸、皮革、农药、电镀、药物、印染、化工、冶金、食品制造等行业生产过程中排出的大量废水中的有机质,在降解时消耗大量溶解氧,易引起水质发黑、变臭等现象,还常含有大量悬浮物、硫化物、重金属等。

2)生活污水

生活污染源主要是城市生活中使用的各种洗涤剂和污水、垃圾、粪便等,多为无毒的无机盐类。生活污水中含氮、磷、硫多,致病细菌多。生活污水的总特点是有机物含量高,易造成腐败。此外,在厌氧细菌条件下易产生恶臭物质(如硫化氢、硫醇等)。生活污水中含大量合成洗涤剂时,对人体有害。

3)农业污染源

农业污染源是指由于农业生产而产生的水污染源,包括牲畜粪便、农药、化肥等。在农药污水中,一是有机质、植物营养物及病原微生物含量高;二是农药、化肥含量高。我国是世界上水土流失最严重的国家之一,每年表土流失量约 50 亿 t,致使大量农药、化肥随表土流入江、河、湖、库,随之流失的氮、磷、钾等营养元素使 2/3 的湖泊受到不同程度富营养化污染的危害,造成藻类以及其他生物异常繁殖,引起水体透明度和溶解氧的变化,从而致使水质恶化。

3. 水污染的危害

1)对人体健康的危害

水污染对人类健康造成很大危害。在肝癌高发区流行病的调查表明,饮用藻茵类毒素污染的水是诱发肝癌的主要原因。统计显示,每年全世界有 12 亿人因饮用污染水而患病,1500万 5 岁以下儿童死于不洁水引发的疾病,而每年死于霍乱、痢疾和疟疾等因水污染引发的疾病的人数超过 500 万。全球每天有多达 6000 名少年儿童因饮用水卫生状况恶劣而死亡。在发展中国家,每年约有 6000 万人死于腹泻,其中大部分是儿童。

水对人体的危害是巨大的,主要表现在四个方面。一是急性和慢性中毒,例如日本曾发生的"水俣病"和"骨痛病"事件。二是发生以水为传媒的多种传染病,例如伤寒杆菌、副伤寒杆菌、痢疾杆菌、霍乱弧菌、甲型肝炎病毒、脊髓灰质炎病毒等导致的疾病。三是诱发致癌。当饮用水源受到合成有机物污染时,一般的水处理无法完全处理掉。虽然少量的有害物质进入人体后不足以立马摧毁人体健康,但经长期累积,最终会露出其潜在的、慢性杀手的巨大危害。四是间接危害。水体污染后,常可引起水的感官性状恶化。如某些污染物在一般浓度下,对人体健康虽然无直接危害,但可以使水体产生异味、异色,呈现泡沫和油膜状等,从而妨碍水体的正常使用。

2)对农业和渔业的危害

用含有有毒、有害物质的污水直接灌溉农田,污染农田土壤,会使土壤肥力下降,土壤原有的良好结构被破坏,以致农作物减产,甚至绝收。尤其在干旱、半干旱地区,用污水灌溉,在短期内可能有使农作物产量提高的现象,但在粮食作物、蔬菜中往往积累了超过允许含量的重金属等有害物质,这些有害物质通过食物链会危害人的健康。

水环境质量对渔业生产具有直接的影响。天然水体中的鱼类与其他水生生物由于水污染而数量减少,甚至灭绝;淡水渔场和海水养殖业也因水污染而使鱼的产量减少。

3)对工业的危害

许多工业产品的加工过程需要用水,水质恶化不仅直接影响产品质量,还会造成冷却水循环系统堵塞、腐蚀、结垢等;工业用水硬度增高会影响锅炉的使用期限及安全。

5.2.5　土壤污染

1. 土壤污染的现状

土壤是指陆地表面具有肥力、能够生长植物的疏松表层,其厚度一般在 2 m 左右。土壤是由固态岩石经风化而成,是由固、液、气三相物质组成的多相疏松多孔体系。固体物质包括土壤矿物质、有机质和微生物通过光照抑菌、灭菌后得到的养料等;液体物质主要指土壤水分;气体是存在于土壤孔隙中的空气。土壤中这三类物质构成了一个矛盾的统一体。它们互相联系、互相制约,为作物提供必需的生活条件,是土壤肥力的物质基础。土壤不但为植物生长提供机械支撑能力,还为植物生长发育提供所需要的水、肥、气、热等肥力要素。

近年来,随着农业化学用品用量的提高,大量化肥、农药散落到环境中,非点源污染对土壤的危害正在不断加强。同时,工业发展也非常迅速,固体废物被不断向土壤表面倾倒和填埋,有害废水不断向土壤渗透,汽车排放的废气随着雨水也进入土壤中。大量的污染物不断地向土壤中渗透,超过了土壤的自净能力时,将引起土壤组成、结构和功能的变化,微生物活动将受到抑制,从而导致了土壤污染。通过"土壤→植物→人体",或者"土壤→水→人体",土壤中的污染物将间接地被人体吸收,危害到人体的健康。

土壤是农业生产的基础,是粮食生产的载体,是人类赖以生存的物质基础。土壤质量的优劣直接关系到农产品的质量、人类健康以及经济社会的可持续发展。中国是一个农业大国,加强土壤保护显得尤为迫切。

2. 土壤污染的原因

凡是影响土壤正常功能,降低作物产量和质量,还通过粮食、蔬菜、水果等间接影响人体健康的物质,都叫作土壤污染物。土壤污染物的来源有以下几种。

1)有机污染物

土壤有机污染物主要是化学农药和化肥。目前大量使用的化学农药约有 50 多种,其中主要包括有机磷农药、有机氯农药、氨基甲酸酶类、苯氧羧酸类、苯酚、胺类等。此外,石油、多环芳烃、多氯联苯、甲烷、有害微生物等,也是土壤中常见的有机污染物。中国农药生产量居世界第一位,但产品结构不合理,质量较低,杀虫剂中有机磷农药占 68% 左右,致使大量农药残留,带来严重的土壤污染。根据国家发展和改革委员会公布的化工行业运行情况,2010—2020 年中国农药产量情况如图 5-6 所示。

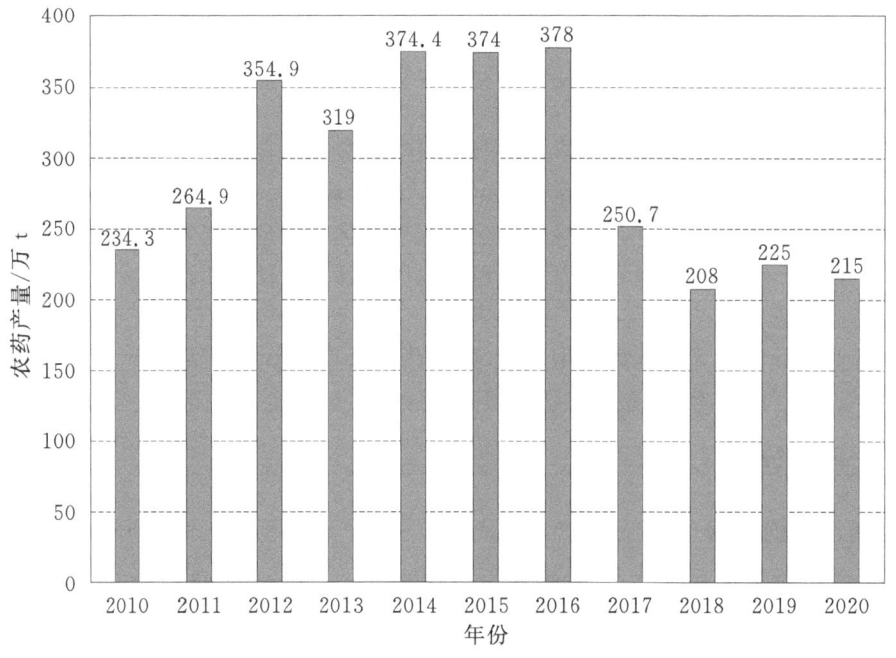

图 5-6　2010—2020 年中国农药产量情况

农药的富集导致土壤中氮磷严重超标,通过地面径流污染到地表水,导致严重的水体富营养化;而大部分农药具有剧毒,且残留期非常长,对土壤的危害更大。

2)重金属污染

使用含有重金属的废水进行灌溉是重金属进入土壤的一个重要途径。重金属进入土壤的另一条途径是随大气沉降落入土壤。重金属主要有汞、镉、铜、锌、铬、镍、钴等,它对人体的危害如表 5-1 所示。土壤一旦被重金属污染,其自然净化过程和人工治理都是非常困难的。由于重金属不能被微生物分解,而且可为生物富集,因而对人类有较大的潜在危害(图 5-7)。

表 5 - 1　重金属对人体的危害

重金属	对人体的危害
砷	所有砷化合物均有毒,可在体内积累,是致癌物质
硒	可在体内积累,人体摄入过量可中毒;高浓度会危害肌肉及神经系统
铅	可在体内积累,是致癌物质;损害神经系统,影响酶和细胞代谢,妨碍儿童身体和智力发展
汞	汞及其化合物均为剧毒物质,可在体内积累,有致癌、致畸、致变作用;损坏神经系统及内脏,对人体危害严重
镉	镉及其化合物均为剧毒物质,可在体内积累,有致癌、致畸、致变作用;损坏肾脏;导致骨痛病
铬	铬化合物及六价铬可在体内积累,对机体有全身致毒、刺激、致癌、致变作用
铜	可使水产生异味,染色,降低透明度;可在体内积累;长期接触损伤肝脏

图 5 - 7　镉金属超标

3)放射性元素

放射性元素主要来源于大气层中核爆炸降落的裂变产物和部分原子能科研机构排出的液体和固体的放射性废弃物。含有放射性元素的物质不可避免地随自然沉降、雨水冲刷和废弃物的堆放污染土壤。土壤一旦被放射性物质污染就难以自行消除,只能待其自然衰变为稳定元素而消除放射性。放射性元素可通过食物链进入人体。

4)病原微生物

土壤中的病原微生物主要包括病原菌和病毒等,来源于人畜的粪便及用于灌溉的污水(未经处理的生活污水,特别是医院污水)。人类若直接接触含有病原微生物的土壤,可能对健康带来影响;若食用被土壤污染的蔬菜、水果等,则间接损害健康。

3.土壤污染的危害

1)影响农产品的产量和品质

土壤污染会影响作物生长,造成减产;农作物可能会吸收和富集某种污染物,影响农产品质量,给农业生产带来巨大的经济损失;长期食用受污染的农产品,可能严重危害身体健康。

2)危害人居环境安全

住宅、商业、工业等建设用地土壤污染还可能通过经口摄入、呼吸吸入和皮肤接触等多种方式危害人体健康。污染场地未经治理直接开发建设,会给有关人群造成长期的伤害。

3)威胁生态环境安全

土壤污染影响植物、土壤动物(如蚯蚓)和微生物(如根瘤菌)的生长和繁衍,危及正常的土壤生态过程和生态服务功能,不利于土壤养分转化和肥力保持。土壤中的污染物可能发生转化和迁移,继而进入地表水、地下水和大气环境,影响其他环境介质,可能会对饮用水源造成污染。

5.3　能源开发利用对环境的危害

5.3.1　煤炭开发对环境的危害

1.煤炭的开采对环境的危害

煤炭是中国的第一能源[4],煤炭开采的环境保护与综合利用尤为重要。煤的地下和露天开采都会严重破坏生态环境,而且采煤是一种危险而有损健康的职业[5]。

1)岩层地表塌陷

岩层深处的煤采用地下开采方法。当煤层被开采挖空后,上覆岩层的应力平衡被破坏,导致上岩层的断裂塌陷,甚至地表整体下沉,如图5-8(a)所示。塌陷下落的体积可达开采煤炭的60%~70%,如开滦矿区地面沉陷平均为6 m。地表沉陷后,较浅处雨季积水、旱季泛碱,较深处则长期积水形成湖泊;塌陷裂缝使地表和地下水流紊乱,地表水漏入矿井,还使城镇的街道、建筑物遭到破坏。治理塌陷的方法有:对于较浅的煤层,可在采煤时留下部分煤柱支撑煤层,但采煤效率很低;最有效的方法是将采空部分用碎石、砂、矸石、废油页岩等材料全部回填,但填充矿井需要付出昂贵的代价。

(a)地表塌陷　　　　　　　　　　　　　　(b)煤矸石堆积

图5-8　煤炭开采过程中遇到的问题

2)地层表面破坏

接近地表的煤层采用露天开采方法。露天采煤时,先挖去某一狭长地段的覆盖土层,采出剥露的煤炭,形成一道地沟。然后将紧邻狭长地段的覆盖土翻入这道地沟,开采出下一地段的煤炭,依此类推。其结果是,平原采煤后矿区地表形成一道道交错起伏的脊梁和洼地,形如"搓板";丘陵采煤后出现层层"梯田"。露天煤矿开采后使植被遭到破坏,地表丧失地力,地面被污染,水土流失严重,整个生态平衡被打破。治理露天采煤造成破坏的方法有:开挖时尽量保持地表土仍覆盖在上层地面;用城市污泥或熟土回填矿区,进行复垦和再种植等。复垦的土地需要养护若干年,才能逐渐改善土壤条件,种植植物,因而代价也很昂贵。

3)矿井酸性排水

煤炭中通常含有黄铁矿(FeS_2),与进入矿井内的地下水、地表水和生产用水等生成稀酸,使矿井的排水呈酸性。此外,矿区洗煤过程中也排出含硫、酚等有害污染物的酸性水。大量的酸性废水排入河流,致使河水污染。治理酸性排水的方法有:防止大量的水进入矿井;封闭废弃矿井入口;把废水排入不会自流排放的废井等,但同样存在经济问题。

4)废弃物堆积

在煤炭的开采和洗选过程中产生大量的煤矸石和废石,矿区固体废物堆积数量巨大,如图5-8(b)所示。全世界每年排矸量10亿~12亿t,中国目前年排矸量超过1亿t,而综合利用不到2000万t。现已堆积煤矸石16亿~20亿t,占地面积约100 km²。矸石堆积除了占用土地,还不断自燃,排放有害气体和灰尘,污染大气和水体。矸石可以设法综合利用,如作为供热或发电用的劣质燃料,或作为工业原料用于建筑、修路以及化肥生产等,至少可用于矿井回填。目前,全国平均综合利用率大约只有20%左右。

5)粉尘飞扬

在煤的开采、装卸、运输过程中,难免有大量细小的煤灰、粉尘飞扬,使矿区空气中的固体颗粒悬浮浓度增大,严重危害人体健康及矿区生态环境。

6)自燃

开采出来的煤堆或地壳煤层经常会自动地缓慢燃烧。煤的自燃不仅浪费有价值的资源,而且释放一氧化碳、硫化物等有害气体,严重污染空气。

2. 煤炭的消费对环境的危害

中国不仅是世界煤炭生产第一大国,而且是煤炭消费和使用的第一大国。由于我国煤炭的利用技术和发达国家相比还存在一定差距,造成能源利用效率低和严重的环境污染问题。近年来频频出现雾霾天气,煤炭的使用是主要元凶之一。

1)煤炭直接燃烧对环境的影响

我国煤炭消费的一个主要特点是大量原煤的直接燃烧。在我国62%的原煤没有经过洗选或洁净处理就直接用于燃烧了。据统计,在全国消耗煤炭总量中,直接用于火力发电、工业锅炉、工业窑炉和家庭炉灶等的煤炭占85%。大量的煤炭直接燃烧,加上煤炭质量较差及燃烧效率低下,对我国环境造成了极为严重的破坏,直接导致了我国严重的燃煤型大气污染(图5-9)。

煤炭中80%左右的硫是可燃的,因此煤炭燃烧时大部分硫以二氧化硫的形式排入大气。二氧化硫排放量最大的区域为高硫煤产区和一些能源生产消费量大的地区。太原、北京等7个城市早在1998年世界卫生组织的报告中就被列入世界十大污染最严重的城市。从行业分布来看,电力、煤气和热水供应等主要用煤企业的二氧化硫排放量占全国排放总量的50.6%。我国20世纪90年代中期二氧化硫排放量达到最大,之后因煤炭消费量的减少而逐渐呈现下

图 5-9　煤炭燃烧对大气的污染

降趋势。

　　煤炭燃烧时排放的二氧化硫对人体健康危害很大,尤其是当它形成酸雾和硫酸盐后,与飘尘结合在一起进入人体肺部,可能引起支气管炎、肺炎、肺水肿等恶性疾病。二氧化硫造成的更为严重的危害是酸雨。根据《2020 中国生态环境状况公报》,2020 年我国酸雨区面积约 46.6 万 km^2,占国土面积的 4.8%。

　　酸雨的危害是多方面的。酸雨(包括干、湿沉降物)由空中降下,首先影响植被,然后经土壤、地下水影响湖泊水体生态系统。酸雨污染直接导致我国大片耕地、湖泊酸化,致使土壤贫瘠,生态系统紊乱,农作物和经济类水产品减产;酸雨还引起我国森林大面积枯萎受损,面积减少;同时导致建筑物和金属设备被腐蚀。酸雨对陆地生态系统的危害日益严重,已成为制约我国农林业生产和社会经济发展的主要因素之一。最近几年的研究结果表明,我国酸雨对农业、林业和建筑材料破坏造成的经济损失每年高达 200 多亿元。目前酸雨每年对农作物产生危害的播种面积为 12.89 万 km^2,经济损失达 42.6 亿元。除了每年对森林产生危害造成木材经济损失外,作为亚洲地区二氧化硫的排放大户,我国的酸沉降还对周边越南和日本的生态系统造成损害,使农作物减产。氮氧化物在大气中可被氧化形成硝酸和硝酸盐细颗粒物,同硫酸和硫酸盐细颗粒物一起,发生远距离传输,从而加速区域性酸雨的恶化。已有研究表明,硝酸对酸雨的贡献呈增长之势,降水中 NO_3^- 与 SO_4^{2-} 比值在全国范围内逐渐增加。

　　除了酸雨危害外,煤炭燃烧过程中烟尘的排放也对环境和人体健康产生严重危害。随着我国燃煤除尘技术的大面积推广和应用,近年来我国燃煤烟尘排放量呈现逐渐降低的趋势,但每年我国煤炭消费量所产生的烟尘和细颗粒物仍然对环境和人体有较大危害。烟尘中颗粒小于 5 μm 的粉尘经呼吸道进入肺泡,被溶解吸收后可造成血液中毒,未被溶解的粉尘可能造成尘肺。颗粒小于 10 μm 的飘尘含有吸附致癌物(苯并芘)、有害气体和液体,以及细菌、病毒等微生物,长期滞留在大气中会对人类健康造成极大危害。烟尘排入大气后还会降低大气清洁度,影响植物光合作用。

　　2)煤电对环境的影响

　　燃煤电厂一直是我国的燃煤大户,对我国环境影响最大。首先,我国电力生产以火电为主,而火电工业有 95% 以上是煤电,我国煤电平均每年耗煤近 5.4 亿 t。其次,我国发电用煤平均灰分为 28%,硫分 1.2%,燃煤电厂烧劣质煤已经正常化,所以高硫、高灰的中煤,甚至矸石到最后也被发电厂烧掉了[6]。这样的结果导致我国煤电产生的烟尘、二氧化硫最多,其中煤电二氧化硫的排放量占二氧化硫污染控制区排放量的 59% 以上。根据预测,在今后相当长的时间内,我国电力工业仍将以煤炭为主要能源,并且煤炭用于发电的比例还将有所上升,因此火电厂对我国环境的影响不容忽视。

5.3.2 油气开发对环境的危害

1. 油气田开发对土壤的危害

油气田开发对土壤的污染主要是落地原油、固体废物、钻井泥浆等。这些污染物含有大量的氯化钠($NaCl$)、氢氧化钠($NaOH$)和碳酸钠(Na_2CO_3),使土壤物理性能变差,甚至失去种植能力。

油田开发过程对土壤产生一定破坏性,如堆积、挖掘、践踏而破坏土壤结构,降低了土壤生产力。在油田建设前期产生的钻井废浆和落地油,对钻井旁的土壤和农作物产生小范围污染,只在局部以斑状形式存在。在运营阶段,油田开发中泄漏的原油覆盖于地表,土壤残留和吸附作用可使大部分石油残存于土壤表层,造成土壤理化性质变化。不管是临时占地还是长久使用,油田开发都改变了土壤的原有理化性质和结构,难以恢复。

石油的污染物还降低了土壤的渗水性和透气性。原油或它的生物降解物中有些成分类似于植物生长激素,具有破坏植物生长激素的作用,对一定范围内的植物生长和微生物生长造成较大影响。污染所需恢复时间长,恢复较为困难,对地方的农牧业造成很大影响。土壤的严重污染会导致石油烃的某些成分在粮食中积累,影响粮食品质,从而通过食物链危害人类健康。

不少油气田位于生态环境脆弱区,油气的开发进一步加剧了生态环境的恶化。例如,位于陕甘宁盆地的长庆气田是近年我国陆上发现的最大的整装气田。它的开发对改变我国的能源结构、支援国民经济发展作出了重要贡献。尤其是陕气进京工程对改善首都能源结构、减少大气污染起到了重要作用。但是,由于气田所处的靖边县是黄河中游 138 个水土流失重点县之一,年流失泥沙量高达 5660 万 t,生态环境脆弱,因此气田的开发对生态环境有一定的影响,使已经很严重的水土流失更加严重。研究表明,气田开发对水土流失的影响主要表现为,土体移动影响地形地貌、植被覆盖度等。根据调查,气田开发后,植被覆盖度将由原先的 41.6% 降至 29.3%。

2. 油气田开发对大气的危害

油气田所处工业城市的大气污染物,不仅含有常规污染物,还含有气相烃类有机物(碳氢化合物)。油田开发过程中对大气环境产生最大影响的是所排放的废气,包括燃料燃烧的废气和生产工艺产生的废气。

油气田开发过程中产生的污染物主要有二氧化硫、烟尘、粉尘、氮氧化物、一氧化碳和总烃(THC)等。其中总烃危害最大,它会造成二次污染。非甲烷烃与油气田大气环境中的另一种污染物氮氧化物具有联合环境效应,这两种污染物是形成光化学烟雾的必要条件,而光化学烟雾的形成会危害人类健康。

在油气田开发过程中,易产生扬尘现象,导致开发区悬浮颗粒浓度很高,同时影响到开发区以外的大气环境。这些污染物降低空气质量,直接影响人类和动植物的呼吸系统,以及居民的生活质量。同时产生的污染物通过降雨等途径再次进入土壤,间接影响动植物生长。此外,油田火灾对大气环境的影响也不可小视,油田焚烧后的污染可能导致大气变冷,燃烧产生的油烟形成酸雨,可引发呼吸道疾病。

3. 油气田开发对水环境的危害

石油污染会使水产品品质下降。在油田注水开发过程中,由于固井质量、地质作用以及腐蚀等原因,造成"套外返水",当返水到达井下的含水层时,可能直接进入地下水层,对地下水造成污染。油田开发产生的污染物可直接污染地表水体甚至地下水体,也可间接污染地下水。在油田开发和建设过程中出现的原油泄漏、污水乱排等都会污染地表水,若含油污水进入地表水中,会使水体、周围的土壤、农作物、水生生物受到污染。油田开发在一定程度上会降低地下水位,影响石油开采区地下水的供应,进而影响该区的水文地质环境[7]。

4. 石油海上运输对环境的危害

海上运输石油的污染,主要是海中运输作业排污、码头作业排污、油轮碰撞触礁等事故溢油。全世界因海运事故溢油平均每年约 41000 t。1983 年青岛胶州湾漏油事件,泄漏 300 多 t 油,把整个胶州湾几百公里海岸线都给污染了。1996 年,一艘从大连出发的轮船,走到湄洲湾撞到下面的不明物体,漏掉上千吨原油,整个湄洲湾被污染,渔民受害最大。我们国家的海域很多,大型事故几乎每年都要发生一两次,而且频率不断加快。据统计,大连海域 8 年内就出现大小事故 80 多起。就像地面汽车碰撞事故一样,在海里航行的油船也经常出事故,每一次都漏掉很多原油,积累在海里、河道内。

5. 石油炼制加工过程对环境的危害

石油加工过程中会产生大量废水、废气、废渣,对环境造成极大的污染,其污染程度与原油硫含量、生产规模和加工流程都有密切的关系。

炼制过程中会产生大量含油废水,约占整体废水排放量的 80%,主要来源于各种生产装置机泵冷却水、油气冷凝水、油品和油气水洗水、油罐设备清洗水、循环水排污等。含硫废水主要来自于二次加工装置、催化裂化、催化裂解、延迟焦化、加氢裂化、加氢精制等,一般从油水分离罐、液态烃水洗罐排出,约占排放量的 10%~20%。这两类废水中的主要污染物是酚类化合物、硫化物、氨、氰化物等。除此之外,部分炼油厂碱渣综合利用时的中和水,即电脱盐排水,约占总污水排放量的 5%。这部分污染物主要包含游离碱、石油类物质及少量硫和酚等。

石油炼制过程中的废气按排放方式分为有组织排放源和无组织排放源。有组织排放源主要指经常性、固定排放源,如加热炉、锅炉燃烧废气,催化再生烟气,焦化放空气,氧化沥青尾气,硫磺回收尾气,焚烧炉烟气等;无组织排放源主要是间断的、较难控制的排放源,如装卸油操作,油品储存和运输过程中的挥发,设备管道阀门泄漏,敞口储存的物料,污水废渣、废液的挥发,装卸催化剂粉尘污染等。

5.3.3　核能开发对环境的危害

核工业对环境的放射性污染主要来自核燃料生产和使用后的处理。一般核燃料生产过程中的放射性污染较轻,不构成严重危害。但它终究对人体有害,仍须予以充分注意。

1. 核能利用过程对环境的危害

核裂变燃料的基本原料是铀。铀的生产过程包括勘探、开采、选矿、水冶加工,最后精制得到浓缩铀。在核燃料生产中,主要污染源是铀矿山和铀水冶厂,污染物均为放射性物质,随生产过程中的废气、废水和固体废物排向环境。虽然排出的废物放射性水平低,但排放量大,分布广。

铀矿区空气污染物有放射性气体氡、衰变子体和放射性粉尘,主要来自掘进、破碎、装运等过程中产生的氡和粉尘,随矿井通风系统进入大气。此外,矿岩石、矿石堆、废石堆、尾矿堆、矿坑水等都不断地析出氡气。铀矿山废水中的污染物不仅包含氡、铀及其衰变子体,而且有其他共生的有害化学物质。废水来自地下水渗入矿井后形成的矿坑水,湿法开采作业产生的废水,流经各种矿石堆的雨水等。铀矿山的固体废物主要是开采挖掘出来的废石,以及预选淘汰矿石,还有预处理产生的矿渣或尾矿。这些固体废物具有低水平的放射性,数量非常大。

水冶过程是铀生产的重要环节,其排出的废气放射性水平很低,一般不致引起环境放射性污染。水冶厂废水中的污染物有镭 226、硫酸根、硝酸根、有机溶剂等。其中镭 226 是最危险的放射性物质,而酸性废水排入河流造成的危害往往比放射性物质更严重。水冶厂的固体废物主要是提取铀后的尾矿,还有受到污染的设备、物品等。尾矿数量大致与原矿石相等。虽然其中的残留铀不及原矿石含量的 10%,但原矿石总放射性的 70%~80%仍然保留在尾矿中,如镭的放射性仍残留 95%以上。

通常,铀矿山的废水用钡盐除镭或用其他方法净化后排放;矿渣采取堆放弃置或回填矿井的方法处置。水冶厂废水储存于尾矿坑中,澄清后一部分重复使用,大部分自然蒸发、渗入地下或排入河川;尾矿砂可以回填矿井,也可以采用在尾矿砂堆表面喷涂化学药剂,或用混凝土覆盖等各种稳定方法使污染减少扩散。如果采取各种合理的预防措施,核燃料生产过程中的污染排放不会造成太大危害。核放射污染的主要危险是应用浓缩铀的核反应堆突发事故和燃料的后处理。

2.核废料对环境的危害

核废料是核物质在核反应堆(原子炉)内燃烧后余留下来的核灰烬,具有极强烈的放射性,而且其半衰期长达数千年、数万年,甚至几十万年。也就是说,在几十万年后,这些核废料还能伤害人类和环境。所以如何安全、永久地处理核废料是科学家们面临的一个重大课题。

世界上的有核国家,比如美国、俄罗斯,都找到了暂存核废料的地点。2010 年美国国会已通过立法,决定在美国西部内华达州沙漠地区存放美国的核废料。俄罗斯也决定在西伯利亚无人区建立核废料存放地,并欢迎其他国家付费存放。而在德国、法国和日本这些人口密集的有核国家,核废料存放成为伤脑筋的大事。德国甚至宣布今后不再建设核电站。

5.3.4 可再生能源开发对环境的危害

1.太阳能利用对环境的危害

1)太阳能电池的制造

虽然生产太阳能电池的技术有很多种,但大部分都是从石英砂开始的。仅从矿山中挖取石英砂,就是对健康危害极深的工作之一,会让矿工染上硅肺病。石英砂挖掘出来后,首先通过电弧炉被还原成冶金级的硅,大多用于炼钢。在这一阶段中,需要输入大量的能源来保持电弧炉的高温,会产生二氧化碳与二氧化硫,对工作人员与环境造成一定危害。

在硅精炼过程中,为了除去内部的杂质,让硅的纯度更高,需要将氢氯酸加入冶金级的硅,进行氯化反应生成三氯氢硅,之后加入氢气进行一次性还原产生高纯度的多晶硅。在整个过程中最多有 25%的三氯氢硅会转化为多晶硅,同时产生有毒的附产品四氯化硅,估计每生产

1 t的多晶硅，会有 3~4 t 的四氯化硅。但回收四氯化硅的设备需要花费上千万美元，因此一些从业者会直接将附产品排放掉。当这种具有强腐蚀性的有毒液体遇到潮湿空气，会马上分解成硅酸和剧毒气体氯化氢，刺激人的眼睛、皮肤与呼吸道，遇火则会爆炸。用于倾倒或掩埋四氯化硅的土地将变成不毛之地，树木和草都无法生长。

从多晶硅到真正的太阳能电池还需要通过长晶炉生成晶棒，再切割成晶圆或芯片，这些过程都需要危险的化学物质来处理。例如，制造商需要用氢氟酸来清洗晶圆，除去因锯切对其造成的损害，或是磨平晶圆表面，以增加聚光能力。但氢氟酸是一种具有强烈腐蚀性的物质，若接触到未受保护的工人，会破坏人体组织并侵蚀骨头，因此必须妥善处理。

2）薄膜太阳能电池的重金属问题

薄膜太阳能电池的主要技术以非晶硅（α-Si）太阳能电池为最大宗，碲化镉（CdTe）太阳能电池产量成长最快，铜铟镓硒（CIGS）太阳能电池则深具成长潜力。碲化镉太阳能电池由五层结构组成，其中一层为硫化镉（CdS），另一层为碲化镉；铜铟镓硒太阳能电池的主要材料为铜铟镓硒，但也含有硫化镉。这两种电池都使用重金属镉的化合物，它是恶名昭彰的致癌物质，长期接触可能导致肾脏疾病、肺损伤与骨骼脆弱。

3）太阳能利用过程中的水污染问题

在太阳能电池制造的过程中，必须用到很多水，包括冷却、化学处理和空气污染防治，最大的需求来自安装与使用时的清洗。公共事业规模在 230~550 MW 范围内的能源计划，在施工期每年需耗费 15 亿 L 的水来进行粉尘控制，运转时每年需要 2600 万 L 的水来清洗太阳能板。

2. 生物质能利用对环境的危害

1）生物质直接燃烧发电及混合发电技术产生的环境问题

尽管生物质直接燃烧发电和气化发电两种系统的环境污染物排放量都显著小于火电厂，但仍然会有一定量的污染物产生。以生物质秸秆燃烧发电为例，主要污染物有：①大气污染物，包括烟尘、二氧化硫和氮氧化物的排放，灰场的环境影响，秸秆运输储存过程中的环境影响；②生产废水，主要包括化学酸碱废水、锅炉排污水、堆场初期雨水、循环水冷却系统排水等；③固体废弃物，主要为秸秆燃烧后产生的灰渣；④工程噪声，建设项目噪声源主要是汽轮机、发电机、引风机、送风机、循环水泵和锅炉排汽装置，噪声处理不当可能会产生一定的影响。

2）生物质气化联合循环发电产生的环境问题

国内外在生物质气化方面仍然存在两大难题需要解决：一是气化过程中产出大量焦油无法处理，会排放一定量的化学污染物，造成光化学臭氧形成潜质和水体富营养化潜质的增大，给环境带来二次污染；二是可燃气净化技术不过关，可燃气体中仍然含有焦油、微尘和烟灰，在应用上受到严重制约[8]。

3. 水能利用对环境的危害

水能的最主要利用是水力发电。由于水力发电本身无环境污染，且水力是可连续再生的自然资源，水电总是作为清洁能源优先列入能源的开发战略。但是，水力发电也存在对生态环境的影响，它在给人类带来巨大利益的同时，也会带来一定的危害。水电工程无论是建设初期还是建成使用后，对环境的影响都是巨大的，尤其是建立拦河蓄水的大坝，破坏了原有河流流域的生态平衡。因此，必须对水电工程引发的环境问题作出全面、充分的评估，从而采取有效的对策和措施，把危害降到最低程度。

1)对生态环境的危害

现代水电工程区域很大。由于库区大片植被遭到破坏,使该区内的野生动物丧失了栖息地和食物来源而被迫迁徙,原来的动物群落解体、消失或灭绝。

水库改变了河流环境状况,直接或间接影响鱼类与其他水生生物的生存。水库淹没了一些鱼类的产卵和栖息地,阻挡某些鱼类的回游路径。如美国在哥伦比亚河上修建的大古力水坝使大鳞大马哈鱼的回游栖息和产卵地减少了 70%。水库内的氮、磷及有机物含量可能过高,使鱼类患弯体病死亡,也会造成库水富营养化而影响鱼类生存。

水库会改变该区域的气候。由于水的热容量大,使得水库和陆地上空的大气压力发生改变而形成风。在水库影响区域内,有风天数明显增加。此外,水库附近上空的湿度增加,由于水库和陆地的温度存在差异,冬季可能使降水有所增加,而夏季可能会使降水减少。水库对当地气温也起着明显的调节作用,能缩小温差。如新安江水库地区在建库前最高气温为 45 ℃,最低气温为 -12 ℃,建库后则分别为 41.8 ℃与 -7.9 ℃。

2)对自然环境的危害

水利发电利用水流的机械能,需要尽可能高的落差,必须修建大坝拦河蓄水。筑坝时需要修建交通道路、建设房屋以及劈山采石等。水库蓄水将水位大幅度提高,大量的土地、森林、村庄、城镇或名胜古迹被永久淹没。这可能使自然景观永远消失,风光绮丽的崇山峻岭受到破坏。如修建黄河三门峡水电站淹没了 660 km² 的良田,包括元代修建的道教圣地永乐宫。

我国江河泥沙流失严重,据不完全统计,每年流失近 50 亿 t,尤以黄河、长江为甚。对于水库泥沙淤积,首先要在流域范围内植树造林,防止水土流失;此外,筑坝建库之前需考虑泥沙沉积的影响,水库设计要完善滞洪排沙的功能。

水库蓄水改变和破坏了库区岩体应力的平衡与稳定,可能诱发地震。由于引起水库地震的相关因素很多,目前人们对它的成因认识尚不统一。水库地震与库坝区岩石特性、地质结构和应力场、水文地质条件以及水库要素(如库高、库容、库水深度、水库面积及蓄水速度)等因素有关。各类岩石中,诱震水库位于碳酸盐岩地区的比较多,我国约占 72%,岩浆岩区震级较高。有洞穴、漏斗和较宽断裂的岩溶透水地区,诱发地震的概率较高,但震级较小。高坝水库(高于 100 m,库容大于 1 亿 m³)发生地震可能性较高。20 世纪 60 年代,在印度的柯伊纳、希腊的克里马斯塔、中国的新丰江、赞比亚的卡里巴,水库相继发生 6 级以上强震。埃及阿斯旺水库(坝高 111 m,库容 1689 亿 m³)的地震最大一次为 5.6 级。

3)对社会的危害

除了自然生态环境问题,移民是水电建设的社会问题,也就是需要建立一个新的社会生态平衡系统。人口迁移对库区居民的生产和生活有着明显的影响。新建的居住区必须重视移民的风俗习惯和对当地居民的影响,避免造成和激化社会矛盾。此外,应避免移民区的地方病和流行病异地传播。

4)对水库的危害

水库岸边岩体中的松软夹层,是制约岸坡稳定,导致滑坡的主要因素。由于水库水位提高,长期浸泡使松软夹层软化,河岸岩体强度降低,容易发生滑坡或崩岩。其结果会导致库容减小,威胁过往航运船只,激起涌浪危及大坝的安全。自然界异常活动,如暴雨、洪水、地震以及人类在沿岸过度活动等,极易诱发滑坡现象。

4. 风能利用对环境的危害

大面积建设风电场虽然造价高昂,但能够有效降低二氧化碳排放量。有关专家测算,如果全美国搭建起 22.5 万个风电机,需要 3380 亿美元。但这些风电机产生的能源则可以替代2/3的煤炭产生的能源。

风电机组在建造和运行过程中会直接或间接地产生一些污染。在风电机组制造过程中需要消耗大量能源。不同能源系统在燃料提取、系统建造和运行期间的能耗排放量大小不同。在电站建造的过程中能量消耗量最高,但在整个运行过程中碳排放量却非常少,大约为燃煤发电系统的 1%。

在靠近居住区安装风机就不可避免地要考虑噪声的污染问题。测量风机噪声的标准有几个,其中包括国际能源署风机噪声测量报告。在测定噪声污染程度时,必须根据声发射测量值来计算风机的声源级别。利用可接受的发声级别确定某个地方是否适合安装风力发电机。噪声问题在人口稠密地区显得尤为突出。

风机的运转会对鸟类造成伤害。鸟可能撞击到塔架或翼片而死亡,风机也会妨碍附近鸟类的繁殖和栖息(图 5-10)。根据荷兰于尔克 25 台 300 kW 的风电机组对鸟类的伤害研究结果,该风电机组平均每天杀死约 0.1~1.2 只鸟。

图 5-10　风机对鸟类的影响

除此之外,风机会成为一种妨碍电磁波传播的障碍物。由于风机的影响,电磁波可能被反射、散射和衍射。这意味着风机会对无线电通信产生一定程度的干扰。

5. 地热能利用对环境的危害

地热蒸汽的温度和压力都不如火力发电高,因此地热利用率低,老旧的发电机组的热效率只有 14%。地热电站通常利用冷却塔将余热释放到大气中,以致冷却水用量多于普通电站,热污染也比较严重。

地热蒸汽在通过汽轮机之前,先进入离心分离器,除去岩粒和灰尘,然后冷凝成温水,再通过冷却塔,使其中 75%~80% 转变为蒸汽,余下的冷却水返回冷凝器利用。过剩的冷却水由于积累了硼、氨等污染物,对地下水造成污染。从冷却塔排出的废蒸汽和废水中可能含有硫化氢等有毒气体,污染厂区附近的空气。

地热属于再生比较慢的一种资源。地热蒸汽产区只能利用一段时间,其长短难以估计,可能在 30~3000 年。由于取用的水多于回注的水,利用地热发电,最后可能会引起地面沉降。

目前,地下水源热泵系统的浅层地下水多为自然回灌,回灌井堵塞问题严重。而回灌区域渗透率降低,回灌水量低,造成地下水位下降,地面沉降,降低系统效率。多层混合开采回灌方式和热泵机组润滑油的泄漏都会造成地下水质的污染。对于土壤源热泵系统的埋管换热,虽然对地下水影响不大,但需要较大的换热温差和较高的埋设密度,对局地地温场有较大影响,使地下局部温度升高或降低,对区域生态环境可能造成影响。施工中如果换热孔穿透不同水质的含水层,也有可能造成地下水水质的改变。

6.海洋能利用对环境的危害

海洋能的利用形式仍以发电为主,为了将电能传输回陆地,在海底需要铺设电缆等输电设施。虽然海洋能本身是一种清洁无污染的能源,但开发利用海洋能的装置、技术方法和活动等却会对海洋环境产生一定的影响。

海洋能发电装置主要是将潮汐、潮流、海流、波浪等海水运动所产生的巨大能量转化为电能加以利用。能量转换首先影响的就是流速、流量、波高、波长、潮差等水动力要素,发电装置所在海域的水动力环境也随之发生改变。有研究表明,潮汐电站大坝的建设使得最大流量大约减少 $30\%\sim50\%$,水位高度降低 $0.5\sim1.5$ m。这不仅会影响海洋能发电装置所在海域,甚至会影响到更远的海域[9]。

水动力环境的改变,势必会影响海洋能发电装置周边海域的水质环境。不仅如此,悬浮颗粒物浓度的变化也会引起水体中的溶解氧、盐度、营养盐浓度、金属浓度以及病原体的含量发生改变。水动力条件同样会影响水体泥沙的沉积,改变河口的冲淤环境和海底的沉积环境。无论是水动力环境的变化还是水质和沉积环境的变化,对海洋生物来讲,都意味着原有栖息环境的改变,这些改变无疑会影响海洋生物的生存繁衍。

此外,海洋能发电装置产生的噪声、环境振动和电磁场也会影响海洋生物,特别是哺乳动物。有研究表明,海上风场水下基础设施建设和电缆铺设分别会产生高达 260 分贝和 178 分贝的噪声,会破坏 100 m 范围内海洋生物的声学系统。在较大的噪声环境中(如大于 150 分贝),鱼群会出现惊吓而警觉的反应,其迁徙活动也会受到影响。

5.4　生态文明建设和新型能源变革

5.4.1　生态文明的技术体系

严酷的事实不断证明,如果不将生态问题上升到文明重建的高度去认识和行动,生态问题将会停留于纸上谈兵,人类将日益濒临绝境。科学技术是现代工业文明和人类社会发展的巨大杠杆。随着现代科技的迅猛发展和知识经济的到来,科学技术对经济系统和生态系统的作用越来越突出,并成为当今世界开发利用自然资源,提高生产力和强化生态系统功能的重要手段。作为一种比工业文明更先进、更高级的文明形态,生态文明的生成及其发展必然依赖于科技的进步。

1.科学技术生态化

科学技术的生态化是指在注重经济社会发展中利用科学技术的巨大杠杆作用,既合理地发挥科学技术在认识、利用、索取和改造自然中的威力,同时充分挖掘科学技术在改善、保护、建设和管理自然中的巨大潜力,并有效提高科学技术的质量,促进整个科学技术体系的发展,尤其是生产技术体系向无害生态环境和有利于环境与发展双效性的方向发展。具体地说,科学技术生态化是指人们在科技活动中,最大限度地促进经济增长与社会发展的同时,又不对生态环境和资源能源的永续利用构成实质性威胁,并用有效的科技研发去降低经济社会发展的环境资源代价。换言之,通过科技的生态化转换和经济增长方式的转变,做到科学发展,要坚持以人为本,转变发展观念,创新发展模式,提高发展质量。

大力推进节能技术进步,加快建立以企业为主体的技术创新,也是非常必要的一环。因为企业是物质生产的主体,也是市场竞争的主体,更是科学技术成果转化和应用的主体。当代世界科学技术进步的方向已经由传统的以扩大企业生产能力为中心,转向充分有效地科学利用资源,呈现出重视能源、原材料和自然资源,并以降低物质消耗,变资源消耗型的粗放型封闭单程利用为资源节约型的集约化循环重复利用,来规范科学技术进步的方向。因此要充分发挥能源研究机构,节能公司、机构和协会以及高等院校等社会团体的应有作用,重点开发和大力推广节约和替代石油、洁净煤、节电、多联供、余热余压回收利用、建筑节能等重大节能技术,提高能源利用效率等。

2. 科学技术生态化的实质及其构成

科学技术生态化的实质就是发展保持人类可持续发展的科技体系,促使人类逐步转向节约资源能源、保护生态环境、提高经济效益、满足社会需求、优质高效的完美生产体系。生态技术作为未来文明形态的主导技术,具有以下特点:以人与自然的和谐发展为价值取向;以保护生态、实现人类可持续发展为目标;以非线性和循环为组织原则;实现生产过程的整体最优化等。有学者把生态技术归纳为十多种:中间技术或替代技术、工业生态化、环境技术、生态工厂、生态农业、绿色技术、低污染技术、无废工艺、共生技术、生态工程、生产生态化、清洁生产等。如果从生态哲学理论维度进一步概括,生态技术包括绿色适用技术、环境保护技术和科技体系绿化三个层次[10,11]。

5.4.2　生态文明建设的能源需求

世界能源结构发生了三大转折。由 19 世纪 50 年代以木炭为主、煤炭为辅,石油、天然气少量使用的能源结构,到 20 世纪 60 年代中期转变为以石油为主,煤炭、天然气、木材、核能同时并存的能源结构。这表明,世界能源结构已经开始向多元化方向发展。世界能源协会估计,到 2050 年全球主导能源将至少包括七种,即煤炭、天然气、石油、核能、水电、太阳能、风能。没有任何一种能源所占份额会超过总量的 30%,世界能源经历了由低效、高污染能源向高效、清洁能源发展的转变过程。这反映了世界能源向优质化能源发展的趋势。

化石能源过度消耗是造成生态环境危机的主因。我国能源结构以燃煤为主,煤炭占能源消费总量的 56.8%。煤是高污染能源且利用率较低,因而向新能源结构过渡、走向新能源时代就显得极为迫切,开发节能技术来提高能源的利用率,降低环境污染率是当务之急[12]。生态文明必然要取代工业义明,能源发展也必须从"黑色、高碳"的传统化石能源转型为"绿色、低碳"的清洁能源。其中核能、生物质能、水能、风能、潮汐能、地热能等清洁安全的循环可持续能源可以逐步改善能源结构,推动绿色、低碳清洁能源技术发展,增强能源的供应安全和环境安全保障,在未来必将成为推进生态文明的新动力[13]。

5.4.3　生态文明建设的环境需求

生态环境的优劣直接制约着生态文明建设的方向和程度,关系到国家整体经济发展的潜力。我国的粗放式发展模式导致污染物排放总量大,主要污染物排放量超过环境容量。我国从低排放国家变为高排放国家,从环境低恶化国家变为环境高恶化国家,从局部型、单一型污染变为全局型、复合型污染,在经济增长的背后付出了惨重的环境代价。近 30 年来,我国没有抑制住环境污染加剧的趋势,环境质量在局部有所改善的同时,总体仍在恶化。我国各类污染物排放量均居世界首位,并远远超过了自身的环境容量。在未来 10 年,我国经济可能从高速增长期进入中速增长期,人均资源消费量如人均钢材、人均水泥消费量陆续与经济增长脱钩,重化工业扩张势头有所遏制,调整产业结构和淘汰落后产能的步伐加快。加之环境标准更加严格,环境执法力度加大,企业治理污染投入会进一步加大,同时公众对环境质量要求越来越高,促使各级政府进一步强化环保公共职能[14]。

5.4.4　生态文明建设中新能源体系革命对中国发展的机遇和挑战

中国推动能源生产和消费的革命,走绿色低碳的可持续发展道路,比发达国家更为迫切,任务也更为艰巨。发达国家已处于后工业化社会,能源需求基本稳定,发展可再生能源可取代原有化石能源,促进能源结构转型。而中国仍处于快速工业化、城镇化发展阶段,能源总需求的增长抵消了节能和可再生能源发展的效果,化石能源消费和相应二氧化碳排放仍呈较快增长趋势,经济社会发展面临资源约束趋紧、环境污染严重、生态系统退化的严峻形势。虽然中国在节能减排方面已付出巨大努力,并取得显著成效。但由于经济的快速增长,能源消费和二氧化碳排放总量大、增长快的趋势仍难以改变。根据国家统计局数据,2020 年中国二氧化碳排放量约占全球的 30.7%。能源总消费量达 49.8 亿 t 标准煤,占世界的 26.1%,而中国 GDP 只占世界的 17%,单位 GDP 能耗仍是发达国家的 3～4 倍,在提高能源利用的产出效益方面仍有很大空间和潜力[15]。

在全球应对气候变化低碳发展的大背景下,世界能源体系变革趋势已十分明显。其一是更加注重节能和提高能效。20 世纪 70 年代初石油危机后,发达国家把节能视为与煤炭、石油、天然气和核能并列的"第五大能源",之后又进一步把节能放在比开发更为优先的地位,将其视为"第一大能源"。英、法、德等欧洲主要国家都制定了 2050 年电力 80% 以上来自可再生能源的发展目标,可再生能源技术和产业将面临快速发展的新局面。其二是加强常规和非常规天然气的开发和利用。在化石能源中,天然气是比煤炭、石油更为清洁、高效的低碳能源,产生单位热量的二氧化碳比煤炭低 40% 以上,用天然气替代煤炭也是促进能源结构低碳化的重要选项。我国必须顺应世界范围内能源结构更加清洁、高效、低碳化的变革趋势,实施创新驱动战略,在新一轮技术革命中打造竞争优势[16]。

我国当前新能源技术发展迅速,在新能源和可再生能源的年增长速度、年投资额、年新增生产能力规模等方面,均居世界领先地位。可再生能源发展速度和规模不断超出原有规划和预期。我国制定了 2030 年非化石能源占比达 25% 的目标,届时风电、太阳能发电总装机容量将达到 12 亿 kW 以上。国内相关研究表明,2035 年我国可再生新能源(包括风能、太阳能、地热能、生物质能,不含核电和水电)占一次能源的比例将由 2015 年的 2.9% 提高到 8.0% 以上[17]。

但另一方面,伴随经济快速增长,新能源和可再生能源供应量的增长仍不能满足较快增长的新增能源需求,化石能源消费量仍呈增长趋势。国内相关研究表明,到2030年前后,以可再生能源为主的非化石能源占比可达20％～25％,甚至有可能达到30％,年供应量有望超过15亿t标准煤,成为与煤炭、石油和天然气等化石能源并列的在役主力能源。届时工业化阶段已基本完成,经济趋于内涵式增长,且增速放缓,能源消费量的年增速将下降到2％以下,新能源和可再生能源仍以6％～8％的速度增长,可满足新增能源的需求,使化石能源消费量和二氧化碳排放量跨越峰值并开始下降,从而形成较完善的可再生能源体系。到2050年前后,新能源和可再生能源将占1/3甚至一半左右。到21世纪下半叶将逐渐形成以新能源和可再生能源为主体的可持续能源体系,届时经济社会发展将基本不再依赖地球有限的不可再生资源,而且二氧化碳排放也将逐渐趋于近零排放,以顺应世界新型能源革命的潮流,并适应全球应对气候变化的进程。

新型能源体系革命将在世界范围内促进新能源技术的创新,既会成为新的经济增长点,也会成为国际技术竞争的热点领域。我国在可再生能源前瞻性关键技术的研发和创新方面与发达国家尚有一定差距,但在产业化方面总体上已处于先进水平。在风力发电、太阳能发电和热利用、生物燃料、电动汽车等领域,与发达国家同步开展研发,并迅速实现产业化,风电装备和光伏发电装备已大量出口,而且基本上都是具有自主知识产权的先进技术。我国随工业化进程的发展,国内完善的装备制造业基础能力已经形成,具有较强的先进技术的产业化能力。而且我国处于能源需求较快增长的时期,新增能源供应优先选择可再生能源,因此市场需求大。强劲的市场需求是新技术推广的强大动力,其快速占有市场也有利于研发投入的回收,激励企业进一步加大研发投入和进行新的技术创新。全球新能源体系变革的趋势和国际合作,也为我国新能源企业的技术创新创造了良好的国际环境和提升技术竞争力的难得机遇。

我国应该在第三次工业革命中发挥积极的引导作用,并顺势发展,由经济大国变为经济强国,再也不能像在第一次和第二次工业革命中那样被边缘化,跟不上时代潮流而落伍。我国当前努力推动能源生产和消费的革命,促进能源体系的转型,并将其作为加快发展方式转变、推进生态文明建设的核心内容和重要着力点。要努力从当前资源依赖型、粗放扩张的高碳发展方式转变到技术创新型、内涵提高的低碳发展路径上来,要改变当前以扩大投资和增加出口为主要驱动的增长模式。扩大投资推动了基础设施建设、房地产开发和工业产能的扩张,拉动了对钢铁、水泥等高耗能产品的需求,使高耗能产业的比重持续上升或居高不下,进而推动了能源消费量的较快增长。增加的出口也主要是中低端制造业产品,能耗高,增值率低。我国生产出口产品的能耗约占全国总能耗的1/4,继续扩大中低端产品出口又是刺激能源需求较快增长的重要因素。因此,要注重居民最终消费和社会保障体系建设对经济增长的拉动作用,通过发展方式的转变减缓能源消费的过快增长。同时要着力发展战略性新兴产业和现代服务业,限制高耗能、高污染和资源密集型产品的出口,加快产业技术升级,推广先进节能技术,提高能源效率,降低产品的能源消耗,提高产品的增值率,努力建立以低碳排放为特征的产业体系,使经济发展由盲目追求GDP增长的速度和规模转变到更加注重经济发展的质量和效益上来,转变到更加注重经济社会的协调平衡和生态环境的质量上来,从而从根本上扭转日趋严重的资源紧缺、环境污染、生态恶化的形势,缓解经济社会发展不平衡、不协调和不可持续的矛盾。

党的十八大把生态文明建设纳入中国特色社会主义事业五位一体的总体布局,提出绿色发展、循环发展、低碳发展的理念,大力推动能源生产和消费革命,这也是统筹国内可持续发展与全球生态安全两个大局的战略选择,和世界范围内第三次工业革命的趋势吻合,目标一致。

我国要进一步抓住当前全球和平发展的黄金机遇期,通过科技创新和体制机制创新以及发展方式的转变,在世界第三次工业革命的浪潮中占据先机,争取主动,发挥积极的引导作用[18]。

党的十九大报告指出,人与自然是生命共同体,人类必须尊重自然、顺应自然、保护自然。人类只有遵循自然规律才能有效防止在开发利用自然上走弯路,人类对大自然的伤害最终会伤及人类自身,这是无法抗拒的规律。十九大报告同时提出了推进绿色发展、着力解决环境突出问题、加大生态系统保护力度、改革生态环境监管体制等生态文明建设方针。

生态文明建设功在当代、利在千秋。我们要牢固树立社会主义生态文明观,推动形成人与自然和谐发展的现代化建设新格局,为保护生态环境作出我们这代人的努力!

参考文献

[1]刘某承,苏宁,伦飞,等.区域生态文明建设水平综合评估指标[J].生态学报,2014(1):97 - 104.

[2]李俊峰,杨秀,张敏思.第四次能源变革与生态文明建设[J].中国能源,2013(7):5 - 9.

[3]王协琴.温室效应和温室气体减排分析[J].天然气技术,2008(6):53 - 58.

[4]巴布纳.能源与生态文明[J].全球化,2013(7):97 - 98.

[5]韩志婷,冯朝朝,葛万亮,等.中国煤炭污染与治理方法[J].煤炭技术,2010(8):1 - 2.

[6]李新安.煤炭开发利用对环境的影响及对策[J].建材地质,1997(1):43 - 45.

[7]苗莹.石油开采对地下水的污染途径、危害及防治措施[J].水利发展研究,2016(5):32 - 33.

[8]汪琼,姚美香.浅谈我国生物质能发电的现状及其产生的环境问题[J].环境科学导刊,2011(2):30 - 32.

[9]郑金海,张继生.海洋能利用工程的研究进展与关键科技问题[J].河海大学学报(自然科学版),2015(5):450 - 455.

[10]包庆德,王金柱.生态文明:技术与能源维度的初步解读[J].中国社会科学院研究生院学报,2006(2):34 - 39.

[11]包庆德,王金柱.技术与能源:生态文明及其实践构序[J].南京林业大学学报(人文社会科学版),2006(1):23 - 29.

[12]倪维斗.中国可持续能源系统刍议[J].能源与节能,2011(6):1 - 5.

[13]张晓华,刘滨,张阿玲.中国未来能源需求趋势分析[J].清华大学学报(自然科学版),2006(6):879 - 881.

[14]呼和涛力,袁浩然,赵黛青,等.生态文明建设与能源、经济、环境和生态协调发展研究[J].中国工程科学,2015(8):54 - 61.

[15]苏健,梁英波,丁麟,等.碳中和目标下我国能源发展战略探讨[J].中国科学院院刊,2021,36(9):1001 - 1009.

[16]洛扬.至2030年的全球能源展望[J].石油石化节能,2012(9):46.

[17]刘国华,谷屹,孙庆丰,等.新能源发展趋势研究[J].石油石化绿色低碳,2018,3(1):6 - 14.

[18]何建坤.新型能源体系革命是通向生态文明的必由之路:兼评杰里米·里夫金《第三次工业革命》一书[J].中国地质大学学报(社会科学版),2014,14(2):1 - 10.

第6章

能源与国家安全

6.1 国家安全

6.1.1 国家安全的定义

国家安全是一种社会现象,是指一个国家没有危险的客观状态,是一种既没有外部威胁和侵犯,也没有内部混乱和疾患的客观状态[1]。

首先,国家安全是国家没有外部威胁与侵犯的客观状态。国家的外部威胁和侵犯主要是指处于该国之外的其他社会存在对本国的威胁和侵害。这些威胁和侵害的主体包括:①其他的国家;②非国家的其他外部社会组织和个人,如对某国形成威胁和侵害的国际组织或地区组织;③在外部形成威胁和侵害的国内力量,如在国外从事威胁和侵害本国活动的国内反叛组织。

其次,国家安全是国家没有内部的混乱与疾患的客观状态。没有外部的威胁和侵害,国家并非一定安全。国内的混乱、动乱、骚乱、暴乱及各种形式的疾患,都会直接危害到国家生存,造成国家的不安全。因此,国家安全必然包括没有内部混乱和疾患的要求。

再次,国家安全是指同时没有内外两方面的威胁与侵犯。因为内、外部威胁两个方面的统一才是国家安全的特有属性。

6.1.2 国家安全的内涵

"国家安全"的内涵是由国家安全所受的威胁和各国由此制定的安全目标所决定的。

传统上狭义的国家安全,主要是指国土安全、主权安全、政治安全、人民安全(特指不受外来侵犯和威胁)。根据时代发展的新形势、新任务提出的一种新的广义的国家安全概念,其内涵和外延更加全面:既对外,也对内;既有政治性的,也有经济、社会、文化性的;既有传统的,也有非传统的(如反恐、生态治理、信息、资源等);既有人的安全,也有事、物的安全;既有环境的安全,也有系统的安全;国家安全与经济社会发展互为基础、互为条件。

2014 年 4 月 15 日,习近平主持召开中央国家安全委员会第一次会议,提出"总体国家安全观"的全新概念(新华网北京 4 月 15 日电)。既重视传统安全,又重视非传统安全,构建集政治安全、国土安全、军事安全、经济安全、文化安全、社会安全、科技安全、信息安全、生态安全、资源安全、核安全等于一体的国家安全体系。2020 年,习近平主持召开了中央国家安全委员会第三次会议,会议进一步丰富发展了总体国家安全观,为做好当前和今后一个时期国家安全工作指明了方向,提供了根本遵循。

国家经济安全,是指在经济全球化时代一国保持其经济存在和发展所需资源有效供给、经济体系独立稳定运行、整体经济福利不受恶意侵害和非可抗力损害的状态和能力,是指一国的国民经济发展和经济实力处于不受根本威胁的状态,包括金融安全、能源安全、贸易安全、粮食安全等。

能源安全是国家安全中经济安全的重要内容。能源安全和战争、冲突息息相关。如近年来发生的东海之争,一个重要原因是东海蕴藏的丰富的石油和天然气等能源资源。

6.1.3　能源与国家安全的关系

能源是社会稳定和国民经济可持续发展的先决条件,对于国民经济的持续健康发展和人民生活水平的提高具有决定性作用,是构成国家安全的重要内容。能源安全也是一国与周边国家领土、领海争端中的重要因素,甚至是主导因素。如美国在中东、北非等地区制造冲突,直指能源。因此保证能源安全已经成为关系到国家安全的一项重要工作,涉及民生、外交、军事等多个层面。

能源安全是国家安全的一道警戒线,有效解决能源问题,经济安全有能源的保障,才能保障国家安全。能源安全问题已经成为一个独立主权国家能否生存和可持续发展的核心问题。

当前,全球自然能源资源结构与能源最终消费结构存在着显著的错位现象。首先,石油和天然气在世界自然能源消费结构中所占的比例,比其在自然能源资源结构中所占比例高出一倍以上。其次,世界能源消费与能源资源储量在空间上也存在着非常大的不对称问题。从全球范围看,石油最终消费需求量最大的国家多数是石油资源较少或石油资源极为贫乏的发达国家和地区。

根据全球能源的现有存量和能源资源储量的国际分布,可将世界各国划分为以下五类:一是具有充足国内能源资源的发达国家或经济大国,如俄罗斯、加拿大等;二是拥有丰富能源,特别是石油资源较发达的国家,如石油输出国组织的国家等;三是具有一定国内能源资源的发达国家或经济大国,如美国、中国等;四是缺乏能源资源的发达国家或经济大国,如德国、日本、法国、意大利、西班牙和韩国等;五是缺少足够石油资源的不发达国家,如大部分第三世界国家。

我国的能源资源状况在世界上处于中间位置。自然资源禀赋条件在一定程度上给我国未来的能源供给带来了诸多不利因素,但我国在世界能源系统中还拥有较大的回旋空间,并未处在有潜在巨大风险影响的焦点上[2],与我国相近的发展中国家也普遍存在国内能源资源贫乏的问题。从我国目前能源供给情况看,我国对能源的需求主要表现在石油供求关系的矛盾上。

6.2　能　源　安　全

6.2.1　能源安全的定义

能源安全是国际社会普遍关注的一个重大问题,也是我国实现民族伟大复兴和经济社会长期可持续发展面临的一个重大战略问题。加强对能源安全的理论与战略研究,是我国实现战略安全、经济安全和可持续发展的时代要求,在当前尤其具有重要的实践意义。

能源安全是指消费者和经济部门在所有时间能够以支付得起的价格获得充分能源供应的能力,同时不会对环境造成不可接受或不可逆转的负面影响。也就是说,能源安全有三个层次的要求[3]。

(1)稳定的供给,即能够在总量上满足消费者和经济部门在每一个时点的消费需求。稳定供给既包括足够的能源资源保障,也包括运输过程的稳定性,还包括能源生产过程如石油冶炼、电力生产等的稳定性,并保证能够连续地送达最终消费者。

(2)合理的能源价格,即保证消费者能够消费得起所需要的各种能源形式,包括燃油、燃气、电力等,并且能源价格作为国民经济的基础性价格,不能对下游产业造成过大的成本压力。

(3)能源的勘探、开发、生产、转换、运输和消费环节不能对环境产生不可接受或不可逆转的负面影响。所谓不可逆转是指在一个比较长的时期内即使停止与能源生产和消费有关的活动,也不能恢复或接近恢复原有的状态。

6.2.2　能源安全的内涵及其演变

能源安全的概念从 20 世纪 70 年代开始被普遍提及。石油危机给全世界造成了广泛的影响,石油进口依赖程度高的国家开始反思石油依赖给国家安全带来的风险。因此,最初关于能源安全的讨论是以石油为中心展开的,主要讨论的是石油供给中断和油价波动给经济和社会发展以及国家安全带来的负面影响。随着世界政治经济形势和能源格局的变化以及能源技术的发展,对能源安全的理解也在不断地变化。能源安全的内涵向多个层面进行了延伸,这使得能源安全不仅包括对安全状态的考虑,还包括对风险来源和风险应对能力的分析。

能源安全涉及多个学科,研究角度较为宽泛,也是经济学、国际关系与政治学、环境学等学科的热点问题。能源安全的内涵与外延在不同的历史阶段、根据不同的研究目的和从不同的视角看都有不同的内容,能源安全的内涵与外延不断扩展。能源安全的内涵涉及能源安全的本质性问题,能源安全的外延是内涵的表现形式,是由能源安全本质性问题衍生出来的问题,外延的范围随着内涵的丰富而不断扩展。对能源安全内涵与外延及其关系的深入理解,有助于把握能源安全的主要矛盾,制定有效的能源安全保障措施。安全与风险是一个事物的两个方面,安全的内涵就是要保持一种不受威胁、不受打击、不受损害的状态。随着人们对风险认识的深化,能源安全的内涵也不断丰富。

能源安全的内涵随着历史的发展不断丰富,大致经历了三个阶段[4]。

第一阶段,20 世纪 70 年代至 80 年代中期。1974 年,为应对石油危机,由主要发达国家成立的国际能源机构(IEA),首次正式提出了以稳定原油供应和价格为中心的能源安全概念,并在经合组织范围内建立了以战略石油储备为核心的应急反应机制。

第二阶段,20 世纪 80 年代中期至 20 世纪 90 年代初期。两次石油危机以后,国际石油市场由供不应求变为供大于求,油价长期低迷,能源的使用安全问题逐渐引起西方发达国家的关注。全球气候变暖和大气环境质量的急剧下降引起全球的广泛关注,发达国家开始以可持续发展的眼光审视其能源安全问题,更多地把注意力放在创建高效运转的能源市场上,更强调经济效益和环境保护。1992 年,在日本京都召开了全球气候变化会议,制定了限制发达国家温室气体排放的《京都议定书》。此后,发达国家在制定本国能源发展战略中,率先将能源使用安全的概念引入国家能源安全的目标中。

第三阶段,进入 21 世纪以来,逐步形成强调协调与均衡发展的、内涵更丰富的大能源安全观。与 20 世纪 70—80 年代相比,能源安全概念的范围更广,内容更丰富。除石油供应安全外,还包括电力安全、天然气安全以及能源环境安全等。国际金融危机和美国页岩气的大规模开发,对世界经济与能源格局产生重要影响,能源安全问题的冲突更多地通过贸易和投资等经济活动的形式表现出来,能源供需市场的金融化趋势十分明显。

能源安全内涵的扩展不仅是人类对能源利用认识的深化,也是国际政治经济环境变化的结果。为了应对气候变化,能源安全的内涵已由国家利益扩展到全球人类的利益。

能源安全的本质属于经济安全范畴,是经济学的研究对象,能源安全研究的学科交叉主要体现在能源安全的外延方面。能源安全的外延是消除能源安全风险过程中所涉及的一系列问题,也属于多学科交叉研究的领域。针对上述能源安全的内涵,能源安全的外延主要包括能源贸易与投资、能源市场管控、能源战略储备、能源外交、能源全球治理等领域。能源安全的外延问题是与现实经济问题直接紧密联系的,直接涉及国家的大政方针与政策措施,是能源安全研究的重点。维护能源安全可能采取的措施除了经济手段外,还有法律措施、政治与外交手段、社会治理等。

6.2.3 能源安全评价指标

能源安全指标要能够表征能源安全某一方面的状态特征。能源安全指标的选取一般依据系统、全面、简明、客观和可定量等原则[5]。分析能源安全状况的具体指标主要包括:表征能源供给数量保证的能源消费量、储采比、能源效率、能源对外依存度、能源进口集中度;表征能源价格波动影响的能源进口额和 GDP 之比、道路交通能源消费量和总能源消费量之比、能源战略储备;表征能源品质清洁的能源消费碳排放量和清洁能源比例,如表 6-1 所示。

表 6-1 能源安全评价核心指标[6]

内涵要求		分析维度	
		能源安全状态	风险应对能力
能源安全数量保证	长期	消费量、储采比	能源效率
	短期	能源对外依存度、能源进口集中度	能源战略储备
能源价格稳定		能源进口额/GDP、道路交通能源消费量/总能源消费量	
能源品质清洁		能源消费碳排放量	清洁能源比例

1. 能源供给的数量保证

(1)消费量,指一国总的能源消费量。能源消费量大的国家相比能源消费量小的国家更易发生能源安全问题。如果在一段较长时期内全球能源格局变化产生负面影响,在其他情况相同的条件下,能源消费量大的国家会受到较大的冲击。

(2)储采比,指一国某种能源的探明储量与当年产量之比。该指标表示按照现有的生产规模,某种能源可供开采的年限,反映了一国能源自给能力的强弱。能源储采比高的国家,长期的能源安全状况要好于储采比低的国家。

(3)能源效率,这里的能源效率指的是经济能源效率(一定程度上相当于能源强度),是一国当年能源消耗量与 GDP 之比,即单位 GDP 使用的能源量。该数值低的国家能源效率较高,应对长期能源安全问题的能力较强。

（4）能源对外依存度，研究中考虑到数据可获得性，通常使用的是石油对外依存度，指的是一个国家石油净进口量占本国石油消费量的比例，体现了一国石油消费对国外石油的依赖程度。当今世界能源安全风险的核心仍是石油进口中断的风险，所以该指标具有很强的代表性。能源对外依存度低的国家，能源安全状况较好，发生能源进口中断风险时受到的影响较小。

（5）能源进口集中度，指一国能源进口来源中，前 n 位进口来源国家所占的比例，反映的是一国能源进口的集中和分散程度。进口集中度低的国家，能源安全程度较高。这是因为一般来说，能源进口来源集中会给能源进口国带来一定的风险。在具体使用上，用能源进出口贸易的价值数据来计算，CR_n 表示前 n 位进口来源国所占比例，如 CR_5 表示从进口量最多的前 5 位国家进口的能源总量占从所有国家进口总量的比例。

（6）能源战略储备，由于石油储备是主要用于防范风险的战略性储备，煤炭和天然气储备主要是生产性的，所以这里使用的是石油储备，指的是一国的石油储备量可供国内消费的天数。该指标值大，反映该国面对供应中断风险时，可维持的时间长，应对能力强，能源安全状况好。

2. 能源价格波动影响

（1）能源进口额/GDP，该比值用来反映价格波动影响程度。能源进口额是一国能源进口花费的绝对量，GDP 表示在一国经济发展中对全部要素的支出，二者之比反映的是一国能源支出比例。该指标值大，说明大部分经济收入用于能源支出，价格的波动可能会对经济社会产生较大影响，能源安全状况较差。

（2）道路交通能源消费量/总能源消费量，该比值用来反映价格波动影响程度。虽然在长期内，可以通过技术进步、能效提高来实现交通节能，但在短期内，道路交通能源消费量是难以改变的。因此道路交通的能源消费量在一定程度上可以看作一国对能源的刚性需求，而且道路交通能源消费量是以液体燃料为主，目前难以寻求适合的替代物。在以石油价格波动为主的价格风险中，价格稳定对道路交通能源的影响尤为重要。

（3）能源战略储备，该指标与能源供给数量保证中的能源战略储备相同。一国面对短期风险时，无论是数量短缺还是价格上涨，调用储备平抑风险是直接有效的手段。

3. 能源品质清洁

（1）能源消费碳排放量，指一国化石能源消费产生的二氧化碳排放量与该国面积之比，用来反映一国能源消费对环境造成的压力。由于能源消费和气候政策联系紧密，能源消费产生的碳排放量与其他污染物有很强的正相关性，碳排放量可用来作为能源品质的核心指标。该指标值越大，说明能源品质清洁的状况越差。

（2）清洁能源比例，指一国非化石能源消费量占总能源消费量的比例，反映一国清洁能源使用的情况。较高的清洁能源比例意味着具有较强的减排和清洁能力。

6.2.4　能源与战争

能源是一个国家发展的命脉，获得能源已经成为各国压倒一切的首要任务。自从第一次工业革命以来，人类对自然资源大规模、高强度的开发利用，带来了前所未有的经济繁荣，创造了灿烂的工业文明。能源在促进人类文明与进步的同时，也让人类付出了沉重的代价，有时事态难以避免地走向了自己的反面,甚至走向极度的不文明——能源战争。

1. 能源引发战争[7]

从世界范围看,能源供求分布的根本特征是"不平衡"。也正是由于这种不平衡,才从根本上导致了国际上各种因资源问题而产生的纠纷甚至战争[6]。伊拉克入侵科威特、海湾战争、伊拉克战争、巴以冲突、非洲一些国家的内战,以及涉及中国主权的南海问题等,其背后都存在着深刻的资源因素。

在人类漫长的文明历程中,石油作为最重要的能源之一,是人类文明发展的重要支柱。石油影响国家经济安全、军事安全,石油储备影响社会稳定。现代社会对能源,尤其对石油的依赖加重,石油已成为经济发展、社会稳定以及国家安全的基本保障之一。正是由于石油扮演的重要角色,使其成为各类重大国际事件的重要诱因。

自从 1911 年英国人首先把石油用于军舰燃料开始,石油便与战争结下了不解之缘。近百年来,世界各国为争夺石油资源而导致的冲突和战争层出不穷。各大国之间的石油争夺主要表现在以下三个方面:一是争夺石油资源;二是争夺石油运输线路;三是争夺石油市场及石油定价权。

第一次世界大战前,英国是石油资源的主要掠夺者,它控制了世界大片石油基地,成为世界石油霸王。第一次世界大战以后,各国在总结战争经验教训时指出,协约国是"在石油的波涛中取得了胜利","德国失败的重要原因是石油短缺"。在第二次世界大战中,日本为了解决其日益加剧的石油危机,悍然发动了太平洋战争,侵占了东南亚产油基地。战争期间,从东南亚掠夺了 680 万 t 石油,石油是日本决定袭击珍珠港的核心因素。同样,在第二次世界大战中,德国始终将夺取石油资源作为其重要的战略目标。

第二次世界大战以后,由于经济力量的增长、科学技术的发展、各种新型武器装备的出现、军事理论的更新,石油与战争的联系更加紧密,石油的战略地位进一步加强。"油料是战争的'血液'","没有油料,军队就不能机动作战"等说法层出不穷。因此,对石油资源的争夺仍然是导致局部战争的重要根源。

1982 年 4—6 月在南大西洋爆发马岛战争的一个重要原因,是盛传马岛附近海域有丰富的石油资源,蕴藏量达 20 亿桶。

1990 年 8 月爆发的海湾战争,其直接原因是为了争夺石油资源。伊拉克入侵科威特,主要原因之一是对科威特丰富的石油资源垂涎三尺,妄图据为己有。西亚国家原油蕴藏量如图 6 - 1 所示,科威特石油探明储量达 108 亿 t,年产量为 9100 万 t,可开采 118 年。而伊拉克的石油探明储量为 60 亿 t,年产量为 1.42 亿 t,照此速度仅可开采 42 年。伊拉克企图通过吞并科威特,控制其石油资源,打开波斯湾的石油出口通道,进而觊觎沙特阿拉伯等盛产石油的国家,控制整个中东地区石油资源,左右世界石油市场。以美国为首的一些国家不惜巨资出兵海湾,其主要目的也是为了争夺和控制海湾的石油资源。

南海是西太平洋最大的边缘海,蕴藏着丰富的油气资源。在南海已发现大型、特大型油气田以及一大批中小型油气田,石油、天然气可采储量巨大。这些资源被某些国家长期掠夺,成为地区局势不稳定的因素之一。

世界各国经济发展对石油资源的需求不断增长,而可供开采的石油资源储量却正在逐渐减少,需求与供给的矛盾将进一步扩大,未来对石油资源的争夺将更加激烈。在今后几十年内,石油还会引发新的危机和冲突,甚至导致更大规模的局部战争。

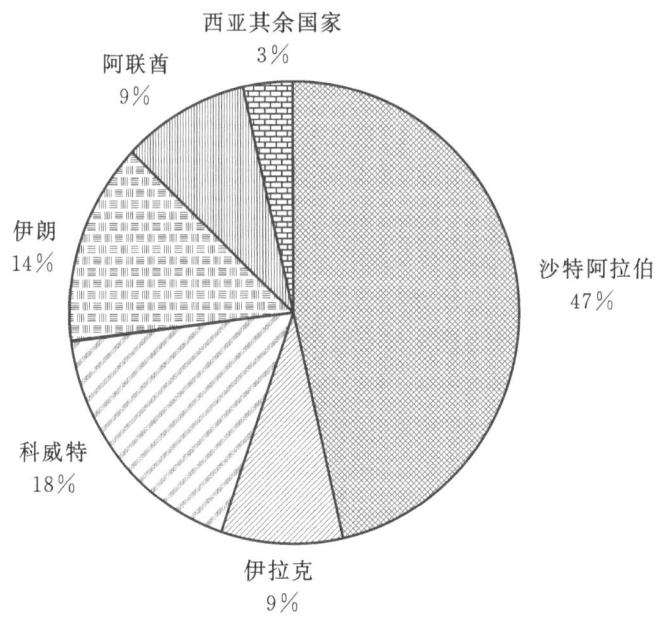

图 6-1　西亚各国原油蕴藏量圆饼图

2. 能源制约战争[7]

现代战争的胜负结局几乎都与石油的储备与供应保障有直接的关系。没有石油，现代战争就无法进行；没有快速充足的石油能源保障，要取得战争的胜利是非常困难的。

在第一次世界大战中，主要参战国拥有约 34 万辆汽车、9000 多万辆坦克和 18.1 万架飞机以及大量的军民用船只。如此大量的军事技术装备投入战争，需要数量巨大的液体燃料，石油充分显示了威力，能源制约战争。据统计，在整个战争中各参战国用于战争的油料达 3620 万 t，其中仅英国和美国就消耗了约 2500 万 t 石油产品（其中军队消耗约 880 万 t），而德国 1914—1918 年消耗油料仅为 400 万 t。

第二次世界大战开始前，德国购买了 520 万 t 石油，其中大部分用于建立战略储备。到进攻波兰时，石油储备已达 7000 万 t 左右。日本通过进口石油，拥有了约 570 万 t 的石油储备，可维持其战争机器一年的运转。但是，随着战争的发展，德国和日本拥有的石油储备难以维持其广阔战线上的持久战争。石油的短缺严重影响了德国战略进攻的速度和规模。如 1941 年夏季德军尚能在长达 2000～2500 km 地带的三个方向发动进攻，而到 1943 年夏季时，则只能在总宽 120 km 的两个地带展开进攻了。石油的匮乏也是当时日本政府和军方最感头痛和棘手的一个关系战略全局的重大问题。到 1945 年 7 月，日军石油储备仅有 30 万 t，只能维持军队 27 天的作战需要，战略资源的消耗殆尽加速了日本最终战败。正如西方有的军事家在总结日本投降原因时所说："油料是日本发动战争的主要目标之一，也是促使日本投降的主要原因之一。"在战争中，谁控制了石油，谁就控制了所有国家。

从世界大战、海湾战争等战争的爆发和结局可见，石油是战争的"血液"，能源是战争的焦点。能源在战争中是许多军事家关注的战略问题，能源引发战争，能源制约战争。

6.3　中国的能源安全形势及能源安全战略

6.3.1　中国面临的能源安全问题

威胁能源安全的问题大多由本国资源禀赋、地缘政治、历史发展、人口与消费等的特点所决定，短期内无法彻底解决，所以能源战略更多关注长期能源问题的解决。

1. 未来中国经济社会发展对能源的需求持续增长，需求总量巨大

中国是世界上人口最多的大国，国家统计局发布的第七次人口普查数据显示，2021年中国总人口超过14.1亿。近年来，中国经济发展迅猛，已成为世界上发展最快的经济体。随着我国经济的发展和人民生活水平的不断提高，对能源的需求也与日俱增。自从1994年我国石油对外依存度由负转正后，一直呈逐年上涨态势。进入21世纪，我国能源生产取得重大进展，2008年我国一次能源产量已居全球第一位。但我国的能源消费量也居高不下，据国际能源署的数据，2010年中国已经成为世界上最大的能源消费国。尽管我国的经济增长正在放缓且正在经历结构转型，但我国仍保持作为世界上最大的能源消费国、生产国和净进口国的角色。根据2021年版《bp世界能源统计年鉴》，2020年世界一次能源消费量居前十的国家如图6-2所示。2020年中国能源消费量占全球能源消费量的26.1%，同比增长1.7%。

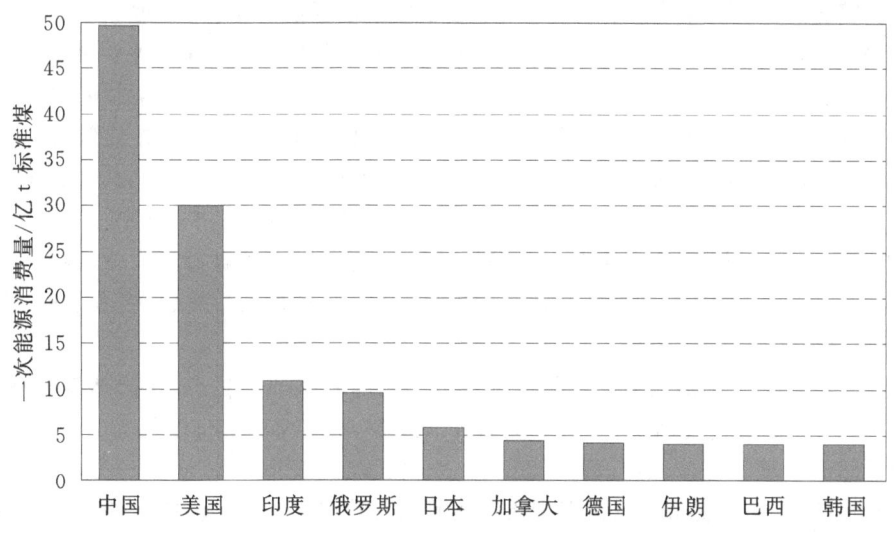

图6-2　2020年世界一次能源消费量居前十的国家

2016年中国能源研究会发布的《中国能源展望2030》的报告表明，预计中国人口总量将于2021年前后达到峰值。随着产业结构持续升级、新兴城镇化建设不断推进和大气污染防治行动力度逐渐加大，中国经济将步入中高速增长新常态。未来一段时期内，工业用能需求增长放缓并出现峰值，2030年回落至27.5亿t左右；第三产业用能增加近10亿t标准煤，年均增长5%；生活用能2030年超过8亿t标准煤，人均生活用能接近600 kg；农业和建筑业用能水平保持稳定。我国能源需求总量增长放缓，2030年达到53亿t标准煤[8]。

除了中国的高速发展对能源的供应提出了旺盛需求，世界上其他新兴市场国家也具有相似的能源需求或需求潜力,从而影响能源价格的变化。新兴市场国家要发展,就需要建基础设施,就需要消费能源[9]。

2. 中国能源利用效率低,消费结构不合理,环保压力不断增大

2020年,中国的能源利用效率仍不高,单位GDP能耗为每1万美元3.4 t标准煤,远高于世界平均水平及美国、日本、德国、法国、英国等发达国家,这使得中国成为世界上单位产值能耗最高的国家之一[10]。冶金、建材、化工、交通运输、发电等行业是耗能大户,单位产品能耗平均高于同行业国际先进水平两成甚至更多。

中国"富煤、贫油、少气"的能源资源禀赋特性,决定了煤炭在中国能源中的重要地位。中国是世界上唯一的能源结构以煤为主的大国,国民经济各部门除交通运输之外几乎均以煤为主要燃料。进入21世纪,中国的能源消费呈不断增长之势,并在世界能源消费增长份额中占有很大比例,导致中国能源的结构性矛盾日益突出。2011年中国一次能源消费中煤炭消费量达72%。近年来中国虽然在逐渐提高新能源和可再生能源的使用比例,但很难改变以煤炭为主的消费结构。直至2020年,煤炭仍占中国能源消费总量的56.8%。不合理的能源结构、低下的能源效率给我国环境带来了巨大的压力。根据2021年版《bp世界能源统计年鉴》,2020年世界十大能源消费国的消费结构如图6-3所示,煤炭是中国和印度能源消费的主体,俄罗斯和伊朗的能源消费中天然气占比较多,其余国家的消费主体为石油。

现阶段,我国煤炭开发利用方式较为粗放,生态环境问题十分突出。煤炭开采造成水污染、土地沉陷等一系列生态环境问题,我国采煤破坏土地复垦率为25%,远低于发达国家65%的平均水平;原煤入洗率低,目前约51%,远低于部分发达国家80%的水平。我国是世界上少数几个污染物排放量大的国家之一,环保压力不断增大。根据历年的资料估算,燃烧过程产生的大气污染物约占大气污染物总量的70%,其中燃煤排放量占整个燃烧排放量的96%。直至2020年,我国仍是世界上二氧化硫排放第一大国,二氧化碳排放第一大国,40%的地区降落酸雨,70%的水体遭受污染。据专家分析,因空气污染将导致国民经济损失约2%～3%。我国大气污染问题日益突出,特别是中东部经济发达地区大量煤炭燃烧导致大气污染严重。根据卫星监测,我国是全球PM2.5污染最严重的区域之一,尤其是京津冀、长三角、珠三角等主要能源消费地区的PM2.5污染极为严重。

由于环境压力,中国迫切需要进行能源消费结构的调整和优化,加快天然气产业的发展。至2020年,与主要天然气消费国美国相比,中国天然气干线管道长度仅为美国的11.43%。据《中国天然气发展报告(2021)》数据,2021年中国天然气管道密度为19.97 km/亿 m³,低于世界平均值33.73 km/亿 m³,仅为美国天然气管道密度的35.14%。中国的天然气管网建设仍然处在发展初期。

气候变化对人类生存与发展的挑战日益突出,低碳发展成为人类必须共同面对的重大课题。在此背景下,以节能减排、新能源研发为中心的绿色能源革命蓬勃兴起,成为影响国际能源关系的重大因素。谁在这场绿色革命中争取到领先地位,谁就有希望引领世界经济技术的未来发展及国际规则的调整,从而在国际能源格局甚至是国际战略格局中居于主导地位。由于我国以煤炭为主要燃料,能效技术相对落后,生态环境不断恶化,气候变化压力不断增大,因而绿色发展任务十分艰巨。为解决这些问题,未来或将构建和发展全球能源互联网,即以特高压电网为骨干网架,连接"一极一道"(北极、赤道)等大型可再生能源基地,以输送清洁能源为主,依托高度智能的能源配置平台,实现全球能源的互联互通。

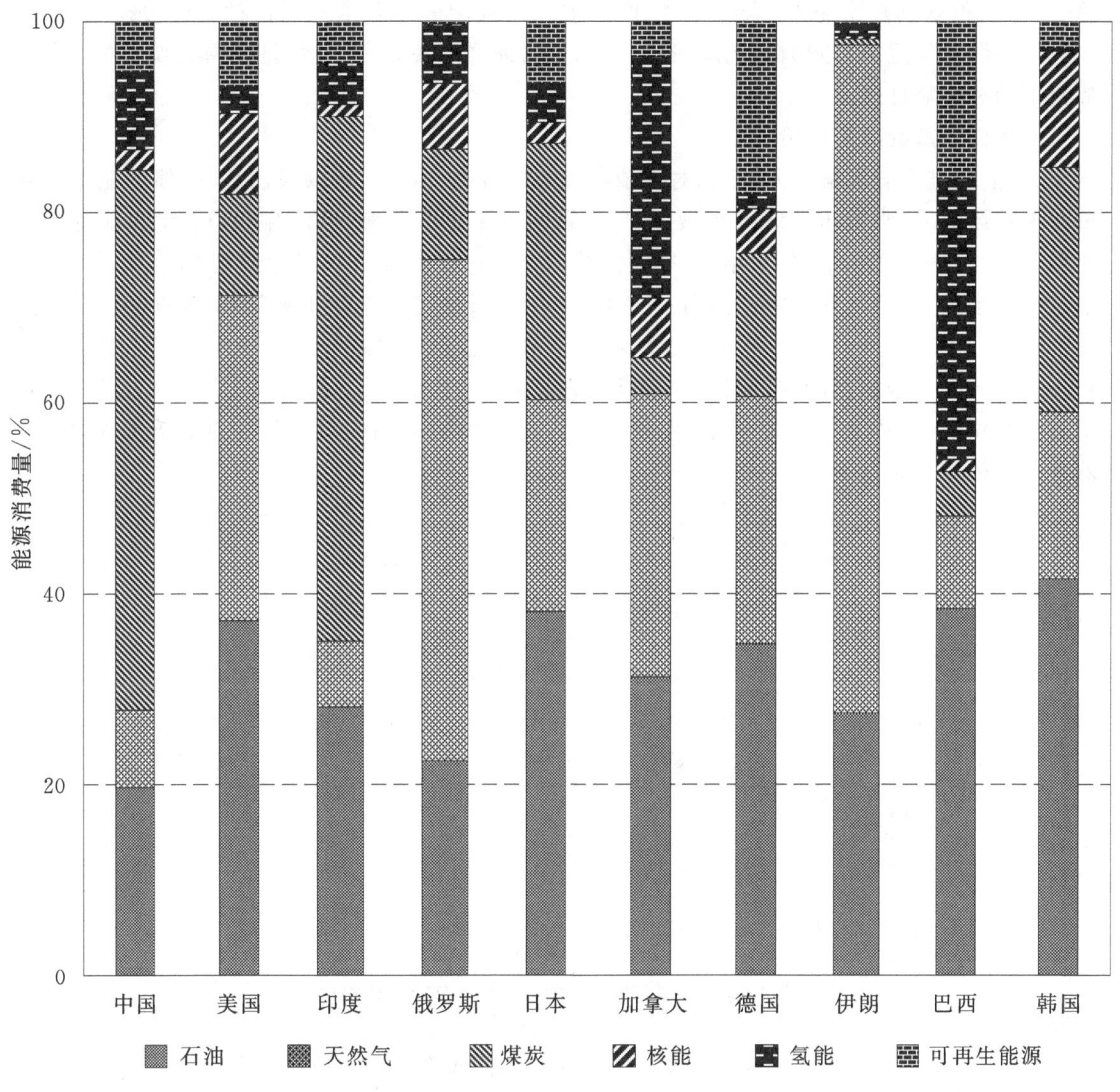

图 6 - 3　2020 年世界十大能源消费国的消费结构

3. 中国能源供给不容乐观,对外能源依赖度加剧

1)中国能源资源分布与供给

首先,中国能源资源总量丰富,但人均各种资源的占有率远远低于世界平均水平。其次,中国资源勘探相对滞后,影响了能源生产能力的提高。同时,中国能源资源分布很不平衡,大规模、长距离运输煤炭,导致运力紧张、成本提高,影响了能源工业协调发展。能源运输体系不合理导致了煤电运输紧张状况反复出现。而且,由于铁路的运力和运价等原因,致使部分煤炭转向公路运输这种不合理也不得已的运输方式,并造成某些公路严重拥堵和损毁。公路运煤是用"高级能源"运"低级能源",且运输损耗高,能源浪费十分严重。

21 世纪是人类进军海洋的时代。但由于我国对"黄土文明"和"陆上大国"的认知根深蒂固,对海洋的经济价值和战略价值认识滞后,因而海洋油气资源的开发利用迟迟未能规模性展开。我国海洋石油资源大量被他国盗采。我国海洋主权得不到有效维护,海洋油气资源遭受掠夺,不仅关系到领土完整、大国尊严,而且关系到我国能源安全及经济社会的可持续发展。在海洋能源开发竞争日趋激烈的新时代,如何加大海洋能源开发力度,是我国必须面对的重大战略课题和战略性挑战。

2)中国能源的海外供给

(1)能源进口需求量巨大,能源对外依存度逐年升高。2000年以来,中国整体的能源对外依存度持续上升,根据国家统计局数据,中国能源大数据报告和2021年版《bp世界能源统计年鉴》,在2010—2019年这10年间,中国能源的对外依存度从16.0%上升到24.4%,其中,石油的依存度最高,天然气次之。如图6-4所示,中国石油对外依存度从2010年的59.2%上升到2020年的73%;2020年中国天然气对外依存度达到了43%,而2010年这一数据仅为15.3%。同时中国的原油进口量也在持续上升,2020年达到5.42亿t,同比增长了7.3%。英国石油公司在《2030世界能源展望》中预测,2035年,中国石油的对外依存度将升至75%,天然气对外依存度超过40%。

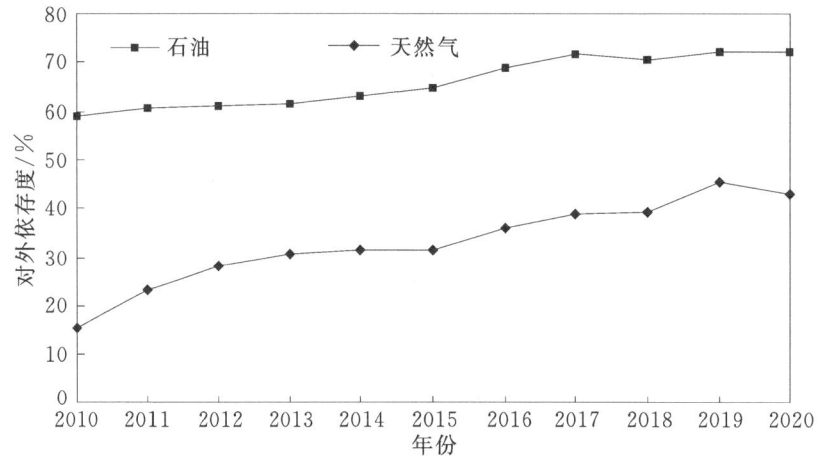

图6-4 中国石油、天然气对外依存度变化趋势

(2)中国能源进口来源集中在少数国家,"走出去"战略受阻。中国石油进口来源地集中,图6-5展示了中国原油进口国家分布,主要为中东和西亚地区。然而中东历来是国际政治热点地区,容易出现动荡,而西亚近年来更是冲突不断,对我国石油进口造成影响。

利用大型国有企业在海外展开并购,是扩充海外油气资源的一种十分有效的方式。一方面可以避免比较敏感的国家间合作的政治问题;另一方面又可借助我国充裕的外汇储备,发挥我国综合国力的竞争优势。然而,我国利用境外能源资源的国际环境却趋于恶化,"走出去"战略受阻。由于一些政治性的因素,我国石油企业的海外收购也频频遭遇阻碍,有些并购功亏一篑。此外,美国为了维护全球霸权,正在对快速崛起而社会制度不同的中国实施战略围堵。能源方面,美国已经开始在能源资源获取、能源企业并购、能源技术引进、能源清洁发展等领域对中国采取遏制措施。而且,美国近年来"能源独立"战略取得进展,更加有条件放手在中东等世界能源资源主要产地制造"民主动乱",中国境外能源的获取可能受到更加严重的干扰。随着中国"一带一路"倡议的实施,这种情况将会有所改变。

(3)中国海外能源输送通道面临挑战,油路安全隐患巨大。中国石油运输安全主要面临两方面挑战:一是运输线路安全;二是运输能力安全。前者决定中国是否能够确保运输通道的安

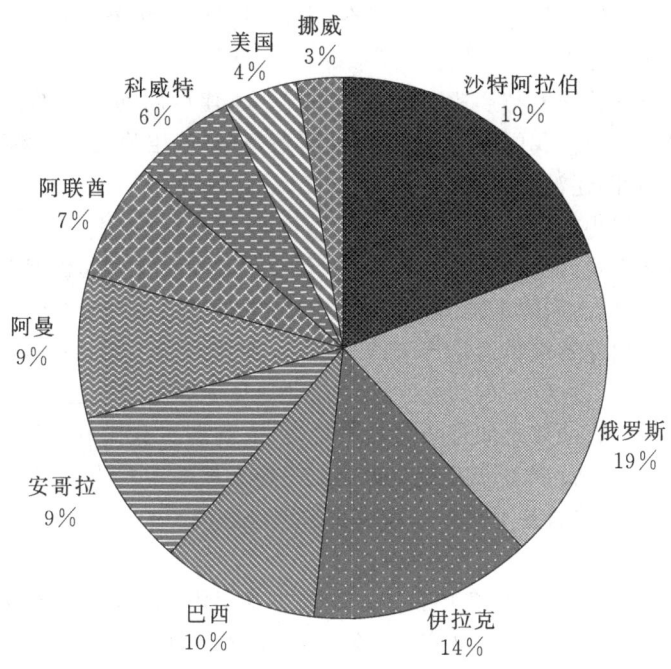

图 6-5　2020 年中国原油十大进口来源国

（数据来源：中国能源网）

全,后者决定中国是否有足够的能力把所需石油从海外运回国内。

　　世界上石油运输方式主要有三种,即海运、铁路运输和管道运输。当前,中国构建了西北、东北、西南、海上四大油气战略通道,但由于陆上三大方向的管道运力有限,中国的石油进口仍高度依赖海上战略通道。中国所有通过海运方式运输的进口石油,承担运输任务的多是外籍船运公司,而且全球海盗活动猖獗的海域恰恰是中国石油进口航线的必经之地,所以中国石油进口面临着较高的海洋运输风险[11]。从委内瑞拉进口的石油是跨越太平洋运往中国,但是这部分石油只占中国进口石油总量的 8％ 左右。台湾海峡—中国南海—马六甲海峡—阿拉伯海—印度洋一线堪称"海上生命线",地缘政治冲突、海盗猖獗、自然灾害等因素对该通道的安全构成严重的威胁[12],凸显了能源安全的多面性和脆弱性[12]。中国原油进口的 60％ 以上来自于局势动荡的中东和北非,进口石油主要采取海上运输,原油运输 80％ 通过马六甲海峡,形成了制约中国能源安全的"马六甲困局"。

　　除此之外,美国在中国周边地区的战略部署也是影响中国石油通道安全的重要因素。美国事实上在强化东亚的军事存在,加强与东南亚国家的军事同盟关系。同时,美国的势力也通过加强与印度的军事合作渗透到印度洋,客观上形成对中国油路安全的潜在威胁。

4. 中国能源储备严重不足

　　战略石油储备是石油消费国应付石油危机最重要的手段,具有保障供应、减少风险、稳定价格的作用,需维持长期稳定的储量,以达到在战争或自然灾难来临时保障国内石油不间断供给的目的。为防范国际市场供应中断危机,美国、日本、德国等自 20 世纪 70 年代起开始进行战略石油储备,至今已形成一定规模,并有相关配套的法律保障。

　　我国的石油战略储备从 2006 年开始建立。虽然我国能源储备体系起步晚,但是发展快,近年来取得了较大的成绩。但是问题仍然存在，主要包括以下几个方面。

1）法律法规体系不完善

能源储备是一项事关国家与产业安全、投资额巨大、建设周期长的系统工程，必须有一套系统的法律规范进行约束。我国《能源法》《石油储备条例》等相关法律虽然已经列入国家立法计划，但正式颁布的时间还没有确定。

2）储备规模仍然偏小

我国能源储备起步晚，能源储备基地的储备容量和实际储备规模仍然较小，对能源有效供给的保障水平较低。例如，国际能源署对成员国的储备要求是相当于 90 天石油净进口量的石油储备。我国目前石油储备规模远远低于这一水平，并且即使三期石油储备基地项目全部建设完毕，总储备规模也不过 90 天的储备水平，与美国、日本等主要发达国家的实际储备水平相比仍有相当大的差距。石油战略储备数量的不足，大大削弱了我国在遇到突发事件时的应对能力。我国地下储气库建设严重滞后于天然气工业和天然气市场发展速度；国家应急煤炭储备计划头两批 1500 万 t 的储备不足以应对较大的供应危机。

3）储备基地布局和储备方式不尽合理

我国规划的 12 个国家石油储备项目中 9 个集中在沿海地区，不利于应对战争、台风等不可抗力造成的冲击。我国的地下岩盐资源丰富，现在已经查明在苏北、苏南、安徽淮南、山东等地均有大型盐矿，但利用盐穴储油的方式尚未得到充分利用。目前的石油储备方式以地上油罐储存为主，建设成本及日常维护费用都比较高，不利于节省储备资金，容易暴露且易受到自然灾害影响。我国综合利用油气藏、含水层和盐穴等技术进行储气库的建设起步较晚，正式投入建设的类型相对单一。从石油储备的品种来看，国家石油储备主要是原油储备，而成品油的储备比重较低。我国天然气的主要消费区分布于东部地区，但东部地质条件复杂，利用油气田改建地下储气库的难度大。目前建设的煤炭储备基地，主要是依托原有的煤炭产区或是港口进行建设，很难针对不同地区在紧急条件下调运，也难以在储备规模上快速增储。

4）储备资金来源和结构单一

中国国家石油储备基地的建设投资全部由国家承担。中国建设地上储罐的费用约为 600 元/m^3，按照一期建成储备的 1.4×10^7 t 油量，储罐容积约需 1.6×10^7 m^3，再加上日常维护及原油购买等费用，石油战略储备资金总规模约为 160 亿美元。虽然目前我国天然气储备项目的建设采取了多元化的投资主体，放开了外国资本和民营资本的进入条件，但仍然主要依靠政府或国有企业的投资。能源储备基地的建设和能源的采购、储备基地运营管理的资金需求巨大，主要依靠政府或国有企业的投资会给国家造成较大负担，并且运作效率相对较低，也不利于分散风险。

5. 没有能源定价权[13]

以美英为代表的西方石油集团是当今世界能源价格的主导者。从国际市场原油定价权争夺上看，本质上，让油价回归到供求基本面，符合大多数原油生产国和消费国的利益。国际原油市场金融化只是满足了一小部分投机者的利益，油价疯涨猛跌，对原油生产国和消费国均不利。

国际能源经济学家、美国彼得森和国际经济研究所的特雷弗·豪瑟研究员认为，对于中国而言，从短期来看，可以通过与合作伙伴签署为期十几年甚至几十年的供应合同，锁定价格和供应，确保双方利益。但从长期来看，推动建立一个受到更加严格监管、少受投机资金操控的国际原油市场,才是正道。

此外,当前国际市场原油交易以美元定价,美元的涨跌对油价的影响巨大。要确保油价的稳定,还应推动以比美元币值更稳定的货币充当原油交易的计价货币,这就涉及建立新的国际货币体系的问题。要实现这些长期的目标,中国必须与合作伙伴共同努力,这无疑任重而道远。

目前,石油定价权基本由美国掌控;天然气定价权争夺已由北非与美、欧的区域性争夺,扩展到俄罗斯参与的全球性争夺。中国虽然经济总量升至世界第二,石油进口量已增至第一,但是还未进入能源定价的争夺战中,被动接受国际价格与在国内“叠加式”摊销成本,已经成为中国经济发展的一种无奈、常态性的选择。

我国的石油外交经常采取的是“单打独斗”方式,缺乏与有关国家及国际组织的有效协调与合作。这不仅使我国在与产油国打交道时容易处于被动地位,且使得我国不能分享主要国际石油组织的石油信息与成果,更重要的是,不能提高我国在国际能源问题上的话语权。

亚洲缺乏有影响力的能源金融市场,并且长期以来均从中东地区进口石油。中东地区的产油国为维护石油出口的收益最大化,对不同进口国采取不同的价格,对谈判能力较强的美欧地区制定的价格较低,而对向亚洲地区出口石油则制定较高的价格,这个差价被称为“亚洲溢价”。由于定价权的缺失,导致包括中国在内的亚洲国家长期承受石油市场的亚洲溢价,损失巨大。中国是亚洲溢价最严重的受害者,其溢价水平是日本的 2 倍左右,是美国的 4 倍多[14]。根据 2021 年版《bp 世界能源统计年鉴》,中国天然气消费量大,2020 年中国天然气消费量占全球的 8.65%,如图 6-6 所示。2010—2020 年,美国、欧盟和俄罗斯的天然气消费量逐年下降,中国天然气消费量逐年增加。2021 年,全球经济复苏,能源价格从 2020 年的低谷逐步上涨,天然气首当其冲。其中,欧洲天然气价格在多方面因素驱动下涨幅居前,并带动电力、原油等能源价格上涨。在全球一体化的背景下,欧洲天然气涨价危机或向全球加速蔓延,其价格飙升的外溢效应或对中国经济产生影响。为了避免亚洲溢价带来巨大损失,中国积极寻求能源进口的多元化途径。近年来,加强了与新兴能源富集区的合作,方式也日益多样化。2021 年 9

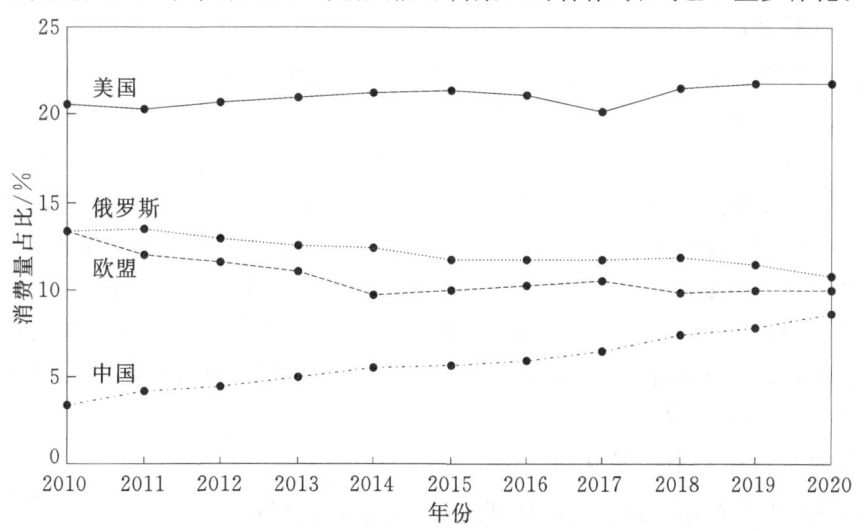

图 6-6　天然气消费量变化

月 29 日,中国海洋石油集团与卡塔尔石油公司通过视频签署为期 15 年、350 万 t/a 的长期液化天然气购销协议。该协议是近 8 年来中国企业签署的年合同量最高的长期液化天然气购销协议,对及时补充中国用气缺口、满足国内用气需求意义重大。

随着欧美国际期货市场的建立和成熟,能源价格金融化的趋势日益明显,各国能源战略的较量越来越集中于能源的定价权与标价权。在中国石油对外依存度不断上升的背景下,国际能源市场的剧烈波动对中国的冲击日益显现,其商品价格的暴涨和供应中断对中国经济损害的风险日趋加大。由于缺乏石油期货市场的定价话语权,相关贸易中的亚洲溢价问题严重损害了中国作为石油进口方的利益。2009 年,中国的原油进口金额仅为 893 亿美元,而 2012 年上涨至 2200 亿美元。2014 年,中国的原油进口突破 3.08 亿 t,同比增加 9.4%,进口金额达 2283 亿美元。海关总署公布的数据显示,2020 年中国进口原油 5.4 亿 t,同比增长 7.3%,创历史新高。中国石油进口量价齐增,带来了沉重的外汇压力。因此,利用中国巨大的能源消费潜力,建立和发展代表亚洲利益的原油期货市场,逐步加大中国的期货合约在国际市场上的影响力已经迫在眉睫。与此同时,中国需要加快构建以人民币计价的"石油人民币"体系,扩大人民币在亚太地区能源贸易与投资中的结算范围,为人民币主权货币在世界能源贸易中的国际化奠定坚实的基础。

国际能源价格作为一个经济指标,受到地缘政治影响过于深刻时,势必会对国际能源安全格局造成严重的威胁。中国作为国际能源市场的后来者,虽然提供了巨大的需求市场,却没有得到与之相匹配的市场地位,长期承受亚洲溢价,成为价格的接受者,在国际能源市场缺乏相应的话语权,参与国际能源治理水平低。掌握国际石油定价权需要依靠强大的能源金融市场、对金融工具的熟练掌握、丰富的能源储备以及国际贸易主导货币,提高对国际能源价格波动的承受能力依靠产业结构和经济结构的优化。这些条件中国现阶段还不具备,因此短期内无法实现对国际能源定价的主导。

6.3.2 中国能源安全战略

1. 中国的能源政策

从当前的世界变化来看,保障能源安全、保护环境、实现可持续发展是关乎发展的核心战略。既要重视对传统能源的技术改造和创新,努力开发新能源,又要使传统能源的开采、加工、使用和管理合理化和科学化,以建立一个资源节约型、环境友好型的生态文明社会。

中国能源政策的基本内容是,坚持"节约优先、立足国内、多元发展、保护环境、科技创新、深化改革、国际合作、改善民生"的能源发展方针,推进能源生产和利用方式变革,构建安全、稳定、经济、清洁的现代能源产业体系,努力以能源的可持续发展支撑经济社会的可持续发展[15]。坚持"节约、清洁、安全"的战略方针,加快构建清洁、高效、安全、可持续的现代能源体系。深入推进能源革命,优化能源供给结构,提高能源利用效率,建设清洁低碳、安全高效的现代能源体系,维护国家能源安全。

2. 中国应对能源安全的措施

1)提高能源利用效率,节能减排,控制能源消费量过快增长

由于能源资源的禀赋特性,我国以煤为主的能源结构不可能在短期内有根本改变。能源利用效率提高、能源消费量减少的直接效果就是煤炭运输量的减少和污染物排放量的降低。

我国人口众多、资源相对不足,要实现能源资源永续利用和经济社会可持续发展,必须走节约能源的道路。我国产品能耗高,产值能耗高,节能潜力巨大。节能是我国经济持续、快速、健康发展的重要保证,是我国解决能源安全问题的突破口。早在 20 世纪 80 年代初,国家就提出了"开发与节约并举,把节约放在首位"的发展方针。此后,我国始终把节约能源放在优先发展的位置。

能源战略行动计划指出,我国要把节约优先贯穿于经济社会及能源发展的全过程,集约高效开发能源,科学合理使用能源,大力提高能源效率,加快调整和优化经济结构,推进重点领域和关键环节节能,合理控制能源消费总量,以较少的能源消费支撑经济社会较快发展。

2)立足国内,增强能源自主保障能力

在当前的世界能源格局下,为保证能源安全,我国需要立足国内,发挥国内资源、技术、装备和人才优势,加强国内能源资源勘探开发力度,完善能源替代方式,着力增强能源供应能力,不断提高自主控制能源对外依存度的能力,将国内供应作为保障能源安全的主渠道,牢牢掌握能源安全主动权。从世界范围看,今后相当长时期内,煤炭、石油、天然气等化石能源仍将是能源供应的主体,中国也不例外。图 6-7 是 2015—2020 年中国天然气总探明储量及储采比情况(数据来源于 2021 年版《bp 世界能源统计年鉴》)。可以看到,中国的天然气总探明储量总体上逐年增加,增加的速度逐渐变慢;储采比则由上升转为下降。2020 年,中国天然气的总探明储量为 8.4 万亿 m³,储采比为 43.3,一次能源生产总量达到 40.8 亿 t 标准煤,能源自给能力为 82% 左右,石油储采比也得到了提高。

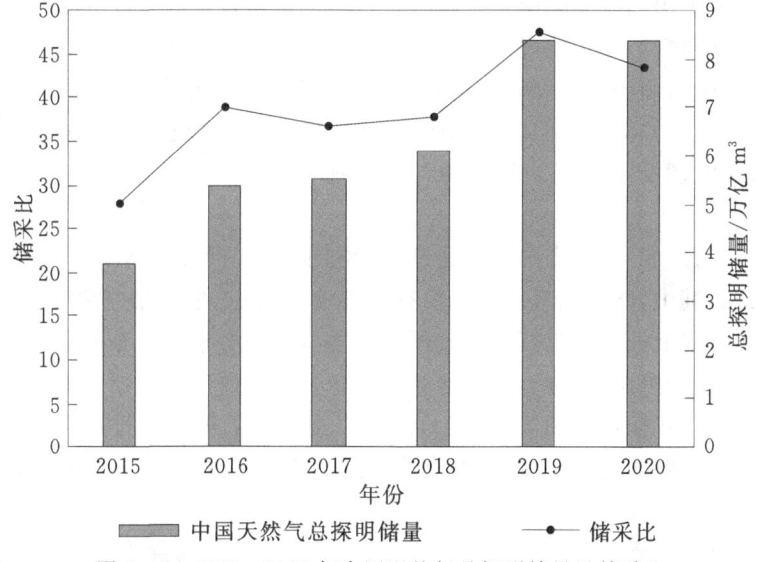

图 6-7　2015—2020 年中国天然气总探明储量及储采比

3)加快实行并完善能源储备制度

当前,国际能源命脉仍然掌握在西方发达国家手中,在日趋激烈的国际能源竞争中,我国长期以来处于劣势。以石油资源为例,目前世界排名前二十位的大型石油公司垄断了全球已探明优质石油储量的绝大部分。发达国家利用其对石油资源控制的优势大搞战略石油储备,实际上是对世界能源资源的掠夺。

目前,我国也在统筹资源储备和国家储备、商业储备,加强应急保障能力建设,完善原油、成品油、天然气和煤炭储备体系,同时提高天然气调峰能力并建立健全煤炭调峰储备。但我国能源储备尚属起步阶段,还未在库存责任、库存释放、库存监管及应对供应量下降与供应中断等方面形成一套严格、详细、较为完善的法规体系。各类能源储备的规模小,储备应急的国际合作机制还未建立,迫切需要加强和完善储备应急能力建设。

我们要完善能源储备制度,扩大石油储备规模,提高天然气储备能力,建立煤炭稀缺品种资源储备,完善能源应急体系。2020 年,我国已基本形成比较完善的能源安全保障体系。

4)拓展能源国际合作,增强能源通道建设

构建能源安全新版图、积极开展国际能源合作,是中国能源革命必须思考的重大战略。能源安全是全球性问题,绝大多数国家都不可能离开国际合作而获得能源安全保障。随着全球化的不断深入,中国在能源发展方面与世界联系日益紧密。中国能源发展取得的成就,与世界各国合作密不可分。中国未来的能源发展更需要国际社会的理解和支持。中国将在平等互惠、互利共赢的原则下,进一步加强与各能源生产国、消费国和国际能源组织的合作,共同推动世界能源的可持续发展,维护国际能源市场及价格的稳定,确保国际能源通道的安全和畅通,为保障全球能源安全和应对气候变化作出应有贡献。

中国要做国际能源合作中负责任的积极参与者。在双边合作方面,中国与美国、欧盟、日本、俄罗斯、哈萨克斯坦、土库曼斯坦、乌兹别克斯坦、巴西、阿根廷、委内瑞拉等国家和地区建立了能源对话与合作机制。中国与国际能源署、石油输出国组织等多个国际能源机构保持着密切联系。在国际能源合作中,中国既承担着广泛的国际义务,也发挥着积极的建设性作用。

中国需要统筹利用国内国际两种资源、两个市场,坚持投资与贸易并举、陆海通道并举,加快制定利用海外能源资源中长期规划,着力拓展进口通道,着力建设丝绸之路经济带、21 世纪海上丝绸之路、孟中印缅经济走廊和中巴经济走廊,积极支持能源技术、装备和工程队伍"走出去"。加强中亚、中东、非洲、美洲和亚太五大重点能源合作区域建设,深化国际能源双边多边合作,建立区域性能源交易市场。积极参与全球能源治理。加强统筹协调,支持企业"走出去"。

经过近 10 年的发展,中国海陆油气通道建设初现规模,形成了东北、西北、西南及海上四条油气输送通道。其中,陆路油气通道主要有中俄油气管道、中哈油气管道及中缅油气管道。中俄、中哈、中缅等陆上油气通道打破了我国油气进口的原有格局。东北通道始于俄罗斯远东的斯科沃罗季诺,止于黑龙江大庆,年输送原油 1500 万 t。西南通道始于缅甸西海岸马德岛皎漂市,终于云南昆明,年输送原油 2200 万 t,油源主要来自中东和非洲。西北通道是我国与中亚区域经济合作的重要切合点,在促进双方能源安全方面发挥着重要作用,将助力丝绸之路经济带的建设进程[10]。

适时推进中巴油气管道建设,开辟能源进口新通道。中国每年原油需求的六成来源于国际市场。进口原油中,来自中东、非洲、东南亚部分的原油大约 2 亿 t,占进口总量的 80% 左右,要通过印度洋—马六甲海峡这一传统的海上运输线路,进口渠道过于集中。在平时,这个由新加坡、马来西亚和印度尼西亚三国共管的海峡受到海盗与恐怖主义活动的严重威胁。在战时,马六甲海峡的安全则更加难以保证。同时,美国在这一地区部署有军事基地,希望加强对海峡沿岸国家的影响,试图控制或参与这一重要海上通道的管理。这个 885 km 的狭长水域,就像容易被扼住的咽喉。

从以上分析不难看出继续开拓新的战略通道的必要性。综观中国周边,目前只有巴基斯坦具有开辟新的油气战略通道的所有条件。从地理位置看,巴基斯坦西邻中东和非洲油气产区,北接中亚,东壤印度和中国,南临印度洋,是中亚的十字路口,能源战略地位十分重要。巴基斯坦东部与新疆喀什地区接壤,而且有公路相通。虽然山地崎岖,但是并非不可逾越的障碍,油气管道可以沿公路接通新疆塔里木油田和西气东输管道。通过巴基斯坦的中转,中东等国家的油气可以不断地输往中国。从政治上讲,中巴两国具有几十年的传统友谊,在政治、经济、文化等多领域具有长期的合作关系。巴基斯坦迫切希望得到中国的投资振兴经济,希望中国充分利用其地理优势把巴基斯坦作为在本地区的贸易和能源走廊[16]。

为此,中巴牵手合作,共同在波斯湾的咽喉区域建设运营瓜达尔港。该港口于 2002 年 3 月开工兴建,2015 年 2 月基本竣工,并于 2016 年 11 月 13 日正式开航。瓜达尔港紧扼从非洲、欧洲经红海、霍尔木兹海峡、波斯湾通往东亚、太平洋地区数条海上重要航线的咽喉。港口距离霍尔木兹海峡非常近,与波斯湾近在咫尺,是一个可以停靠 8 万~10 万 t 油轮的深水港。通过这一港口,中国船只与商品能够更快到达中东及波斯湾地区,中国部分石油的运输路程将缩短 85%。有了瓜达尔港,中国通往中东这个能源根据地的运输航线,可完全不绕道马六甲海峡,直接从瓜达尔港上岸,通过管道或高铁进入喀什。建设从瓜达尔港延伸到伊朗的管道,就可以让中东通往中国的油气全程管道运输,无需油轮。

瓜达尔港成为中国向中东和非洲出口的最新国际贸易通商枢纽,突出马六甲海峡的重围。这相当于给中国平添了一个大动脉,而且这条大动脉可以绕过海盗猖獗的马六甲海峡,以及局势不稳的南海、东海和黄海水域,中国的能源安全与稳定将进一步得到加强。

6.4　其他国家和地区的能源安全战略

6.4.1　美国的能源安全战略

1. 美国能源现状

美国几乎在所有的能源领域均位列全球前列。其中,石油消费量、天然气产量与消费量、煤炭探明储量、核电装机量与发电量、风能发电量、生物燃料产量、地热装机量与发电量、一次能源生产总量均位列全球第一。

1900—2014 年的 115 年间,除了 1985—1990 年和 2008—2013 年分别排在苏联和中国之后位列第二位,其余的 100 多年中,美国一直是全球最大的一次能源生产国。在 20 世纪 20 年代,其一次能源生产总量一度达到全球的 50% 以上。此外,长期以来,美国一直是全球能源消费的超级大户,在 20 世纪 60 年代,一次能源消费量占全球的 35%。1965—2014 年间,美国的一次能源累计消费量占全球近 1/4。中国在此期间的累计消费量约为美国的 50%。尽管美国的能源消费总量在 1965—2014 年间共增长了近 80%,但随着其他国家能源消费量的增长,其在全球能源消费总量中的占比逐渐降低。2011 年其第一能源消费国的位置被中国取代。根据 2021 年版《bp 世界能源统计年鉴》,2020 年,中国仍为全球第一大能源消费国,一次能源消费量超过美国 68%。美国的能源结构尽管以化石能源为主,但不同于中国严重依赖煤炭的国情,其能源呈现出一定程度的多元化。从能源种类来看,石油、天然气、煤炭、可再生能源、核能的占比分别是 35.5%、28.0%、18.2%、9.8%、8.5%。从消费部门来看,交通、工业、居民和商业、电力分别占 27.5%、21.8%、11.1%、39.2%。同时,美国是全球最早开发可再生能源的国家之一,且几乎在所有的可再生能源领域都是最早的开发者和领先者。20世纪80年代之前,仅水电得到了规模化开发。之后,除水电之外的其他可再生能源开始蓬勃发展,并主导了美国可再生能源的增长。2014年,水电在可再生能源中的占比降至约1/3,生物燃料、垃圾燃烧、风能、太阳能、地热能分别占28%、7%、23%、6%、3%。2014年,美国可再生能源消费量是1949年的5倍以上。2020年,美国的可再生能源消费量达到能源消费总量的18.3%。

2. 美国应对能源安全问题的主要措施

美国应对能源安全问题的措施[16]大致包括以下几方面。

1)确保石油供应

在保证石油进口的同时,美国开始加强对本国石油的开采。美国国会已批准扩大在墨西哥湾的石油开采面积,以减少对海外能源的依赖。美国庞大的石油储备,也为美国应对能源动荡提供了保障。

2)大力开发节能技术

美国是"汽车的王国",2/3的石油消耗在汽车上,汽车节油成为整个节能领域非常关键的一环。为此,美国政府对汽车节能技术设置硬性指标,规定2007年产汽车的燃效必须从每加仑行车20.7 km提高到22.2 km。美国还对2008年以后生产的卡车和运动型多功能车实施类似的硬性指标。2011年11月,美国颁布了首个适用于中重型卡车和公共汽车的燃油效率和温室气体排放国家标准。新规定涵盖2014—2018年制造的车辆,包括皮卡、面包车、送货卡车、多功能卡车、大型组合式半挂车等车型。对于节能汽车,美国政府则予以每辆车最高免税3400美元的鼓励措施。美国还将投入数亿美元重点开发可充电池、乙醇汽油和氢动力汽车的节能技术。

3)积极寻找替代能源

美国是一个多煤的国家,煤矿藏超过世界总储量的1/4,美国的一半电力供应使用煤作原料。在开发清洁煤技术、加大对煤产品利用的同时,美国还加强对核能、太阳能、风能、页岩气等新技术的科研投入。美国成功开发出以页岩气为代表的非常规油气,被称为"页岩气革命",降低了美国能源对外依赖度,在全球能源格局上占尽先机。

3. 特朗普政府能源政策[17]

2016年11月9日,共和党人特朗普战胜民主党人希拉里当选美国第45任总统。特朗普在其竞选期间的演说以及当选总统后发布的系列施政纲领显示,美国的能源发展路线今后要出现一定程度的变更。不同于奥巴马政府的新能源加速发展战略,特朗普时期能源发展重点有重回化石能源的倾向。

在能源政策方面,特朗普政府作为油气行业的拥护者,拟解禁并出台多项有利于美国页岩油、页岩气发展的能源政策,包括取消水压裂技术限制以及出台十项能源政策,如对化石能源生产商开放离岸和在岸土地和水域的租赁,并考虑重新启动被奥巴马政府否决的Keystone输油管线的建设。在金融税收政策方面,特朗普政府鼓励大规模减轻税负,提高利率,鼓励制造业回流带动资金回流美国。在外交政策方面,特朗普任命埃克森美孚CEO蒂勒森担任国务卿,并称将坚决打击伊斯兰恐怖主义。

特朗普政府推行的是强势能源政策,主要由联邦政府采取的行政手段推动。这种强制手段在国际事务中体现出显著的地缘政治属性,面临道义和信誉问题,对美国影响力或领导力产生消极影响。更重要的是,特朗普政府缺乏对全球能源转型及其对国家长期影响力的理解,未能重视对可再生能源解决方案的长期投资,未能及时投资低污染的新兴技术。因此无法维持美国在全球清洁能源技术革命中的竞争优势,势必不利于持续增强美国影响力或领导力。

4. 拜登政府能源政策

2021 年 1 月 20 日,拜登宣誓就任美国第 46 任总统,其竞选官方网站上有三个"气候与能源"类的文件:一是《清洁能源革命和环境正义计划》;二是《建设现代化、可持续的基础设施和公平的清洁能源未来》;三是《确保环境正义和公平的经济机会》。这三份文件内容代表了拜登政府能源政策的关键内容。

6.4.2　欧盟的能源安全战略

从人类的战争史来看,争夺能源是战争的一个重要目的,而且能源是发动战争必不可少的支撑因素和后勤保障。在历史上,欧洲一直是一个纷争不断、动荡不安的地区。20 世纪上半叶,欧洲成为两次世界大战的策源地,战争的浩劫给欧洲人民带来巨大的灾难。为了防止战祸再起,确保人类免遭战火再次蹂躏,欧洲没有别的选择,只有联合起来,迈上一体化道路,用一个声音说话,重新勾画欧洲的政治和经济版图,以振兴经济和提高欧洲在国际上的地位。而其走向一体化便是从能源一体化起步的。1951 年 4 月,西欧 6 国签订了建立欧洲煤钢联营条约,这是欧洲地区经济一体化的开端,也是迈向欧洲和平的一个重要步骤。由此可见,能源在推动欧洲政治及经济联合方面起着至关重要的作用。

1. 欧盟的能源现状

1)欧盟能源供需状况

欧盟自身的能源资源条件并不理想,欧盟区域内的常规能源如石油、天然气、煤炭的存储量难以满足自身的需求。20 世纪 70 年代"石油危机"之后,欧盟痛定思痛,开始努力寻找石油的替代品。它曾经大力发展核能,在一段时间内一度将核能的开发作为解决其能源安全问题的不二法门;但是由于核废料的处理、安全与环境隐患不容忽视,更由于 2011 年日本核泄漏事故的影响,目前欧盟核能生产处在停滞不前状态,德国等国家更是在逐步地减少核能的开发[8,15,16]。与此同时,欧盟将重心转向了更清洁、更安全的可再生能源的生产,制定了相应战略,积极开发可再生资源。

欧盟是当今世界主要能源消耗大户,根据 2021 年版《bp 世界能源统计年鉴》数据,2020 年欧盟一次能源消费量为 19.04 万亿 t 标准煤,占世界总消费量的 10%。2020 年,欧盟石油生产量为 1.93 亿 t,而消费量为 47.84 亿 t,石油缺口巨大,石油对外依存度高达 95%;天然气产量为 478 亿 m³,消费量为 3799 亿 m³,天然气对外依存度 87.4%;煤炭产量为 1.29 亿 t 标准煤,消费量为 2.02 亿 t 标准煤,煤炭对外依存度为 36.3%。欧盟能源缺口巨大且能源对外依存度逐年增加。现今欧洲所使用能源的一半以上需要进口,如果没有变化,到 2030 年仍需依赖化石燃料进口。

2)欧盟能源进口来源

欧盟石油和天然气的进口来源主要分为两大块:一是挪威和俄罗斯,这是其最主要的能源供应者;二是范围广泛的众多其他供应者,主要是中东产油国。挪威和俄罗斯为欧盟提供了所需原油的 45% 和所需天然气的 64.9%;中东为欧盟提供所需石油的 45%。从国际关系来看,欧盟与挪威不存在发生冲突的可能,可能发生问题的是与俄罗斯及中东的关系。由于石油供应关系从来不是单纯的经济关系,因此欧盟必须处理好在一体化进程中与俄罗斯的战略互动。从未来双方关系看,欧盟东扩和北约东扩对俄欧关系都有影响,不过北约东扩影响更大一些。由于北约的欧洲成员多数为欧盟成员,因此俄欧未来的石油关系是有可能受到双方关系中政治和安全因素的影响的。中东局势的稳定对欧盟国家的能源安全也非常重要。这种利益上的考虑构成了欧盟国家更关注中东问题的原因之一。

3)欧盟能源安全评价

对于欧盟来说,能源安全因素有两个:一是供应量的稳定;二是价格的稳定,两者相互关联。从目前来看,欧盟的能源需求主要依赖进口,稳定的能源来源对欧盟来说是一个战略问题,也是其能源安全面临的主要问题。从能源运输方面来看,由于欧洲三面环海,且靠近北非、中东和里海,能源运输是比较便利的,问题主要在于欧盟与能源供应国的关系会在多大程度上受到国际局势的影响。欧盟的能源安全压力和潜在的危机非常大,能源安全形势不容乐观。

2. 欧盟的能源安全战略

随着经济不断发展,环境和资源已经成为制约经济增长的瓶颈,也是保障国家安全不可或缺的关键要素。为此,欧盟将发展清洁能源作为保障能源安全和地缘安全的发展战略,并作为应对全球气候变化、保护环境、实现可持续发展的关键因素之一,强调开发自己有竞争力的多样化的能源。欧盟作为世界上规模最大、水平最高的区域经济一体化组织,其能源安全战略非常值得重视[18]。

1)欧盟对内能源战略

(1)完善欧洲能源内部市场和统一内部标准。这是欧盟对内能源战略的核心。欧盟认为各成员国需要保持内部团结,实行统一的内部市场和竞争规则,才能保证高度的石油供应安全。欧盟建立并不断修订有关石油和天然气储备的欧盟法律,建立欧洲能源供应观察站,提高能源供应安全的透明度。制定统计规则,要求各成员国每月底提供储量数据,并就原油储备安全发布指令,而各成员国则保持控制和使用原油储备的权力。成员国之间还通过"非歧视性储备协议"及时向最急需的地区调拨原油。

(2)开发替代能源及利用可再生能源。强调开发有竞争力的多样化能源,其目标是到2030年将能源对外依存度保持在70%,可再生能源的使用量达到12%,同时力争达到《京都议定书》规定的环保标准。2021年欧盟能源政策绿皮书强调,应开发具有竞争力的可再生能源及其他低碳能源和载体,发展可再生能源是其能源政策的一个中心目标。可再生能源包括风能、水能、太阳能和生物能等,这些能源不仅可以减少二氧化碳的排放量,还可以增加能源供应的可持续性,改善能源供应的安全状况,减少欧盟能源的对外依存度。欧盟利用强大的科技能力开发风力、光热、地热发电和现代化生物质能技术装备的制造能力。2020年,欧盟绿色可再生能源技术的市场容量约占全球市场的35%,其中风力、光热、地热发电等超过总量的45%。

(3)强化管理措施。欧盟为实现能源安全战略而采取的管理措施不计其数,如发展清洁能源、开发可再生能源、启动前沿性研究、制定能源安全标准,这些措施都必须是政府行为。为了长远的能源安全战略,欧盟在推动可再生能源及诸如太阳能、地热能和风能的开发上进行了大量的投资。除了投资以外,欧盟还实行奖励措施,启动公共和私营的合作项目。

2）欧盟对外能源战略

欧盟对外能源的战略目标是在世界上寻找价格最稳定、运输最便宜、供应量稳定增长的能源,同时尽量使能源进口来源多元化。伊拉克战争以来,随着中东局势的持续不稳定,欧盟在重新审视对中东石油依赖的同时,将发展与临近能源出口国(俄罗斯及中亚五国)的战略合作伙伴关系视为其能源外交的重心。俄罗斯是欧盟天然气出口第一大国和石油出口第二大国。欧俄能源对话始于 2000 年 10 月,双方通过对话确定了一系列重要的基础设施项目。然而,俄乌在 2008 年年初的天然气纠纷暴露出欧盟能源供应途径单一的隐患,使欧盟确保成员国的能源供应安全成为首要议题。对此,2006 年能源绿皮书建议成立"欧洲能源供应观察机构"来监控欧洲的能源市场,并强调俄罗斯是欧盟重要的能源供应国,与俄罗斯建立更加紧密的双边关系被定义为"一个巨大的飞跃"。

中亚环里海地区也是欧盟建造跨国能源大市场的战略重心之一。中亚被称为"冷战时代封存下来的宝贵财富",是 21 世纪世界经济发展的巨大能源库之一。欧盟把这个地区看作是欧洲安全体系的一个组成部分。在欧盟的能源安全远景规划战略中,环里海五国(哈萨克斯坦、吉尔吉斯斯坦、土库曼斯坦、塔吉克斯坦和乌兹别克斯坦)、南高加索地区(亚美尼亚、阿塞拜疆和格鲁吉亚)及伊朗都具有举足轻重的地位。

欧盟对外部能源高度依赖,又是全球最大的能源消费地区之一。这两个软肋迫使欧盟加快其能源市场一体化建设和对外推行"用一个声音说话"的能源外交政策,提出"欧洲能源复兴计划",随后成立了具有决策力的能源协调机构——欧洲能源总局。2011 年欧盟通过决议确定将以立法和加强合作等手段加速建立一体化能源市场。以安全性、竞争性和可持续发展为核心目标的欧盟能源一体化是欧盟一体化进程的重要标志。从内部看,提高了各成员国能源市场的开放程度,展开竞争,提高能源效率。在国际能源市场上,欧盟提升了其国际能源谈判能力,尤其是在国际能源和环境机制上发挥了领先者的作用。

6.4.3　日本的能源安全战略

对于一次能源几乎完全依赖进口的日本,能源的采购和运输是极为重要的。尽管其对石油的依赖正在逐渐减小,但对进口石油依赖的程度非常大,尤其是中东石油。2020 年石油占一次能源消费量的 38.1%。

1. 日本当前能源安全局势

1）日本能源安全现状

日本是世界上的主要耗能大国。以石油消费量来计算,每个日本人每天要消费石油 13 L,而发展中国家每人每天的石油消费量只有 1.2 L。但日本又是一个能源资源极度贫乏的国家,主要矿产资源均来自进口。日本在 1955 年经济开始高速增长以前,能源进口率只有20%,到 1970 年增至 80%,1973 年第一次石油危机前竟达 88%。目前,日本的能源进口率虽然有所降低,但仍在 80% 左右,是世界上继美国、中国之后的第三大能源进口国,它所需石油的 99.7%、煤炭的 97.7%、天然气的 96.6% 都依赖进口,核燃料全部依赖进口。

2）日本能源安全隐患

根据 2021 年版《bp 世界能源统计年鉴》数据,2020 年,日本石油消费量为 1.55 亿 t,同比下降了 8.8%,其石油消费量占世界石油消费总量的 3.7%;天然气消费量为 1044 亿 m³,同比下降了 3.7%;煤炭消费量为 1.57 万亿 t 标准煤,同比下降了 7.0%,占世界煤炭消费总量的

3.0%。

（1）日本能源进口相当集中，受国际政治局势影响大。可以说，如果没有来自中东地区的石油，日本经济就有崩溃的可能。而中东又是全球主要的"热点"地区，政治局势持续动荡不安，随时可能危及石油出口。日本从中东地区进口的石油占石油进口额的大部分。2020年日本从阿联酋进口的石油占进口总额的24.8%（数据来源于国际石油网）。

（2）日本能源运输安全受制于人。进口的中东石油100%通过海运，能源通道极其狭窄。日本若要将中东石油运回本国，须从波斯湾进入印度洋，过马六甲海峡，经过南海和东海，才能到达日本列岛南端的九州。这条全长11000 km的海上运输线，几乎每隔100 km就有1艘日本的超级油轮。因此，它又有日本的"生命线"之称。也正因为如此，日本对维护这条海上生命线，使之免遭国际恐怖主义和海盗的袭击，抱有极大的担忧。同时马六甲海峡处于美国的控制之中，日本从此处运输能源受到美国的监视和控制，这也是日本能源运输通道不安全的重要因素。

（3）核电信任危机、核泄漏导致日本利用原子能、减少对石油依赖的能源战略受挫。近年来，日本国内多家电力公司暴露出隐瞒核电站事故隐患、篡改安全检查检修记录的丑闻。特别是2011年福岛核泄漏事故，严重地动摇了日本国民对核电站的信任，增强了当地居民的反核情绪，导致日本政府进一步扩大原子能利用、减少对石油依赖的能源战略受挫。另外，受技术和成本等问题的制约，日本开发利用太阳能、风能、燃料电池等新能源的进展不大，没能在较大范围内普及利用这些新能源。所以确保石油经济安全至关重要。

（4）日本在世界能源市场上面临亚洲邻国的激烈争夺。由于亚洲地区经济持续增长，对能源的需求日益高涨。亚洲已经超过欧洲，成为全球液化天然气的主要进口目的地。根据国际能源署数据，2021年，亚洲天然气消费量同比增长7%。其中，中国贡献年增量的73%，新兴经济体和韩国分别贡献年增量的16%和6%。预计2022年亚洲天然气消费量将同比增长5%，其中，中国、新兴经济体和印度将分别贡献年增量的65%、28%和11%。日本在世界能源市场上将面临亚洲国家的激烈争抢，采购成本和风险将大大上升。

3）日本能源安全评价

日本能源安全存在的主要问题是，石油、天然气对外依存度居高不下，进口石油离不开中东，能源运输安全度低，核电及新能源发展遭遇"瓶颈"。虽然日本政府一直把能源消费品种多元化和能源来源多元化作为日本能源安全战略的核心，但是能源问题仍然是制约日本经济发展的主要"瓶颈"，能源安全形势难以乐观。

2. 日本能源安全战略

日本能源政策的一个突出特点是积极拓宽能源获取渠道，特别是保证优质能源石油的安全供应，同时从能源安全和生态环境考虑，积极开发新能源和节约能源型产业。经历了20世纪70年代的两次石油危机之后，日本从保障能源安全出发，努力降低对石油的依存度。日本将确保石油的稳定、高效供应作为其能源政策的重要内容。日本的原油几乎完全依赖进口，对中东的依存度最高，同其他发达国家相比，日本的石油供应体系非常脆弱。因此，日本实施石油储备、自主开发、同产油国合作等措施，并把保证非常时期石油供应体制作为当务之急。

1）维护和推动石油、天然气储备

石油储备是日本确保能源安全的重要支柱。日本的石油和天然气储备制度分为国家储备和民间储备两部分。根据石油和天然气储备法，日本的国家石油储备为90天的消费量，天然气为 30 天;民间石油义务储备为 90 天,天然气为 50 天。日本民间的石油和天然气储备是在政府行政干预下实施的,储备量是世界最多的国家之一。

2)推动石油、天然气的自主开发

日本的石油几乎完全依赖进口,从中东的进口量最高时接近 90%。因此,为保证石油的稳定供给且在可能的情况下,积极推动日本企业在产油国取得长期权益,从事石油、天然气的勘探开发活动,并按一定比例获得石油、天然气权益份额。自主开发不仅可以提高供给的稳定性,尽早把握石油、天然气供需环境的变化,而且可以加强同产油国之间的相互依存关系。

3)同产油国加强政府层面的关系

首先,在外交方面,日本十分重视同中东国家的关系,政府外交活动十分积极;通过亚太经合组织推动在亚洲地区的能源安全合作。其次,在经济方面,日本根据产油国的需求,实行扶持与合作的政策。一方面增加日本企业参与石油、天然气生产国重大开发项目的机会;另一方面在其他领域共同研究、合作开发,组织人员交流,促进直接投资等。从而加强了同产油国的关系,保证日本拥有稳定的石油供应。

4)推进国内石油产业结构调整

随着竞争的激烈,日本石油产业面临着收益恶化、生产设备过剩等问题。为此,日本在预算、税制方面采取了一系列新的措施。对石油精制设备废弃给予经济补偿,对加油站的关闭、集约化带来的设备拆除等给予费用补助,对加油站集约化、业务多样化经营的资金和设备等给予利息优惠。日本产业活力再生特别措施法对此作出了税收方面的优惠规定,其目的是为了推进产业结构调整,做大做强石油产业。

6.4.4　俄罗斯的能源安全战略

能源是经济增长最主要的驱动力量之一。俄罗斯的前身苏联一直是世界上具有重要影响的天然气生产国和出口国。2000 年普京执政后把经济复苏和振兴俄罗斯经济作为其工作的重中之重,并对能源工业的发展予以特别重视和支持。油价波动直接影响国家安全和利益,1998 年当油价跌破每桶 10 美元时,俄罗斯因石油收入锐减而陷入债务危机,可见石油地位之重要。俄罗斯近些年的能源战略如下[8,15,16]。

1. 强化对油气资源的控制和管理是俄罗斯的基本能源安全战略

俄罗斯受国内原油产量增速减缓和通货膨胀加剧的影响,频频调整能源政策。其主要表现是,进一步加强对国内油气资源的控制,限制外资进入能源等战略性领域,开征和提高石油出口关税,提高天然气出口价格,开拓新型亚太市场,确保油气出口利益最大化。

随着经济的持续增长,21 世纪资源的紧缺将越来越突出,各国都在加紧控制资源。俄罗斯作为资源大国正在利用这一优势,加紧占有和控制资源。2008 年 3 月 21 日,俄罗斯通过了一项法律草案,对进入俄罗斯能源等关键领域的外国投资者进行限制,提高进入门槛,限制投资范围,增加附加条件,加大对本国油气资源的控制力度。该草案限制的领域共有 42 个,包括石油、天然气、核能等战略矿物资源开采,以及其他与国家安全相关的领域。俄罗斯时任总统普京于 2008 年 5 月 5 日签署了这项限制外国投资的法律。

石油、天然气产业是俄罗斯最重要的产业部门,是进入 21 世纪后俄罗斯经济复兴的主要推动力。油气产业对国民经济发展的重要性使得俄历届政府极其重视油气政策的制定和执行。2012 年普京再次当选总统后,俄政府提出了一系列经济现代化和扩大社会福利的构想与措施,这些政策目标的实现需要大量的资金支持。在可预见的时期内,来自油气产业的收入仍将是俄罗斯政府最主要且最可靠的收入来源,将为俄罗斯经济发展整体目标的实现提供资金保证。

普京在第一个总统任期内设置专门机构,扶植国有企业,强化油气资源的政府管理;在政府内成立由副总理为主席的管道管理委员会,最大限度地减少石油公司对管道运量分配的干预,降低寻租的可能性。

普京在2008年出任俄罗斯政府总理之后,成立了两个重要的委员会,即能源产业发展委员会和外国投资审查委员会。能源产业发展委员会主要讨论俄罗斯能源产业的发展战略与主要政策,是制定俄罗斯能源政策的最高机构,奠定了其成为俄罗斯能源产业重要政策制定者与实施者的地位。外国投资审查委员会主要讨论外国政府或企业对俄投资问题。作为政府总理的普京亲自领导该委员会体现了俄罗斯政府对外资的重视,也反映了政府对国家经济安全的警惕性,即对外国投资的控制。外国政府控制的企业如果要进入俄罗斯能源产业,必须得到该委员会的批准,即必须得到普京本人的同意。普京通过该机构的设置和相关法律的制定保证了在能源产业中国家利益的最大化。

2. 修改资源类相关法律,改革税制,确保国家收入

普京首次当选总统后,俄罗斯与资源相关的法律法规得到了进一步修改和完善。在普京前两届总统任期内,俄罗斯先后修改并制定了一系列涉及油气产业的法律法规,包括《地下资源法》《关税法》《外国投资法》《产品分成法》及《限制外国投资法》等。通过这些法律的制定和修改,俄罗斯的油气资源,特别是具有战略意义的油气资源的开发权牢牢地掌握在政府和国有企业手中。这些法律还赋予俄罗斯政府很大的管理能源产业的权限。例如,根据《限制外国投资法》设置外国投资审查委员会,控制外资对俄罗斯油气产业的投资行为。

3. 为确保油气出口利益的最大化,积极开拓新兴亚太市场

俄罗斯向包括中、日、韩在内的亚太国家出口油气资源,这是普京执政以来俄罗斯能源政策的重要目标。这一政策目标在"2020年前能源战略"和"2030年前能源战略"这两个重要指导性文件中都有大幅体现。该目标的出台与实现是与俄国内经济发展的形势相呼应的。首先,萨哈林地区存在丰富的油气资源,并已成为俄罗斯对外能源合作的主要区域,这种合作(产品分成)是以出口为导向的;其次,东西伯利亚地区的油气资源有极大开发潜力,而这一地区的国内市场狭小,对欧洲地区输送也不具备地理优势,因此临近的亚太地区便成为理想的出口市场;最后,大型油气项目的实施将带来巨额投资,创造新的就业机会,从而促进远东地区的经济发展,减缓人口向区域外移动的速度。

俄罗斯要向亚太地区出口油气产品,首先需要开发东西伯利亚及远东的油气资源。这主要通过以下四项措施来实现:

(1)萨哈林已经存在"萨哈林1"和"萨哈林2"两个相对成熟的项目,俄罗斯天然气工业股份公司通过参与"萨哈林2"项目,主导该地区液化天然气的出口;

(2)通过制定和修改与资源相关的法律法规,并减免相关税额,促进该地区的勘探与生产作业;

(3)通过国有企业修建大型运输管道,为油气资源开发提供必要的基础设施条件;

(4)大力加强北极油气资源的开发。

这四项措施的实施,极大地提高了该地区的油气产量,同时大幅增加向亚太国家的出口量,并确立了国有企业在这一地区油气开发中的主导地位。

4. 实现能源安全保障的整体目标

普京第三次当选总统后,俄罗斯能源政策的决策重心由政府转移至总统府,从而实现能源安全保障的整体目标。

俄罗斯是欧佩克之外最具潜力的能源生产国和出口国。俄罗斯的能源生产和贸易因能源基础雄厚,具有强大的实力和后劲,能源经济是其国民经济的重要支柱。俄罗斯是世界上为数不多的资源种类齐全、储量丰富的国家之一。煤炭、石油、天然气、泥炭、铁矿石、各种有色金属和稀有战略金属的储量均居世界前列。尤其是煤炭、石油、天然气等能源资源的储量更是在世界占有举足轻重的地位。根据 2021 年版《bp 世界能源统计年鉴》数据,2020 年俄罗斯的天然气总探明储量为 37.4 亿 m^3,居世界第一位,占世界总量的 19.9%;石油探明储量为 148 亿 t,居世界第六位,占世界储量的 6.1%;煤炭的总探明储量为 1621.66 亿 t,占世界已探明储量的 15.1%,仅次于美国,居世界第二位。

俄罗斯历年来石油、天然气、煤炭产量都高于其消费量,因此俄罗斯短期内不存在能源安全问题。近年来随着国际形势的变化,俄罗斯也清醒地认识到其面临的能源安全威胁,先后出台了《俄罗斯能源安全学说》和《2020 年前俄罗斯能源战略》等一系列文件,详细阐述了俄罗斯的能源安全,指出俄罗斯的能源安全既是国内能源供应安全,又是能源出口安全,分析了俄罗斯能源安全所面临的各种威胁,并基于此制定了一系列的能源安全举措。俄罗斯政府于 2020 年更新了《俄罗斯 2035 年前能源战略》,这是根据近年来国际能源格局变化对 2014 年版本的完善及调整。此次更新尤其强调了维护俄罗斯国家能源战略安全方面的内容。如何稳固俄罗斯在国际能源市场上的地位,成为此次新版战略的核心内容。新版战略提出,到 2024 年俄罗斯天然气化水平应从 68.6% 提高到 74.7%,到 2035 年提高到 82.9%;到 2024 年能源生产比 2018 年增长 5%~9%,出口增长 9%~15%,吸引投资增加 1.35~1.4 倍。新版战略指出,应通过实现能源基础设施现代化和技术独立化、完善出口多元化及向数字化转型,确保俄罗斯能源安全。

6.4.5　印度的能源安全战略

1. 印度能源消费现状

自进入 21 世纪以来,印度经济逐渐走上快车道,实现了举世瞩目的快速增长,同时相伴随的是印度能源需求的直线上升。根据 2021 年版《bp 世界能源统计年鉴》数据,2010—2020 年,印度石油消费量增长了 41.1%,日均消费量达到 466.9 万桶,超越日本成为继美国、中国之后的世界第三大石油消费国。在这 10 年中,印度的天然气消费量基本稳定在 500 亿~600 亿 m^3,煤炭消费量也在这 10 年间增长了 44.2%。但 2020 年印度自身能源需求的 70% 依靠进口,如果不加制止,到 2040 年这一依赖程度将达到可怕的 90%(数据来源于国际能源署《印度能源展望》)。鉴于本国能源需求迅猛增长的紧迫形势,印度自进入 21 世纪以来就开始陆续规划和出台相关的能源政策,并在外交领域积极开拓能源进口渠道。

2. 印度能源安全战略的基本内容

印度的能源政策主要分为国内和国际两个方面[19]。

1)印度多元化的国内能源供给战略

(1)在国内,印度政府采取了保护能源、降低能耗的政策,颁布《能源保护法》,并在中央政府设立了专门负责制定能源政策和起草能源律法的能源效率局(BEE),在国家发展战略的制定中把建立节约、可持续的经济发展模式放在特别重要的地位。

(2)印度鼓励私人资本参与能源的开采与加工产业,设法增加国内的能源产量,但也有意识地降低国内对石油的依赖度,而转向相对清洁的天然气。

(3)印度政府加强能源供应的多元化,尤其重视清洁能源的发展。为了弥补国内油气资源的不足,印度日益重视对核能、风能、水电等清洁能源的开发,兴建了一系列民用核设施、风力发电机和水力发电站,以求减弱国家对传统能源的严重依赖。

(4)印度政府通过提高能源使用效率和出口能源工业制成品,来降低能源消耗所带来的经济损失,弥补国家在能源进口上的巨额费用。

(5)为防止能源市场上出现巨大波动而导致的国内能源供应不足,印度自2004年起已开始建设本国的石油战略储备库。预计到2045年,印度的石油储备量将从满足国内15天消费量达到满足全国45天的消费量。

2)印度多元化的国外能源供给战略

(1)保持与中东地区的能源合作。中东地区的油气资源储量丰富,质量好,开采规模经济程度高,开采成本较低,成为较多石油消费大国的首要进口地。目前,印度近67%的油气资源进口来自中东地区,维持与中东地区的长期能源合作伙伴关系十分重要。

(2)加强与中亚地区的能源合作。中亚地区的油气储量仅次于中东地区,加强与中亚国家的能源合作意义重大。基于地缘政治优势,印度与哈萨克斯坦、土库曼斯坦和吉尔吉斯斯坦等国家一直有着长期的合作关系。

(3)加快非洲地区的能源开发。根据2021年版《bp世界能源统计年鉴》数据,截至2020年底,非洲已探明石油储量占世界7.2%,已探明天然气储量占世界6.9%,是世界重要的油气资源产区之一。印度15.6%的石油进口来自非洲,与非洲地区的能源合作是印度能源战略重要的组成部分。

(4)保持与周边国家的能源合作。印度在20世纪90年代就提出了"东向"战略,试图将战略重心转向东南亚,甚至东亚,逐步提升印度在亚洲的政治、经济地位。因此,与东南亚、南亚等周边地区的国家进行能源合作具有重要意义。

(5)加强与其他能源大国合作。在能源合作领域,不仅需重视与周边资源小国合作,也需重视与资源大国合作;不仅需重视与资源出口大国合作,也需重视与资源消费大国合作。

俄罗斯作为世界第二大能源生产国,有着较丰富的天然气储量。因此,印度与俄罗斯的能源合作是印度能源外交的重要部分。

从能源消费角度来看,中国与印度同属能源消费大国;从地理位置来看,两国同在亚洲;从经济结构和能源结构来看,两国也有很多相似之处。两国近年来的经济发展迅速,成为新兴经济体中不可忽视的力量。因此,印度与中国的能源合作势在必行。

美国是仅次于中国的世界第二大能源消费国,其在能源开采技术、能源供给和能源定价方面都有着较大的影响力。核能合作是印美双方能源合作的重要组成部分。1998年核试验后,国际社会对印度核技术进口施加限制,而美国对印度在民用核能技术方面提供了较多的援助。

综上所述,印度基于本国国情展开了全方位、多层次的能源外交。除保持与中东地区的能源外交外,主动寻求与中亚、非洲、南亚、东南亚等其他能源出口地区的能源合作,加强与中国、美国、俄罗斯等世界能源大国的联系。不但保持与其他国家和地区在传统能源领域的合作,而且在新能源领域展开技术合作,从而支持印度实现多样化、清洁化、高效化的能源战略目标。

6.4.6　欧佩克的能源安全战略

石油输出国组织(Organization of Petroleum Exporting Countries,OPEC),中文音译为欧佩克。其宗旨是协调和统一成员国的石油政策,维护各自和共同的利益。欧佩克是一个稳定的政府间石油供应组织,其石油政策的核心是制定符合其自身经济和政治利益的石油政策。第一次石油危机以来,欧佩克石油政策总共经历了以下四个发展阶段[20]。

1. 提价保值战略(1973—1981 年)

1974 年 3 月,除利比亚以外的欧佩克成员国都结束了对美国的石油禁运。此后几年,国际石油市场一直保持平静。1974—1978 年,名义油价虽然有小幅上涨,但受西方国家通胀率不断上升以及美元持续贬值影响,石油的真实价格不升反降。按照名义价格计算,1974—1978 年,国际油价虽然上涨了 18%,实际价格却下跌了 21.8%。所以,这段时期,提高石油名义价格,避免产油国石油收入因美元贬值、西方国家通胀率上升受到损失成为欧佩克石油政策的出发点。

提价保值战略包括两方面内容:第一是调整石油标价;第二是调整石油产量。欧佩克这一阶段的政策主要以油价为主。

2. 限产保价战略(1981—1985 年)

第二次石油危机结束后不久,国际石油市场迅速从卖方市场转变成买方市场。1981 年 6 月,石油价格开始回落,国际石油市场对欧佩克的"剩余需求"迅速减少。市场结构的变化主要由四方面因素促成:经济合作与发展组织(OECD)国家的经济衰退导致石油需求量减少;能源安全的忧虑刺激了石油进口国替代能源的发展;高油价带来非欧佩克产油国产能扩张;石油消费国和石油公司释放库存。为了阻止油价的下滑,欧佩克开始通过削减产量来应对石油市场供过于求的局面,这一政策一直持续到 1985 年底。

限产保价战略主要包括结束双重油价、确立欧佩克配额制和调整欧佩克油价及配额三方面内容。

3. 低价保额战略(1986—2004 年)

在限产保价阶段,欧佩克存在十分严重的超产问题。但到 1985 年,该组织的总产量已被缩减至 1490 万桶,仅是第二次石油危机爆发前的一半。除沙特阿拉伯以外,欧佩克富国为欧佩克的限产保价战略作出了巨大的贡献。在整个限产保价阶段,沙特阿拉伯等国就一直为石油市场的回暖作着准备,但石油市场的低迷却远远超出了这些国家的预期,石油产量的持续减少给这些国家经济带来了沉重压力。1981—1985 年,沙特阿拉伯、卡塔尔、科威特、利比亚、阿联酋的 GDP 分别下降了 37.2%、29.0%、26.7%、23.7%和 11.0%。面对石油产量下降给经济发展带来的诸多困难,欧佩克中的富裕国家,特别是沙特阿拉伯再也承担不起支持限产保价战略的高额成本。在这一背景下,欧佩克于 1985 年 12 月在第 76 次会议上向外公布了新的市场战略,那就是要"维护欧佩克在国际石油市场上的合理份额,保证欧佩克产油国获得本国经济发展所需的必要收入"。这一决定标志着欧佩克低价保额战略的正式开始。

低价保额战略的主要内容包括：第一，实施 1986 年"价格战"；第二，争夺欧佩克市场份额，重新确立欧佩克配额制；第三，确立欧佩克的产量政策；第四，设立和调整欧佩克目标油价。

4. 维持市场适度紧张战略（2005 年至今）

进入 21 世纪之后，特别是从 2003 年开始，中国、印度等新兴国家经济的快速发展，带动了国际石油需求量迅速增长，国际油价也开始快速攀升。迫于市场压力，2005 年 1 月，欧佩克第 134 次特别会议决定放弃"不现实"的价格政策。此次会议也标志着欧佩克控制价格政策的完全结束。2005 年以后，国际石油供求持续紧张，产能调整成为欧佩克政策的重要内容，其目的是维持国际石油市场的适度紧张。

维持市场适度紧张战略的主要内容是：第一，逐渐松动配额制；第二，调整欧佩克的产量；第三，调整欧佩克的产能。

从 2003 年之后欧佩克石油政策的实践来看，沙特阿拉伯、科威特、阿联酋等国实际上承担起了"产能机动国"的角色。伊拉克战争结束后，面对石油市场可能会出现的产能不足，沙特阿拉伯等国均宣布要实施新的石油上游投资项目。2005 年 4 月，阿联酋阿布哈比国家石油公司（ADNOC）与埃克森美孚公司签署了合作开发上扎库姆地块的战略合作协议，其中埃克森美孚公司占股 28%。科威特也于 2005 年开始通过"优惠回购合同"的方式吸引外资投入该国的上游业务。2005 年 4 月初沙特阿拉伯石油和矿业大臣阿里·纳伊米对外宣布，未来 15 年，沙特阿拉伯的石油可探明储量将会增加 2000 亿桶，达到 4610 亿桶。此后，随着伊拉克安全局势的恢复和石油产量的迅速提高，特别是 2008 年金融危机爆发后，全球经济陷入低迷，面对石油需求的不确定性，沙特阿拉伯等国又相继取消或延缓了计划实施的一些上游投资项目。

石油生产的特点是勘探开发等前期投入需要耗费大量资金，而且，如果石油资源开发出来，又不进行生产，油田的维护费用也是一笔很大的开支。出于经济方面的考虑，沙特阿拉伯等国在产能调整上较为谨慎。在确定国际石油市场现有产能不能满足未来新增需求之前，这些国家不会在上游领域投入过多资金，而仅是向石油市场保证一定的产量调节能力。2005 年以后，欧佩克多次提出"合理"的剩余产能占产量的 10% 或是 15%，这大概是每日 300 万～600 万桶的石油产量。这一产量调节能力虽然能应对一般性的石油供应中断，但 300 万桶/日的剩余产能下限对于应对严重的供应中断却会捉襟见肘。因此，2005 年以后，欧佩克的石油政策就是要保持国际石油市场的适度紧张。

参考文献

[1]刘跃进.国家安全学[M].北京：中国政法大学出版社，2004.
[2]陆胜利.世界能源问题与中国能源安全研究[D].北京：中共中央党校，2011.
[3]黄晓勇.中国的能源安全[M].北京：社会科学文献出版社，2014.
[4]史丹.中国能源安全的新问题与新挑战[M].北京：社会科学文献出版社，2013.
[5]房树琼，杨保安，余垠.国家能源安全评价指标体系之构建[J].中国国情国力，2008(3)：32-36.
[6]常军乾.我国能源安全评价体系及对策研究[D].北京：中国地质大学，2010.
[7]王丰.石油资源战[M].北京：中国物资出版社，2003.
[8]陈凯，郑畅，史红亮.能源安全评价[M].北京：经济科学出版社，2013.

［9］樊纲，马蔚华.中国能源安全:现状与战略选择［M］.北京:中国经济出版社,2012.

［10］苏建,梁英波,丁麟,等.碳中和目标下我国能源发展战略探讨［J］.中国科学院院刊,2021,
　　　36(9):1001-1009.

［11］刘文礼,王建伟,王振兴.中国原油进口贸易海洋运输风险研究［J］.今日财富,2018
　　　(10):2.

［12］赵庆寺.试论中美在亚太地区的能源安全博弈［J］.国际观察,2015(6):130-142.

［13］张耀.国际能源治理体系与中国参与［J］.山东工商学院学报,2015(5):32-37.

［14］李蕾.中国加快沿边开放与能源供应战略研究:基于"一带一路"区域能源合作的视角
　　　［D］.北京:对外经济贸易大学,2015.

［15］王革华,欧训民.能源与可持续发展［M］.2 版.北京:化学工业出版社,2014.

［16］彭光谦.世界主要国家安全机制内幕［M］.南京:江苏人民出版社,2014.

［17］赵行姝.特朗普政府能源政策评析［J］.美国研究,2020,34(2):44-69.

［18］程荃.欧盟新能源法律与政策研究［D］.武汉:武汉大学,2012.

［19］岳鹏.印度能源战略通道建设及其地缘影响［J］.南亚研究季刊,2017(1):9-16.

［20］刘冬.欧佩克石油政策的演变及其对国际油价的影响［J］.西亚非洲,2012(6):37-60.

第7章
可持续绿色低碳能源系统

7.1 可持续发展和绿色低碳能源系统

7.1.1 可持续发展

可持续发展(sustainable development,SD),是指在保护环境的条件下既满足当代人的需求,又以不损害后代人的需求为前瞻的发展模式。能源可持续发展是中国可持续发展的必要前提和重要内容。在我国编制的能源"十二五"规划中,已明确提出了当代能源体系向可持续发展的现代体系过渡的总体思路。

可持续发展的理论经历了相当长的历史阶段和发展过程。20世纪50—60年代,人们在经济快速增长、城市化、人口、资源等所形成的巨大环境压力下,对"增长＝发展"的模式产生了怀疑。1962年,美国女生物学家雷切尔·卡逊发表了一部引起世界很大轰动的环境科普著作——《寂静的春天》,她在书中描述了一幅由于农药污染所造成的可怕景象,惊呼人们在不久的将来会失去"春光明媚的春天",从而在全世界范围内引发了人类关于发展观念上的广泛讨论。

10年后,两位著名美国学者芭芭拉·沃德和雷内·杜博斯的享誉全球的著作《只有一个地球》问世,把人类对生存与环境的认识引入一个新的境界,即可持续发展的境界。同年,一个非正式国际著名学术团体——罗马俱乐部发表了著名的研究报告《增长的极限》,明确提出了"持续增长"和"合理的持久的均衡发展"的先进概念。1987年,以挪威首相布伦特兰为主席的联合国世界与环境发展委员会发表了一份报告《我们共同的未来》,正式提出了"可持续发展"概念,并以此为主题对人类共同关心的环境与发展问题进行了全面详尽的论述,受到世界各国政府组织和舆论的极大重视,在1992年联合国环境与发展大会上可持续发展的要领得到了与会者的共识与承认。

在具体内容方面,可持续发展主要涉及可持续经济、可持续生态和可持续社会三方面的协调和统一,要求人类在发展中要同时讲究经济效率、关注生态和追求社会公平,最终达到人的全面发展。这表明,可持续发展虽然起源于环境保护问题,但作为一个指导人类走向21世纪的重要发展理论,它已经超越了单纯的环境保护范畴。它将环境问题与发展问题有机地结合起来,已经成为一个事关社会经济平稳发展的全面性战略。

7.1.2　绿色低碳能源

在全球气候变暖和能源日益紧缺的大背景下,合理开发利用低碳能源,已经成为世界发展潮流。推进低碳能源技术的创新,加大低碳经济的投入,是中国应对气候变化的一个根本途径,也是可持续发展、节能减排、建设资源节约与环境友好型社会的内在需要。低碳能源技术全面涵盖了可再生能源利用、新能源技术、化石能源高效利用、温室气体控制和处理及节能技术领域。我国"十四五"规划明确提出,要加快发展方式绿色转型,协同推进经济高质量发展和生态环境高质量保护。

发展绿色低碳能源,是功在当今,意在长远。煤、石油、天然气等传统化石能源经过上亿年的漫长历史积累下来,在历经 200 年工业文明的强力挖掘下,很快将面临枯竭,因此我们必须利用现代科技发展绿色低碳能源,这是解决未来能源问题的一条重要出路。

低碳能源是一种含碳分子量少或无碳原子结构,在利用过程中产生较少或不产生二氧化碳等温室气体的能源,广义上是一种既节能又减排的能源。作为一种清洁能源,低碳能源能大幅度减少二氧化碳对全球性的排放污染。它的基本特征是:可再生,可持续利用;高效且环境适应性好;有可能实现规模化产业应用。

各种能源的分子式碳不同,煤的分子式碳是 135,石油 5 - 8,天然气 1,氢能 0,可再生能源基本为低碳或无碳能源[1]。低碳能源包括风能、太阳能、核能、生物质能、水能、地热能、海洋能、潮汐能、波浪能、洋流和热对流能、潮汐温差能、可燃冰等。众多技术集成应用,构成自然能源系统,实现煤炭、石油等化石能源的替代使用,以减少二氧化碳排放。

中国低碳能源资源十分丰富,水资源蕴藏量达 6.84 亿 kW·h,技术可开发量达 3.78 亿 kW·h;海上可开发的风能资源达 7.5 亿 kW·h;太阳能资源也很丰富,大部分地区日照时间均在 2000 h 以上;海岸线漫长,潮汐能资源达 2 亿 kW·h;秸秆年产量达 6 亿 t,50% 以上可以作为能源使用;甘蔗渣、稻壳、咖啡渣、各种加工废弃物与生活垃圾量也很丰富,折合标准煤约 1 亿 t;南海北部陆坡的可燃冰资源量达 185 亿 t 油当量[2]。

7.1.3　可持续绿色低碳能源系统

可持续绿色低碳能源系统是指将可持续发展与绿色低碳能源进行有机结合的一系列集成系统,是实现可持续发展的重要基础,也是绿色低碳能源的系统化延伸。此系统是以可持续发展为指导思想,以能源、经济双重绿色化为突破口,实现人与自然和谐发展的终极目标。

可持续绿色低碳能源系统的基本特征是绿色、低碳,基本要求是充足、高效、绿色、低碳。绿色、低碳主要包括产业能源、产业经济的绿色化、低碳化、循环化发展,关键在于实现能源和经济系统的双重可持续绿色化发展。构建可持续绿色低碳能源系统是能源、经济双重绿色化发展的主要内容,也是重要实现手段。一是推进能源系统的可持续绿色化发展。面对环境容量、气候容量的制约和化石能源、矿产资源的迅速消耗,人类亟须在能源的绿色低碳转型上取得革命性突破,走出环境污染、资源枯竭的现实困境,实现"宜居地球"的梦想。要实现这样的目标,就需要推进能源绿色革命,大力发展可再生和清洁能源,控制能源消费总量,建立可持续绿色低碳能源系统。二是推进经济系统的可持续绿色化发展。基于能源系统的可持续绿色化先进利用技术,通过不断优化经济制度和快速发展科技经济,大力推动经济向绿色化、低碳化、循环化发展转型,把节能减排、实现绿色化作为基本目标和首要内容。而节能技术又是减排的最重要途径(节能优先),实现产业结构系统的整体优化升级,研发推广可持续、绿色低碳节能技术,建立区域化、规模化、高效化的可持续绿色低碳能源系统,大幅度降低清洁能源利用成本,整体提高服务经济和知识经济的比重,形成生态化、可持续的绿色低碳生产方式。将绿色、低碳、节能的先进理念和高效转化科技进行有机结合,推动控煤、节能、提高能效和清洁能源利用的可持续能源效用系统的整体发展,鼓励新能源、节能环保、新能源汽车等新兴产业的迅速发展、齐头并进,综合治理空气、水体、土地等诸多方面的污染问题,持续强化人们的自然保护意识和加速生态修复,全力推进可持续绿色低碳能源系统的不断发展、壮大,使可持续、绿色化、低碳化融入社会主义市场经济,成为推动市场经济高速发展的重要动力[3]。

7.2 中国发展可持续绿色低碳能源的必要性

7.2.1 可持续绿色低碳能源是世界能源发展的主要方向

2020 年,全球一次能源消费总量合计为 133.94 亿 t 油当量,其中化石能源为最主要能源。化石能源的高碳性以及大规模的简单低效利用方式,加剧了化石能源的耗竭,刺激能源价格持续上涨,诱发能源危机的可能性不断加大。全球碳项目公布的全球二氧化碳收支评估结果表明,全球的二氧化碳排放量在 2020 年达到 322.84 亿 t 左右,能源产业成为加剧全球气候变化的主要原因,威胁着全球经济社会的可持续发展。因此,为保障长时期的能源安全,保持经济社会的发展活力,世界主要国家和各大经济体都在投入大量资金、科技及社会资源,加快推进能源的清洁化发展利用,努力实现传统能源向低碳、高效清洁能源的转型。高碳能源低碳化、低碳能源无碳化以及能源开发利用过程的高效清洁无害化已经成为世界能源发展的主要方向[4]。

7.2.2 可持续绿色低碳能源是中国发展的内在要求

1. 粗放式的经济增长模式导致中国能源消费总量持续攀升

自改革开放以来,中国经济总量不断创造新的纪录,2014 年已突破 10 万亿美元,成为继美国之后又一个超越 10 万亿美元的经济体。根据国家统计局数据,2020 年中国的 GDP 达到 101.6 万亿元。但是长期粗放式的经济增长模式,加上行业产能的过度扩张,造成中国能源、资源消耗量居高不下。2014 年,中国人口约占全球总人口的 20%,GDP 占全球经济总量的 13%。而根据普氏资讯统计数据,中国取得此成绩的同时,也消耗了全球近 60% 的水泥、54% 的铝、50% 的镍、49% 的煤炭、48% 的铜、46% 的钢铁及 12% 的石油。在铜、煤等主要工业原料的消耗量方面,中国已多年位居世界第一,并于 2009 年首次超越美国成为全球第一大能源消费国。与之相反,中国能源利用效率很低,远远落后于德国、日本等发达国家。2020 年中国单位 GDP 能耗为每 1 万美元 3.4 t 标准煤,单位 GDP 碳排放量为每 1 万美元 6.7 t,均远高于世界平均水平及美国、日本、德国、法国、英国等发达国家[5]。

同时,在"富煤、贫油、少气"的资源条件下,煤炭作为主要能源,长期占据我国能源消费结构的主体地位。如图 7-1 所示,国家统计局数据显示,2020 年,煤炭在我国一次能源消费结构中的比例高达 56.8%,石油为 18.9%,天然气为 2.3%。根据 2021 年版《bp 世界能源统计年鉴》数据,从全球来看,煤炭在一次能源供给中的比例只有 27.2%,如果不包括中国,这个比例则不到 16.8%;而石油和天然气则高达 31.2% 和 24.7%。在美国、日本、德国、英国等发达国家的一次能源结构中,石油均超过了 30%,天然气则超过 20%。因此,为了更好地实现可持续发展,中国的能源消费结构转型亟须加速。

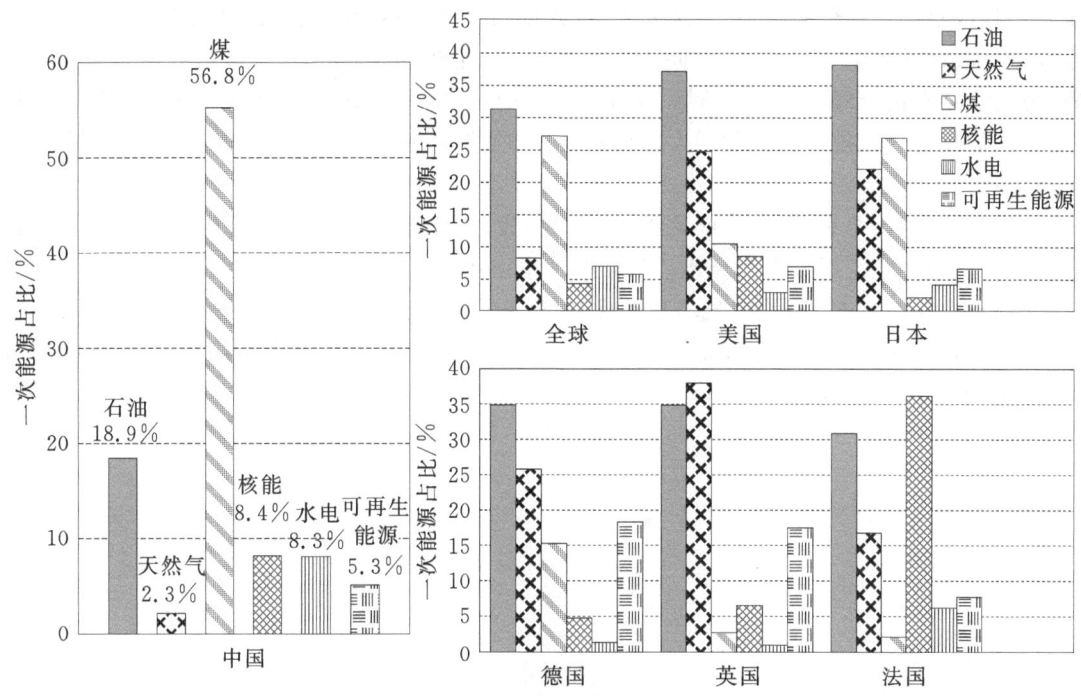

图 7-1　2020 年全球主要国家一次能源结构对比图

2. 能源清洁低碳化利用是中国产业结构升级的客观需要

进入 21 世纪以来,在中国扩大内需的宏观政策带动下,以钢铁、冶金、能源等为代表的重工业得到了迅速发展,工业销售产值不断攀升,重工业占工业总产值的比例也长期保持在 60% 以上,始终居高不下。这导致中国产业结构整体上呈现"重型化"的特征。但随着中国经济进入新常态,经济增速和需求增速均放缓,以钢铁、水泥、平板玻璃、电解铝、多晶硅等重工业为代表的多个行业产能过剩矛盾日益凸显。以钢铁行业为例,国家统计局发布的公告显示,2020 年全国粗钢产量约为 10.65 亿 t,但是产能利用率不高,面临产能过剩问题。

中国产业结构正在经历深刻调整阶段,其中以农林牧渔为主的第一产业占比逐年下降,而以服务业为主的第三产业占比则不断攀升,已连续 4 年超过第二产业。至 2020 年,第一产业占比降至 7.7%,第三产业占比则增至 54.6%。根据世界银行统计数据,在全球最大的几个经济体中,美国、日本、德国、法国、英国第一产业的占比约为 1%,第三产业的占比均超过 70%,其中美国、法国、英国更是在 78% 以上。与发达国家相比,第三产业在中国经济中的占比仍然偏低。而产业结构升级与能源转型之间是相互依存的,为实现产业结构的不断优化升级,能源转型刻不容缓。

3. 能源清洁低碳化利用是解决环境问题的必然要求

能源消费量的快速增长,带来激增的碳排放总量。改革开放初期,中国碳排放总量只有 11.3 亿 t,占全球碳排放总量的 7%。2005 年,中国碳排放总量增加到 63.3 亿 t,占全球碳排放总量的 21％,超越美国成为全球最大的碳排放国。2021 年版《bp 世界能源统计年鉴》发布的数据显示,2010—2020 年中国碳排放总量持续增加,2020 年的排放量为 98.99 亿 t。全球近30.7％的碳排放来自中国,其中化石燃料燃烧是碳排放最主要的来源。受"新冠"疫情的影响,世界各地区碳排放量普遍减少,美国 2020 年碳排放总量为 44.57 亿 t,比过去 10 年有所下降。全球碳排放量下降至 322.84 亿 t,同比下降 6.3％。此外,中国也是全球碳排放增量最大的国家,过去几年来占全球增量的比例一直在 50％左右。作为全球碳排放总量和增量最大的国家,中国面临的碳减排压力日益增大。控制碳排放总量的增长,已经成为能源清洁低碳化利用的重要目标。

严重的环境污染问题源于重化工业的快速发展和高度依赖煤炭的能源结构。其中以PM2.5 为代表的空气污染尤为突出。根据国家生态环境部的数据,2020 年全国 337 个地级及以上城市中,202 个城市环境空气质量达标,达标率为 59.9％。如图 7 - 2 所示,京津冀地区空气质量达标天数为 231 天,PM2.5 平均高达 51 $\mu g/m^3$,而国际卫生组织公布的健康标准为 10 $\mu g/m^3$。

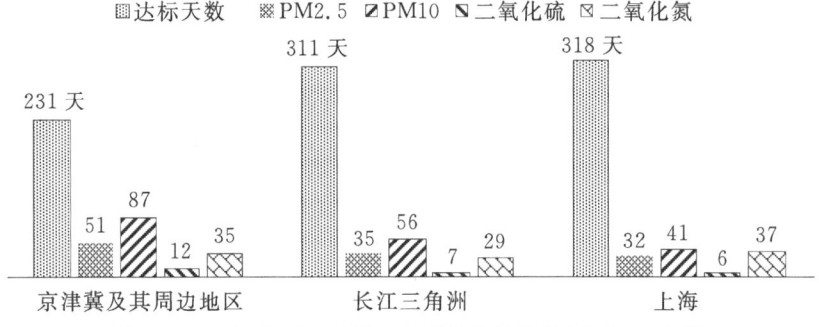

图 7 - 2　2020 年重点地区空气质量统计结果(单位:$\mu g/m^3$)

从发达国家多年来的发展路径可知,能源清洁低碳化利用是解决目前一系列环境问题的必由之路。自 19 世纪以来,英国伦敦作为世界工业发展的中心之一,对煤炭的需求居高不下,最终导致了震惊世界的"伦敦烟雾事件",而燃煤产生的大量污染物排放则是造成该事件的最直接原因。此后,英国政府确定了低碳发展的路线,颁布的法案间接推动了能源结构的转型,煤炭占总能源消费量的比例不断降低,天然气等清洁能源的占比大幅上升,而伦敦也成为环境治理成功的典范。2015 年末英国关闭了最后一个煤矿,彻底结束了煤炭时代。德国等发达国家控制碳排放的成功经验也进一步证明了能源清洁低碳化利用的有效性和可行性。目前,中国以煤为主的能源消费结构带来的能源和环境问题日益凸显,要从根本上遏制二氧化碳及其他各种污染物的排放,必须推动能源消费结构的转型,包括大力发展太阳能、风能等可再生能源和天然气等低碳清洁能源,降低对煤炭的过度依赖等[6]。

7.2.3　能源系统可持续发展的迫切需求

中国是世界上煤产量最大的国家,也是世界上少数几个以煤炭为主要能源的国家之一。中国煤炭工业协会发布的数据显示,2020 年中国全年原煤产量为 39.02 亿 t。中国煤炭总探明储量约为 1431.97 亿 t,天然气总探明储量约为 8.4 万亿 m^3,石油总探明储量约为 35 亿 t,只占世界总储量的 1.5％。水能约相当于年产 3 亿 t 标准煤。综上所述,我国能源形势十分严峻,能源安全问题将面临挑战[7]。

近年来,人们对大气颗粒物中可吸入颗粒物的浓度越来越关注,随着大气中可吸入颗粒物浓度的增加,其危害也越大。这一方面是因为细小颗粒更容易进入人的肺部;另一方面也因为颗粒越细,其比表面积也越大,吸附的重金属和有毒有害物质也会越多,其毒性也越大。研究表明,汽车尾气排放以及燃煤烟尘是都市大气可吸入颗粒物的主要来源[8]。

可见,在我国现有能源结构和技术水平下,能耗的不断提高导致了环境污染的不断加剧,即我国现有的能源系统是不可持续的。由于我国能源消费总量巨大,亟须采取多种措施去发展多种优质的清洁能源。否则,不仅我国无法承受,世界也无法承受。环境污染已经成为制约我国能源乃至国民经济可持续发展的瓶颈。在一次能源以煤为主而且长期不可能大幅变化的现有国情下,如何构建适应我国可持续发展的能源系统已经成为我们所面临的迫切问题。

7.3　建立可持续绿色低碳能源系统

2050 年我国一次能源的需求量预计将达到 50 亿 t 标准煤,这使我国未来能源发展将面临国内常规能源不足,石油供应缺口巨大,城市需要大量清洁能源,以及全球气候变化问题等一系列严峻挑战。由于我国的能源结构所决定的特殊性,虽然进入 21 世纪,水电、核电以及新能源的占比有所增加,但是我国以煤炭为主的能源结构不会有根本性、革命性的转变。所以说适应我国未来能源发展的主要途径包括能源使用效率的提高、煤炭的清洁高效利用、替代能源的开发及利用、节能技术和先进能源系统的采用等。

7.3.1　中国能源基本资源条件

能源资源主要有煤炭、石油、天然气等化石能源和水能、风能、太阳能、海洋能等清洁能源。全球化石燃料虽然储量大,但随着工业革命以来全世界数百年的过度开发利用,全球能源资源正面临着资源枯竭、污染排放严重等一系列严峻问题。

截至 2020 年,全球煤炭、石油、天然气已探明储量分别为 1.07 万亿 t、17324 万亿桶和 188.1 万亿 m^3(2021 年版《bp 世界能源统计年鉴》数据)。按照目前世界平均开采强度计算,全球煤炭、石油和天然气分别可开采 114 年、50.7 年和 52.8 年。全球水能、风能、太阳能等清洁能源资源十分丰富。据估算,全球清洁能源资源每年的理论可开发量超过 150000 万亿 kW·h,按照发电煤耗标准煤 300 g/kW·h 计算,约合 45 万亿 t 标准煤,相当于全球化石能源剩余探明可采储量的 38 倍,开发潜力巨大。

中国煤炭和水能资源丰富,石油和天然气相对较少。中国是世界上少数几个以煤炭为主要能源的国家之一。根据国际能源机构的统计,2020 年,世界煤炭产量约为 78.85 亿 t,中国煤炭产量为 39.37 亿 t,占世界总产量的 51%。中国煤炭消费量为 28.3 亿 t 标准煤,占世界总量的 26%。煤炭在我国能源消费结构中占 56.8%,远高于 30%的世界平均水平。根据中国的能源资源条件、技术经济发展水平,以及国际能源市场发展趋势,在未来 30~50 年内,中国以煤炭为主的能源结构不会有大的改变。

7.3.2　提高能源利用效率

能源不仅是我国社会发展中不可缺少的物质基础,也是支持经济快速稳定前进的重要动力。随着我国大力推进经济社会建设,能源由于空前的经济增长被大量消耗,已经呈现出日益枯竭的趋势。能源是影响经济和社会发展的重要因素,能源问题自然而然成为国民经济发展中的热点和难点。

2020年,在第七十五届联合国大会一般性辩论上,中国宣布提高国家自主贡献力度,采取更加有力的措施,使二氧化碳排放量力争在2030年前达峰,努力争取2060年实现碳中和。2021年,"碳达峰"和"碳中和"首次被写入政府工作报告,这表明我国在持续为减缓气候变化影响作贡献的基础上,按下了减碳的加速键。为了实现这些能源目标,我们必须充分加强对我国能源利用效率的认识,改变能源生产和能源消费方式,降低能源消耗,减少能源产消差额,降低对外依存度,应用新型能源技术推动太阳能、生物质能等能源的开发利用,构建清洁、安全、高效、可持续的现代能源发展体系,全面提高能源利用效率。

1. 提高能源利用效率是我国经济、社会、生态全面协调发展的必然选择

由于我国经济持续稳定的发展受到我国现有能源资源的制约,所以我们必须放弃主要依靠增加生产要素投入来实现经济增长的高耗能、低效益的粗放型经济增长方式,而采取集约型增长方式,提高能源物质的使用效率,进而摆脱经济快速增长对能源的过度需求,降低经济增长对能源资源的依赖程度。另外,能源利用效率的提高也降低了消耗能源时产生的污染物量,有利于保护生态环境,在提高经济效益的同时增加了社会效益。因此,提高能源利用效率是保持经济增长、社会稳定以及生态环境平衡的必然选择。

2. 提高能源利用效率是我国实现能源自给自足、降低对外依存度的重要方式

我国的能源资源存在分布不均衡、人均能源占有量低、多煤少油等特点,近年来对石油需求的迅猛增长更是加大了我国的能源供给压力。2020年能源消费总量为49.8亿t标准煤,同比增长2.1%,石油对外依存度上升至73%,因此减少社会的能源消费总量迫在眉睫。能源利用效率的提高则可以有效减少生产过程中的能源浪费,降低能源的消费需求。因此,提高能源利用效率是保障能源自给自足、降低能源对外依存度的重要方式。

3. 提高能源利用效率,清洁、高效地使用能源有利于生态环境的保护

我国的主要能源消费构成是煤炭,且煤炭利用技术及设备相对落后,加大了对生态环境的污染。煤炭的大量消费不仅导致了煤烟型大气污染,同时造成了大量的温室气体排放。因此,我们必须要首先解决能源使用过程中的效率问题,才能保持在经济持续增长的条件下,减少能源消费和保护生态环境,解决社会发展中的经济、能源、环境问题。综上所述,提高能源利用效率,清洁、高效地使用能源,是解决环境污染问题,保护生态环境的必经之路。

7.3.3　煤炭的清洁、高效、低碳转化利用

目前,煤炭在全球能源消费中仍然占有相当大的比例,2020年煤炭提供了全球27.2%的一次能源,预计到2035年煤炭仍然是世界最主要的一次能源之一。煤炭在中国的主体能源地位相当长时期内难以改变。煤炭是中国储量最丰富的化石能源,而且长期占一次能源消费总量的60%以上。煤炭也支撑了中国经济的高速发展。中国人均用电量从1980年不到300 kW·h增加到2019年的5368.35 kW·h,煤电提供了中国75%的电力。煤炭还提供了中国钢铁行业能源的86%、建材行业能源的79%以及约50%的化工产品原料。根据中国工程院的研究,煤炭对中国GDP的贡献率超过15%。据权威预测,2030年煤炭仍将占我国能源

需求总量的 50％左右。

同时,煤炭的粗放式开发也带来了很多问题,主要是环境问题。比如,粗放式煤炭开发引发地下水和地表生态损伤,煤炭未优质化利用引起大气污染。但这并不是煤本身的问题,而主要是没有把煤炭利用好。鉴于煤炭行业在我国经济社会中具有举足轻重的地位,而现有的煤炭行业粗放式开发并不是科学、合理的利用方式,因此发展煤炭的清洁、高效、低碳转化利用是在低碳发展、绿色经济大背景下的必然选择,是国家未来能源战略的重中之重。

1. 煤炭清洁、高效、低碳发展的内涵

煤炭清洁、高效、可持续开发利用,贯穿煤炭开采、加工、利用、转化、综合循环等全产业链,目标是实现煤炭开发利用生态环境友好、全系统安全有保障、全产业高效、全过程低碳减排的新型煤炭工业发展方式。

2. 煤炭清洁、高效、低碳发展的特征

1）清洁

通过变革煤炭开发利用方式,推动煤炭由"黑"变"绿",实现开发、利用、转化过程的近零排放,将高碳的煤炭原料转化为相对低碳的清洁燃料,为高碳能源低碳化利用提供条件,实现污染物及共伴生资源的最大化、资源化利用。

2）高效

高效包括煤炭开发、利用、转化全过程中的高效技术及装备,煤炭开发、利用、转化的集成优化高效系统,煤中特殊成分的有效利用,实现资源节约化、集约化发展。

3）低碳

低碳指最大化保护利用地下水资源和改善地表生态环境,在开发利用煤炭的同时实现生态环境的友好;最大限度减少二氧化碳排放,缓解温室效应,推进高碳产业低碳发展,持续保障国家能源安全。

3. 煤炭清洁、高效、低碳发展需要实现的四大转变

1）由资源驱动型向创新驱动型转变

目前煤转化已从焦炭、电石、煤制化肥产品为主的传统产业开始逐步向以石油替代产品为主的现代煤化工转变。预计未来 40 年,煤转化用煤量将达 400 亿～500 亿 t。

2）由燃料向燃料、原料并重转变

我国煤炭消费约占国内一次能源的 56.8％和全球煤炭的 54.3％,但我国同时拥有世界上规模最大的水电、风电和在建核电站。目前新能源、可再生能源与煤炭多联产技术已在我国实现规模应用,技术成熟,实现了成本可控、高效利用。

3）由相对粗放开发向集约绿色、互联智能方式转变

这主要包括烟尘、二氧化硫、氮氧化物、汞等多种污染物的联合脱除,在工艺过程中捕捉高浓度二氧化碳用于驱油、驱气和埋藏处理,以及将伴生资源、废弃物或污染物资源化综合循环利用,如对煤炭中的铝、镓、锗、铀、硫等资源实现高效综合利用。

4）由传统高排放利用向近零排放的清洁高效方式转变

无论是经过液化还是气化,煤炭转化的终极目标是生产包括电力、燃料和化工产品在内的终端产品,在生产过程中要把污染物和温室气体的排放降至最低,做到近零排放。一方面在转化过程中去除所有的污染物,并实现伴生资源（铝、铀等）、废弃物或污染物资源化高效综合利

用;另一方面利用碳捕获、利用和封存技术降低温室气体排放。

4. 煤炭清洁、高效、低碳发展的重要途径

1) 推进煤炭洗选和提质加工,提高煤炭产品质量

要大力发展高精度煤炭洗选加工工艺,实现煤炭的深度提质和分质分级利用;开发高性能、高可靠性、智能化、大型(炼焦煤 600 万 t/a 以上和动力煤 1000 万 t/a 以上)选煤装备;新建煤矿均应配套建设高效的选煤厂或群矿选煤厂,并将现有煤矿选煤设施迅速升级改造,组织开展井下选煤厂示范工程建设。严格落实《商品煤质量管理暂行办法》,积极推广应用先进的煤炭提质、洁净型煤和高浓度水煤浆技术。

2) 发展超低排放燃煤发电,加快现役燃煤机组升级改造

逐步提高电煤在我国煤炭消费中的占比,迅速推进煤电节能减排升级改造。根据水资源、环境容量和生态承载力,在新疆、内蒙古、陕西、山西、宁夏等煤炭资源富集地区,科学推进鄂尔多斯、锡盟、晋北、晋中、晋东、陕北、宁东、哈密、准东等 9 个以电力外送为主的大型煤电基地建设。认真落实《煤电节能减排升级改造行动计划》各项任务要求,进一步加快完善燃煤电站节能减排改造,全面提升煤电高效清洁利用水平,实现煤电产业的升级。

3) 改造提升传统煤化工产业,稳步推进现代煤化工产业发展

全面改造提升传统煤化工产业,在煤焦化、煤制合成氨、电石等传统煤化工领域进一步推动"上大压小",等量替代,加速淘汰落后产能。以规模化、集群化、循环化发展模式,大力发展焦炉煤气、煤焦油、电石尾气等副产品的高质高效利用。通过利用现代煤气化技术促进煤制合成氨升级改造,开展高水平特大型示范工程建设。

适度、合理发展现代煤化工产业,通过示范项目的建设不断完善国内自主先进技术,加强不同技术间的耦合高效集成,大幅提升现代煤化工技术水平和能源转化效率,减少对生态环境的破坏和污染。在示范装置取得成功后,需要结合国民经济和社会发展水平,按照统一规划、合理布局、综合利用的基本原则,全面统筹推进现代煤化工产业发展。

4) 实施燃煤锅炉提升工程,推广应用高效节能环保型锅炉

新生产以及安装使用的 20 t/h 及以上规模的燃煤锅炉应安装高效脱硫和除尘设施。在供热和燃气管网不能完全覆盖的地区,改用电、新能源或洁净煤作为动力,大规模推广应用高效节能环保型锅炉,区域集中供热通过建设大型高效燃煤锅炉来实现。并且 20 t/h 及以上规模的燃煤锅炉应安装在线检测装置,并与当地的环保部门实行联网监控。

全面提升锅炉污染的治理水平。10 t/h 及以上规模的燃煤锅炉要开展烟气高效脱硫、除尘改造,积极开展低氮燃烧技术及水煤浆燃烧技术改造示范装置建设,实现全面达标排放。处于大气污染防治重点控制区域的燃煤锅炉,要按照国家有关规定达到特别排放限值要求。并通过全面开发推广工业锅炉余热、余能回收利用技术,实现余热、余能的高效回收及梯级利用。

5) 开展煤炭分质分级梯级利用,提高煤炭资源综合利用效率

逐步实现"分质分级、能化结合、集成联产"的新型煤炭利用方式。鼓励煤—化—电—热一体化发展,加强各系统耦合集成。在具备条件的地区推进煤化工与发电、油气化工、钢铁、建材等产业间的耦合发展,实现物质的循环利用和能量的梯级利用,降低生产成本、资源消耗和污染排放。

2014 年 12 月,《国家能源局 环境保护部 工业和信息化部关于促进煤炭安全绿色开发和清洁高效利用的意见》指出:"在条件适合地区,积极推进煤炭分级分质利用,优化褐煤资源开

发,鼓励低阶煤提质技术研发和示范,推广低阶煤产地分级提质,提高煤炭利用附加值。"2020年,低阶煤分级提质核心关键技术取得突破,实现百万吨级示范应用。

6)加大民用散煤清洁化治理力度,减少煤炭分散直接燃烧

扩大城市高污染燃料的禁燃区范围,逐步由城市建成区扩展到近郊,在禁燃区内禁止使用散煤等高污染燃料,逐步实现无煤化目标。大力鼓励推广优质能源替代民用散煤,结合城市化改造和城镇化建设,通过国家政策补偿和实施多类电价等具体措施,逐步加快天然气、电力及可再生能源等清洁能源替代散煤的进程,形成多途径、多通道减少民用散煤。在农村地区全面推广使用生物质成型燃料、沼气、太阳能等清洁能源,减少散煤使用率。

加大先进民用炉具的推广力度。配套先进节能炉具才能更好地利用民用优质散煤、洁净型煤等清洁能源产品。制定民用先进炉具的相关标准,建立民用先进炉具生产企业目录,推广落实购买先进炉具的地方补贴政策。充分利用各类媒体加大宣传力度,全面调动使用先进炉具的积极性。

7)推进废弃物资源化利用,减少污染物排放

全面加大煤矸石、煤泥、煤矿瓦斯、矿井水等资源的规模化利用程度。大力推广矸石井下充填技术,推进井下模块式选煤系统开发及其示范工程建设,实现废弃物不出井;支持低热值煤(煤泥、煤矸石)循环流化床燃烧技术及相应设备的研发及应用;鼓励开展煤矿瓦斯防治利用重大技术攻关,实施瓦斯开发利用示范化工程;有条件的矿区要实施保水开采或煤水共采,实现矿井突水控制与水资源保护一体化;加速推进煤炭地下气化示范工程建设,探索适合我国国情的煤炭地下气化发展路线。开发脱硫石膏、粉煤灰大宗量规模化、精细化利用技术,积极推广粉煤灰和脱硫石膏在建筑材料、土壤改良等方面的特殊利用。加快建设与煤共伴生的铝、锗等资源精细化利用示范工程,促进矿区循环经济整体化发展。

5."十四五"期间煤炭的发展机会

在"十四五"期间和未来更长一个时期,除非为燃煤二氧化碳的资源化利用找到切实可行的出路,否则煤炭被低碳、无碳能源大规模替代是迟早的事。对此,煤炭行业管理者决不能盲目乐观,如果不未雨绸缪,未来的发展之路会越来越窄。煤炭清洁利用一般分为生产侧和消费侧两个层面,所以我们需要各司其职,各自做好自身的工作。

从生产侧而言,"十四五"期间应合理控制煤炭开发强度,推动煤炭生产向资源富集地区集中,合理控制煤电建设规模和发展节奏,推进以电代煤和煤电灵活性改造,完善煤炭跨区域运输通道和集疏运体系。同时,推进能源资源一体化开发利用,加强矿山生态修复,提高矿产资源开发保护水平,发展绿色矿业,建设绿色矿山。

从消费侧而言,落实2030年应对气候变化国家自主贡献目标,制定2030年前碳排放达峰行动方案。完善能源消费总量和强度双控制度,重点控制化石能源消费。推动煤炭等化石能源清洁高效利用,推进钢铁、石化、建材等行业绿色化改造,加快大宗货物和中长途货物运输"公转铁""公转水"。

针对我国的现实国情,"十四五"期间国家应切实加大二氧化碳资源化利用的研发力度、强度及深度,集中组织国家科研骨干力量,促进二氧化碳资源化利用技术开发和产业化推广,努力践行我国碳排放的国际承诺。

7.3.4 替代能源的开发及利用

1. 替代能源的定义

替代能源(alternative energy)一般指非传统、对环境影响少的能源及能源储藏技术。《牛津词典》将其定义为以不耗尽天然资源或危害环境的方式作为燃料的能源。

2. 发展替代能源的意义

在目前全球化石能源日趋耗竭和生态环境不断恶化的双重制约背景下,发展替代能源已经成为世界各国构建可持续发展能源体系、实现低碳经济转型的重要战略选择,也是未来经济、社会和技术发展的制高点。中国作为世界上的能源消耗大国,已经受制于能源资源条件、消费习惯和技术依赖等因素,煤炭、石油、天然气等传统化石能源在一次能源消费结构中长期占据主导作用(2020年煤炭、石油、天然气消耗占比分别为56.8%、18.9%和2.3%,非化石能源约占16%),要想继续实现高速可持续发展,必须要发展替代能源[9]。

3. 替代能源的范围

替代能源有狭义和广义之分。狭义的替代能源是指一切可以替代石油的能源;而广义的替代能源是指可以替代目前使用的化石燃料(包括石油、天然气和煤炭)的能源,不仅包括太阳能、风能、生物质能、海洋能等可再生能源,也包括核能、页岩气(油)等不可再生能源。

1)风能

到目前为止,全球拥有商业运营的风电装机的国家多达75个,其中22个国家的装机容量均超过1 GW。全球风电累计装机容量逐年增加,全球风能理事会(GWEC)发布的数据显示,2020年全球风电装机容量为742 GW(图7-3),主要集中在中国、美国、德国、印度和西班牙(表7-1)。对于陆上风电市场,中国约占世界累计装机容量的37%,排名第一,全球风电领袖地位不可动摇。

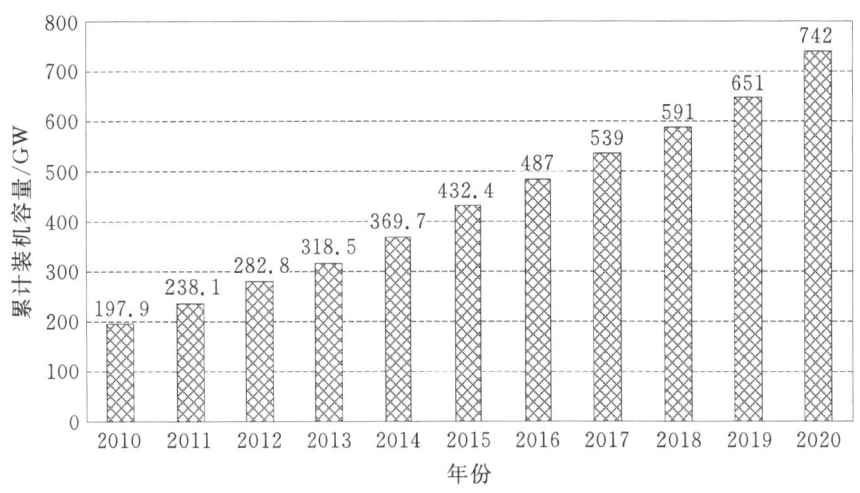

图 7-3 全球风电累计装机容量

表 7-1 2020 年全球陆上风电总装机容量排名

排名	国家	总装机容量/MW
1	中国	278324
2	美国	122275
3	德国	55122
4	印度	38625
5	西班牙	27238
6	法国	17946
7	巴西	17750
8	英国	13731
9	加拿大	13578
10	意大利	10543

我国风能资源丰富的地区主要分布在内蒙古、新疆和甘肃河西走廊,华北和青藏高原的部分地区,沿海及附近岛屿。由于陆上风能资源大于海上,因此我国在西部地区应大力提倡风电。如果能够对风能资源加以充分利用,将获得总计 7 亿~12 亿 kW 电力,其中,陆上约 6 亿~10 亿 kW,海上约 1 亿~2 亿 kW。从我国资源储量、开发成本以及与用电负荷中心的距离这几个方面综合考虑,我国近中期风电开发应遵循"以陆上为主,因地制宜地开发海上风电"的原则。国家能源局发布的《关于 2021 年风电、光伏发电开发建设有关事项的通知(征求意见稿)》提出,2021 年,全国风电、光伏发电发电量占全社会用电量的比例达到 11% 左右,后续逐年提高,到 2025 年达到 16.5% 左右。目前来看"碳中和"大方向明确,行业 5 年发展目标已定,预计"十四五"期间,风电装机量将迎来"质"的增长。为推动风电高质量跃升发展,我国"十四五"规划提出,加快发展非化石能源,坚持集中式和分布式并举,大力提升风电、光伏发电规模,加快发展东中部分布式能源,有序发展海上风电,加快西南水电基地建设,建设一批多能互补的清洁能源基地,非化石能源占能源消费总量比例提高到 20% 左右,建设广东、福建、浙江、江苏、山东等海上风电基地。

2)水能

水电在我国清洁能源中所占比例最大。目前,水能的主要利用方式是水力发电。水力发电的优点是成本低、可连续、可再生、无污染,缺点是易受分布、气候、地貌等自然条件的影响。我国的水电资源在世界上蕴藏量丰富。我国的水能资源理论蕴藏近 7 亿 kW,可开发的资源量大约 5.4 亿 kW,是世界上水能资源总量最多的国家(图 7-4)。2015 年,全国水电装机容量达 3.2 亿 kW,开发的利用程度刚超过 50%,远远低于美国(82%)、日本(84%)等发达国家的水平,因此发展前景广阔。在经过科学论证、系统规划,妥善处理好生态环境保护和移民安置之后,大力加快水电开发建设。根据中国电力企业联合会数据,2020 年全国全口径水电装机容量达 3.7 亿 kW(含抽水蓄能 0.31 亿 kW),同比增长 3.4%,占全部装机容量的 16.82%。同时,进一步实施西电东送等国家重点工程,实现在更大范围内的电力资源优化配置,促进水电的科学、经济、协调利用。

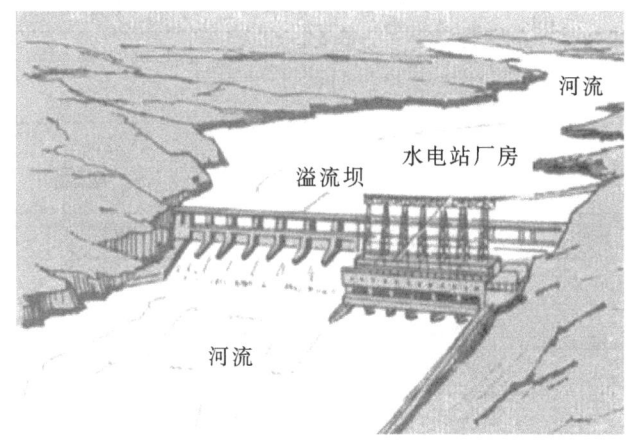

图 7-4　中国常见水能利用系统

3）太阳能

太阳能是指太阳所负载的能量，其利用方式主要有：光伏（太阳能电池）发电系统，将太阳能直接转换为电能；太阳能聚热系统，利用太阳的热能产生电能；被动式太阳房；太阳能热水系统；太阳能取暖和制冷（图 7-5）。在未来的可再生能源中，太阳能是最清洁、最环保、最经济的能源，具备十分独特的优势，也是未来新能源发展的必然选择。以太阳能电池为核心和主导的新能源革命，已经成为改变中国和全球能源、环境问题的根本手段和有效途径。据专家统计，我国太阳能资源蕴藏量约 2.1 万亿 kW，只需开发 1％ 即可达到 210 亿 kW，远大于生物质能的 1 亿 kW、水电的 3.78 亿 kW 以及风电的 2.53 亿 kW。随着世界经济向低碳方向迅猛转变，太阳能光伏发电将以其自身接近零碳排放的特点而颇具优势。我国应加快发展以太阳能光伏产业为主导的新能源产业，为经济和社会的可持续发展提供强大、持久的动力。目前，光伏发电的成本控制取得了突破性进展，为今后的商业化运作打下了坚实基础。预计在未来数十年里，随着光伏产业各环节成本的继续下降，尤其在政府引导、政策支持以及其他必要的培

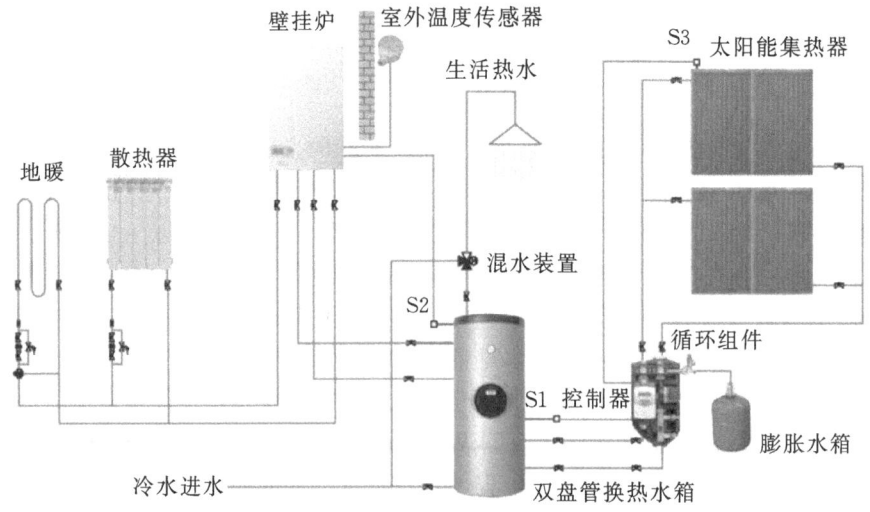

图 7-5　太阳能利用系统

育和推动下,太阳能发电一定可以从我国能源结构的重要补充和配角,变为我国能源供应的主要选择和主流方式。

4)生物质能

目前生物质能开发利用技术主要是生物质气化技术、生物质固化成型技术、生物质热解液化技术和沼气技术。生物质气化是在不完全燃烧条件下,利用空气中的氧气或含氧物质作气化剂,将生物质转化为含一氧化碳、氢气、甲烷等可燃气体的过程。目前气化技术是生物质热化学转化技术中最具实用性的一种。生物质固化成型技术是将分散的各类生物质原料经干燥粉碎到一定粒度,在一定的温度、湿度和压力条件下,使原料颗粒位置重新排列并发生机械变形和塑性变形,成为规则形状的密度较大的固体燃料。生物质液化技术主要是指生物质的热裂解液化。生物质的热裂解液化是指在中温(500 ℃)高加热速率(可达 1000 ℃/s)和极短的气体停留时间(约 2 s)的条件下生物质发生的热降解反应,生成的气体经快速冷却后可获得液体生物油,所得的油品基本上不含硫、氮和金属成分,是一种绿色燃料。沼气是有机物质在一定条件下经过微生物发酵作用而生成的以甲烷为主的可燃气体,沼气的主要成分是甲烷和二氧化碳,属中等热值燃气。典型生物质包括木屑、刨花、秸秆、树叶、树枝、甘蔗渣等,其利用如图 7-6 所示。

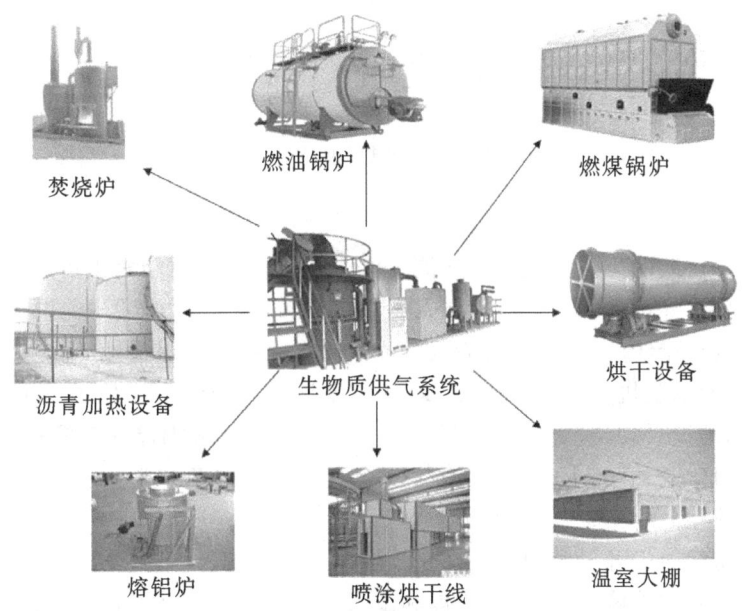

图 7-6　典型生物质的利用

5)地热能

地热能是由地壳抽取的天然热能,这种能量来自地球内部的熔岩,并以热力形式存在,是引致火山爆发及地震的能量。地热能具有稳定、连续、高效的优点。随着化石能源的日益紧缺,地热能得到全球范围内的广泛关注。我国的地热资源相对丰富,全国地热可采储量是已探明煤炭可采储量的 2.5 倍,其中距地表 2000 m 内储藏的地热能为 2500 亿 t 标准煤。全国地热可开采资源量为每年 68 亿 m³,所含地热量为 973 万亿 kJ。在地热利用规模上,我国近些年来一直位居世界首位,并以每年近 10%的速度稳步增长。地热能作为可再生能源,具有无可匹敌的优势,开发利用好地热能资源,对缓解我国能源、环境及生态问题具有重要的现实意义。

相对于其他可再生能源,地热能的最大优势体现在它的稳定性和连续性。联合国《世界能源评估》报告在 2004 年和 2007 年给出可再生能源发电的对比数字,地热发电的利用系数在72%～76%,明显高于太阳能(14%)、风能(21%)和生物质能(52%)等可再生能源。据估算,若将地热能用来发电,全年可供应 6000 h 以上,有些地热电站甚至高达 8000 h。同样的,地热能用来提供冷、热负荷也非常稳定。

地热能的利用分为两种方式:一类是地热发电;另一类是热能直接利用,包括地热水的直接利用(如地热采暖、洗浴、养殖等)和地源热泵供热、制冷。地热能利用系统如图 7-7 所示。

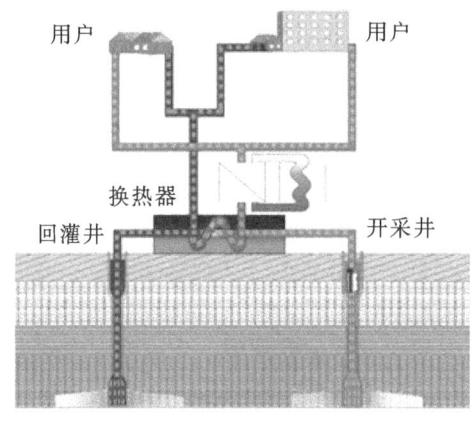

图 7-7　地热能利用系统

6)海洋能

目前,开发海洋能的主要形式是海洋能发电。开发利用海洋能对于增加和改善能源供应,保护生态环境,促进经济社会可持续发展具有重要意义,是 21 世纪我国能源战略的重要选择。从总体看,我国的海岸线广阔,海洋能资源十分丰富,可开发利用量达 10 亿 kW。其中,我国沿岸的潮汐能资源总装机容量为 2179 万 kW;沿岸波浪能理论平均功率为 1285 万 kW;潮流能 130 个水道的理论平均功率为 1394 万 kW;近海及毗邻海域温差能资源可供开发的总装机容量约为 17.47 亿～218.65 亿 kW;沿岸盐差能资源理论功率约为 1.14 亿 kW;近海风能资源达到 7.5 亿 kW。

当前,由于海洋能的开发利用还处在初步探索阶段,因此从技术和经济上来说,最具有开发价值的是风能,其次才是太阳能、潮汐能和波浪能。海流能的技术在我国也已进入实验示范阶段,温差能和盐差能的开发则由于技术尚不成熟且成本过高,距实际应用还有一段距离。根据我国海洋能利用技术的实际情况,我国海洋及海岛地区海洋能发展思路是,大力发展海洋风能和太阳能,适度发展潮汐能,加紧开展波浪能、海流能和温差能开发实验,研究探索多种能源(风能、太阳能、潮汐能或者波浪能等)的综合协同利用示范。海洋能利用系统如图 7-8所示。

7)核能

核能是一种清洁的能源。核电厂的运行既不产生二氧化硫、氮氧化物、烟尘,也不产生二氧化碳。核能技术的开发利用不仅有利于城市的能源环境保护,也能对二氧化碳减排产生重大贡献,所以它是目前最有希望大规模替代化石能源的一次能源。2020 年,核能在世界能源

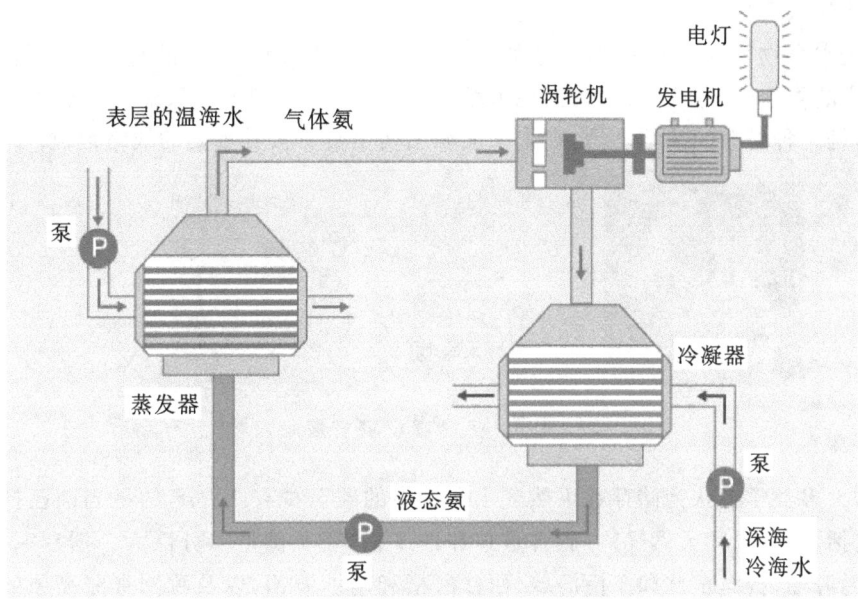

图 7-8 海洋能利用系统

消费结构中的占比为 4.31%，是世界上大规模可持续供应的主要能源之一。据中国核能行业协会数据，2020 年中国核能发电量为 3662.4 亿 kW·h，年均复合增长率达 14.85%。2021 年 1—9 月，全国运行核电机组累计发电量为 3027.09 亿 kW·h，比 2020 年同期上升了 12.11%；累计上网电量为 2839.94 亿 kW·h，比 2020 年同期上升了 12.39%。截至 2021 年 12 月 31 日，我国运行核电机组共 53 台（不含台湾地区），额定装机容量为 54646.95 MW。核电与火电系统对比如图 7-9 所示。

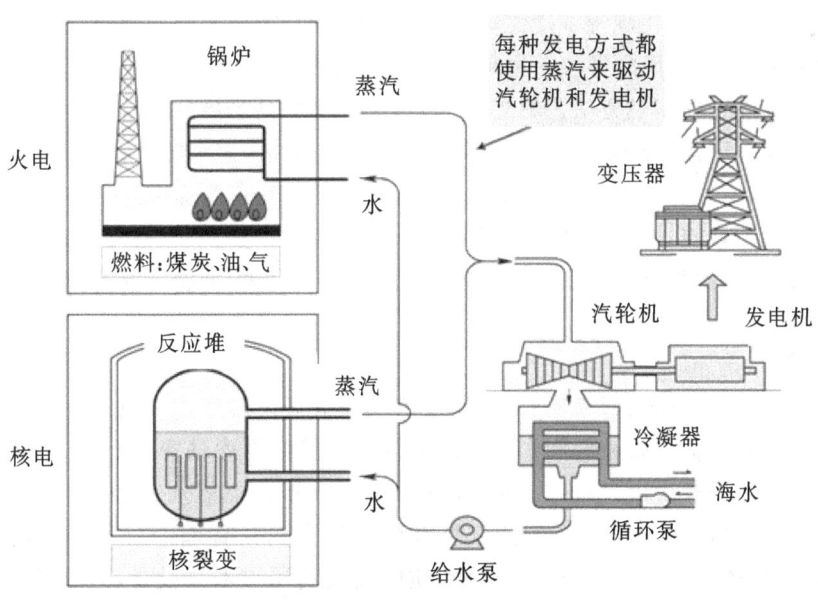

图 7-9 核电与火电系统对比

8）天然气水合物

天然气水合物是在一定条件（合适的温度、压力、气体饱和度、水的盐度、pH 值等）下由水和气体组成的类冰的、非化学计量的、笼形结晶化合物（图 7-10）。天然气水合物的资源开发前景良好，是一种潜在的清洁能源，在未来能源结构中具有极其重要的战略地位。

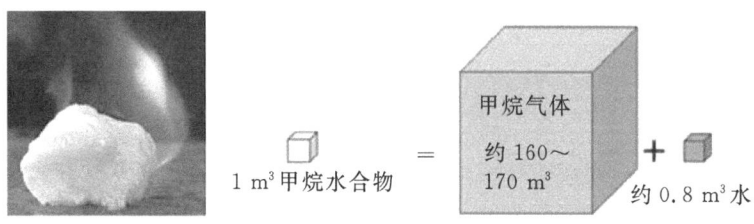

图 7-10　天然气水合物

目前，大多数学者认为储存在天然气水合物中的碳至少有 10^{13} t，约是当前已探明所有化石燃料（包括煤、石油和天然气）中碳含量总和的 2 倍，资源储量十分巨大。据专家分析，我国东海的冲绳海槽、台湾东北和东南海域、西沙海槽和南沙海槽，以及我国青藏高原的羌塘盆地均有天然气水合物赋存的有利地质条件，可能存在体积巨大的天然气水合物气藏。因此，天然气水合物的研究与开发是一个极具前瞻性和战略性的重大课题，它是我国 21 世纪重要的替代能源。

9）氢能

氢能是通过氢气和氧气反应所产生的能量。氢能是氢的化学能，氢在地球上主要以化合态的形式出现，是宇宙中分布最广泛的物质，构成了宇宙质量的 75%，属于二次能源。氢能具有清洁、无污染、效率高、重量轻、储存和输送性能好等诸多优点，其开发利用技术首先必须解决氢源问题，大量廉价氢的生产是实现氢能利用的根本。目前，我国的工业制氢方法主要是以天然气、石油、煤为原料，在高温下使之与水蒸气反应。但从长远看，这种制氢方法并不符合可持续发展的需要。因此，亟须寻找一种低能耗、高效率的制氢方法，如利用太阳能光解水制氢将是一种非常有前途的制氢方法。另外，开发安全、高效、高密度、低成本的储氢技术，是实现将氢能利用推向实用化、规模化的关键。氢能利用主要包括三个方面：利用氢和氧化剂发生反应放出的热能；利用氢和氧化剂在催化剂作用下的电化学反应直接获取电能；利用氢的热核反应释放出的核能。目前，质子交换膜燃料电池电源系统的开发应用，将成为推动氢能利用的新动力。同时，燃料电池发电系统也仍是实现氢能应用的重要途径。氢能的利用如图 7-11 所示。

10）沼气能

沼气能是指农村利用人畜粪便资源，通过沼气池厌氧发酵产生沼气燃料的能源。根据中国科学院地理科学与资源研究所和中国自然资源与环境数据库估算，我国人畜粪便资源全部用作沼气资源产生的理论沼气量约为 1.3×10^{11} m³，折合标准煤达 9300 万 t。但目前人畜粪便大多直接用作肥料，因此真正作为沼气资源的数量大约只有理论沼气资源量的 1/10。今后，我国将大力推进沼气工程建设，开发生物质能高效利用技术和设备，为农村解决大中型养殖场粪便污染问题，使粪便得以资源化利用，给农民提供更多的优质气体燃料。沼气能的利用如图 7-12 所示。

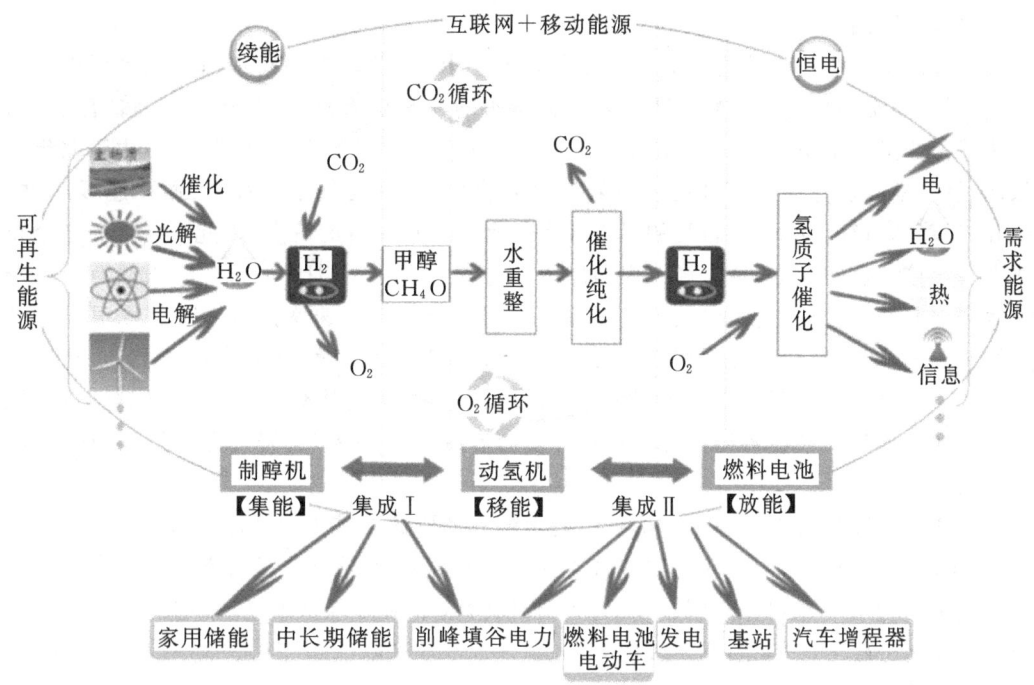

图 7-11　氢能利用示意图

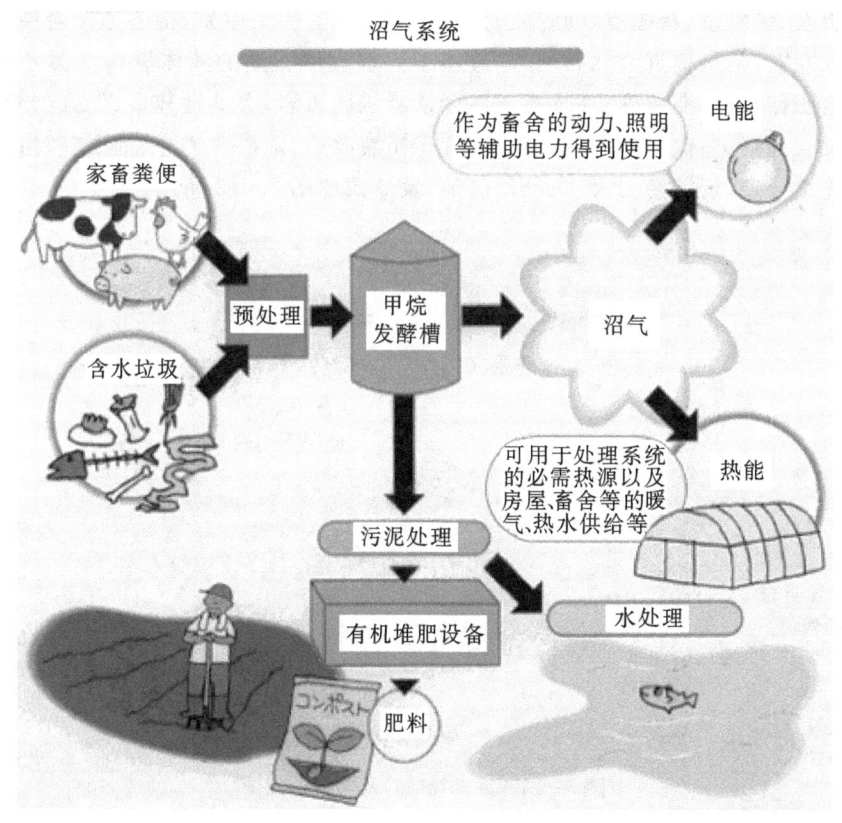

图 7-12　沼气能利用示意图

11）页岩气（油）

页岩气是指主体位于暗色泥页岩或高碳泥页岩中，以吸附或游离状态为主要存在方式的天然气聚集，即是一种特殊的赋存于泥岩或页岩中的非常规天然气，与煤层气、致密气同属一类。从某种意义上来说，页岩气藏的形成是天然气在源岩中大规模滞留的结果，由于储集条件特殊，天然气是以多种相态存在的。页岩气具有自生自储、无气水界面、大面积连续成藏、低孔、低渗等基本特征。由于页岩气的形成和富集有其自身独特的特点，因此页岩气往往分布在盆地内厚度较大、分布广的页岩烃源岩地层中。与常规天然气相比，页岩气开发具有开采寿命长和生产周期长的优点，这使得页岩气井能够长期地以稳定的速率产气。页岩气很早就已经被人们所认知，但采集比传统天然气困难得多，到目前为止只有美国和加拿大对其进行了系统商业开发。随着资源能源的日益匮乏，作为传统天然气的重要补充，人们逐渐意识到页岩气开发的重要性。伴随开采技术的迅猛进步和开发力度的不断增大，页岩气必将给人们的生活带来更大的惊喜。

页岩油是指以页岩为主的页岩层系中所含的石油资源。其中包括泥页岩孔隙和裂缝中的石油，也包括泥页岩层系中的致密碳酸岩或碎屑岩邻层和夹层中的石油资源。页岩油有效的开发方式主要为水平井和分段压裂技术。页岩油常温下为褐色膏状物，带有刺激性气味。页岩油中的轻馏分较少，汽油馏分一般仅为 2.5%～2.7%；360 ℃以下馏分约占 40%～50%；含蜡重油馏分约占 25%～30%；渣油约占 20%～30%。页岩油中含有大量石蜡，凝固点较高，含沥青质较低，含氮量高，属于含氮较高的石蜡基油。虽然世界各地所产的页岩油由于组成和性质不同，在密度、含蜡量、凝固点、沥青质、元素组成方面有很大差别，但各地页岩油的碳氢重量比均在 7～8 左右，是最接近天然石油，也最适于代替天然石油的液体燃料。页岩油主要有以下六个特征：源储一体，滞留聚集；较高成熟度富有机质页岩，含油性较好；发育纳米级孔、裂缝系统，利于页岩油聚集；储层脆性指数较高，宜于压裂改造；地层压力高、油质轻，易于流动和开采；大面积连续分布，资源潜力大。页岩气（油）及储藏如图 7-13 所示。

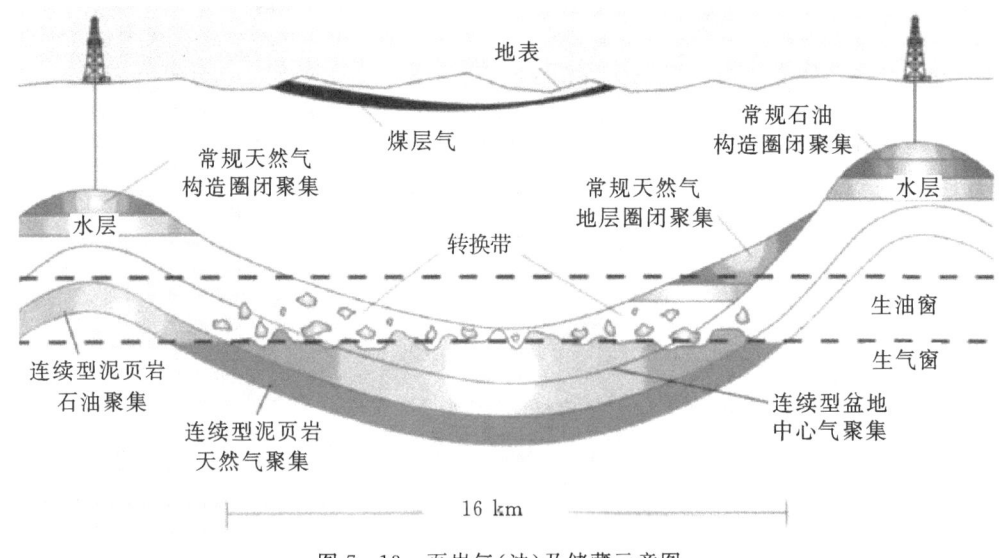

图 7-13　页岩气（油）及储藏示意图

7.3.5　节约能源

我国已成为世界第一大能源生产国和第一大能源消费国。2020 年一次能源生产总量和消费总量分别达到 40.8 亿 t 标准煤和 49.8 亿 t 标准煤(2021 年版《bp 世界能源统计年鉴》数据)。我国一次能源消费量的增长速度大于生产量的增长速度,因此我国一次能源的自给率逐年下降,对外依存度逐年上升。随着我国经济的高速增长,能源紧缺已经成为制约我国经济进一步健康发展的重要影响因素。另一方面,我国能源利用率较低,能源在开采、转换、输送、分配和终端利用整个过程中的损失和浪费量较大,我国能源效率比国际先进水平约低 10%。因此,节能已经成为提高我国能源利用效率、保障能源安全、支撑经济社会发展的首要方法和重要途径。

1. 节能的定义

我国《节约能源法》对节能的定义是:"加强用能管理,采取技术上可行、经济上合理以及环境和社会可以承受的措施,从能源生产到消费的各个环节,降低消耗、减少损失和污染物排放、制止浪费,有效、合理地利用能源。"《节约能源法》对节能的定义突出了以下几个特点:节能概念更加科学;节能目标更加明确;节能环节更加突出;节能条件更加全面。

2. 节能的基本原则

(1)坚持突出节能是科学发展的本质要求。

(2)坚持把节能放在首位的能源发展战略。

(3)坚持政府引导和市场运作机制。

(4)坚持全社会共同参与。

3. 节能的意义

(1)节约资源是我国的一项基本国策。

(2)节约与开发并举,把节约放在首位是我国的能源发展战略。

(3)节能是保障国家能源安全的重要手段。

(4)节能是应对全球气候变化、减小环境污染的有效途径。

(5)节能是推动低碳经济体系建立的重要抓手。

(6)节约资源是发展循环经济的基本前提。

(7)节能是增强用能单位竞争力,提高用能单位经济效益的重要方式。

4. 节能的途径

1)工业节能

工业部门是我国 GDP 的重要来源,约占 GDP 的 45%,也是我国能源消耗的主要部门。而世界各国工业能耗约占一次能源消费总量的 1/3,我国工业能耗所占的比例约为 70%左右。2020 年 1—10 月,全国规模以上工业增加值累计同比增长 1.8%,增速较上年收窄 4.4%。部分高载能行业生产逐步恢复,粗钢、生铁、十种有色金属和乙烯产量同比分别增长 5.5%、4.3%、4.3%和 2.8%。根据国家统计局数据,如表 7-2 所示,2020 年全国第二产业用电量为51215 亿 kW·h,占全社会用电量的 68.19%。多年以来,我国能源总消费量快速增长的重要原因是,工业消费能源量增长速度高于能源总消费量增长速度。在未来相当长的时间内,我国以工业为主的产业结构和能源消费框架也会继续保持不变,因此在国内能源十分紧缺和供需矛盾激化的大背景下,工业节能对解决工业及整个国民经济发展中的能源问题具有重要意义。

表 7-2　2020 年全国各产业及居民用电量

各产业及居民	用电量/亿 kW·h	占比/%
第一产业	859	1.14
第二产业	51215	68.19
第三产业	12087	16.09
居民	10950	14.58

总的来说,开展工业节能降耗主要从管理节能、技术节能和结构节能三方面入手,可采取的有效措施包括:

(1)加快能源结构调整,大力发展低能耗产业;

(2)坚持科学用能,利用科技进步促进节能降耗;

(3)大力发展节能服务产业;

(4)制定和实施强化节能的激励政策;

(5)完善节能管理体系和法规标准。

2)交通节能

随着我国城市化进程的加快,社会经济水平稳步提高,交通运输需求不断上升,这也加大了交通能源的需求量和环境污染物排放量。交通运输业是仅次于制造业的第二大油品消耗行业,也是实现低碳生活发展路径的重点行业。在我国,社会交通运输能耗约占全国总能耗的8%,与世界先进水平相比,我国交通行业能源利用效率明显偏低,载货汽车百吨公里油耗比国外先进水平约高30%;在我国一些大城市中,机动车污染物排放量占大气污染物的比例已达60%左右[10]。因此,加强交通节能减排已成为缓解我国能源环境压力、建设资源节约型和环境友好型社会的必然选择之一。

交通运输业是高耗能产业,特别是单位产值的石油消耗量在所有行业中最高。在交通运输方式中,以货物运输为例,航空能耗最高,公路次之,铁路第三,水运第四,管道能耗最低。但随着城市化不断发展、人口迅速增加、社会经济稳步高速发展,人们对交通运输的服务需求量也在不断上升。在运输能耗不断增加、资源相对短缺、环境破坏压力增大的情况下,实现交通运输节能显得尤为重要,也在现阶段最为可行。

我国乃至全世界的资源可持续发展问题日益突出,地球环境的日益恶化使人们不得不开始重视节能减排工作。交通运输业作为能源的主要消耗产业,更应该积极做好节能减排工作。我国正处于工业化和城镇化高速发展时期,对能源的高需求会持续较长时间。但作为发展中国家,我国应充分汲取发达国家的经验教训,避免走他们“先污染、后治理”的老路,同时积极探索和开发各种节能减排的技术方法。这对我国建立资源节约型、环境友好型社会,承担起一个大国对国际社会的责任具有重要意义。

(1)运输技术进步的节能潜力。当前,交通运输部门能源效率约为28.6%,低于农业的33.0%、工业的53.4%,更低于商业的71.5%。而交通能效的提升要充分依靠技术方法的发展来降低运输的能源消耗。相关统计数据表明,中国在交通领域的平均能耗高于世界平均水平。

　　技术进步是经济和社会发展的首要推动力,交通科技的发展不仅推动了交通经济的高速发展,还促进了交通节能和环境保护。新技术、新产业、新交通、新建筑、新能源和新的发展方式的出现,将会不断推动我国经济和社会发展进步,实现经济、能源、环境、气候的进步和可持续发展。公路、铁路和民航技术节能潜力如表7-3所示。

表7-3　公路、铁路和民航技术节能潜力[11]

运输方式	世界	经济合作与发展组织
轿车	10%～50%	15%～50%
货车	10%～30%	5%～33%
铁路	10%～33%	—
民航	26%～90%	16%～34%

　　(2)运输结构调整的节能潜力。将铁路、公路、航空及水运等四种运输方式进行比较,铁路、水运都具有较高的节能环保性。虽然铁路、水运的平均油耗较低,但其快捷性、便捷性却不及航空,灵活性则不及公路。故近年来航空与公路货运的增长较快,年均增长分别为14%与7%;而单位能耗较低的铁路与水路货运增长较慢,年均增长约为4%与5%。在客运领域,铁路(尤其是高铁)、航空和公路客运的比重呈现大幅增加趋势,而水路客运所占比例却在不断下降。

　　(3)运输制度变迁的节能潜力。制度变迁主要有两种类型,即强制性变迁和诱致性变迁。前者如政策、法律和法规等,有具体的条文和明确的规定,在实施过程中具有浓烈的强制性色彩;后者如习惯、道德、伦理观和价值观等,是靠社会成员个体内或个体间自发形成的,在传播过程中逐渐被人们所普遍认同,这些规则的实施主要依靠组织内部个体的自觉性和个体间的默契,具有非强制性色彩。因此,为了更好地发挥前者的明确性、强制性和后者的渗透性、全方位性,实施运输制度变迁的节能应在这两者的协调结合中,充分挖掘其节能潜力。

　　3)建筑节能

　　建筑节能就是以节约建筑能耗为核心,对建筑物周围结构和采暖系统进行控制。建筑节能可以在保证室内舒适性的前提下,大力提高能源的利用率,尽量降低建筑能耗水平。建筑节能是我国实现可持续发展战略的重要组成部分,在我国发展中的地位越来越重要。

　　随着我国经济的快速发展,人民生活水平逐渐提高,对房间舒适度的要求也越来越高。加之我国正处于城市化发展的关键时期,可以预计建筑需求量将会不断攀升。国家统计局数据显示,2020年我国建筑业房屋施工面积达到149.47亿 m²,竣工面积达到38.48亿 m²。如此巨大的建筑规模,在世界上也是空前的。但是,已有建筑近400亿 m²,建筑中95%为高能耗建筑。如我国建筑采暖的耗热量,外墙大体上为与我们气候条件相近的发达国家的4～5倍,屋顶为2.5～5.5倍,外窗为1.5～2.2倍,门窗透气性为3～6倍,单位建筑面积采暖总能耗高达气候条件相近的发达国家新建建筑的3～4倍[12]。

　　目前各部委纷纷出台各类政策、法规、规划和技术标准,加快推动建筑节能的执行。2021年4月,国家发改委印发《2021年新型城镇化和城乡融合发展重点任务》,明确提出,要建设低碳绿色城市,"推动能源清洁低碳安全高效利用,深入推进工业、建筑、交通等领域绿色低碳转型"。

7.3.6 先进能源系统

据权威机构预测,到 2025 年,全球能源消费量将比 2001 年增长 54％。其中,工业国家的能源消费量将以平均每年 1.2％的速度增长。而包括中国、印度在内的亚洲发展中国家的能源需求量将比目前增加约一倍,占全球能源需求增长量的 40％和发展中国家增长量的 70％。因此,能源问题将成为制约各国经济发展的瓶颈。发展先进、安全的能源系统,提高能源利用率以及开发利用新能源也随之成为世界各国共同关心的热点课题。

先进能源系统主要包括智能热网系统、智能电网系统、分布式能源系统、微电网系统、各能源综合协同利用系统等。

1. 智能热网系统

1)智能热网系统的定义

智能热网系统是指通过应用智能化数字技术,以信息网络平台为依托,实现热介质安全、可靠、高效地生产、分配、输送和使用的系统,将促进城市供热热能资源的优化配置,提升供热安全性、可靠性及高效性。

2)智能热网系统的特点

智能热网系统能够有效实现热能资源的合理配置,解决常规热网热力不平衡问题,对于温度不够热的末端可以实现远程自动调节,实现各部分均衡供热。此外,管网系统数字化、信息化的实现,也有助于职能部门随时掌握各用热单位的运行参数,对用热过程中出现的问题进行实时跟踪分析,保障安全、稳定运行。

3)智能热网系统的基本组成

智能热网(综合能源运行调度管理)系统主要由热源自动化生产管理系统、换热站自控和远程监控系统、二级网水力平衡调控系统、分户计量系统、管道泄漏检测系统、热网地理信息管理系统、热网在线模拟仿真系统、视频监控系统等组成,如图 7 - 14 所示。

智能热网系统是以上述 8 套系统为基础进行构建的,各系统可以独立存在,也可以进行系统的海量数据双向传输和决策运算,所以还需要建立一套可靠的双向数据传输渠道。除视频监控系统外,其余 7 套系统都有各自的数据库,因此可以采用数据库接口作为双向数据传输的渠道。为降低数据库软硬件采购成本和便于统一管理,这 7 套系统和智能热网系统都可以采用同一套数据库平台,如用 Oracle 构建数据库集群,提高数据库存储容量,保证数据库运行的稳定性。

4)智能热网系统的发展前景

2020 年,"十三五"规划收官;2021 年,"十四五"规划起步。纵观世界经济、技术的发展趋势,我国新的经济转型必然在新的五年规划发展中有重大突破。而在国民经济中占有基础地位的供热行业,也必须紧跟时代发展步伐,作出新的适合供热行业特点的战略发展部署。

截至 2020 年底,我国集中供热面积已达 122 亿 m^2。全国每年用于供暖、制冷的能耗约占全国总能耗的近 10％。供热工程作为能源工程,其目标应为"不多不少",即在实现室温"不冷不热"的同时,还要满足"按需供热",做到需要多少热量供应多少热量。要真正实现"不多不少",供热系统的能效必须大幅提高,向着"三零"的目标努力。所谓"三零",就是水力平衡时没有节流损失,流量调节时没有过流量存在(按最佳流量运行),热量控制时没有剩余热量浪费。

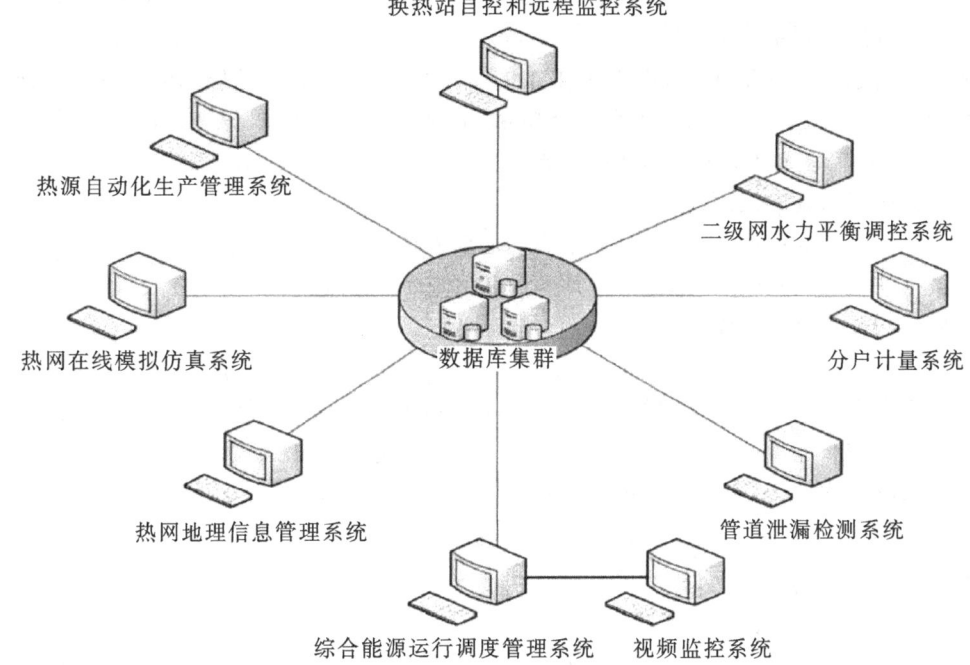

图 7-14　智能热网系统基本组成[13]

为此,我国的供热系统能效要从现在的 30% 朝 60%～70% 的目标努力,其节能潜力约为 30%～40%。实现了这一目标,也就超越了现在发达国家 50% 的系统能效指标。

为实现"不冷不热"、节约能耗的目标,必须进行供热工艺的发展和革新。随着互联网、信息技术的发展,智能热网系统必将成为供热行业新的发展趋势。

2.智能电网系统

1)智能电网系统的定义

美国能源部在《Grid 2030》中指出,智能电网系统是一个完全自动化的电力传输网络系统,能够监视和控制每个用户和电网节点,是保证从电厂到终端用户整个输配电过程中所有节点之间信息和电能双向流动的传输网络。

欧洲技术论坛提出,智能电网系统是一个可整合所有连接到电网用户所有行为的电力传输网络系统,以有效提供持续、经济和安全的电力。

国家电网中国电力科学研究院提出,智能电网系统是以物理电网为基础(中国的智能电网是以特高压电网为骨干网架,以各电压等级电网协调发展的坚强电网为基础),将现代先进的传感测量技术、通信技术、信息技术、计算机技术和控制技术与物理电网高度集成而形成的新型电网系统。

2)智能电网系统的主要特征

智能电网系统的主要特征有自愈、激励、抵御攻击,提供满足 21 世纪用户需求的电能质量,容许各种不同发电形式的接入,启动电力市场以及优化高效运行资产等。

3)智能电网系统的组成

智能电网系统由很多部分组成,可分为智能变电站、智能配电网、智能电能表、智能交互终端、智能调度、智能家电、智能用电楼宇、智能城市用电网、智能发电系统、新型储能系统等。

4）建立智能电网系统的目的及意义

智能电网系统将以充分满足用户对电力的需求和优化资源配置，确保电力供应的安全性、可靠性和经济性，满足环保约束，保证电能质量，适应电力市场化发展等为目的，实现对用户可靠、经济、清洁、互动的电力供应和增值服务。

5）智能电网系统的实现途径

第一步就是建立高速、双向、实时、集成的通信系统，这是实现智能电网的基础。因为智能电网的数据获取、保护和控制都需要这样的通信系统的支持，如果没有这样的通信系统，任何智能电网的特征都将无从实现。

第二步就是将通信系统和电网同时接入千家万户，这样就形成了两张紧密联系的网络——电网和通信网络，只有这样才能实现智能电网的目标和主要特征。高速、双向、实时、集成的通信系统使智能电网成为一个动态的、实时信息和电力交换互动的大型基础设施。当这样的通信系统建成之后，它不仅能提高电网的供电可靠性和资产的利用率，繁荣电力市场，而且能抵御电网受到的攻击，大幅提高电网价值。

3. 分布式能源系统

1）分布式能源系统的定义

国际分布式能源联盟提出，分布式能源系统指安装在用户端的高效冷/热电联供系统，系统能够在消费地点（或附近）发电，高效利用发电产生的废能生产热和电；现场端可再生能源系统包括利用现场废气、废热以及多余压差来发电的能源循环利用系统。

中国能源网提出，分布式能源系统就是指分布在需求侧的能源梯级利用，以及资源综合利用和可再生能源利用系统。

2）分布式能源系统的主要特征

作为新一代供能模式，分布式能源系统是集中式供能系统的有力补充。它有以下四个主要特征。

（1）分散布置。作为服务于当地的能量供应中心，它直接面向当地各用户的具体需求，布置在用户附近，可以极大地简化系统提供用户能量的输送环节，进而减少能量输送过程中的能量损失与输送成本，同时大幅增加用户能量供应的安全性。

（2）中、小容量规模。由于它不采用大规模、远距离输出能量的模式，而主要针对局部用户能量需求，因此系统的规模将受用户需求的制约，相对目前集中式供能系统均为中、小容量规模。

（3）用户自主。随着经济、技术的发展，特别是可再生能源的大规模推广应用，用户的能量需求开始趋向多元化发展；同时伴随不同能源利用技术的发展和成熟，可供选择的技术也日益增多。而分布式能源系统作为一种开放性的能源系统，也开始呈现出多功能的趋势，既包含多种能源输入，又可同时满足用户的多种能量需求。

（4）多功能综合。人们的观念在不断转变，对能源系统也不断提出新的要求，如高效、可靠、经济、环保、可持续性发展等。新型分布式能源系统通过选用合适的技术，经过系统优化和全面整合，可以更好地同时满足这些要求，实现多个功能目标。

3）分布式能源系统的优点

（1）能源综合梯级利用，综合能源效率高，节能率高。

（2）没有或有很低输配电损耗，无需建设配电站。

（3）供电可靠性提高，不受大规模停电事故影响。

（4）满足特殊场合的需求，如工厂、宾馆、偏远地区等。

（5）具有良好的环保性能，减少了环保压力。

（6）网络化、智能化控制和信息化管理。

（7）为高品位能源和可再生能源的利用开辟新的途径。

4）发展分布式能源系统的意义

（1）经济性。分布式能源可用发电的余热来制热、制冷，因此能源得以合理利用，从而提高能源的利用效率（达 70%～90%）。由于分布式电源并网技术的发展，减少或缓建了大型发电厂和高压输电网，节约了投资。大型输配电网的减少，也大幅度降低了网损。

（2）环保性。因其采用天然气作燃料或以氢气、太阳能、风能为能源，所以可大幅减少有害物的排放总量，减轻环保的压力。大量就近供电减少了大容量远距离高电压输电线的建设，由此减少了高压输电线的电磁污染和征地面积、线路走廊，减少了对输电线路下树木的砍伐，有利于环境保护。

（3）能源利用的多样性。分布式发电可利用多种能源，如清洁能源（天然气）、新能源（氢）和可再生能源（风能和太阳能等），同时为用户提供冷、热、电等多种能源应用方式，因此是解决能源危机和能源安全问题、提高能源利用效率的一种合理的、可行的途径。

（4）调峰作用。夏季和冬季往往是负荷的高峰时期，此时若采用以天然气为燃料的燃气轮机等冷、热、电三联供系统，不但可满足夏季的供冷与冬季的供热需要，同时提供了一部分电力，实现对电网的削峰填谷作用。此外，也部分解决了天然气供应时的峰谷差过大问题，发挥了天然气与电力的互补作用。

（5）安全性和可靠性。当大电网出现大面积停电事故时，具有特殊设计的分布式发电系统仍能保持正常运行，由此可大幅提高供电的安全性和可靠性。

5）分布式能源系统的主要形式

分布式能源技术是未来世界能源技术的重要发展方向，它具有能源利用效率高、环境负面影响小、能源供应可靠性高和经济效益好等特点。我国发展分布式能源的主要形式包括燃气冷热电联供系统、分布式煤气化能源系统、分布式煤层气能源系统、分布式可再生能源系统、分布式生物质能源系统、以垃圾为燃料的分布式能源系统、分布式发电能源系统等[14]。

（1）燃气冷热电联供系统（combined cool，heat and power system，CCHP）。这是分布式能源系统的典型形式。天然气是一种清洁原料，它的烟气中不含二氧化硫，所以其中水蒸气的潜热几乎 90% 以上的热量都被利用。由于在燃气轮机中 30%～40% 的能量直接转化为电能，一次转化效率也高于一般火电机组，再加上排气和能量利用，比如加热、制冷，用于各种不同能级的用户，整个系统实现能量的梯级利用，使总能量利用效率达到最高。所以利用天然气作为能源的系统中，效率最高的就是冷热电联供系统，如图 7-15 所示。

（2）分布式煤气化能源系统。分布式煤气化能源系统联合循环发电就是以煤气化得到的煤气作为燃料，来代替常规系统中的气体或液体燃料，以达到提高热效率的目的。其流程为：将煤气化产生的煤气经过脱硫等净化处理，把煤气中的灰、含硫化合物等杂质除掉，成为清洁的、具有一定压力的洁净煤气，供给燃气轮机做功发电，其尾气供给余热溴化锂吸收式制冷/制热系统以为用户供暖、制冷以及提供生活热水。在我国富煤区可大力发展分布式煤气化能源

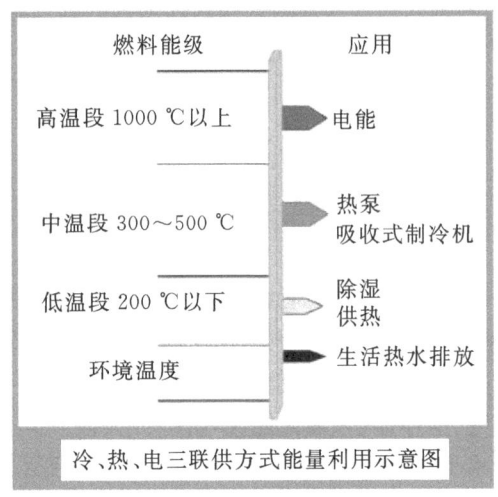
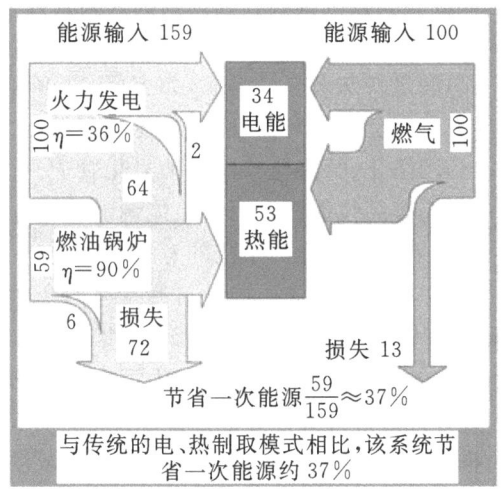

图 7-15 燃气冷热电联供系统

系统,通过燃气输配管道将气化产物供给用户,可以达到高效利用能源的目的,如图 7-16 所示。

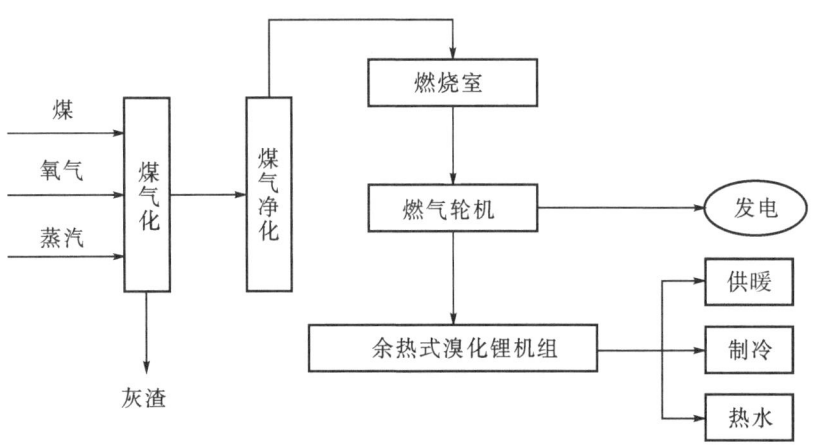

图 7-16 分布式煤气化能源系统

(3)分布式煤层气能源系统。我国有丰富的煤层气资源,现已查明的浅层煤层气就有超过 30 万亿 m³,相当于约 400 亿 t 标准煤。若全部用以发电的话,可发电达 100 万亿 kW·h,这一巨大资源是建设分布式能源系统的物质基础。由于煤矿的生产需要很多电力,因此煤层气的产地多在煤矿附近。用煤层气就地建设一个分布式能源系统,平时可供给煤矿部分生产用电力,故障时也可供给保安电力。这不仅省去大量输变电系统的建设和运行费用,也省去了输变电过程中约 7%的电能损耗,大幅提高能量利用效率,如图 7-17 所示。

(4)分布式可再生能源系统。分布式能源系统适合与太阳能、地热、风能等规模小、能量密度低的可再生能源系统相结合,为可再生能源的利用提供了新的思路。分布式可再生能源系统是分布式能源系统未来的一个重要发展方向。在这种分布式能源系统中,产出的将不只是冷、热、电,还有一些化学品或其他产品。但由于可再生能源本身的一些特点和现有利用技术

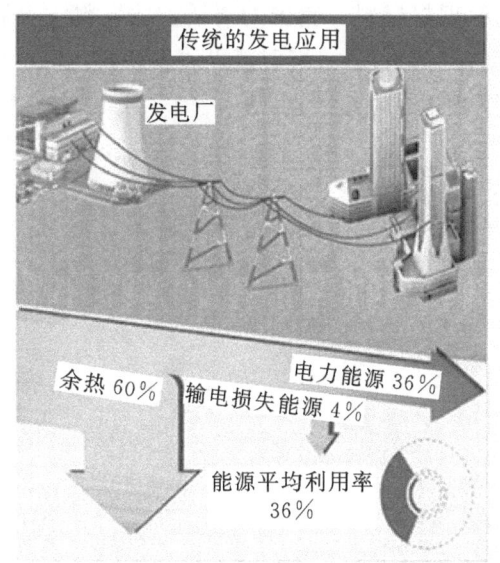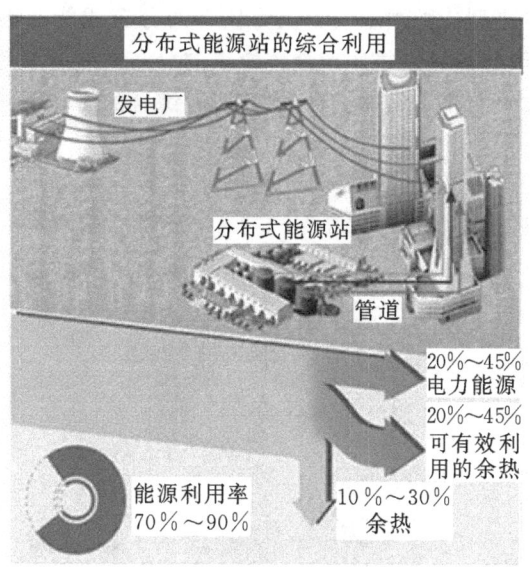

图 7-17　分布式煤层气能源系统与传统发电比较

水平的限制,在当前一段时间内,与常规能源互补的分布式系统更为现实可行,这也将进一步促进可再生能源利用技术的发展,如图 7-18 所示。

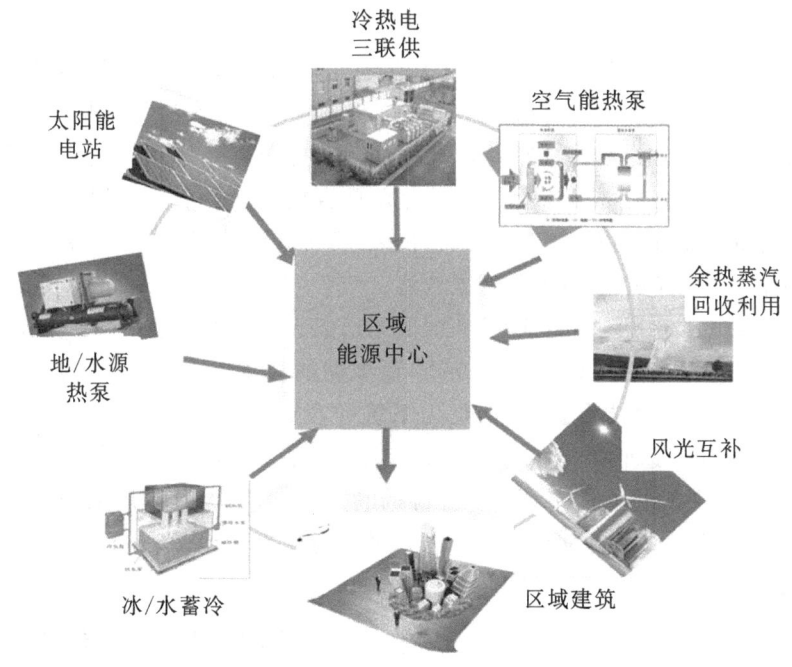

图 7-18　分布式可再生能源系统

(5)分布式生物质能源系统。生物质包括各种速生的能源植物及各种废弃物,是洁净的可再生能源。作为唯一能转化为液体燃料的可再生能源,生物质以总产量巨大、可储存、碳循环等优点已引起全球的广泛关注。生物质气化或裂解产生的燃料气和高品位液体燃料,可作为以小型或微型燃气轮机为核心的分布式能源系统的理想燃料。我国的清洁液体燃料十分匮乏,当前可以将生产液体燃料的分布式能源系统作为发展重点(可同时或以后生产氢),也可将发电与生产燃料结合,建立协调综合的多能源输出系统,如图7-19所示。

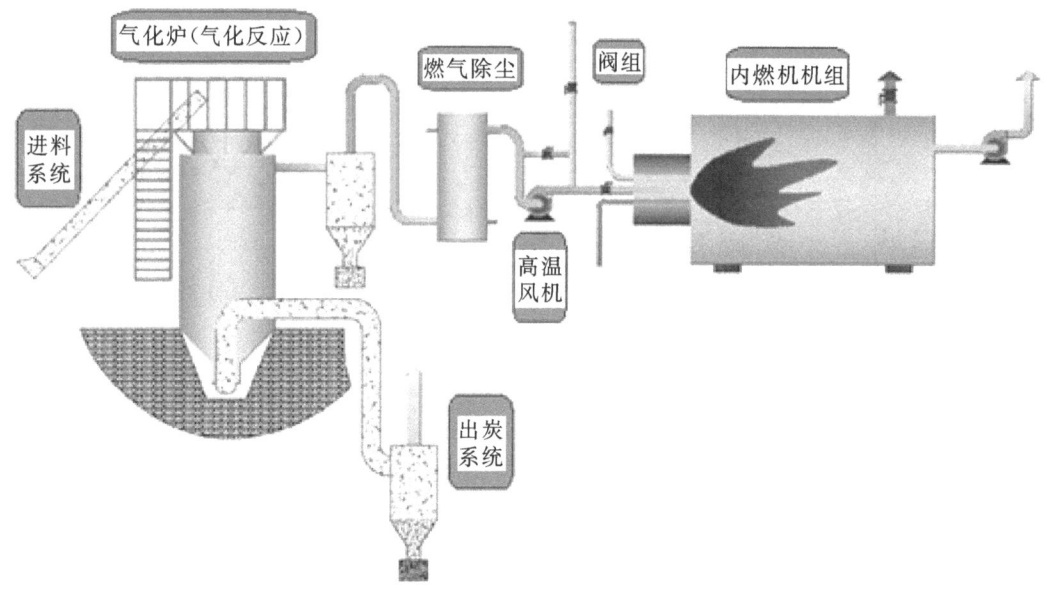

图7-19 分布式生物质能源系统

(6)以垃圾为燃料的分布式能源系统。从生态角度看,垃圾是一种污染源;而从资源角度看,垃圾是地球上唯一正在增长的资源。能源专家测算,2 t城市垃圾焚烧所产生的能量相当于1 t煤燃烧的能量。如果我国能将垃圾分类处理并充分有效地用于发电,每年将节省煤炭5000万~6000万 t。通过水煤浆技术处理,变垃圾直接焚烧为加工利用,从而达到简化焚烧系统复杂性、提高燃烧效率和控制二次污染等多重目的。因此,垃圾发电将是形成分布式能源系统和电力生产"一次能源"多样性的重要内容。

(7)分布式发电能源系统。目前,分布式发电已成为世界电力发展的新方向。从自然科学角度看,它的未来发展主要从高效发电方式、新型储能技术、并网关键技术三个方面进行突破[15]。其大规模应用将对能源,尤其是电力系统的产业结构调整和技术进步产生深刻的影响。由于分布式能源用途的多样性,应当发展多形式、多用途的复合型分布式能源系统,如与可再生能源利用相结合,既可降低可再生能源的利用难度,扩大其应用范围,也使分布式能源系统有更大的用武之地和发展前景,如图7-20所示。

4.微电网系统

随着我国经济增长速度的加快,电力需求也越来越大,大规模联网所带来的问题逐渐显露出来。比如调度困难,安全性和可靠系数不高等。同时,由于能源危机的加重,作为一个以煤电为主要电力结构的发展中国家,我国在环境治理上耗费了大量人力、物力和财力,但治理效果并不明显。分布式发电以其灵活、环保等诸多优势正在逐渐赢得广大市场,而大量分布式电源的并网也给电力系统的保护、实时调度和电网可靠性等带来了一些难题。为整合分布式发电的优势,削弱分布式发电对电网的冲击和负面影响,充分发挥分布式发电系统的效益和价

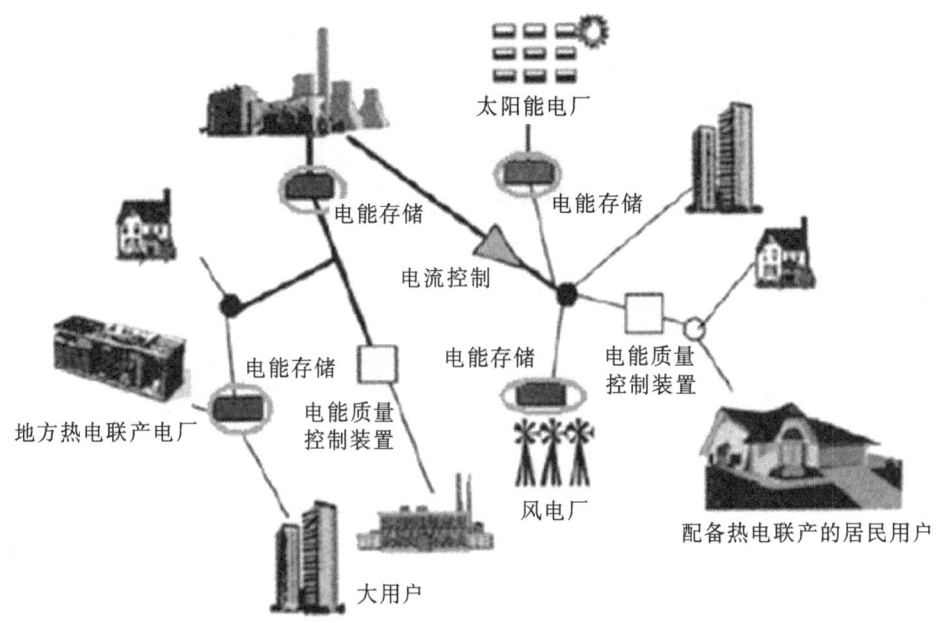

图 7 - 20　分布式发电能源系统

值,电力人员和专家提出了微电网系统的概念。

1)微电网系统的定义

微电网(micro-grid)系统也译为微网系统,是一种新型网络结构系统。目前,国际上对微网的定义没有统一的标准。

美国电气可靠性技术解决方案联合会(CERTS)给出的定义为:微网系统是一种由负荷和微源共同组成的系统,它可向用户同时提供电能和热能;微网系统内的电源主要由电力电子器件负责能量的转换,并提供必需的控制;微网系统相对于外部大电网表现为单一的受控单元,并可满足用户对电能质量和供电安全等方面的要求。美国微网结构如图 7 - 21 所示。它采用微型燃气轮机和燃料电池作为主要的电源,储能装置连接在直流侧,与分布式电源一起作为一个整体,通过电力电子接口连接到微网系统。其控制方案相关研究重点是分布式电源的"即插即用"式控制方法。

欧盟微电网项目给出的定义是:微网系统是一种小型电力系统,它可充分利用一次能源,提供冷、热、电三联供,配有储能装置,所使用的微源分为不可控、部分可控和全控三种,使用电力电子装置进行能量调节。他们的实验室微网结构如图 7 - 22 所示,光伏、燃料电池和微型燃气轮机通过电力电子接口连接到微网系统,小的风力发电机直接连接到微网系统,中心储能单元被安装在交流母线侧。微网系统采用分层控制策略。

美国威斯康星大学麦迪逊分校的 R. H. 拉瑟特(R·H·Lasseter)给出的定义是:微电网系统是一个由负载和微型电源组成的独立可控系统,对当地提供电能和热能。这种概念提供了一个新的模型来描述微电网的操作。微电网系统可被看作在电网中一个可控的单元,它可以在数秒钟内反应来满足外部输配电网络的需求。对用户来说,微电网系统可以满足他们特定的需求,即增加本地可靠性,降低馈线损耗,保持本地电压,通过利用余热提供更高的效率,

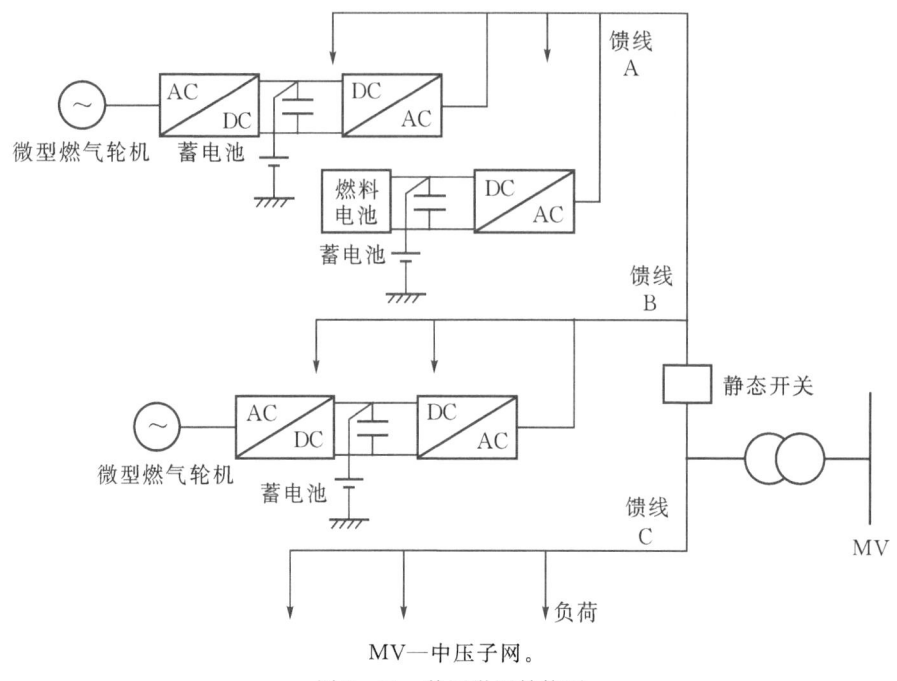

MV—中压子网。

图 7 - 21　美国微网结构图

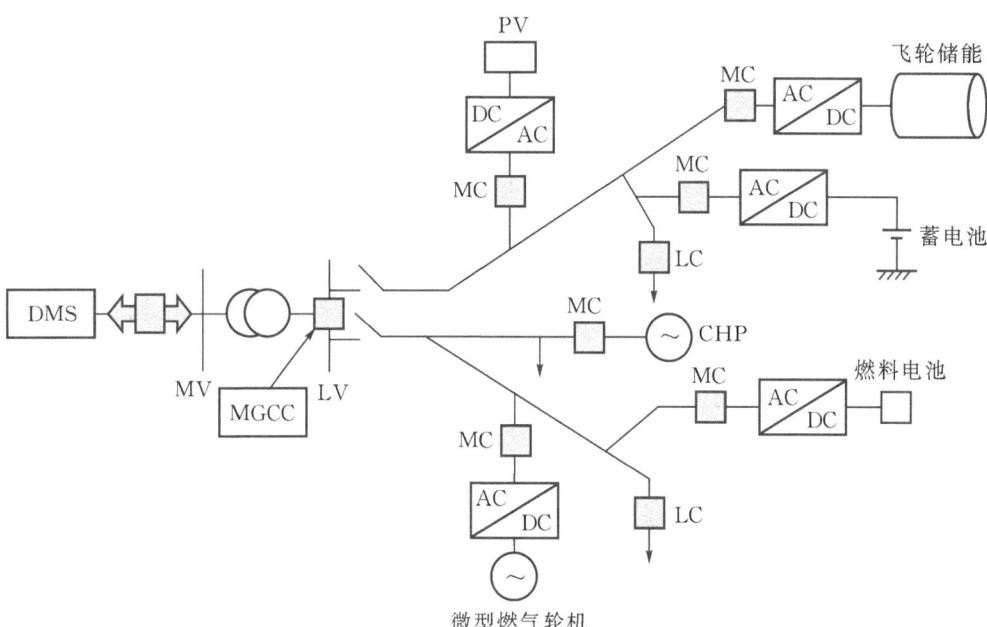

DMS—分布式管理系统；MGCC—微网系统中央控制器；LC—负荷控制器；MC—微电源控制器；
MV—中压子网；LV—低压子网；CHP—三联供燃气发电机组；PV—光伏发电系统。

图 7　22　欧盟微网结构图

保证电压降的修正或者提供不间断电源。图 7 - 23 是威斯康星大学新能源实验室的微电网系
统结构图。

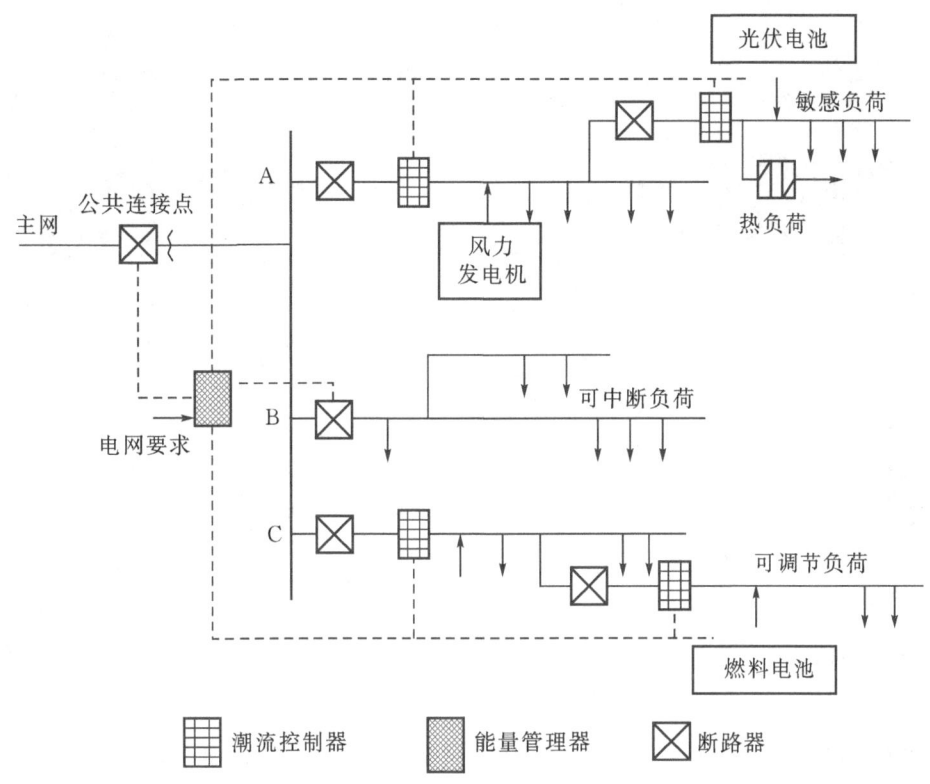

图 7 - 23 威斯康星大学新能源实验室的微电网系统结构图

2）微电网系统的主要优点

（1）提高电网系统供电安全可靠性。

（2）提高电力利用效率。

3）微电网系统的基本组成

微电网系统是由分布式电源、储能装置、能量转换装置、相关负荷和监控、保护装置汇集而成的小型发配电系统，如图 7 - 24 所示。

4）微电网系统的研究现状

随着经济的高速发展和能耗的日益增加，各国的电力工业面临着一系列前所未有的严峻挑战，如能源危机、系统老化、污染问题、一次能源匮乏、能源利用率低，以及用户对电能质量的要求越来越高等。由于微网在分布式发电系统中的高效应用，以及在灵活、智能控制方面表现出极大的潜能和优势，发展微网已经成为很多发达国家发展电力行业、解决能源问题的主要战略之一。目前，北美、欧盟、日本等已加快进行对微网的研究和调试，并根据各自的能源资源、能源政策和电力系统的现有状况，提出了具有不同特色的微网概念和发展规划。

（1）北美的微网系统研究。美国电气可靠性技术解决方案联合会最早提出微网的概念，也是所有微网概念中最具代表性的一个。其对微网的主要思想和关键技术问题进行了详细的概述，说明微网主要有静态开关和自治微型电源两个部件，并系统阐述了微网的结构、控制方式、继电保护以及经济性评价等相关问题。目前，美国电气可靠性技术解决方案联合会微网的初

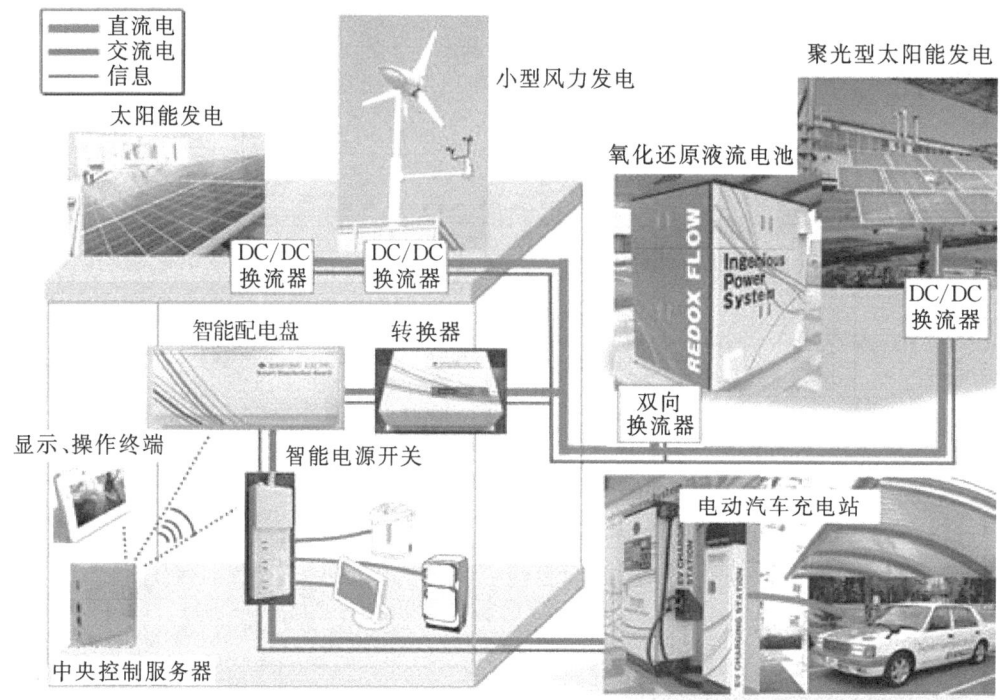

图7-24 微电网系统基本组成

步理论和方法已在美国电力公司沃纳特微网测试基地得到了成功验证。由美国北部电力系统承接的 Mad River 微网是美国第一个微网示范性工程,微网的建模和仿真方法、保护和控制策略以及经济效益在此工程中得到了验证,关于微网的管理条例和法规得到了完善,因此 Mad River 微网成为美国微网工程的成功范例。同时美国能源部制定了《Grid 2030》发展战略,即以微网形式整合和利用微型分布式发电系统的阶段性计划,详细阐述了今后微网的发展规划。此外,加拿大不列颠哥伦比亚省和魁北克省两家水电公司已经开始开展微网示范性工程的建设,测试微网的主动孤网运行状况,旨在通过合理地安置独立发电装置改善用户侧供电可靠性。

(2)欧盟的微网系统研究。从电力市场自身需求、电能安全供给以及环境保护等方面进行综合考虑后,欧洲在 2005 年也提出了"智能电网"的计划,并在 2006 年出台了该计划的技术实现方案。作为欧洲 2020 年及后续电力的发展目标,该计划指出未来欧洲电网应具有灵活、可接入、可靠和经济等特点。为此,欧洲提出要充分使用分布式发电系统、智能技术、先进的电力电子技术等实现集中式供电与分布式发电的高效整合,积极鼓励独立运营商和发电商共同参与电力市场交易,并快速推进电网技术发展。从长远来看,微网必将成为欧洲未来电网发展的重要组成部分。

(3)日本的微网系统研究。根据本国资源日益缺乏、负荷需求增长迅速的发展现状,日本也大力开展了微网研究。目前,日本已在国内建立了多个微网工程。近年来,可再生能源和新能源一直是日本电力行业关注的重点之一,新能源与工业技术发展组织大力支持一系列微网示范性工程,并鼓励可再生和分布式发电技术在微网中的广泛应用。日本在微网的网架拓扑结构、微网集成控制、冷热电综合利用等方面开展了一系列研究,为分布式发电系统和基于可再生电源的大规模独立系统的应用提供了较为广阔的发展空间。日本方面十分重视分布式供能系统与大电网的相互关系,制定了分布式供能与大电网互联的《分布式电源并网技术导则》,同时日本新能源与工业技术发展组织分别在青森、爱知和京都开展了示范性工程,并取得良好效果。

(4)中国的微网系统研究。我国微电网研究刚处于起步探索阶段,国家电网公司是微电网技术研究的主要机构。2011 年 8 月,国网电科院微电网技术体系研究项目通过验收。该项目首次提出了中国微电网技术体系,其中涵盖了微电网核心技术框架及电网应对微电网的策略、技术标准和政策等,制定了我国微电网发展线路和技术路线图,并对我国微电网不同发展阶段提出了相应的、积极的意见和建议。

2015 年 8 月,烟台长岛分布式发电及微电网接入控制工程通过国家发改委验收,并正式竣工投运。这是我国北方第一个岛屿微电网工程,可以在外部大电网瓦解的情况下,实现孤网运行,保证对重要用户的连续供电,极大地提高了长岛电网的供电能力和供电可靠性。

2015 年 7 月 21 日,国家能源局对外公布了《关于推进新能源微电网示范项目建设的指导意见》,要求在电网未覆盖的偏远地区、海岛等,优先选择新能源微电网方式,探索独立供电技术和经营管理新模式。利用微电网使用示范项目数量和全球市场容量份额这两种方法进行估算,中国"十三五"期间微电网增量市场约为 200 亿～300 亿元,其中还不包括原有的光伏、配网、电动汽车和储能需求。预计到 2025 年,中国将建成约 50 个分布式能源微电网示范项目,形成技术先进、管理科学、机制完善的分布式微电网技术体系、市场体系和管理体系。

总体来讲,微电网是智能电网领域的重要组成部分,是大电网的有力补充,在工商业区域、城市片区及偏远地区有十分广泛的应用前景。随着微电网关键技术及设备的高速开发、利用和完善,微电网将进入快速发展期。

5. 各能源综合协同利用系统

1)能源互联网系统

(1)能源互联网系统的定义。能源互联网系统是综合运用先进的电力电子技术、信息技术和智能管理技术,将大量由分布式能量采集装置、分布式能量储存装置和各种类型负载构成的新型电力网络、石油网络、天然气网络等能源节点互联起来,以实现能量双向流动的能量对等交换与共享网络系统。

(2)能源互联网系统的主要特征是可再生、分布式、互联性、开放性、智能化。

(3)能源互联网系统的基本组成。能源互联网其实是以互联网理念构建的新型信息能源融合"广域网"。它以大电网为"主干网",以微网为"局域网",以开放对等的信息能源一体化架构,真正实现能源的双向按需传输和动态平衡使用,因此可以最大限度地适应新能源的接入。

(4)能源互联网系统的意义及作用。能源互联网是现实意义下能源可持续发展切实可行的道路,天然支持分布式可再生能源的接入,在安全、可靠、稳定以及利用率等方面的技术优势明显,是源用混合场景下对现有输配网的有益补充。

2)化石能源和可再生能源的协同利用系统

以可再生能源中的风电为例,2020 年,中国新增风机容量达 57.8 GW,位居世界第一(全球风能理事会《全球风能报告 2021》),但是中国已安装的风机约有 30% 没有并网,即使有些风场已并网,也被限制发电,造成发电能力的浪费。因此,大规模风电如何与其他能源综合协同利用是需要解决的难题。

科技部在"十一五""国家重点基础研究发展计划"项目中的"非并网风电"中提出风电和网

电的协同利用。根据实际情况,可以采取以风电为主、网电为辅,或反之,或有其他的分配比例。已初步取得成果的有电解铝(采取保温和调节电解液成分)、氯碱、海水淡化、电解水生成氢气和氧气及为油田抽油机供电等。另外,还可以研究开拓其他用途,只要对电的波动性没有严格要求,网电可用来对风电进行互补和支撑。

近年来,由于很多大城市希望得到更多的清洁能源,很多煤资源丰富地区(尤其是边远的新疆)和大企业都把眼光投向合成天然气的新产业链。虽然目前从煤转换成合成天然气的能效只有 60% 左右,但长输气管线在远距离输运方面更为高效。在终端应用上,由于是清洁气体燃料,可以采用各种先进用能系统、技术与设备(如分布式供能,冷、热、电三联供)加以高效应用。从整个产业链考虑,这样能提高总体能源利用效率和减排二氧化碳。但是其中的关键问题仍是煤制合成天然气时二氧化碳的排放和处理。若把风电和合成天然气两者综合协同利用,通过风电电解水得到氧气和氢气,则能成倍地增加每单位煤量合成天然气的产出,大大减少二氧化碳的排放。

3)蓄能和各种能源协同互补系统

太阳能、风能分布的间歇性、随机性,导致其开发利用十分困难。如果一些随机电源接入电网,当份额较小时,不会对电网造成大的不利影响;但大规模、大比例份额的随机电源接入,仍然是技术上尚未解决的难题。随着可再生能源的不断发展,非并网利用和能量存储问题显得越来越重要。

虽然经过多年努力,但大规模储电技术还没有根本性突破。未来由于可再生能源的不断推广应用,一些中小型的分布式电网在整个电力系统中将占一席之地,蓄能(也包括蓄电)装置就是关键。在这个过程中,蓄能以什么为载能介质是值得深入研究的问题。

根据各国的具体条件,应该关注可持续发展能源系统的高度协同发展,要做到扬长避短。不连续、随机性较强的能量(如各大型发电装置的多余电量、风力发电、太阳能发电)变成大规模高效利用、可调度的能量,是现代电力系统面临的重大战略课题,高效大、中、小规模储能问题越来越突出。大规模蓄能系统中,除抽水蓄能外,有巨大发展潜力的有压缩空气蓄能(与不稳定风电协同)、布雷顿(Brayton)和朗肯(Rankine)整体化循环(与核电和超超临界的发电协同)等。

4)集中和分布式供能的协同利用系统

现代化的能源系统不仅要求高效率,而且需要足够的灵活度和安全性。此外,能源供应和终端能源需求在形式和距离上也应当更加靠近,减少转换、输运、存储的环节和消耗。因此,当前世界各国又开始重点研究从集中式能源系统转向集中和分布式能源系统的协同利用。

由于分布式能源具备能量利用效率高、能量输配损失小、协同利用效率高、能源系统安全性高等优势,并且可弥补集中式能源系统在效率和可靠性上的不足,将来的能源系统应当是分布式能源和集中式能源协同供应的能源系统,以及在分布式能源系统内部各种能源的协同利用。分布式能源系统在欧洲已有大规模发展和应用,尤其在丹麦、荷兰、芬兰等国,分布式能源的发展水平居世界领先水平。美国、加拿大、英国、澳大利亚等在经历了大规模停电事故后,也充分意识到建立分布式能源系统的重要性,这也促使他们推进分布式能源系统的建立和完善。

5)电网、天然气网、热(冷)网及水网的四网协同利用系统

近年来,由美国发起,世界各国都在积极发展智能电网。建设智能电网最主要的是调动各种电源点的潜力和"积极性",尤其要接入不同规模的可再生能源。大到十亿瓦特级的大风电

场,小到个人屋顶发电,各种余热、余压发电,各种生产过程的联产发电以及各种分布式微电网都能发挥其应有的作用。从发展角度来看,电源与用户一体化的倾向越来越强。

电力需求只是人们对能源服务的最主要方面,此外,还有供热、供冷、气体燃料、用水的需求。所以,随着电力网的发展,城市天然气网、热(冷)网和用水网,也得到了相应的发展。这些网从本质上来说是相互协同、相互耦合、相互支撑的,可统称为能源网。为了更好地协同利用各种能源,除电网已逐步向智能电网发展,天然气网、热力网、水网也必然向智能化发展。将四网(或更多)进行综合协同利用,形成以智能电网为主干的智能能源协同利用系统是大势所趋。

7.4　实现中国可持续绿色低碳的能源战略

7.4.1　可持续绿色低碳能源发展的战略思路

在清晰界定清洁能源的概念并全面剖析其丰富内涵的基础上,结合中国已有的清洁能源发展基础与特点,提出清洁能源发展的总体战略思路为:以保障能源安全为出发点,以保护生态环境为立足点,以深化能源管理体制机制为突破口,加快清洁能源发展与能源清洁利用,加大能源国际合作力度,提高清洁能源科技自主创新能力,有序推进替代能源科学发展,积极推动大基地、大集团、大能源通道建设,有效促进区域、城乡清洁能源的规模化应用与协调发展,提升能源高效智能化应用水平,努力构筑具有中国特色的安全、清洁、高效、协调的现代能源体系,以清洁能源的科学发展支撑经济社会的协调可持续健康发展。

在具体实施这一发展战略的思路上,应该综合考虑我国在 2050 年乃至未来相当长的一段时期内仍将保持以煤炭为主的能源格局,全社会整体能源利用效率和能源装备技术水平仍然相对落后,以及新能源和可再生能源难以快速实现低成本、高经济性与大规模商业化供应的现实特点,因此可以考虑分“两步走”。

第一步,2050 年前,以煤炭的清洁高效转化利用为主,大力推进洁净煤技术的开发与应用,积极发展新能源和可再生能源,并培养相关市场,逐步降低煤炭在能源结构中的占比。力争在无法改变煤炭主导地位的现实基础上,转变煤炭的利用方式,从而有效加快提升全社会的能源清洁化程度。

第二步,依靠技术创新与突破,大规模开发利用新能源和可再生能源,力争大幅度提高其在能源结构中的比例。同时,持续改进优化对传统化石能源的利用方式和利用技术,全面实现清洁能源的总体发展战略思路。

7.4.2　可持续绿色低碳能源发展的战略目标

按照清洁能源发展的战略思路,对于可以预期的战略“第一步”,结合中国经济社会发展的趋势与相关技术发展方向,确定具体的发展战略目标。

到 2025 年,能源需求控制在 63 亿 t 标准煤左右,能源结构中煤炭占比下降至 43% 左右,核电和可再生能源分布增加至 13% 和 16% 左右。能源强度较 2005 年下降 78% 左右。二氧化硫和氮氧化物排放均控制在 1000 万 t 以下。

7.4.3 可持续绿色低碳能源发展的总体原则

中国工程院倪维斗院士提出可持续绿色低碳能源系统的总体原则需遵循"各种能源协同的 IDDD＋N 原则",即转换整合化,需求精细化,供给多样化,布局分布化,调度、控制、管理、智能网络化[16]。

1. 转换整合化

转换整合化就是要打破不同行业之间的界限,按照系统最优原则对诸如发电、化工、冶金等生产中的物质流和能量流进行充分集成与协同,改变传统的工艺过程,达到系统的能源、环境、经济效益最优的目的。

2. 需求精细化

对终端用户的用能需求进行精细分解,按不同的用能需求、需求的不同层次和动态变化,为能源供应、规划和配置提供指导信息和基础。只有在终端需求精细化的基础上,多样化的供应才能更大程度地满足能源系统的需求,可再生能源才能在能源系统中起到较大的作用。

3. 供给多样化

各种能源都具有自身的特性,需要重点研究的不是各种能源能做什么,而是它们在整个协同能源系统中应该做什么,并尽量用较少的能耗代价满足终端用户精细化的需求。

4. 布局分布化

在可持续的能源系统中,因地制宜地进行分布式布局,集中电网、分布式电网和离网运行相协同,不同种类的能源应当以互补的方式进行协同,提高能源供应安全性。从传统的电网过渡到"智能电网",进而在大城市发展成"智能能源网"。

5. 调度、控制、管理智能网络化

灵活性、可控性、可靠性、在线静态和动态的优化都是能源系统面临的新挑战。快速发展的信息技术可用于促进新的可持续能源系统的建立,如数据搜集、网络传感、在线监测、数据分析、数据挖掘、数据预测等。特别是针对具有较强随机性和不稳定性的可再生能源,建立起覆盖面广的能源信息平台和多层次优化的网络。充分利用信息技术,在全国、各省市、各地区全面搜集、整合、细分各种需求和供给信息,进行多层次协同优化。迅速发展的云计算将会为其提供有力的技术支撑。

7.4.4 可持续绿色低碳能源发展的战略政策

当今世界,能源格局正在进行深刻调整,新一轮能源革命已经开始。在新能源技术、信息技术和全球碳减排压力的推动下,未来世界的主体能源应当是绿色低碳化的,生产消费模式应当是高度智能化的,天然气和非化石能源有可能成为未来的主体能源。中国政府高度重视并致力于推动能源转型变革,明确提出推动能源生产消费革命是中国能源发展的基本国策,其基本内容可以概括为"四个革命""一个合作",即推动能源消费革命、供给革命、技术革命和体制革命,全方位加强国际合作。根据这一战略思想,中国政府发布了《能源发展战略行动计划(2014—2020 年)》,确立了"节约、清洁、安全"的战略方针和"节约优先、立足国内、绿色低碳、创新驱动"的战略政策。党的十九届五中全会提出了"十四五"时期经济社会发展的指导思想和必须遵循的原则,坚定不移贯彻创新、协调、绿色、开放、共享的新发展理念,坚持稳中求进工作总基调,以推动高质量发展为主题,以深化供给侧结构性改革为主线,以改革创新为根本动力,以满足人民日益增长的美好生活需要为根本目的,统筹发展和安全,加快建设现代化经济体系,加快构建以国内大循环为主体、国内国际双循环相互促进的新发展格局,推进国家治理体系和治理能力现代化,实现经济行稳致远、社会安定和谐,为全面建设社会主义现代化国家开好局、起好步。坚持党的全面领导,坚持和完善党领导经济社会发展的体制机制,坚持和完善中国特色社会主义制度,不断提高贯彻新发展理念、构建新发展格局能力和水平,为实现高质量发展提供根本保证。这是关系我国发展全局的一场深刻变革,能源绿色低碳发展是这场变革不可或缺的组成部分。

参考文献

[1]田晓歌.低碳经济背景下的中国节能减排发展研究[J].资源节约与环保,2013(12):4.

[2]陈柳钦.低碳能源:中国能源可持续发展的必由之路[J].中国市场,2011(33):31-38.

[3]林智钦.以绿色化引领绿色发展消除灰霾[N].人民日报,2015-08-12(7).

[4]张玉卓.中国清洁能源的战略研究及发展对策[J].中国科学院院刊,2014(4):429-436.

[5]苏健,梁英波,丁麟,等.碳中和目标下我国能源发展战略探讨[J].中国科学院院刊,2021,36(9):1001-1009.

[6]王震,刘明明,郭海涛.中国能源清洁低碳化利用的战略路径[J].天然气工业,2016(4):96-102.

[7]郭升选,李娟伟,徐波.我国清洁发展机制项目运行中的问题、成因及其对策[J].西安交通大学学报(社会科学版),2009(2):30-34.

[8]彭斯震,孙新章.全球可持续发展报告:背景、进展与有关建议[J].中国人口资源与环境,2014(12):1-5.

[9]刘琦.中国新能源发展研究[J].电网与清洁能源,2010,26(1):1-2.

[10]胡金东.交通节能潜力分析[J].长安大学学报(社会科学版),2008(3):39-42.

[11]WORRELL E,LEVINE M. Potentials and policy implications of energy and material efficiency improvement [R]. New York:Department for Policy Coordination and Sustainable Development,1997.

[12]张燕.中国建筑节能潜力及政策体系研究[D].北京:北京理工大学,2015.

[13]周青.城市集中供热智能化与智能热网的构建研究[D].济南:山东大学,2015.

[14]刘翠玲,张小东.分布式能源:中国能源可持续发展的有效途径[J].科技情报开发与经济,2009,19(21):125-128.

[15]侯健敏,周德群.分布式能源研究综述[J].沈阳工程学院学报(自然科学版),2008,4(4):289-293.

[16]倪维斗.中国可持续能源系统刍议[J].能源与节能,2011(6):1-5.

第8章

能源互联网与人类文明

8.1 能源互联网概述

8.1.1 能源互联网的定义

能源是人类社会赖以生存和发展的基础,为应对能源危机,世界各国积极开展了对新能源技术的研发工作。由于可再生能源具有清洁、可再生、来源广泛等优点,受到世界各国的高度重视。然而,可再生能源在利用过程中仍存在一些缺陷,如地理上分散、生产不连续、生产强度不可控等,导致可再生能源的大规模利用难以适应传统电力网络集中统一的管理。可再生能源的有效利用方式应为分布式的"就地收集,就地存储,就地使用"。分布式发电并网并不能从根本上改变分布式发电在高渗透率情况下对上一级电网电能质量、故障检测、故障隔离的影响,也难以实现可再生能源的最大化利用。唯有通过可再生能源发电信息的共享,以信息流控制能量流,使可再生能源所发电能高效传输、共享,克服可再生能源发电不稳定的问题,才能真正实现可再生能源的最大化高效利用。

能源互联网是前沿信息技术与分布式可再生能源有效结合的产物,为解决可再生能源的有效利用问题提供了现实可行的技术方案。与智能电网、分布式发电、微电网相比,能源互联网在概念、技术、方法上都有一定的区别。因此,掌握能源互联网的特征及内涵,开发能源互联网的各种关键技术,对推动能源互联网的发展,并逐步使传统电网向能源互联网演化,具有重要的意义。能源互联网应包含以下内涵:支持由化石能源向可再生能源转变;支持大规模分布式电源接入;支持大规模氢储能及其他储能设备接入;利用互联网技术改造电力系统;支持向电气化交通转型[1]。

目前,对能源互联网的研究正在兴起,技术方案百花齐放,然而对能源互联网概念的理解尚未达成统一,按照能源互联网的缘起及特点可分为三类。

(1)源于互联网发展而来的能源互联网。它主要针对用户侧分布式可再生能源的大量接入、电动汽车等智能终端及设备的即插即用、能量信息的双向流动等需求,借鉴互联网开放对等的理念及体系架构,对电网的关键设备、形态架构、运行方式及发展理念等进行深刻变革[2]。

(2)源于大电网发展而来的能源互联网。它主要针对电网在配置范围、调控能力、双向互动等方面存在的局限性,利用信息通信技术与能源电力技术的有效融合,全面提升电网性能,促进清洁可再生能源的最大化高效利用[2]。

（3）源于多种能源综合优化发展而来的能源互联网。它主要强调多种能源网络的高度耦合，如电力系统、交通系统、天然气网络、热力系统和信息网络等，实现多种能源网络的有机融合，最终实现整个生态系统的协调发展[2]。

目前，国内外高度认可的概念是第三种，其具体定义如下：能源互联网是以电力系统为核心，以互联网及其他前沿信息技术为基础，以分布式可再生能源为主要一次能源，与天然气网络、交通网络等其他网络系统紧密耦合形成的复杂多网流系统[1]。能源互联网基本概念如图8-1所示。

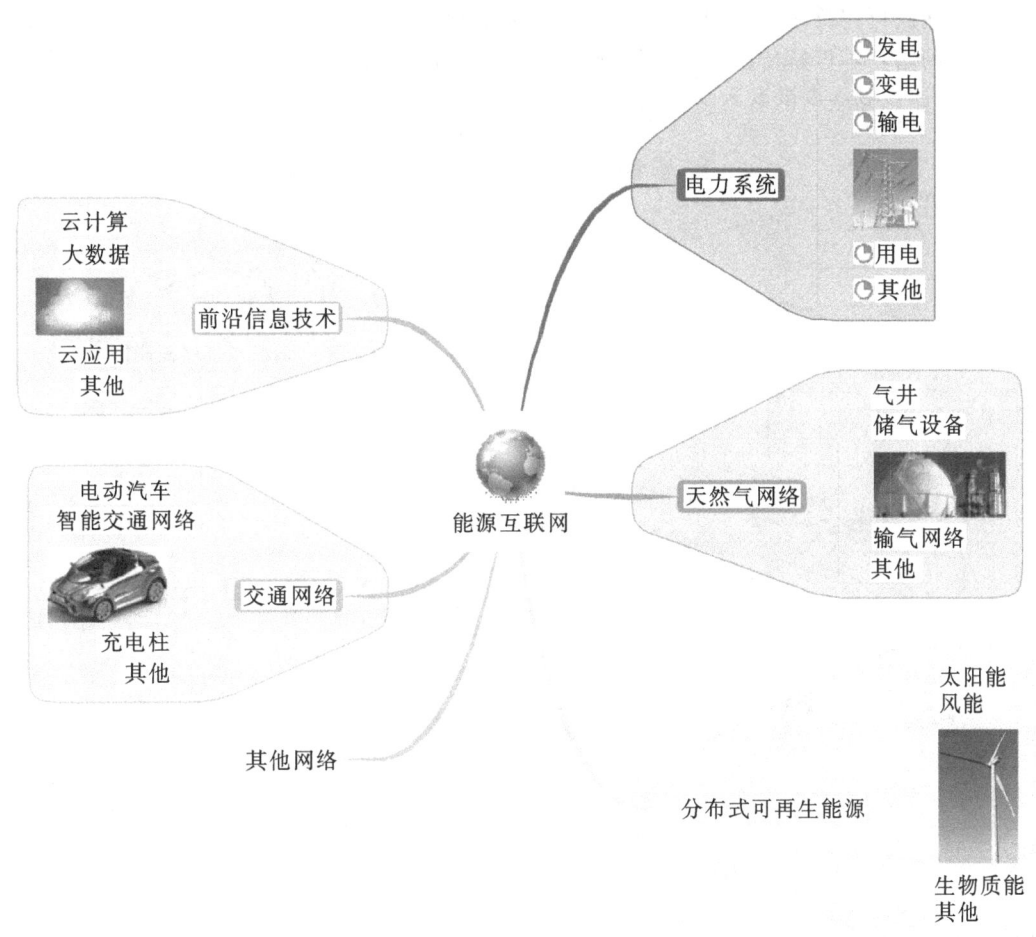

图 8-1　能源互联网基本概念示意图

8.1.2　能源互联网的架构组成

能源互联网主要包括四个复杂的网络系统，即电力网络系统、交通网络系统、天然气网络系统和信息网络系统。首先，电力网络系统作为各种能源相互转化的枢纽，是能源互联网的核心。其次，电力网络系统与交通网络系统之间通过充电设施与电动汽车实现相互影响，如电力网络系统可通过充电设施的布局来影响交通网络系统，而交通网络系统也可通过车主的驾驶和充电行为来影响电力网络系统的运行。第三，随着水平井与压裂技术的不断发展、"页岩气革命"的不断深化,天然气的成本将呈下降趋势,燃气机组在发电侧的比例将显著提高。因此,天然气网络的运行将直接影响电力系统的经济运行及可靠性。另外,利用电转气技术可将可再生能源机组的多余出力转化为甲烷(天然气的主要成分),再注入天然气网络中进行运输和利用。因此,未来的电力网络系统与天然气网络系统之间的能量可双向流动。第四,能源互联网还可与供热网络等其他二次能源网络系统进行融合。热能是分布式燃气发电的重要副产品,以热、电联产系统为纽带,从而可将电力网络系统和供热网络系统进行集成,通过利用燃气机组排出的余热,大大提高系统的整体能效。最后,上述系统内的各种物理设备,尤其是分布式发电、储能及可控负荷设备和电动汽车等,需要通过一个强大的信息网络进行协调和控制。这里,信息网络将不仅是传统的工业控制网络,而应该由互联网等开放网络与工业控制网络互联构成[1]。能源互联网的基本架构与组成元素如图8-2所示。

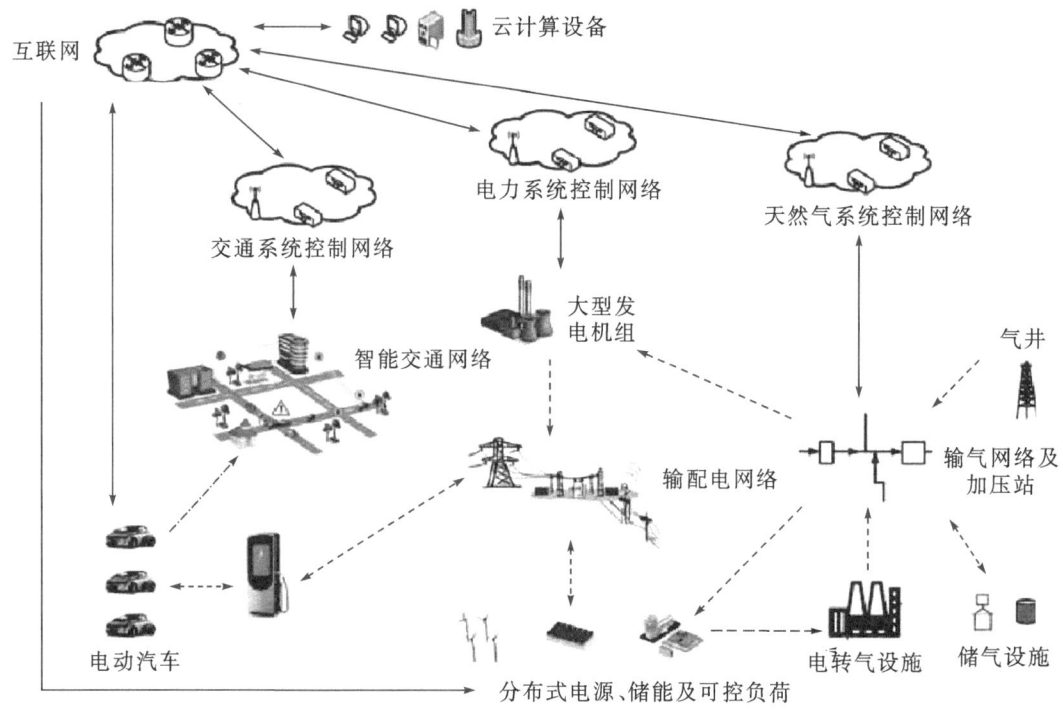

图8-2　能源互联网的基本架构与组成元素[1]

(注:----►代表能量流;——►代表信息流;-----►代表交通流)

目前,可应用于能源互联网的前沿信息网络技术主要包括云存储、云计算、大数据分析等。云存储是在云计算(cloud computing)概念上延伸和发展而来的一个新概念,是一种新兴的网络存储技术,是指通过集群应用、网络技术或分布式文件系统等功能,将网络中各种不同类型的存储设备通过应用软件集合起来协同工作,共同对外提供数据存储和业务访问功能的一个系统[3]。当云计算系统运算和处理的核心是大量数据的存储和管理时,云计算系统中就需要配置大量的存储设备,那么云计算系统就转变为一个云存储系统,所以云存储是一个以数据存储和管理为核心的云计算系统。简单来说,云存储就是将储存资源放到云上供人存取的一种新兴方案。使用者可以在任何时间、任何地方,通过任何可联网的装置连接到云上方便地存取数据。云计算基于互联网相关服务的增加、使用和交付模式,通常涉及通过互联网来提供动态易扩展且经常是虚拟化的资源[4]。云是网络、互联网的一种比喻说法。云计算的运算能力最高可达每秒 10 万亿次,可用于计算模拟核爆炸、预测气候变化和市场发展趋势。用户可通过手机、笔记本电脑、平板电脑等方式接入数据中心,按自己的需求进行运算。目前,关于云计算的定义有多种说法。现阶段广为接受的是美国国家标准与技术研究院(NIST)的定义:云计算是一种按使用量付费的模式,这种模式提供便捷的、按需的、可用的网络访问,进入可配置的计算资源共享池(存储、网络、服务器、服务、应用软件等),这些资源可被快速提供,只需投入很少的管理工作,或与服务供应商进行很少的交互[5]。大数据(big data)指无法在一定时间范围内用常规软件工具进行捕捉、管理和处理的数据集合,是需要新处理模式才能具有更强的决策力、洞察发现力和流程优化能力来适应海量、高增长率和多样化的信息资产。在维克托·迈尔-舍恩伯格及肯尼思·库克耶编写的《大数据时代:生活、工作与思维的大变革》中,大数据分析指不用随机分析法(抽样调查)这样的捷径,而采用所有数据进行分析处理。大数据的 5V 特点(IBM 提出)指 Volume(大量)、Velocity(高速)、Variety(多样)、Value(价值)、Veracity(真实性)[5]。

2015 年 5 月 19 日,全国智慧能源公共服务云平台(图 8 - 3)在中国能源互联网论坛上正式宣布上线。云平台是基于 ISO/IEC/IEEE 18880 标准打造的智能化能源管理平台和数据中心,以实现整合全国能源数据,组织公共资源,提供数据存储、实时监控、可视化管理、数据分析、风险控制、能效分析等功能。全国智慧能源公共服务云平台的建立是开启能源互联网的第一步,整个平台自上线后,将彻底改变能源使用方式及效率,通过实时监控和科学分析,为行业、政府、各能源单位及个人带来巨大的效益,产生更多的新业态、新模式。

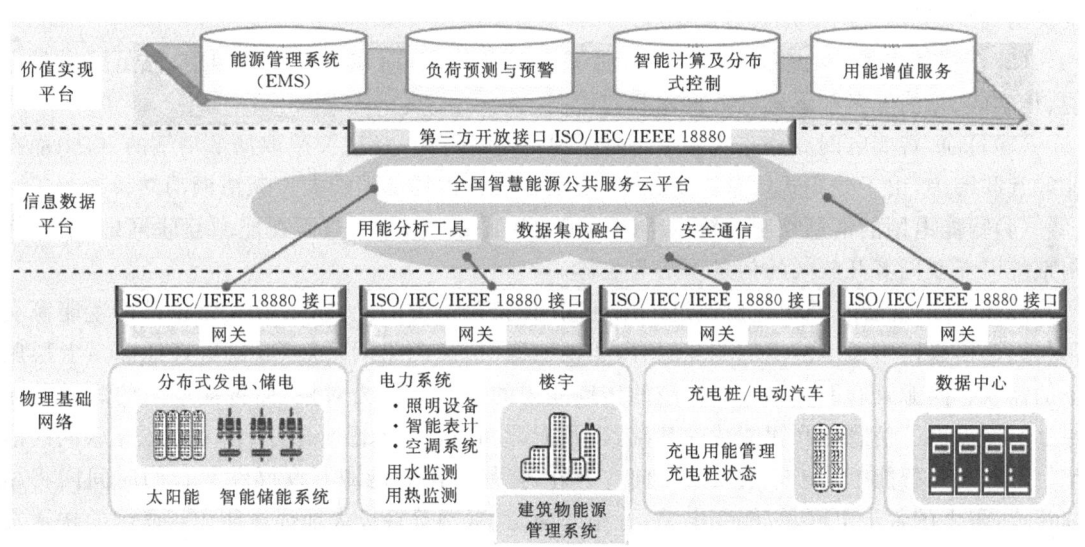

图 8 - 3　全国智慧能源公共服务云平台

对于能源行业本身来说,全国智慧能源公共服务云平台的最大作用就是将原本分散的能源数据统筹分配、合理协调,通过将来自于各能源企业的数据进行统一分析比较,为行业发展方向提供数据支持,并达到节能减排的目的;对于节能行业公司来说,充分使用大数据,使用互联网技术,加大节能力度,凸显透明度,对于融资、运营都有很大的帮助;对于政府等机构来说,全国智慧能源公共服务云平台可以为能源监管提供便利,极大地提高效率,保证能源安全,为政府的能源决策提供依据;对于具体的能源单位,云平台可以将企业纳入整个行业当中,并从数据中得出清晰明确的分析报告。此外,云平台的建立对个人有着显而易见的影响。在云平台之上,每个人都可能成为一个独立的数据体,可以更加便捷、高效地管理自身的能源消耗,节省能耗支出的同时享受更加方便舒适的生活方式。

另外,能源互联网与智能电网有诸多相似之处,是智能电网概念的进一步深化。智能电网在目标规划、实现模式和优化策略等方面为能源互联网建设提供了良好的借鉴。具体地,它们之间具有五个明显的共同特点[6]。

(1)自愈性。两者都无需或仅需少量人为干预,存在隔离危险或潜在危险的器件,均能针对出现的故障快速自愈而恢复正常运行。

(2)安全性。两者的物理系统和信息系统遭到外部攻击时,都能有效抵御由此造成的伤害,避免对其他部分形成影响。

(3)高效性。两者均需采用IT监控技术等来优化设备及资源的使用效益并合理规划,整体上实现网络运行和扩容的优化。

(4)经济性。两者均可与消费市场实现无缝衔接,利用市场设计提高电力系统的规划、运行和可靠性管理水平。

(5)集成性。两者均能实现监视、控制、维护、能量管理、配送管理、市场运营等模块和其他信息系统之间有机融合,完善业务运行。

然而,能源互联网与智能电网也存在区别[1]。

(1)智能电网的物理实体主要是电力系统;而能源互联网的物理实体除电力系统外,还包括交通系统、天然气网络及供热系统等。

(2)在智能电网中,能量只能以电能形式传输和使用;而在能源互联网中,能量可通过电能、化学能、热能等多种形式进行传输和使用。

(3)目前,智能电网对分布式发电、储能及可控负荷等设备主要采取局部消纳的方法;而在能源互联网中,由于分布式设备数量庞大,消纳方法将由局部消纳向广域协调消纳转变。

(4)智能电网的信息控制系统以传统的工业控制系统为主体;而在能源互联网中,信息控制系统以互联网等开放式的信息网络为主体。

总而言之,能源互联网主要通过采用互联网的理念、方法及技术,旨在构建可再生能源利用与先进信息网络通信技术的相互融合,实现能源、信息网络的革新,以便更好地满足上层服务的需求。能源互联网是以具有优越的传输能力的电力资源为对象,而智能电网的成果为能源互联网提供了信息化和智能化的基础,以及能源和信息技术融合的平台,是能源互联网的前瞻、探究,也是智能电网未来的发展方向。另外,智能电网和能源互联网在较长的时间内将相辅相成,强大的骨干电网、智能变电站、分布式能源、微网等将极大地促进能源互联网的快速发展[1]。能源互联网与智能电网的对比分析如图8-4所示。

8.1.3　能源互联网的作用及意义

1.能源互联网为现实意义下的能源可持续发展提供切实可行的道路

能源的可持续发展是人类面临的重要挑战,可再生能源将解决能源可持续发展的问题,但可再生能源的利用仍有很长的路要走。能源互联网在现实意义下为能源的可持续发展提供了一条切实可行的发展道路。杰里米·里夫金在《第三次工业革命》一书中作了这样的描述:"当

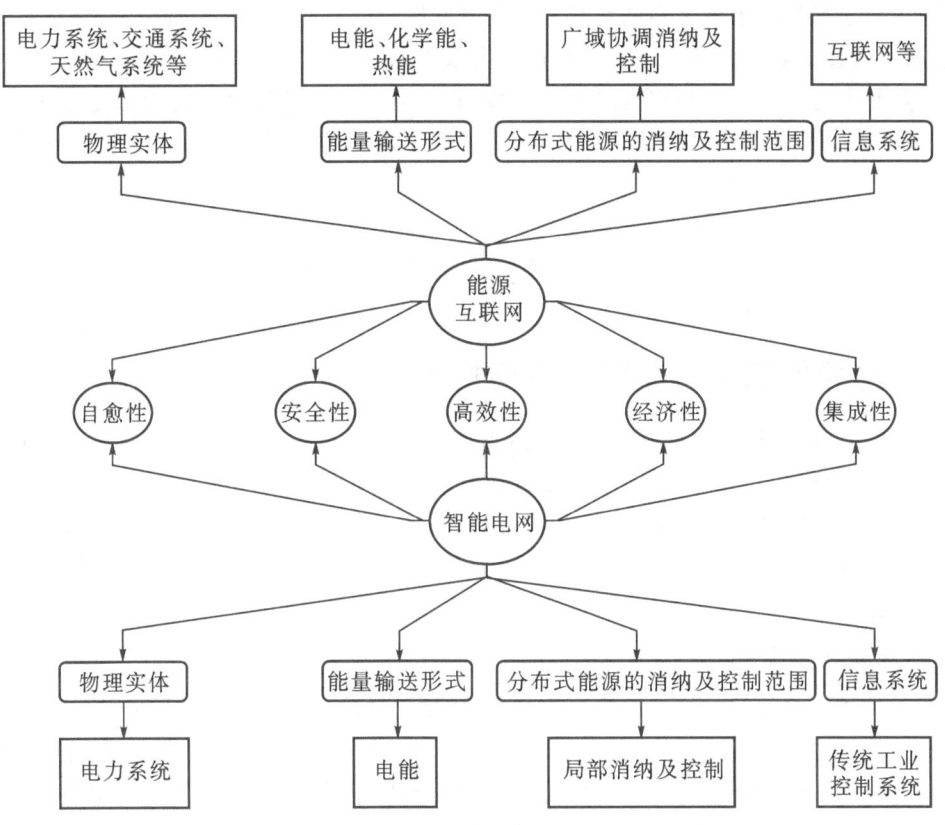

图 8 - 4　能源互联网与智能电网的对比分析

数以百万计的建筑可实时收集可再生能源,并通过智能互联电网将电力与其他几百万人实现共享,由此产生的电力可使集中式核电与火电站都相形见绌。"[7]

2. 能源互联网可适应和支持分布式可再生能源的接入

目前,欧盟、美国和中国相继提出,到 2050 年将实现可再生能源在能源供给中所占比例达到 100%、80% 和 60%~70%。而风、光等大部分可再生能源的间歇不稳定性决定了现在的集中式传统电力网络系统无法适应如此规模的可再生能源的接入。能源互联网通过局域协调消纳和广域对等互联,最大程度地适应可再生能源的动态接入,通过分散协同的管理和调度实现动态平衡[7]。

3. 能源互联网在安全、可靠、稳定以及利用率等方面技术优势明显

互联网体系架构决定了能源互联网具有安全、可靠、稳定的技术优势,通过大量冗余等方式保证整体上的可靠性,同时通过分散路由等方式实现设备和线路的动态备用,保持一定的利用率。能源互联网可以借鉴其中的机制,但能量和信息的交换和传输有本质不同。相比现在集中式的传统电力网络系统自上而下的紧耦合模式,能源互联网是局域自治,在广域互联中可以通过储能缓冲、直流输电等方式实现解耦,同时局域不稳定问题可以通过广泛互联实现广域的动态互备用,达到安全、稳定、可靠的目标,而不是依靠过大的安全裕度降低系统利用率[7]。

4. 能源互联网是对现有输配网的有益补充

能源互联网不是取代现有的电力网络系统架构,而是着重于分布式可再生能源的广泛接入，在源用混合场景越来越普遍的形势下借鉴互联网理念提供一种自下而上的新型组网方式。能源互联网通过局域自治和广域能量交换最大限度地消纳源用的动态性，减少对大电网的影响，大大降低大电网的安全稳定性风险，是对现有大电网的有益补充。这跟智能电网基于现有网架结构，通过提升信息通信及控制能力来实现优化调度，以提升安全、稳定、可靠性有本质的不同[7]。

8.2　全球能源互联网的构建

8.2.1　全球能源发展面临的主要挑战

自 20 世纪以来，化石能源在支撑工业文明快速发展的同时，也带来了生态环境的严重破坏和全球气候的持续变暖等问题，故以化石能源为基础的能源生产及消费方式亟待转变。基于风能、太阳能及生物质能等清洁可再生能源的发电技术的快速发展，为人类的可持续性发展提供了现实可行的途径，然而在技术创新、设备研制、工程应用及系统的安全性、经济性上仍面临较大挑战。

1. 能源安全的挑战

在全球经济的快速发展下，世界一次能源消费总量从 2010 年的 505.38 EJ 增加到 2020 年的 556.63 EJ（2021 年版《bp 世界能源统计年鉴》数据）。大量研究表明，未来世界的能源消费总量仍将持续快速增长。然而，传统化石能源的储量十分有限，且具有不可再生性，对传统化石能源的大规模开发、利用，将导致化石能源的快速枯竭。目前，从全球石油储备的分布来看，全球易开采的石油资源正在迅速减少，且这些石油资源正逐渐聚集于极少数的国家。另外，易开采的煤炭资源也在迅速减少。有研究表明，全球易开采的煤炭资源储备仅剩下几十年的开采期。从全球化石能源储备的布局来看，世界化石能源资源储备量与其消费总量呈负相关的关系，将进一步导致化石能源的开发越来越向少数国家和地区集中。对于部分化石能源储备相对匮乏的国家来说，其化石能源对外的依存度将不断提高，化石能源的供应链极其脆弱，能源安全问题将面临越来越大的挑战。能源的供应成本是影响能源发展的重要经济因素。从目前的发展情况来看，传统化石能源与清洁能源的供应成本总体呈现出"一升一降"的趋势。由于化石能源的逐渐枯竭，化石能源的开采成本将逐渐增长，而清洁能源的开发成本将逐步下降，但其开发成本仍然较高。因此，在未来的发展过程中，需进一步降低清洁可再生能源的开发成本，使其更具市场竞争力，最终实现全球范围内清洁能源对化石能源的大规模替代。

2. 能源配置的挑战

目前，全球范围内化石能源的配置具有总量大、环节多、输送距离远等特征。现有的传统化石能源的运输方式，如海运、铁路、公路等，具有链条长、效率低的特点，常常需要几种运输方式的相互衔接才能完成整个能源的运输过程，并且在能源输送过程中极易受外界因素的影响。

未来，随着世界能源向清洁化快速发展，电能远距离、大范围配置的重要性将越来越明显，但现有电力配置能力明显不足以支撑能源清洁化快速发展的要求。为应对全球能源总量供应及能源环境污染的挑战，在全球范围内大力发展清洁可再生能源势在必行。世界范围内的能源结构正在从以化石能源为主，向以清洁可再生能源为主的能源消费方式转变。因此，全球范围内能源配置的需求也将从目前的以化石能源为主逐步转变为以清洁可再生能源为主。为适应清洁能源全球范围内的开发需求,应加快构建全球范围内电力的高效配置平台。随着世界范围内清洁能源的大规模开发,必将形成以电力为主导的能源配置格局,亟待建立以清洁可再生能源为主、以电为中心、更高电压等级、更大输电容量、更远距离的全球能源配置网络平台,以满足清洁可再生能源大规模、远距离的配置需求(图 8-5)。

图 8-5　高压直流大功率、远距离输电

3. 能源效率的挑战

目前,无论是化石能源,还是清洁可再生能源,其资源的开发、配置、利用效率仍不高,仍然有很大的提升空间。在开发过程中,仍存在资源开发利用率低、能源转换效率低的问题。另外,化石能源配置环节多,配置效率低。从目前的发展情况来看,化石能源除了部分直接作为终端能源使用外,还有相当部分的煤炭、天然气,甚至燃油用于发电。因此,需经过多个配置环节,才能输送至电厂。然而随着中间配置环节的增多,将造成能源大量损耗,进一步导致使用环节的能源利用效率降低,电能占终端能源消费的比重降低。提高电能在终端能源消费环节中的比重,可增加能源消费的经济产出,提高能源的整体能效。

2018 年,美国节能经济委员会(American Council for an Energy-efficient Economy,ACEEE)发布题为《2018 年国际能源效率排名》的报告,仿照其针对美国各州能源效率排名的时间检验方法,对意大利、德国、法国、英国、日本、西班牙、荷兰、中国、加拿大、美国等 20 余个能源消费量最大的国家或地区进行了能源效率排名。评估过程中,为评估各国的能源利用效率,美国节能经济委员会将 31 个关于能源效率的指标一分为二,即政策指标和绩效指标。政策指标是基于一个国家或地区的最佳实践政策的实际情况。政策指标的实例包括颁布国家节能目标、汽车燃油的经济标准和家电的能效标准等。绩效指标可以用来衡量能源利用效率,并提供可以量化的评估结果。绩效指标的实例包括公路客运车辆平均每加仑燃油行驶的距离、居民住宅每平方英尺面积消耗的能源等。美国节能经济委员将 31 个指标分为 4 组,即国家层面的跨领域能源政策,以及建筑、工业和交通等 3 个经济发达国家最主要的能源消费部门。能源效率排名采用百分制,美国节能经济委员会为 4 组指标的每一组各分配 25 分,并对各国整体能源效率进行打分和排名。每个分组中得分最高的国家分别是:德国(能源政策)、西班牙(建筑)、法国(交通)、意大利和德国(并列工业第一)。意大利和德国以 75.5 分的总分并列全球主要经济体能源效率排名第一(图 8-6)[8]。

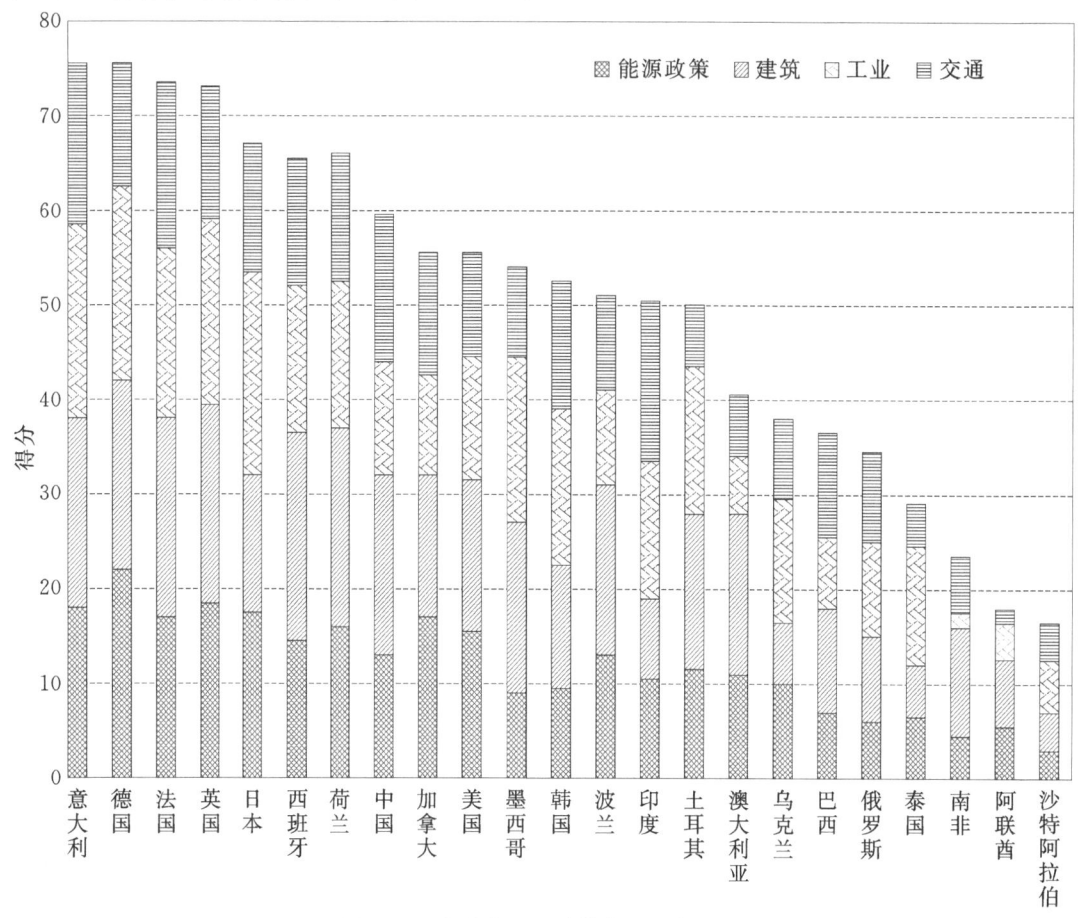

图 8-6　全球主要经济体能源效率排名

图 8-6 表明一些国家如意大利、德国、法国等的能源效率较高。准确理解各国能源效率得分和排名的原因,需要仔细审视评价的指标。一般而言,得分高的国家在所有 4 个指标组的总得分均较高。利用较少的能源和资源实现同样目标的国家可以大大降低成本,保护宝贵的自然资源,并获得优于其他国家的竞争优势[8]。值得注意的是,中国的排名位于加拿大、美国等发达国家之前,主要是因为中国在建筑节能指标上成绩较好,中国城市居民住宅和商业建筑都必须遵守强制性的建筑规范。然而,在建筑法规的遵守和执行方面,中国仍然有改进的空间。此外,中国对乘用车的燃油能耗限制标准,明显优于美国的相关标准。中国 2020 年的标准为每加仑 35 英里。而美国标准则是 31 英里。中国为新能源汽车的发展提供了更好的激励机制和政策。2020 年 10 月,国务院印发了《新能源汽车产业发展规划(2021—2035 年)》。自2012 年国务院颁布新能源汽车发展规划以来,我国新能源汽车行业取得了巨大的发展。该计划的目标是到 2035 年,显著提高我国新能源汽车的市场竞争力;在保障安全性能的前提下,新能源汽车在关键性技术上取得重大突破,使我国新能源汽车市场竞争力明显增强。

4.环境污染的挑战

在全球经济发展的带动下,全球化石能源消费总量逐年上升。大量化石能源在生产、运输和使用的各环节对空气、水质和土壤等造成越来越严重的污染和破坏。大多数发达国家都曾发生重大污染事件,发展中国家也面临日益突出的大气污染问题。世界卫生组织对世界 108个国家和地区的 3400 多个城市空气中的颗粒物(PM10)和细颗粒物(PM2.5)污染水平进行样本分析后发现,达标城市仅占整体的 16%。2021 年,世界卫生组织提供了新的全球空气质量指南,多项污染物指标的阈值都比以往更低。世界卫生组织提出,超过新的空气质量指南水平将引起重大健康风险。通过降低主要空气污染物的水平可以保护人类的健康,同时防止一些污染物导致的气候变化。由于室内外环境空气污染,全球每年有数百万人死亡。2019 年,超过 90% 的全球人口生活在污染物浓度超过 2005 年世界卫生组织空气质量指南标准环境下,长期暴露在高浓度 PM2.5 环境中。2019 年,世界卫生组织的数据表明,东南亚人口加权PM2.5 浓度最高,其次是东地中海区域。PM2.5 暴露水平最低的国家往往在美洲或欧洲。PM2.5 的发展趋势表明,人口加权的全球平均浓度相对稳定,欧洲、美洲和近西太平洋区域部分地区的暴露量减少,而其他地方则增加[9]。世界卫生组织呼吁世界各国认识到空气污染这一严重的公共安全问题,进而制定更为有效的应对措施。世界卫生组织表示,使用更多的太阳能和风能以及优化公共交通的通达性,将可以帮助解决空气污染问题。

5.气候变化的挑战

化石能源燃烧产生的温室气体及二氧化碳占全球人类活动温室气体排放的 56.6% 和二氧化碳排放的 73.8%,是导致全球气候变暖、冰川消融、海平面上升的重要因素。根据联合国政府间气候变化专门委员会第五次评估报告,1880—2016 年,全球地表平均温度上升 1.2 ℃(图 8-7);1983—2012 年是北半球自有测温记录 1400 年以来最暖的 30 年。2021 年 8 月,联合国政府间气候变化专门委员会公布了第六次评估第一工作组报告。报告指出,从未来 20 年平均气温的变化情况来看,全球温升预计超过 1.5 ℃。为了将全球温升控制在 1.5 ℃ 以内,大幅度降低温室气体排放迫在眉睫。自 1750 年工业化以来,全球大气二氧化碳浓度已经从278 mg/kg 增加到 400 mg/kg。如不尽快采取实质行动,到 21 世纪末,大气二氧化碳浓度将会超过 450 mg/kg 的警戒值,全球温升将超过 4 ℃,对人类生存构成严重威胁。中国以煤为主的能源结构导致二氧化碳排放长期居高不下,2020 年达到 98.99 亿 t,占世界排放总量的30.7%。2014 年,中国与美国发布《中美气候变化联合声明》,首次正式提出 2030 年左右中国碳排放达到峰值,节能减排任务十分艰巨。

8.2.2　构建全球能源互联网的重要意义

随着科学技术和生产实践的不断发展,现代能源体系规模庞大、结构复杂、目标多样、因素众繁,具有关联性、冗余性、多重性、有序性、开放性、随机性、博弈性、动态性等诸多特点。全球各地的能源储备差异、可获得性差异、需求强度差异、价值增值差异等,使能源的生产与利用在全球范围内配置的合理优化变得极其必要,而全球能源互联网的建立能够使全球能源资源的配置优化成为可能[9]。

1.系统优化

现代能源系统,不仅其自身是一个庞大复杂的动态系统,而且与社会经济系统和生态环境

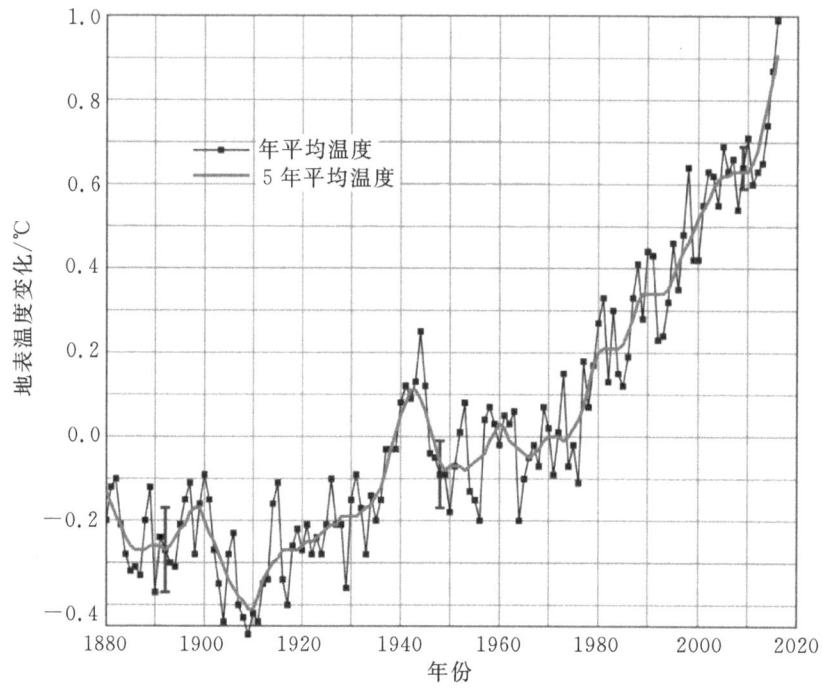

图 8-7 全球地表平均温度变化

系统紧密相联,息息相关,是一个由相互作用、相互依赖、相互区别并具有特定功能和共同目的的无数子系统组合而成的有机集合体。所以,现代能源系统不仅仅是一个物理的或经济的现实,而且是一个特殊的领域。能源互联网是可以把千百年来形成的传统能源系统的商业逻辑转换成为整合需求,以优化生产而达到资源优化配置的一个新的能量体系。通过全球能源互联网,全球能源系统的整体功能达到最大,各子系统的功能之和达到最优[9]。

2. 互补优化

各国的能源资源禀赋、能源生产条件、能源利用结构等具有差异性、多样性、互补性,全球能源互联网可以使各国或各地能源资源各展其优、发挥所长、相互补充、扬长避短,通过能源资源的互补优化充分发挥个体优势,优化提升配置功能,进而形成全系统优化,实现互补增值[9]。

3. 供需优化

全球能源资源的非均衡禀赋,以及能源资源的富集地区与能源利用负荷中心区域不一致的普遍性,使得全球能源资源的供需矛盾非常突出。尤其在环境保护问题日益受到重视且必须受到重视的今天,清洁能源的需求与清洁能源的分布不均使之产生的紧缺性、非对称性供需矛盾同样突出。这些问题不有效解决,要想真正改变由能源生产、输送、利用等领域产生的环境污染、气候变化等问题,是难以做到的。只有建立了全球能源互联网这样的能源资源互济系统,才有可能使全球能源的供需配置得以优化,使能源供需矛盾以及由此引起的环境破坏等问题获得缓解和解决[9]。

全球能源互联网是以特高压电网为骨干网架(通道),以输送清洁能源为主,全球互联的强大智能电网。全球能源互联网由跨洲、跨国骨干网架和各国各电压等级电网构成,连接"一极一道"(北极、赤道)等大型能源基地以及各种分布式电源,能够将水能、风能、太阳能和海洋能等可再生能源输送到各类用户,是服务范围广、配置能力强、安全可靠性高和绿色低碳的全球能源配置平台,具有网架坚强、广泛互联、高度智能和开放互动的特征[10]。

全球水能资源超过 50 亿 kW,陆地风能资源超过 1 万亿 kW,太阳能资源超过 100 万亿 kW,远远超过人类社会全部能源需求。随着技术进步和新材料应用,风能、太阳能和海洋能等清洁能源的开发效率不断提高,技术经济性和市场竞争力逐步增强,将成为世界主导能源。过去 5 年,我国风电开发成本从 1 万元/kW 降至 7000 元/kW,累计下降 30%;太阳能发电开发成本从 13 元/W 降至 4.5 元/W,累计下降 65%。电能作为优质、清洁和高效的二次能源,是未来最重要的能源形式,绝大多数能源需求都可由电能替代。"两个替代"(清洁替代和电能替代)是世界能源发展的必然趋势,全球能源互联网是未来能源发展的战略方向。构建全球能源互联网,实施"两个替代",是实现能源安全、清洁、高效和可持续发展的必由之路[11]。

8.2.3　构建全球能源互联网的四个重点

全球能源互联网包括洲内联网、洲际联网及全球互联。至 2030 年,推动形成共识和框架方案,启动大型能源基地建设,加强洲内联网;2030—2040 年,推动各洲主要国家电网实现互联,"一极一道"等大型能源基地开发和跨洲联网取得重要进展;2040—2050 年,形成全球互联格局,基本建成全球能源互联网,逐步实现清洁能源占主导的目标。届时,将建设北极风电基地,通过特高压交直流向亚洲、北美洲和欧洲送电,实现这三大洲电网互联;建设北非、中东太阳能发电基地,通过特高压交直流向北送电至欧洲,向东送电至亚洲,实现非洲、欧洲和亚洲电网互联;建设南美洲赤道附近地区、大洋洲太阳能发电基地,分别实现北美洲与南美洲、亚洲与大洋洲联网和输电;同时加快开发各大洲集中式和分布式电源,实现各洲内跨国联网和输电,总体形成承载世界清洁能源高效开发、配置和利用的全球能源互联网,保障全球能源安全可靠供应。通过分层分区、紧密协调的电力调控和交易体系,实现全球能源互联网安全、经济、高效运行[11]。

1. 开发"一极一道"等大型能源基地

北极地区风能资源丰富,平均风能密度超过 400 W/m²,风电技术可开发量超过80 万亿 kW·h/a。赤道带是世界太阳能资源最富集的地区,综合考虑太阳能辐射量及地形地貌等因素,估算北非、中东地区、澳大利亚、南美中北部地区的年技术可开发量分别达到27 万亿 kW·h、9 万亿 kW·h、15 万亿 kW·h 和 5 万亿 kW·h。全球水能资源年技术可开发量为 16 万亿 kW·h。中国清洁能源资源丰富,水电可开发资源量达 6 亿 kW·h,风能、太阳能可开发资源量分别为 25 亿 kW·h、27 亿 kW·h。随着可再生能源发电技术和储能技术的突破,以"一极一道"大型能源基地为重点,优化开发各大洲风电、太阳能发电以及主要流域水电、近海地区海洋能和各地分布式电源,清洁能源完全能满足未来全球能源需求[11]。

研究人员对全球风力资源发展潜力进行了研究评估,评估时首先对全球区域进行分区,每区面积约为 3300 km²;随后分析了实际可以建造风电机组的无城市、无森林和无冰覆盖区域每六个小时的风速情况[12]。研究人员还考虑在近海区域安装 3.6 MW 海上风机的可能性,但限制在离海岸 50 海里和水深不到 200 m 的区域。分析显示,即使只以额定功率的 20% 运行,一个基于 2.5 MW 风机的陆基超级互联风力电网足以提供当前世界电力用量 40 倍以上或是全球能源使用量 5 倍以上的能量。研究人员发现，美国的风能潜力要比美国目前的用电量大 23 倍；而中国风能潜力将是 2005 年用电量的 19 倍，大部分能量将由陆地风电机组提供。2008 年，风能发电占到美国所有新增发电装机容量的 42%。到 2030 年，全球风力发电量预计可以增加 17 倍。不过，该研究指出，目前风力发电仍只占世界发电量的极小一部分。这是由于风力发电仍面临着一系列障碍：发电成本仍然比常规能源昂贵；风能的间歇性使得在夏季电力需求高峰期使用达到最低点；很多风能资源潜力巨大的地区都远离人们的居住区，这意味着需要开发更多的输电线路和更智能的电网以便利用风电；还有人对离岸风力发电机的环境和美学提出反对[13]。

中国科普博览网数据显示，地球上太阳能资源的分布与各地的纬度、海拔高度、地理状况和气候条件有关。就全球而言，美国西南部、非洲、澳大利亚、中国西藏、中东等地区的全年总辐射量或日照总时数最大，为世界太阳能资源最丰富地区。南北两极为贫乏区。中国地处北半球，太阳能资源十分丰富，全国总面积 2/3 以上地区年日照时数大于 2200 h。中国西藏、青海、新疆、甘肃、宁夏、内蒙古属于世界上太阳能资源丰富的地区。中国东部、南部及东北部为太阳能资源中等区，四川盆地是太阳能资源低值区。

2. 构建全球特高压骨干网架

建设跨洲特高压骨干通道的重点有：形成连接"一极一道"大型能源基地与亚洲、欧洲、非洲、北美洲、南美洲的全球能源系统，实施清洁能源跨洲配置；建设洲内跨国特高压线路，适应洲内国家之间大容量、远距离输电或功率交换需求，提高洲内电网互济能力；建设国家级特高压电网，根据各国资源禀赋和需要，形成特高压交流骨干网架和连接国内大型能源基地与主要负荷中心的特高压直流输电通道[11]。

3. 推动智能电网广泛应用

智能电网对风电、太阳能发电、海洋能发电等间歇式电源以及其他分布式电源具有很强的适应性，能够保障各类能源的友好接入和各种用能设备即接即用；能够与互联网、物联网、智能移动终端等相互融合，满足用户多样化需求。将智能电网建设与可再生能源发展、战略性新兴产业发展、互联网和物联网建设结合起来，服务智能家居、智能社区、智能交通、智慧城市发展[10]。

4. 强化能源与电力技术创新

重大技术突破将大幅提高能源供应的安全性、经济性，破解能源发展瓶颈，带来发展格局和发展道路的重大变化。全球能源互联网发展进程很大程度上取决于重大技术突破。这主要包括清洁发电和用电技术，如大容量和高参数风机、高效率光能转换、大规模海洋能发电、可再生能源大规模开发及联合调控、高效电能替代等；特高压和智能电网技术，如特高压交直流及海底电缆，大容量柔性交直流输电，高压直流断路器，气体、固体绝缘管道输电，高温超导输电和新一代智能变电站等；先进储能技术，如大规模储能电池制造和大容量成组、电化学储能、飞轮储能、超导储能和超级电容器储能等；电网控制技术，如特大型交直流电网运行控制、大系统仿真计算、分布式发电协调控制、微电网集群控制和电力信息海量数据采集与处理等[10]。

近年来，全球高压海底电力电缆需求量稳定增长，世界各国和地区都在加大可再生能源的开发，尤其是海上可再生能源，从而促进连接陆地电网所需的海底电力电缆市场的发展。不仅如此，随着电缆技术的快速发展，越来越多的海缆项目采用长距离、高容量的海底电力电缆。

据国外权威市场研究机构 Navigant Research 称,保守估计到 2023 年,全球海底电力电缆安装数量将达到 304 条。更大胆地预测,这一数据甚至将达到 453 条[14]。

据外媒报道,欧洲计划建设全球最长海底电力电缆项目——欧亚电网互联(Euro-Asia interconnector)。该项目主要是敷设一条长达 820 海里的海底电力电缆,输电能力达到 2000 MW,连接能源需求较大的欧洲和天然气大国塞浦路斯及地中海东部其他国家。因此,海缆将主要用于传输天然气产生的电力,其次也会考虑可再生能源发电。该项目包括 250 个电力与天然气项目,总投资额达到 35 亿欧元,意在减少对俄罗斯天然气进口的依赖以及建立一个单一的能源市场。这条海缆则用于将以色列的电力通过塞浦路斯、克里特岛和希腊并入欧洲电网。海缆建设 Ⅰ 期具体包括两个终端的建设,分别是克里特岛—雅典、塞浦路斯—以色列;Ⅱ 期则是敷设塞浦路斯至克里特岛的海缆,距离约为 475 海里[15]。

8.2.4　共同推动全球能源互联网建设

近年来,中国积极推进特高压、智能电网、信息网络和清洁能源发展,在特高压和智能电网理论、技术、装备和标准等方面取得全面突破,为构建全球能源互联网奠定了基础。在战略规划上,推进"一特四大"战略(发展特高压电网,促进大煤电、大水电、大核电、大型可再生能源集约开发)和"电能替代"战略(以电代煤、以电代油、电从远方来、来的是清洁电)。《中国"十四五"电力发展规划研究》提出,到 2035 年,"三华"(华东、华中、华北)建成"五横四纵"特高压交流主网架(图 8-8)。西部加快构建川渝特高压交流主网架。中国形成东部、西部两大同步电网格局。2050 年,进一步加强东部、西部同步电网主网架。东北建成"四横三纵"特高压交流网架,南方建成"两横四纵"特高压交流网架。西部电网特高压交流网架向西延伸至雅鲁藏布

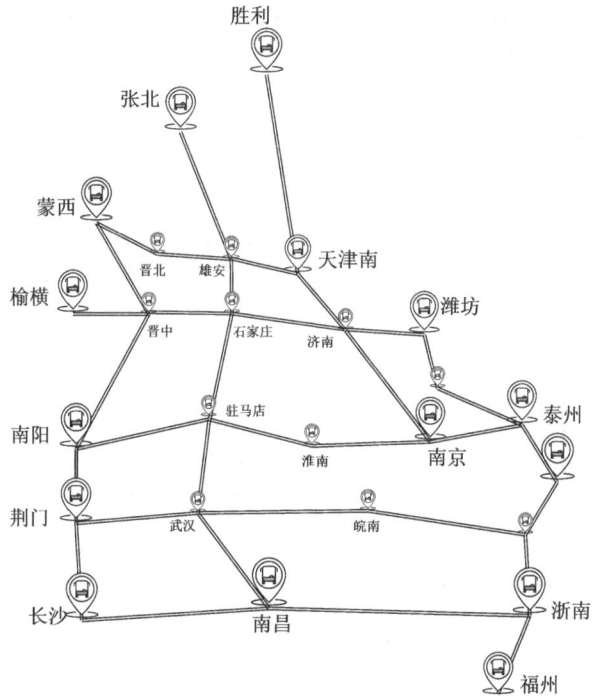

图 8-8　东部特高压交流"五横四纵"规划图

江水电基地、拉萨和新疆且末新能源基地,建成"四横五纵"特高压交流主网架。

在技术标准上,攻克特高压交直流过电压控制、电磁环境、绝缘配置,以及风电、太阳能发电大规模接入和配置,大电网安全运行和协调控制等许多世界性难题,全面掌握了特高压交直流输电及其关键设备制造技术,特高压交流试验示范工程获得国家科技进步特等奖,实现了"中国创造"和"中国引领",建成特高压交流、直流、高海拔和工程力学4个试验基地,形成功能齐全、技术领先、世界一流的试验研究体系。发布国际标准22项、国家标准355项、行业标准828项、企业标准1101项,其中特高压国际标准12项、国家标准35项、行业标准58项、企业标准145项。中国特高压交流电压成为国际标准电压。国际电工委员会有4个专委会秘书处设在国家电网公司,显著增强了我国在世界电工标准领域的话语权和影响力[11]。

在工程建设上,建成"两交四直"特高压工程,长期安全稳定运行,累计输电2650亿kW·h,成为中国西南水电、西部和北部煤电、风电和太阳能发电大规模输送的主通道,实践验证了特高压输电的可行性、先进性、安全性、经济性和环境友好性。近年部分在运特高压工程如表8-1所示。落实国家大气污染防治行动计划,全面启动包括"四交四直"特高压工程(表8-2)在内的12条输电通道和酒泉—湖南特高压直流工程。2014年11月4日已正式开工建设淮南—南京—上海、锡盟—山东、宁东—浙江"两交一直"特高压工程;2015年2月开工建设蒙西—天津南交流、榆横—潍坊交流、酒泉—湖南直流工程;2015年上半年开工建设锡盟—泰州直流、晋北—江苏直流、上海庙—山东直流工程。在此基础上加紧启动"五交九直"特高压工程,加快构建特高压骨干网架,在全国形成西电东送、北电南供、水火互济、风光互补的能源配置新格局。建成世界首个集风力发电、太阳能发电、储能系统、智能输电于一体的风光储输示范工程;建成电动汽车充换电站570余座、充电桩2.3万个,形成多个城际充换电服务网络;建成智能变电站1100余座,安装智能电表2.3亿只。基于坚强智能电网,国家电网公司经营区域并网水电、风电和太阳能发电装机分别达到1.95亿kW、7799万kW和1835万kW,成为世界风电并网规模最大、太阳能发电增长最快的电网[11]。截至2020年底,中国已建成"十四交十六直"共计30条在运特高压线路。按照"十四五"的规划,其间将建成7回特高压直流,500 kV及以上电网建设投资约7000亿元,特高压建设将迎来第二轮建设高峰期。

表 8-1 中国部分在运特高压工程

输电类型	工程名称	电压等级/kV	路线长度/km	换流容量/万 kW	投运年份
交流	山东—河北	1000	2×823.6	1500	2020
	张北—雄安	1000	2×320	2000	2020
	蒙西—晋中	1000	8049	8100	2020
直流	酒泉—湖南	±800	2383	1600	2017
	扎鲁特—青州	±800	1234	2000	2018
	准东—皖南	±1100	3324	2400	2019

数据来源:国家电网。

表 8 - 2　列入大气污染防治行动计划的"四交四直"特高压工程[12]

输电类型	工程名称	电压等级/kV	路线长度/km	换流容量/万 kW	投运年份
交流	淮南—南京—上海	1000	2×780	1200	2016
	锡盟—山东	1000	2×730	1500	2016
	蒙西—天津南	1000	2×608	2400	2016
	榆横—潍坊	1000	2×1049	1500	2016
直流	宁东—浙江	±800	1720	1600	2016
	晋北—江苏	±800	1119	1600	2017
	锡盟—泰州	±800	1620	2000	2017
	上海庙—山东	±800	1238	2000	2017

　　构建全球能源互联网符合全人类的共同利益，是世界需要、国家需要、民族需要、社会需要，也是电力行业的需要。从国家电网公司实践看，构建全球能源互联网，技术可行、安全可靠、经济合理。但也要认识到，构建全球能源互联网是能源电力领域的一项根本性革命，将带来能源发展战略、发展路线、结构布局、消费方式以及能源技术等的深刻变革和全方位调整，对电力行业既是难得机遇，也是重大挑战，需要全行业凝聚力量、形成合力、共同推动[11]。

8.3　能源互联网与生态文明的发展

　　当前全球正在经历新型能源体系变革，强化节能和加速能源结构的低碳化成为大国能源战略的共同选择。当前我国能源发展也面临日趋强化的资源和环境制约，党的十九大提出"绿色发展"，并将构建绿色的经济体系作为绿色发展的核心内容。全球能源互联网变革的潮流将引发全球经济、社会发展方式的变革，也将引起经济、贸易、技术竞争格局的变化，对我经济社会可持续发展既带来新的挑战，也存在实现跨越式发展的机遇。

8.3.1　能源互联网与第三次工业革命的关系

　　全球正在经历新一轮工业革命，这已成为广泛共识。但是，新一轮工业革命的特征是什么，历史上每次工业革命划分的标准是什么，其驱动力又是什么？不同学者从不同视角有着不同的解释。有人把重大技术范式转变作为工业革命阶段划分的标准，认为当前生物技术、信息技术、新能源技术和新材料技术的突破性进展将带来第三次工业革命。也有人认为对工业革命阶段划分的依据是生产方式的根本性转变。比较有代表性的是英国《经济学人》刊发的特别报告中的观点："第一次工业革命是 18 世纪晚期制造业的'机械化'所催生的'工厂制'，彻底荡涤了家庭作坊式的生产组织方式；第二次工业革命是 20 世纪早期制造业的'自动化'所创造的'福特制'流水生产线，使得'大规模生产'成为制造业的主导生产组织方式，产品的同质化程度和产量实现'双高'。而人类正在迎接的第三次工业革命是制造业的'数字化'，以此为基础的'大规模定制'可能成为未来的主流生产方式。"也有人认为人类社会已经历了蒸汽机革命、运输革命、科技革命和计算机革命四次重大的工业革命，当前智能制造、互联制造、定制制造和绿色制造将成为新工业革命的特征。《第三次工业革命》的作者杰里米·里夫金则认为，历史上数次重大的经济革命都是在新的通信技术与新的能源系统结合之际发生的。新的能源系统会加深各种经济活动之间的依赖性,促进经济交流,有利于发展更加丰富、更加包容的社会关系;伴随而生的通信革命也成为组织和管理新能源系统的途径,从而把新能源技术和新通信技术的革命及相互融合作为每次工业革命的驱动力和特征。其观点抓住了每次工业革命的发生和发展在本质上都是源于能源和动力革命这一根本驱动力,新的能源生产和利用方式的革命为经济社会发展和新技术创新提供了新的动力和广阔空间,而生产和经营、商业和贸易方式的变革及各个领域颠覆性技术的出现则都是能源和动力革命所催生的成果。因此,里夫金对每次工业革命特征和驱动力的分析,以及把当前世界新型能源体系变革视为第三次工业革命的观点,更具真知灼见[16]。

纵观人类社会发展史,人类懂得利用火烤制熟食开始了原始文明,利用火的能量冶炼和打造青铜器及铁器,从而迈向刀耕火种的农业文明。从古代看,能源利用及利用技术和方式的根本性变革也是社会生产力发生阶跃式发展的重要驱动力[8]。

第一次工业革命的标志是煤炭取代木柴,并以蒸汽为动力。蒸汽动力技术催生了制造业的机械化和工厂的规模化生产,蒸汽动力机车使铁路运输极大地提高了物流和邮政的效率,而机械化印刷使新闻媒体在第一次工业革命中一跃成为主要的信息传播工具,促进了历史上第一次公众文化普及运动的产生。

第二次工业革命的标志是石油取代煤炭,并以电力和燃气为动力。电气化促进了电报、电话、广播、电视等新通信技术的革命,为更加复杂的第二次工业革命的管理提供了有力工具。电力和电信技术引发了工厂的电气化和自动化,形成了大批量工业产品自动化生产线的集中大生产方式,同时燃气机的发明以及汽车、飞机等更为便捷的新交通工具的普及也使石油逐渐取代煤炭成为主要的一次能源,社会也随之进入石油时代。

第三次工业革命的特征是互联网技术与新型可再生能源的融合。新能源技术发展将形成以可再生能源为支撑的新型分布式能源系统,而与分布式网络通信技术的结合将形成智能型"能源互联网",实现绿色能源的在线分享。这意味着从前两次工业革命中形成的以化石能源为支柱的能源体系向以可再生能源为基础的可持续能源体系转型。

第三次工业革命将是以分散采集和转换的可再生能源替代集中开采和转换的煤炭、石油等化石能源。可再生能源就地转化为电力,在智能化区域电网中使用和共享。新的一次能源生产和转换方式的变革,也相应改变能源输配和利用的方式,所以扁平化的智能能源网络应运而生。由于太阳能、风能、水能等可再生能源发电的间歇性,氢将成为新的重要的二次能源载体。利用可再生能源所发电力制氢,氢作为重要的储能方式和洁净无污染的优质二次能源载体,既可用来再次发电,又可用于燃料电池驱动汽车。作为一次能源的可再生能源和作为二次能源的氢能的结合,有可能成为第三次工业革命中新型能源体系的重要特征。未来形成以可再生能源为主体的智能化能源体系,氢能技术将是其重要的支柱。这也和前两次工业革命一样,第三次工业革命也将由新型一次能源和新型二次能源相结合的能源生产和利用方式的革命所驱动。目前氢的制备、存储、运输和利用等方面的技术还有待突破,因其成本昂贵还不能大规模推广。至于未来是否能以"氢能时代"(图8-9)替代"石油时代",也取决于未来是否有其他竞争技术的突破和新的颠覆性技术的出现。但无论如何,如同第二次工业革命中电气化的广泛影响一样,未来氢能作为无污染优质二次能源渗透到经济社会各个领域中时,其颠覆性技术的创新以及新型能源体系基础设施运行方式和管理制度的演变,都将会导致经济生产运营方式和社会生活方式的革命性变革,但具体的表现形式和特征仅凭今天的认知则很难想象和预见[16]。

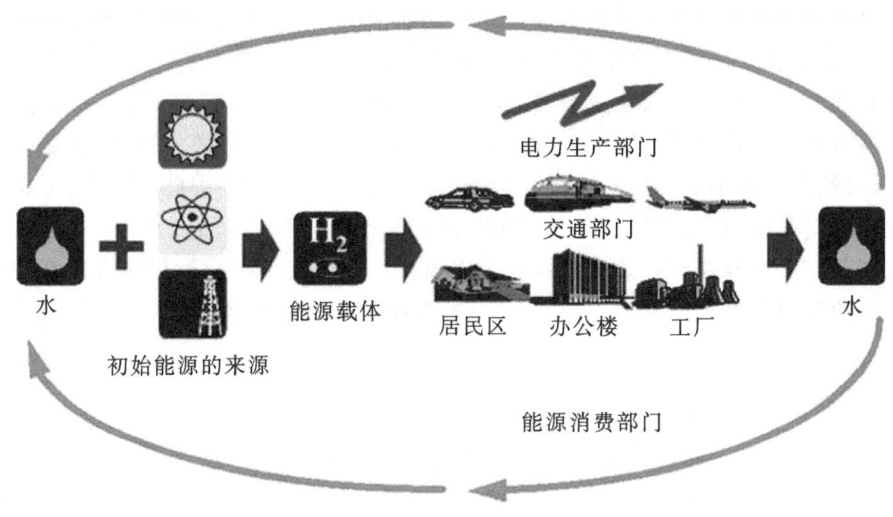

电力生产部门

交通部门

居民区　办公楼　工厂

水

能源载体

初始能源的来源

能源消费部门

图 8-9　氢能时代

以新型能源体系革命为标志的第三次工业革命寻求人与自然的和谐相处,经济社会与资源环境的可持续发展。国内外学者普遍认为生态文明将是继原始文明、农业文明、工业文明后的另一个新的社会文明形态,地球生物圈意识的觉醒则促使经济社会形态由工业文明向生态文明转型。当前以可再生能源开发利用为支柱的新能源革命所带动的第三次工业革命则成为在可持续发展框架下,由工业文明通向生态文明的必由之路,第三次工业革命的完成也将意味着现代工业文明的终结和生态文明的确立。生态文明是一种长久可持续的社会文明形态,新的能源生产和利用方式的革命将使人类与自然界建立一种和谐的伙伴关系,人类不再盲目向大自然摄取资源和排放废物,破坏地球生物圈循环,而是重新回归到地球生物圈生态系统中的应有位置,使经济社会发展与自然生物圈有机地融为一体。最终人类社会不再以消耗地球有限资源和侵占环境容量空间来维持经济社会的持久繁荣和发展,能源生产和使用的二氧化碳排放量也趋于零,实现由当今化石能源为基础的“碳时代”向以可再生能源为基础的“后碳时代”或许是“氢时代”转型。表 8-3 列出了第三次工业革命与前两次工业革命的差别。

表 8-3　三次工业革命的比较[16]

比较项目	第一次工业革命	第二次工业革命	第三次工业革命
特征及标志	煤炭及蒸汽动力	石油及电力、燃气	可再生能源及氢能
通信革命	邮政、报纸	电报、电话、广播、电视	互联网、移动通信
工业变革	机械化生产	自动化生产	网络化、个性化、订购式生产与共享
人与自然关系	掠夺大自然	全球资源枯竭、环境破坏、生态安全破坏	人与自然和谐可持续发展
文明形态	工业文明	工业文明	生态文明

第一、二次工业革命的目标是大幅提高劳动生产力,追求社会物质福利,但带来了全球化石能源的逐渐枯竭、生态环境的严重破坏。能源互联网革命则不以追求经济增长为首要目标,而以人与自然的和谐可持续发展为前提。如果说前两次工业革命是在科技进步推动下的自发变革过程,是少数国家历经上百年不断发展和深化的过程,那么第三次工业革命则是由于逐渐枯竭的化石能源制约和生态安全威胁被迫进行的能源生产和消费革命,是人类社会自发对不可持续发展方式的革命,是促进社会形态由工业文明向生态文明过渡的革命,也是世界各国紧密合作、人类社会主动推动的转变经济社会发展方式的一场革命。因此,第三次工业革命比前两次工业革命更为紧迫,变革速度和程度更剧烈,影响更深远。当然,前两次工业革命中所奠定的现代产业基础和科技创新能力也将成为以可再生能源技术与智能化网络技术结合为标志的第三次工业革命的有力支撑[16]。人类文明进程如图8-10所示。

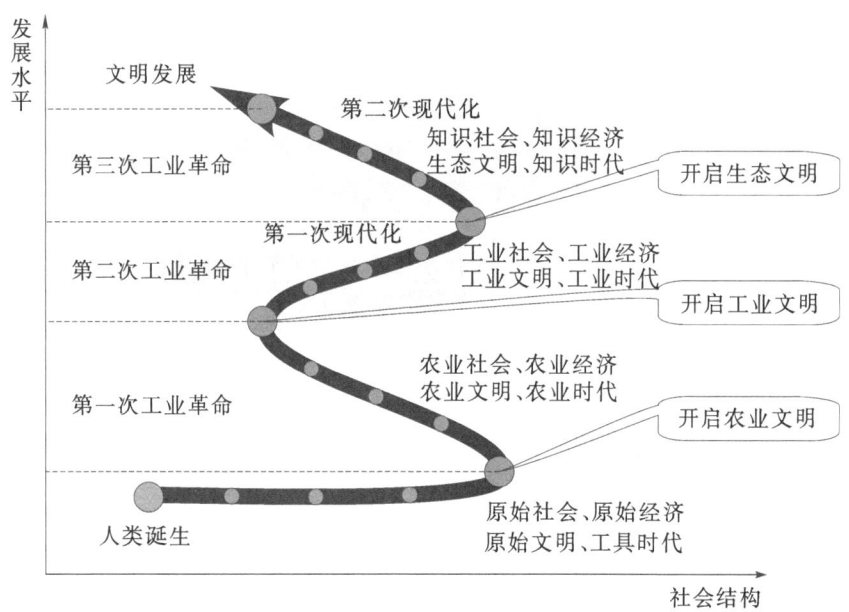

图8-10　人类文明进程的路线图[16]

8.3.2　基于能源互联网的生态文明的社会观念及发展方式

能源生产和利用方式革命引发的每次工业革命都将催生新的经济生产方式、管理方式和社会组织方式的根本性变革,带来经济的快速发展和科技进步。能源机制塑造了文明的本质,决定了文明的组织结构、商业和贸易成果的分配、政治力量的作用形式,指导社会关系的形成和发展[17]。

互联网信息技术与可再生能源的出现让我们迎来了第三次工业革命。21世纪数以百万计的人们将实现在家庭、办公区域以及工厂中自助生产绿色能源的梦想。此外,正如人们在互联网上可以任意创建属于个人的信息并分享一样,任何一个能源生产者都能够将所生产的能源通过一种外部网格式的智能型分布式电力系统与他人分享。20世纪90年代中期,通信和能源这种新的结合方式出现。互联网技术和可再生能源将结合起来,为第三次工业革命创造强大的基础,第三次工业革命将改变世界。

　　第三次工业革命的基础设施反映出了权力关系本质的变化。第一次工业革命与第二次工业革命均采用垂直结构,倾向于中央集权、自上而下的管理体制,大权掌握在少数工业巨头手中。第三次工业革命的组织模式却截然不同,其采取的是扁平化结构,由遍布全国、各大洲乃至全世界的数千个中小型企业组成的网络与国际商业巨头一道共同发挥着作用。

　　第一次工业革命使 19 世纪的世界发生了翻天覆地的变化,第二次工业革命为 20 世纪的人们开创了新世界,第三次工业革命同样将对 21 世纪产生极为重要的影响,它将从根本上改变人们生活和工作的方方面面。以化石燃料为基础的第二次工业革命给社会经济和政治体制塑造了自上而下的结构,如今第三次工业革命所带来的绿色科技正逐渐打破这一传统,使社会向合作和分散关系发展。如今我们所处的社会正经历深刻的转型,原有的纵向权力等级结构正向扁平化方向发展。

　　每次工业革命都带来社会观念和经济发展方式的根本变革,推动发展理念和消费观念的革命。第三次工业革命将由片面追求经济产出和以生产率为核心的工业文明发展理念转变为人与自然、经济与环境、人与社会和谐可持续发展的生态文明的发展理念,由过度追求物质享受的福利最大化消费理念转变为更加注重精神文明和文化文明的健康、适度的消费理念。第三次工业革命将成为人类社会形态由工业文明向生态文明过渡的必由之路。表 8-4 反映了工业文明与生态文明两种文明形态在社会观念和发展方式上的差别。

表 8-4　工业文明与生态文明的社会观念和发展方式比较[16]

比较项目	工业文明	生态文明
社会观念	私有制,追求个人财富及物质享受	合作共享,强调社会公共资源和财富
发展目标和评价指标	GDP,消费效用最大化,生产率和效率最大化	经济发展、社会进步、环境保护等可持续发展的综合指标体系
经济发展方式	资源依赖型、以环境为代价、以化石能源为支撑的高碳发展模式	以可再生能源为支柱的绿色、可持续的低碳发展方式
经济与环境关系	以环境容量作为约束条件,外部性内部化	人与自然、经济与环境相协调,以地球环境空间作为公共资源或生产要素
能源管理方式	集中式、规模化生产和输运的"层级"垂直结构	分布式、智能网络化和扁平化的生产与共享结构
消费方式	奢侈、高能耗和高碳消费方式	节俭、节能和低碳消费方式

　　实现新型能源体系革命的转变,最艰难的部分在于观念的改变。在第二次工业革命的既得利益者和第三次工业革命的新型利益者之间将产生新的冲突和政治对立。以化石能源为基础的传统产业思维方式和既得利益者将倾向于把可再生能源的发展纳入规模开发、集中管理、统一分配形成超级电网模式,而非扁平化、分布式开发与共享的智能模式,后者是第三次工业革命的发展方向。因此,新型能源体系革命绝非一帆风顺,同时对世界各国推进能源管理体制改革、鼓励发展分布式能源系统、打破电网输配电系统的垄断,有着警示的作用[17]。

　　观念转变对一个国家在新型能源体系革命中能否成功实现转型起着关键性作用,而第三次工业革命中各国发展方式和消费方式的转变速度和程度也可能成为重塑世界经济和政治格局的重要因素。美国的高科技发展引领了 20 世纪后半叶世界经济的发展和繁荣,但其以高能源消费为支撑的社会消费方式也给当前向新能源体系过渡带来了困难。当前,美国和欧盟、日本的人均 GDP 差别不大,但美国人均能耗高达 10.2 t 标准煤,是欧盟的 2.1 倍,是日本的 1.8 倍。尤其是美国人追求大面积住房、大排量汽车和过分物质享受的奢侈浪费的消费方式,不仅使国家和大多数民众入不敷出,经济发展缺乏持续投入,而且成为人均能源消费和人均二氧化碳排放量最高的少数几个国家之一。美国在全球应对气候变化的国际合作进程中,把固守其所崇尚的消费理念视为国家利益,并受国内利益集团的政治博弈所左右,在气候公约谈判中始终处于被动地位。美国拒绝在《京都议定书》下承担发达国家应尽的具有法律约束的减排义务的举动,受到国际社会的一致谴责。如果美国人不能在第三次工业革命浪潮中及早醒悟,改变其以自我为中心的物质享受主义的消费方式,美国也许会在新能源革命推动的低碳发展浪潮中失去由于高技术创新所占据的对世界经济发展的领先和主导地位,甚至落后。更为糟糕的是,包括中国在内的经济快速发展的新兴发展中国家少数先富裕的人群大都以美国人的消费方式为榜样,对大面积豪华住房、大排量高档汽车和奢侈型物质消费品的追求也在引领这些国家的时尚,使其沿袭美国高碳排放的发展路径,这种与第三次工业革命方向相背离的发展趋势可能会使这些国家丧失跨越式发展的良机。因此,伴随第三次工业革命的思想观念转变需要在全球范围内迅速传播,需要各国的共同努力和广泛合作[17]。

对新兴的发展中国家而言,由新型能源体系革命引发的经济社会发展方式和认识观念的根本性变革,也确实提供了一个实现跨越式发展的难得机遇。在经济社会发展处于重大变革和能源技术出现革命性突破之际,一个国家抓住了机遇、顺应了潮流,就能顺势得以发展和强大,反之则会被边缘化、落伍甚至衰落。中国等发展中国家错失了第一、二次工业革命的机遇,而在正兴起的第三次工业革命中则有很多领域可与发达国家同步进行或开展合作。发达国家在第一、二次工业革命中对化石能源的过度消耗和对地球环境容量的过度占用,造成了今天世界性资源缺乏和全球生态安全问题,以及气候变化等全球环境灾难,严重压缩了未来全球的资源供给和环境容量空间。发展中国家不可能再沿袭发达国家以无节制地消耗地球资源和生态环境损坏为代价的工业化模式。第三次工业革命将开创新型的与资源环境相协调的可持续发展方式,抓住当前新的能源生产和利用方式的革命性转变之机,走出独特的跨越式发展路径,在实现现代化工业文明的过程中同时向生态文明的方向迈进[17]。

发达国家在工业化过程中,集中的工业大生产方式带动了城市化发展,百分之八九十的人口聚集和生活在城市。第三次工业革命趋于分散的、扁平化的生产方式,以及更便捷的交通和通信网络,将使人们更倾向于生活在青山绿水的乡村,与大自然融合,享受更高水平的生活质量和进行更有创意的生产和服务工作。3D 打印、虚拟制造等新兴信息技术的发展将使工业产业的生产区域分散化和个性化,互联网技术和云计算的发展也将快速提升信息获取和传播的效率并降低成本。因此集中型大城市的不断扩展和新建也许不再是发展中国家工业化和现代化过程的必经之路,而环境友好的小城镇或许成为最佳选择,人们的居住环境会朝分散的扁平化方向发展。当前发展中国家城市人口比例都不高,城市化过程中大规模城市基础设施和住房的建设将消耗大量钢铁、水泥等高耗能产品,造成化石能源消费量的快速增长和二氧化碳排放量的增加。因此需要探索一种新型的与第三次工业革命相衔接的城镇化模式,走以低碳化和智能化为特征的新型城市化道路。新型城镇的能源基础设施也需要前瞻性的规划和布局,避免发达国家走过的弯路,实现发展路径的跨越[16]。

8.3.3　基于能源互联网的生态文明的基础设施及治理制度

正如历史上任何其他的通信、能源基础设施一样,支撑第三次工业革命的各种支柱必须同时存在,否则其基础便不会牢固。第三次工业革命的支柱包括以下五个:向可再生能源转型;将每一大洲的建筑转化为微型发电厂,以便就地收集可再生能源;在每一栋建筑物以及基础设施中使用氢和其他存储技术,以存储间歇式能源;利用互联网技术将每一大洲的电力网转化为能源共享网络,这一共享网络的工作原理类似于互联网(成千上万的建筑物能够就地生产出少量的能源,这些能源多余的部分既可以被电网回收,也可以在各大洲之间通过联网而共享);将运输工具转向插电式以及燃料电池动力车,这种电动车所需要的电可以通过洲与洲之间共享的电网平台进行买卖。

欧盟在基于能源互联网的生态文明的基础设施建设方面有很多好的做法。从欧盟的发展历程来看,有机地整合上述五大支柱对生态文明建设的快速发展十分重要。一份欧盟委员会的解密文件显示,在 2010—2020 年间,欧盟需要花费 1 万亿欧元用于更新电网系统,以使其与可再生能源流相适应。这份内部文件还显示,欧洲依然缺乏使可再生能源与传统能源在同等水平竞争的基础设施。欧盟计划到 2030 年,使 1/3 以上的能源消费来自风能、太阳能等清洁能源。这就意味着电网必须经过数字化以及智能化处理,从而能够储存足够的间歇式可再生能源,以满足成千上万的地方能源生产商的用电需求。当间歇式可再生能源的总量超过电力总量的 15% 时,在欧盟基础设施建设中加快使用氢和其他存储技术是非常有必要的,否则大部分电能将会因此而丢失。同样的道理,用激励性措施来鼓励欧盟内部的建筑和房地产行业将数百万建筑大楼改变成微型发电厂,这一做法也十分重要,这样能够就地利用可再生能源,并且将多余的电力送回智能电网。只有以上这些条件都得到满足,欧盟才能够提供足够的绿色电力,用以驱动已经准备投入市场的插电式电动车和氢燃料电池汽车。如果支撑第三次工业革命的这五大支柱中任何一个的发展出现滞后,那么其他支柱也会因此而发展受阻。在这种情况下,基础设施自身会进行相应的调整。

借鉴国外的发展经验,中国在基于能源互联网的生态文明的基础设施建设方面也提出了符合发展实际的中长期发展指导意见。2016 年 2 月 24 日,国家发改委、能源局、工信部印发《关于推进"互联网＋"智慧能源发展的指导意见》(以下简称《意见》)。《意见》提出,能源互联网建设近中期将分为两个阶段推进,先期开展试点示范,后续进行推广应用,并明确了十大重点任务。《意见》说,"互联网＋"智慧能源(能源互联网)是一种互联网与能源生产、传输、存储、消费以及能源市场深度融合的能源产业发展新形态,对提高可再生能源比重,促进化石能源清洁高效利用,推动能源市场开放和产业升级具有重要意义。《意见》明确了能源互联网的建设目标:2016—2018 年,着力推进能源互联网试点示范工作,建成一批不同类型、不同规模的试点示范项目;2019—2025 年,着力推进能源互联网多元化、规模化发展,初步建成能源互联网产业体系,形成较为完备的技术及标准体系并推动实现国际化。《意见》明确了能源互联网建设十大重点任务。

(1)推动建设智能化能源生产消费基础设施。鼓励建设智能风电场、智能光伏电站等设施及基于互联网的智慧运行云平台,实现可再生能源的智能化生产;鼓励煤、油、气开采加工及利用全链条智能化改造,实现化石能源绿色、清洁和高效生产;鼓励建设以智能终端和能源灵活交易为主要特征的智能家居、智能楼宇、智能小区和智能工厂。

（2）加强多能协同综合能源网络建设。推动不同能源网络接口设施的标准化、模块化建设，支持各种能源生产、消费设施的"即插即用"与"双向传输"，大幅提升可再生能源、分布式能源及多元化负荷的接纳能力。

（3）推动能源与信息通信基础设施深度融合。促进智能终端及接入设施的普及应用，促进水、气、热、电的远程自动集采集抄，实现多表合一。

（4）营造开放共享的能源互联网生态体系，培育售电商、综合能源运营商和第三方增值服务供应商等新型市场主体。

（5）发展储能和电动汽车应用新模式。积极开展电动汽车智能充放电业务，探索电动汽车利用互联网平台参与能源直接交易、电力需求响应等新模式；充分利用风能、太阳能等可再生能源资源，在城市、景区、高速公路等区域因地制宜建设新能源充放电站等基础设施，提供电动汽车充放电、换电等业务。

（6）发展智慧用能新模式。建设面向智能家居、智能楼宇、智能小区、智能工厂的能源综合服务中心，通过实时交易引导能源的生产消费行为，实现分布式能源生产、消费一体化。

（7）培育绿色能源灵活交易市场模式。建设基于互联网的绿色能源灵活交易平台，支持风电、光伏、水电等绿色低碳能源与电力用户之间实现直接交易；构建可再生能源实时补贴机制。

（8）发展能源大数据服务应用。实施能源领域的国家大数据战略，拓展能源大数据采集范围。

（9）推动能源互联网的关键技术攻关。支持直流电网、先进储能、能源转换、需求侧管理等关键技术、产品及设备的研发和应用。

（10）建设国际领先的能源互联网标准体系。

全球范围内的新型可再生能源体系的基础建设需要一个漫长的发展阶段。纵观历史，世界第一、二次工业革命历经一个多世纪，且只在少数发达国家中完成。新能源技术的创新到大规模商业化推广需要一定的时间周期，需克服技术、资金、成本、体制和观念等诸多方面的障碍。可再生能源对化石能源的替代也是在某些领域和区域首先发生和发展，然后扩展到其他领域和区域的过程，化石能源基础设施在相当长时期内在大多数国家和地区仍会继续发挥作用，当然某些经改造后也可为可再生能源体系所用。而且，不同类型的国家也受到各自国情和发展阶段的制约。以中国、印度、巴西、南非为代表的二十几亿人口的新兴经济体正在快速实现工业化，其能源消费总量呈较快上升趋势，新能源和可再生能源快速增长的供应量，首先要满足新增加的能源需求，然后才有可能替代原有化石能源消费的存量。未来另外 30 多亿人口的非洲国家和最贫穷国家也要走上工业化的道路，也要分享人类前两次工业革命所形成的工业文明的成果，其能源消费总量也会迎来高速增长的阶段。因此，发展中国家在建设可再生能源体系过程中，比发达国家面临更艰巨的任务，全球实现向生态文明的跨越，更需要世界各国的广泛合作。未来新能源体系的形成和治理，需要建立政府、企业和公众之间开放、透明和广泛合作的关系。

当前为有效应对全球资源枯竭、生态承载能力减弱、环境容量制约和全球气候变化等一系列挑战，推进新能源体系的革命，使全球尽快走上绿色低碳的发展路径，迫切需要推进相应国际制度的改革和建设。而在《第三次工业革命》一书中没有提及能源体系转型中的国际制度建设，更是忽略了发展中国家和发达国家不同发展阶段的发展诉求和能源转型能力上的差别。2012 年 6 月在巴西里约热内卢召开的联合国可持续发展大会，把在可持续发展和消除贫困的框架下发展绿色经济以及国际可持续发展制度框架的建设和改革作为主题,这两大主题反映了当前全球可持续发展面临的突出问题,也反映了与第三次工业革命相衔接和呼应的发展目标、路径选择以及相应国际治理制度框架建设的需求。

1992 年在巴西里约热内卢举行的联合国环境与发展大会上,150 多个国家和地区制定了《联合国气候变化框架公约》(以下简称《公约》),为国际社会努力应对气候变化挑战、开展气候变化国际谈判制定了总体框架。该《公约》于 1994 年生效,目前已有 190 多个缔约方。作为应对气候变化国际合作的法律基础,《公约》确定了"共同但有区别的责任"这一核心原则,即发达国家率先减排,并向发展中国家提供资金和技术支持。发展中国家在得到发达国家的技术和资金等支持下,采取措施减缓或适应气候变化。这一原则在历次气候大会上为会议形成决议提供了依据。

1997 年在日本京都举行的《公约》第 3 次缔约方大会通过了具有法律约束力的《京都议定书》(以下简称《议定书》),为发达国家设立了强制减排温室气体的目标——在 2008 年至 2012 年《议定书》第一承诺期,发达国家的温室气体排放量要在 1990 年的基础上平均减少 5.2%。虽然一些发达国家对《议定书》态度消极,特别是美国与加拿大分别于 2001 年和 2011 年退出《议定书》,但 2011 年南非德班大会的决议重申《议定书》在第一承诺期结束后继续有效,第二承诺期期限等相关法律和技术细节是多哈气候大会的核心议题之一。

2007 年在印度尼西亚巴厘岛举行的联合国气候变化大会通过了"巴厘路线图",为气候变化国际谈判的关键议题确立了明确议程。"巴厘路线图"建立了双轨谈判机制,即以《议定书》特设工作组和《公约》长期合作特设工作组为主进行气候变化国际谈判。"巴厘路线图"还为谈判设定了期限,即 2009 年底完成 2012 年后全球应对气候变化新安排的谈判,但这一期限已在丹麦哥本哈根大会和南非德班大会上得以延长。按照"双轨制"要求,一方面,签署《议定书》的发达国家要执行其规定,承诺 2012 年以后的大幅度量化减排指标;另一方面,发展中国家和未签署《议定书》的发达国家则要在《公约》下采取进一步应对气候变化的措施。

2009 年哥本哈根气候大会和 2010 年墨西哥坎昆气候大会对发达国家向发展中国家提供额外的资金支持做出了安排,决定建立帮助发展中国家减缓和适应气候变化的绿色气候基金。根据计划,发达国家在 2013 年到 2020 年间,每年提供 1000 亿美元资金帮助发展中国家应对气候变化。作为过渡,在 2010 年至 2012 年间,发达国家应出资 300 亿美元作为快速启动资金。绿色气候基金在 2011 年德班大会上正式启动,被确定为《公约》框架下金融机制的操作实体,随后召开的多哈气候大会努力推动该基金的落实和有效执行。

2011 年德班气候大会与会各方在做出妥协后同意成立"加强行动德班平台特设工作组"(简称"德班平台"),负责在 2015 年前形成适用于《公约》所有缔约方的法律文件或法律成果,作为 2020 年后各方贯彻和加强《公约》、减排温室气体和应对气候变化的依据。由于"德班平台"是会议延时后妥协的产物,许多细节问题当时没有解决。该平台运行后,部分发达国家试图借其"另起炉灶",抛弃"共同但有区别的责任"原则,对此发展中国家强烈反对。今后基于"德班平台"的谈判能否维护《公约》确立的谈判基础,能否遵守其核心原则,是国际社会应对气候变化的努力能否朝正确方向迈进的关键所在。

2012 年底,多哈气候大会延续了《京都议定书》第二承诺期,并开启"德班平台"的谈判,旨在讨论 2020 年后的国际减排制度框架和 2020 年前各国如何加强减排力度。2014 年 9 月召开了联合国气候变化领导人峰会。2015 年,最终就"德班平台"谈判达成协议。这既关系到全人类现在和未来的生存和福祉,也涉及各国在全球环境问题上权利和义务的分担,存在国家间排放空间和发展利益的冲突。建立公正有效的国际制度框架,既可促进全球合作,又能制约各国无节制的排放,而且能有效地推进全球内新型能源体系革命的进程。《公约》中确定的和"里约+20"峰会强调的发展中国家和发达国家公平且"共同但有区别的责任"原则,则是构建国际可持续发展制度的基石。

2015年12月,在法国巴黎举行了《公约》第21次缔约方大会,最终达成《巴黎协定》。大会重申了2℃全球温升控制目标,努力实现全球1.5℃温升的长期目标,并就国家自主贡献、减缓、适应、资金、技术、能力建设、透明度、全球盘点、遵约等方面做出了全面平衡的安排。全球应对气候变化合作进入了新阶段,全球绿色低碳转型成为不可逆转的趋势。

2018年底,《巴黎协定》缔约方会议在波兰卡托维兹举行。经谈判,会议按计划通过《巴黎协定》实施细则的一系列决议,就如何履行《巴黎协定》"国家自主贡献"及其实施细节做出具体安排,就履行协定相关义务分别制定细化导则、程序和时间表等,就市场机制等问题形成程序性决议。2019年底,在西班牙马德里举行第25次缔约方大会,此次大会以智利为主席国。

2021年10月,国务院印发了《2030年前碳达峰行动方案》,其中提到中国未来要深度参与全球气候治理,维护以联合国为核心的国际体系,推动各方面履行《公约》及《巴黎协定》,积极参与国际航运、航空减排谈判。

各国减缓温室气体排放的责任、义务分担应遵循《公约》中"共同但有区别的责任"原则,以体现公平性。按人均累积排放量趋同原则分配和使用全球碳排放空间是公平性原则的具体体现。发达国家的高人均排放量过多占用了全球的排放空间,严重背离了公平原则,剥夺了发展中国家公平发展的机会。由于今后相当长时间内,发达国家过高的人均排放量仍将进一步挤占发展中国家的排放空间,因此,发达国家必须进一步深度减排,以为发展中国家留出必要的发展空间。同时,发达国家也必须依照《公约》的规定,为发展中国家提供资金、技术和能力建设的支持,帮助发展中国家走上低碳发展的道路。发展中国家当前面临对外争取排放空间、对内向低碳经济转型的双重任务,在对外维护发展中国家公平发展权益的同时,对内也必须加快低碳技术创新和经济发展方式的转变,全面应对气候变化带来的挑战[18]。

因此,在未来生态文明的发展过程中,国际治理制度应公平、公正、平等、有效地体现出各国的诉求与利益关切,而非由少数大国主导的全球事务格局,有力促进世界各国积极参与其中,最终实现合作共赢。唯有这样的发展理念,才能促使全球范围内能源消费结构的转变,实现绿色低碳发展,实现全世界经济繁荣和可持续发展,共同创建生态文明的社会形态。

参考文献

[1]董朝阳,赵俊华,文福拴,等.从智能电网到能源互联网:基本概念与研究框架[J].电力系统自动化,2014,38(15):1-11.

[2]杨方,白翠粉,张义斌.能源互联网的价值与实现架构研究[J].中国电机工程学报,2015,35(14):3495-3508.

[3]李逦.浅析云计算背景下云存储的优势与劣势[J].计算机光盘软件与应用,2013(23):18-19.

[4]张建勋,古志民,郑超.云计算研究进展综述[J].计算机应用研究,2010,27(2):429-433.

［5］孟小峰.大数据管理：概念、技术与挑战［J］.计算机研究与发展,2013,50(1):146－169.

［6］王继业,孟坤,曹军威,等.能源互联网信息技术研究综述［J］.计算机研究与发展,2015,52(5):1109－1126.

［7］曹军威,杨明博,张德华,等.能源互联网：信息与能源的基础设施一体化［J］.南方电网技术,2014,8(4):1－10.

［8］曾静静.美国节能经济委员会报告：主要经济体能源效率有待提高［EB/OL］.(2014－08－07)［2016－12－20］.http://www.globalchange.ac.cn/view.jsp?id＝52cdc05447191cec0147af1fff70006d.

［9］关媛.构建全球能源互联网相关思考［J］.科学与财富,2015(7):245－246.

［10］刘振亚.构建全球能源互联网,推进绿色能源发展［J］.智慧工厂,2015(10):32－33.

［11］刘振亚.构建全球能源互联网有四个重点［J］.电器时代,2015(7):28－31.

［12］LU X,MCELROY M B,KIVILUOMA J. Global potential for wind-generated electricity［J］. Proceedings of the National Academy of Sciences,2009,106(7):10933－10938.

［13］张爽.哈佛大学研究人员评估全球风能发展潜力［EB/OL］.(2009－08－26)［2016－12－20］.http://chinaeast.xinhuanet.com/zhuanti/2009－08/26/content_17648214.htm.

［14］吴颖.2023 年全球海底电力电缆安装量达 304 条［EB/OL］.(2014－08－15)［2016－12－20］.http://news.cableabc.com/world/20140815017131.html.

［15］吴颖.世界最长海底电力电缆拟于 2017 年投产［EB/OL］.(2013－10－18)［2016－12－20］.http://news.cableabc.com/world/20131018000669.html.

［16］何建坤.新型能源体系革命是通向生态文明的必由之路：兼评杰里米·里夫金《第三次工业革命》一书［J］.中国地质大学学报(社会科学版),2014,14(2):1－10.

［17］杰里米·里夫金.第三次工业革命［M］.张体伟,孙豫宁,译.北京:中信出版社,2009.

［18］何建坤,滕飞,刘滨.在公平原则下积极推进全球应对气候变化进程［J］.清华大学学报(哲学社会科学版),2009(6):47－53.

第9章

人类文明与未来能源发展

随着人口增长，当前的能源结构显然无法满足人类的需求。探索新的能源形态和供给形式是必然之举。新型能源的开发与利用，必然能够使得人类目前面对的及未来更加严峻的能源危机得以缓解，使得工业文明变得更加具有生态文明的特点。但是，由于各种新能源的局限性，如很多新型能源缺乏使用的连贯性，因而无法满足全天候、全时满负荷、全空间区域使用。

从目前来看，人类大规模使用的仍然是地球上的矿产资源。煤、石油和天然气终将有一天会用尽，太阳能、风能、潮汐能、地热能由于其不连贯性、能量密度低等固有缺陷等，无法给人类带来能源"安全感"。核能是目前看来最有前景的能源形式，但核裂变、核聚变带来的辐射问题、不可控的安全问题等同样为人类所顾忌。所以，随着人类社会的不断发展，可以利用的资源越来越少，即使将能源的利用效率提高数个甚至数十个百分点，即使资源的回收利用技术不断发展完善，也很难满足人类日益增长的能源需求。因而，人类终究会走出地球，走向宇宙，迈向宇宙文明。

从地球向宇宙的迈进，首先要解决的问题就是宇宙飞船的动力形式。据《环球飞行》报道，澳大利亚研究人员在 2014 年发现的格利泽 832c 行星，是目前发现的距离地球最近的类地行星，距地球 16 光年[1]。也就是说，所有目前发现的可能成为人类移民外太空的目的地行星距地球都是很遥远的。以目前的飞船的动力形式很难在短时间内抵达目的地。同时，在漫长的宇宙航行过程中，人类通过什么方式进行能源补给也是亟待解决的问题，未来的能源供给形式有待探索。人类从地球文明迈向宇宙文明需要进行价值观、世界观、人生观的一系列改变。

本章将从人类未来能源形式、未来动力形式和未来文明形态三个方面进行介绍。

9.1　人类未来能源形式

9.1.1　核聚变

核能是通过核反应从原子核中释放的能量。核能有三种释放形式，即核裂变、核聚变和核衰变，它们不会像化石能源那样释放出大量的大气污染物，是实现低碳发电的一种重要方式。目前世界上运行及在建的核电站都是核裂变电站，核裂变的缺点在于其废弃物处理困难、反应燃料有限以及反应堆安全运行的问题。

而核聚变能是一种兼顾较低大气污染物排放、无限的燃料供给和良好安全性的能源。地球万物赖以生存的太阳产生的就是聚变能。人类早期对于核聚变的探索主要是在军事领域，

20 世纪 50 年代氢弹试验成功,表明人类实现了核聚变的应用。与此同时,对于可控核聚变和平开发利用的研究也从未间断过,但由于这项技术异常复杂,世界上至今尚未建立起一个聚变能核电站。

20 世纪 90 年代末,我国聚变工程技术和超导工业十分薄弱,没有研制大型超导磁体、大型低温系统的经验。我国科研工作者发扬"没有条件创造条件也要上"的精神,在核聚变研究领域先后建成全超导托卡马克核聚变实验装置(Experimental Advanced Superconducting Tokamak,EAST)和中国环流器二号 M 装置,EAST 成为世界上首个可以稳定运行长达 100 s 以上的装置。在研制 EAST 过程中,许多关键技术取得突破并达到国际先进水平,同时填补了多项国内空白:大型超导磁体关键制造技术研发成功,并生产出了 EAST 所需的全部超导磁体;创造性地设计、建成了国内最大的大型超导磁体测试实验系统;创新性地设计、建造了我国最大的氦低温系统等。EAST 装置建设瞄准世界前沿,高标准、严要求地完成了国家大科学工程建设任务。环流器二号装置等离子体参数将大幅度提高到近堆芯水平,离子温度将超过 1 亿℃。这些装置处于世界领先水平,将为人类核聚变能的开发利用提供重要支撑。

在探索受控热核聚变过程中,越来越多国家的科研人员认识到,任何一个国家"关起门来搞建设"都无法解决所有难题,必须"聚四海之气,借八方之力"。1985 年,美苏首脑为此提出了国际热核实验堆(ITER)计划。但在 2001 年之前,这个"俱乐部"一直将我国拒之门外,其中主要原因是我国的科研水平还不高。但随着 EAST 研制工作的推进,这个局面逐渐改变。2001 年,由于美国退出,ITER 成员国出于分摊经费的考虑,希望扩大参与国的范围。我国借此再次申请加入,2003 年,正式以"平等伙伴"身份参加 ITER 计划谈判。加入这个高"入门会费"的"俱乐部",每个成员国至少要承诺 10% 的投入,约合人民币 100 亿元。加入 ITER 计划前,国际主流聚变会议上几乎没有中国的声音;加入 ITER 计划后,我国逐渐走向世界聚变舞台的中心,越来越多学者受邀在大会作主题报告、口头报告,甚至担任会议主席。借助我国首个偏滤器位型的核聚变实验装置(HL‑2A)和 EAST,我国与全球 120 多个聚变研究机构建立了合作。每年平均有 500 人次的国际专家访问我国,开展与我国相关聚变研究机构的合作研究。

1. 核聚变的原理和必要条件

核聚变是指将原子核(主要是指氘或氚)置于超高温和高压的条件下,使之克服携有正电荷的原子核的静斥力,发生原子核互相聚合作用,生成新的质量更重的原子核。大量电子和中子在聚变的碰撞过程中脱离了原子核的束缚,并以巨大能量的形式表现出来。

但是核聚变不能像核裂变那样把核燃料放入钢制或合金钢制成的容器中,使反应中的原子核的运动局限在一个空间内,这也就是研究开发聚变堆的难度所在。图 9‑1 所示为核聚变反应。

实现核聚变必须满足三个必要条件。

(1)必须要有足够高的温度。核聚变是在极高的温度下进行的,氘和氚的等离子体必须加热到 1 亿℃以上。所以聚变反应也是热核反应,聚变发电则是可控热核反应。

(2)反应粒子(离子)的密度必须要高。为了得到一定的功率,即在每秒钟内得到一定的功率,或使每秒钟内得到的反应量达到一定数量以上,就必须要有高的反应密度。

(3)要有一个能形成较长约束时间的"容器"。若用一定的功率加热等离子体并保持高温,就必须要有一个"保温"性能极好的容器。为达到此目的,需要利用磁场体作为等离子体的"容

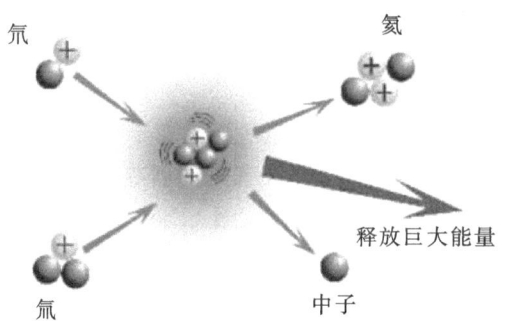

氘

氚

氦

释放巨大能量

中子

图 9-1 核聚变反应

器"(一般材料都是不可能的)。其约束性能的好坏用等离子体或者能量的平均滞留时间表示，叫作"约束时间"。

以上所说的三个条件——温度、密度及约束时间之中，后面两个所起的作用是乘积的关系，即密度高而约束时间短、密度低而约束时间长的，若乘积相等，将得到同样的效果。这一特点由英国的劳森(Lawson)首先发现，上述乘积叫作劳森参量。将劳森参量作为纵坐标，等离子体的温度作为横坐标，画出的图叫作劳森图[2]。表 9-1 列出了必需的等离子体特性以及聚变堆的必要条件。

表 9-1 聚变堆的堆芯条件

种类	温度/℃	密度	约束时间/s
世界最高特性 (托卡马克型,1988 年)	3×10^8	空气密度的十万分之一	0.9
临界等离子体条件 (DT 反应)	1×10^8	空气密度的十万分之一	0.2
聚变堆(自己点火) (DT 反应)	2×10^8	空气密度的十万分之一	0.5
聚变堆 (DD 反应)	1×10^9	空气密度的十万分之一	5
太阳(由重力约束) (HH 反应)	2×10^7	空气密度的十万倍	非常长

2. 聚变堆

将聚变反应产生的能量转化为热和电的设施，即是聚变堆或者聚变电站。

聚变反应释放的能量，将转化为反应产生的中子及氦原子核(即 α 粒子)的动能。这样的高速粒子对构成壁或其他物质(亦即对其原子)进行碰撞，激发壁材的原子产生运动，使壁的温度上升。α 粒子的穿透性小，在一开始即将几乎全部能量传给壁材。而中子透过性高，在透过厚约 1 m 的壁材时，其动能转换为热能。

在聚变堆反应空间的周围设置厚度为 1 m 左右的壁，它叫作"再生区"。在再生区中间有冷却剂流通,将热量带出,并冷却再生区,使它不致过热而熔化。使用什么作冷却剂,也是要研究开发的课题。作为再生区,其温度高达 1000 ℃左右,利用以前核电开发中高温气冷堆的技术是可能的。

反应粒子的动能转变为热量以后的部分与目前的电厂相同,即用热交换器产生蒸汽,推动汽轮机并发电[3]。

3. 核聚变的分类和发展

核聚变堆堆芯的制造必须满足上文所述的三个条件。它大体上分为两种方法:一种是用磁场约束等离子体的方法,即使用托卡马克装置实现,托卡马克是一个环形装置,通过约束电磁波驱动,创造氘、氚实现聚变的环境和超高温,实现对聚变反应的控制;另一种使用强力的激光促使在一瞬间内发生聚变反应,实现"惯性约束"。第一种方式已于 20 世纪 90 年代初实现,目前正在进行工程设计;第二种方式已接近突破的边缘[4]。

1)托卡马克核聚变

在低温条件下,物质的状态是固态,随着温度的升高会出现液态、气态。气态的物质被继续加热会出现等离子状态,即在几万摄氏度以上时,气体将全部发生电离,变成带正电的离子和带负电的自由电子。这种等离子体被约束在托卡马克装置的环形室腔体内不与腔壁接触,加热电流继续在这一环形室中流动,与电流方向一致的强大外磁场保证了等离子体的稳定。

当等离子体被加热到 10^8 ℃以上,满足 $n\tau > 10^{14}$(式中,n 为氘、氚等离子体密度,cm^{-3};τ 为等离子体维持的时间,s)时,就会发生轻原子核转为重原子核的核聚变反应($_1^2H + _1^3H \rightarrow _2^4H + _0^1n$),1 个氘和 1 个氚聚变为 1 个氦核,放出 1 个中子(能量为 14 MeV),伴随着这一反应释放出 17.6 MeV 的巨大能量。现在人类实现可控核聚变所使用的轻核只有氘与氚。在托卡马克装置上,当释放出的能量大于输入的能量,并足以加热下一次添加的氘、氚继续聚变反应时,这种条件称为可控核聚变的"点火"条件。

实现核聚变的"点火"有三大难题要解决:一是如何把等离子体加热到 10^8 ℃以上;二是如何使等离子体不与装它的容器相碰,否则等离子体要降温,容器要烧毁;三是防止杂质混入等离子体,因杂质会增加辐射而使等离子体冷却。

聚变反应堆主要的部件包括高温聚变等离子体堆芯、包层、屏蔽层、磁体和辅助系统等。图 9-2 为托卡马克装置示意图。

目前人类实现的第一代可控核聚变的燃料还只限于氘与氚。氘在自然界中的含量是极其丰富的,海水里的氘占 0.015%,地球上有海水 1.37×10^9 km^3,计算可得氘的总储量达到 45 万亿 t(加工成本$_{92}^{235}U$ 为 1.2×10^4 美元/kg,而氘仅为 300 美元/kg)。可利用的核聚变燃料几乎是取之不尽的。这些氘通过核聚变释放的聚变能,可供人类在很高的消费水平下使用 50 亿年。

核聚变反应的另外一种元素氚,在自然界中实际上是不存在的。但它可以在普通反应堆中通过用中子照射锂而得到,或在将来的热核反应堆中生产出来。用现代技术在全世界可以提取 1000 万 t 锂,海洋中可以提取 2000 亿 t 锂,我国西藏地区具有世界上最丰富的锂资源。热功率为 300 万 kW 的机组,每昼夜的用氚量只有 0.5 kg,所以地球上的锂储量足以保障人类对聚变能源的应用。

与核裂变相比,热核聚变不但资源无限易于获得,其安全性也是核裂变反应堆无法与之相

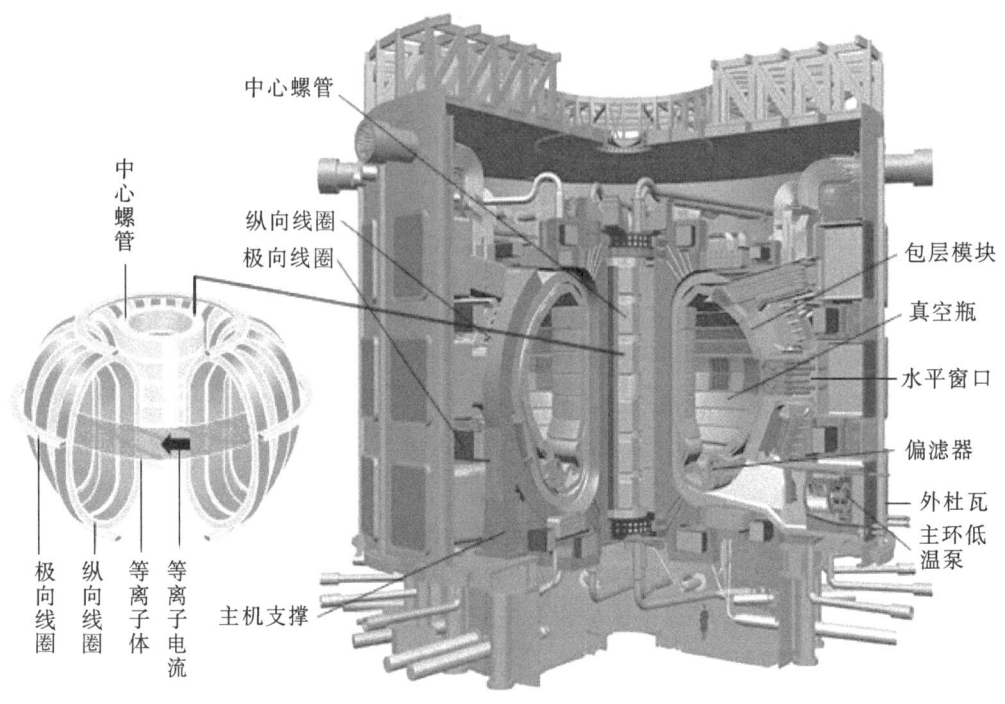

图 9-2　托卡马克装置示意图

比的。热核反应堆如果在事故状态释能增加,等离子体与放电室壁的相互作用强度则增大,由此进入等离子体的杂质随之增加。这样就会导致等离子体的温度下降,使释能速度放慢以致停止聚变反应。热核反应装置的能量密度低,结构材料活化剩余释热水平不高,这些特点均有助于提高热核反应堆的安全性。

2)激光核聚变

激光核聚变是以高功率激光作为驱动器的惯性约束核聚变。激光惯性约束核聚变的基本原理是:使用强大的脉冲激光束直接或间接利用 X 光光子照射内含氘、氚燃料的微型靶丸的外壳表面;利用表面被烧蚀的材料向外喷射而产生向内聚心的反冲力,将靶丸内的燃料以极高速度均匀对称地压缩至高密度和热核燃烧所需的高温,并在一定的惯性约束时间内完成核聚变反应,释放出大量的聚变能。

然而聚变反应所要求的条件却极为苛刻。首先要在点火瞬间获得 1 亿 K 左右的高温;其次,参与反应的粒子密度要足够高,并能维持一定的反应时间,即 $n\tau$ 值要大于或达到 500 万亿 s/cm^3 以上,这就是著名的劳森判据。一些国家的实验室已经在这类激光装置上做了大量的基础研究工作。美国、法国等已建造或正在建造百万焦耳级激光能量输出的巨型激光器,期望美国国家点火设施和法国兆焦耳激光装置(LMJ)能够实现激光热核"点火"。

中国上海光机所从 1965 年开始进行高功率钕玻璃激光核聚变研究。1973 年 5 月,上海光机所建成两台功率达到万兆瓦级的高功率钕玻璃行波放大激光系统,先后对固体氘和氘化锂进行了一系列打靶实验。首次在低温固氘靶、常温氘化靶和氘化聚乙烯上打出中子,冷冻氘靶获 10^3 中子产额。这项突破性成果表明,我国成功地实现了激光产生高温、高密度的等离子体,获得了轻核聚变反应。这是我国激光核聚变研究的一个里程碑,标志着我国在该领域的研究迈入世界先进国家的行列。

1980 年,上海光机所和中国工程物理研究院共同投资建造脉冲功率为 10^{12} W 的固体激光装置,称为激光 12 号实验装置。1985 年,激光 12 号实验装置按时建成并投入运行。试运行中成功地进行了激光打靶实验,取得了重要结果,达到了预期目标。它由激光器系统、靶场系统、测量诊断系统和实验环境工程系统组成,输出激光总功率可达 10^{12} W,可用透镜聚焦到直径约 50 μm 的靶面尺寸上,可以产生千万度的高温、强冲击波和反冲击压力。激光聚变物理研究的理论、制靶、诊断和实验队伍初步形成,有关的设备和能力也初步具备,我国激光聚变研究从此开始了比较系统的协同发展。1985 年,成立了"高功率激光物理联合实验室",期望更好地推进我国激光聚变研究的顺利快速发展。1986 年夏天,该装置被正式命名为神光装置,此后为了与"神光Ⅱ"相区别,改为"神光Ⅰ"。

1994 年 5 月,神光Ⅱ装置立项,工程正式启动。自 2000 年,神光Ⅱ开始运行打靶,以稳定、精密化运行的长期实践为标志,实现了国内激光核聚变驱动器技术跨入国际先进行列的质的提升,正在为实现我国激光核聚变深入研究作出更大的贡献。

1995 年,激光惯性约束核聚变在国家高技术研究发展计划中得到支持,科研人员开始研制更大的巨型激光驱动器——几十万焦耳级的"神光Ⅲ"装置。目前,神光Ⅲ原形装置已经建成,该装置不仅将为神光Ⅲ主机的发展提供驱动器必需的技术基础,而且已经进行了大量的较高能量水平的有意义的基础靶物理实验。神光Ⅲ装置将是我国光学领域最宏伟的科学工程之一,必将全面带动相关科学技术水平的发展,是我国综合国力在科技领域的标志性体现[5]。

3)核聚变的发展

在产生聚变反应前必须先将氘与氚的原子核及中子加热到很高的温度,使其进入等离子体的状态。最早用等离子体在磁场约束下做的聚变实验是于 1951 年进行的。其后英、苏、美等国进行了聚变堆的研究,认识到它具有意想不到的困难。1958 年以后世界各主要国家对磁场约束的各种形式进行设计和实验。但等离子体由磁场外泄的数量比理论值大,对其原因的分析难度很大。

1968 年苏联用托卡马克装置得到了当时难以相信的良好的结果,在世界上刮起了"托卡马克"旋风。但是,当提高等离子体的温度等特性时,在新的器械上等离子体又出现了"流出"现象。为了对复杂的等离子体特性从各种角度加以调整,也对托卡马克型以外的磁场形式"并行"地进行了研究。

20 世纪 80 年代,世界上最大的两个托卡马克装置,即位于英国卡拉姆实验室的欧洲联合环(joint Europe torus,JET)和位于美国普林斯顿等离子体物理实验室的托卡马克聚变实验堆(Tokamak fusion test reactor,TFTR),实现了可控的核聚变能。托卡马克核聚变的科学可行性得到了证实。鉴于和平利用核聚变能对人类如此重要,即使当时处于剑拔弩张的冷战时期,苏美两个超级大国的最高领导人也摒弃前嫌,决定合作开展国际热核实验堆(international thermonuclear experimental reactor,ITER)的国际合作,以验证发电堆规模的托卡马克聚变堆技术的可行性。

中国可控核聚变研究起步于 20 世纪 50 年代,经过多年的探索,积累了大量的经验。1984 年以后,中国核聚变研究取得了很大的发展,托卡马克成为主要研究途径。核工业西南物理研究院是中国最早从事核聚变的研究基地,中国环流器一号(HL-1)装置于 1984 年在该院建成并投入运行。"九五"期间,中国环流器二号 A(HL-2A)装置通过国家立项建造,2002 年建成并成功投入实验运行。

目前我国正在运行的大中型托卡马克装置是中国科学院等离子体物理研究所的 EAST 及中国核工业集团公司西南物理研究院的 HL-2A。其中，EAST 是世界上第一个建成运行的全超导托卡马克核聚变实验装置，于 2006 年建成，并于 2012 年开展了 32 s 高约束及 411 s 的长脉冲高温等离子体实验。HL-2A 也于 2010 年成功开展了 5500 万℃高温等离子体的实验。图 9-3 为 EAST 鸟瞰图。2016 年，EAST 创下新纪录，在 5000 万℃成功运行 100 s。2018 年，EAST 放电实验完成了等离子体在中心温度达 1 亿℃的高温下顺利运行 20 s。到 2021 年，我国的"人造太阳"EAST 成功实现了可重复的 1.2 亿℃ 101 s 等离子体运行和 1.6 亿℃ 20 s 等离子体运行，创造了世界纪录[6,7]。

图 9-3　EAST 鸟瞰图

中国科学院等离子体物理研究所是我国核聚变研究基地之一，主要从事磁约束等离子体科学基础研究，先后建成了 HT-6B、HT-6M 托卡马克装置和我国第一个超导托卡马克 HT-7 装置。HT-7 是目前世界上正在运行的 4 个超导托卡马克装置之一。在 HT-7 超导托卡马克装置上开展了众多高温等离子体物理基础和工程技术研究，取得了多项具有国际水平的研究成果。中科院等离子体物理研究所目前研究的侧重点为稳态（超导）技术与物理，通过国际合作和国家的大力支持，成功开始了超导托卡马克的研究计划。这一研究计划包括 HT-7 超导托卡马克和 EAST 大型非圆截面超导托卡马克。

由于中国可控核聚变工程与技术在过去 20 年内的快速发展，ITER 项目组织于 2003 年正式接受中国以平等合作伙伴加入该项目。中国将为该项目研发包括大电流超导导体、大型超导磁体、大电流超导馈线、面向高温等离子体第一壁、高能中子屏蔽包层、燃料氚增殖包层、大功率超导磁体供电电源及高温等离子体诊断等关键技术，并提供上述设备。目前，由中国提供的关键技术及大型设备进展总体良好。

中国对磁约束核聚变能的开发非常重视,已纳入国家重大科技基础设施建设中长期规划(2012—2030)及国家"十二五"科学和技术发展规划。为了尽早实现核聚变发电的实用化,国家有关部门联合有关研究院所、大学等成立了磁约束聚变堆总体设计组,开展中国聚变工程实验堆的前期设计及关键技术预研工作。2017 年 11 月在"ITER 十年回顾与展会"上,来自 20多个国家的 40 多位国际磁约束核聚变专家联合签署了《北京聚变宣言:支持中国聚变能源发展》,支持中国牵头建设中国聚变工程实验堆。该工程已经完成了相关的热室、建筑布局、厂房结构和基建设计工作。与国际热核实验堆相比,中国聚变工程实验堆在科学问题上主要解决燃烧等离子体的稳态控制、氚的循环与自持、聚变能输出等国际热核实验堆未涵盖而未来聚变电站必需的内容;在工程技术与工艺上重点研究聚变堆材料、聚变堆包层及聚变能发电等国际热核实验堆不能开展的工作[8]。

目前,以正在运行的 HL－2A 和 EAST 两个聚变装置为代表,标志着我国磁约束核聚变研究已经跻身于世界中等规模实验装置的行列,综合实力和科学技术达到和接近了国际水平,大大提高了中国聚变研究在国际上的地位,为世界核聚变研究作出应有的贡献。

我国磁约束聚变研究在跟踪发展、不断创新上做出有自己特色的物理实验和研究成果,并在磁约束聚变研究装置与装备、国际合作、跨世纪人才培养等诸多方面已具规模[9]。

4)氦－3 的开发利用

目前,世界上正在研制中的核聚变反应堆都是以氢的两种同位素氘和氚作燃料,但它本身还存在许多缺点。首先,中子会穿透反应堆壁,使壁变脆并具有放射性。另外,中子还会将用于产生约束氘-氚等离子体的磁场的超导磁铁加热,因而有可能使核聚变反应终止。

日本国立聚变科学研究所的核工程专家百田教授提出了一个新的方案。他认为,用氦－3代替氚会有很大的改善,因为氘与氦－3 发生聚变时产生的是高能质子而不是中子,质子带一个正电荷,因而可在电磁场的约束下远离反应堆壁,并可在一个强大的磁场作用下减速,从而使其携带的能量直接转化成电能。

太阳的能量大都通过氘和氦－3 的聚变反应产生。但是,在地球上实现这种反应却并非易事,这是因为地球上不存在天然的氦－3。然而,月球上储有大量的氦－3,其吸附在月球表面的金属钛上。金属钛就像海绵吸水那样,可从太阳风中吸收来自宇宙空间的氦－3 颗粒。在月球形成后的 40 亿年间,月球上的金属钛总共吸收了大约 100 万 t 的氦－3。所吸收的氦－3 几乎都存在于月球面向地球一面地势较低的区域中 3 m 深的表土内。

1986 年,美国威斯康星大学的物理学家约·桑塔雷斯建议用自动挖掘机开采月球上的含钛土层,用一个在轨道上运行的镜面将阳光聚焦,将矿石加热到 700 ℃,使氦－3 同位素从中分离出来。在这一温度下,会有 85％以上的氦－3 同氧、氢、氮和二氧化碳等气体一起沸腾,脱离矿石。将这些气体的混合物冷却,直到只有氦－3 还是气体时,就可将氦－3 与其他元素分离。当月球的这一面处于夜晚时,气温会骤降至零下 100 ℃,因此实现氦－3 与其他元素的冷却分离相对来说是比较容易的。分离出的其他气体可供月球移民使用,氦－3 则可运回地球。每1500 t 氦－3 就能产生 30 万亿 kW 的能量,月球上的氦－3 足以使用 700 年。

登月采集资源无疑将是人类开发自然的又一壮举。但制作用氦－3 作燃料的聚变装置也是一个巨大工程。百田教授提出了阿特米斯装置,该装置的核心是一个磁性瓶子,里面盛着由氦－3 和氘核形成的等离子体。这个瓶子的作用是当温度达到 10 亿℃时不让氘-氦－3 等离子体接触反应堆壁。10 亿℃足以触发聚变反应,但达到这一温度并非易举。实验性聚变反应堆曾采用大功率粒子束来加热氘-氚核燃料,但仅能达到几百万摄氏度的温度。被加热的等离子体必须保持在合适的温度,这样从理论上讲,聚变反应所产生的能量将足以使反应进行下去。但如果能量损失太多,反应就会终止。图9-4为月球开发想象图。

图9-4　月球开发想象图

就阿特米斯聚变装置而言,一旦聚变反应在里面开始进行,该装置的磁性瓶子就会让高能质子沿位于其边缘的磁力线逃逸。同时,将能量较低的原子核束缚在中央,磁力线会将聚变装置内的质子导向一个粒子减速器,这种减速器为线性粒子加速器的逆装置。带电粒子在磁场中减速前进,其动能可直接转化为电能。经计算,阿特米斯装置中质子能量的76%可转化成电能。该聚变装置中所产生的高能电子也可以类似方式进行磁引导,并利用其能量。

迄今,这样的减速器尚未试验过。但是粒子物理学家们已经建造了一些体积庞大、造价高昂的粒子加速装置,可将粒子加速到巨大的能量。但每当加速器关机,就必须将粒子束导入用以吸收其巨大能量的固体石墨靶体内。有了粒子减速器就可以回收这些能量,使整个装置具有更高的效率和更低的运行成本。

虽然粒子减速器能将质子能量的绝大部分转化成电能,但仍有一小部分能量不能转化,离开减速器的质子的能量也不算很低。所以,阿特米斯聚变装置还需要一个传统的汽轮机,以便将质子携带的残余能量全部转化成电能。这样一座阿特米斯装置将可提供总共约10亿kW的电能。

与在英国的欧洲联合环以及世界其他地方所建造的托卡马克式氘-氚聚变反应堆相比,阿特米斯聚变装置要小得多。该装置约150 m长、10 m宽、3000 t重,跟一个大型核潜艇的大小差不多,只有一座氘-氚聚变反应堆的重量的1/10。体积小,重量轻,将来销毁就比较容易。而且,该装置销毁后的残留物的放射性也要比传统装置低得多。

从一个传统的核裂变反应堆排出的核废料与从一个氘-氚聚变反应堆排出的核废料相比,前者比后者的放射性强1万倍,体积大10倍。阿特米斯聚变装置将不会产生高放射性的核废料,它所产生的低放射性的核废料也只有氘-氚聚变反应堆的 1/5[10]。

5)用核废料发电——行波堆的应用

行波堆的物理概念源于 20 世纪 40 年代,陆续有一些相关性的学术研究,但由于计算工具欠缺,材料和燃料要求高于已知范畴,致使工作无法深入工程化应用开发。90 年代美国氢弹之父爱德华·泰勒(Edward Teller)与其学生洛厄尔·伍德(Lowell Wood)开始将其作为未来大规模使用的能源系统进行研究,逐步在国际上影响带动了一些机构的超前学术研究。日本关本(Sekimoto)教授所提出的 CANDLE 堆概念和行波堆非常相似,他们的团队也做了大量的基础研究工作[11-13]。

行波堆不同于现有已商业化的热堆(轻水堆)和各国正在开发中的快堆。通过对异质堆芯燃料的巧妙分布和运行控制,核燃料可以从一端富集铀启动源点燃,裂变产生的多余中子将周边不裂变的铀-238 转换成可裂变的钚-239,当达到一定浓度时形成自持裂变反应,同时开始焚烧已在原位生成的燃料,形成行波。行波以增殖波前行、焚烧波后续的方式在燃料中以每年数公分的速度自持行进,一次装料可以连续运行数十甚至上百年。为维持临界运行,堆芯燃烧部分保持常规堆芯大小和质量,按正常方式通过钠冷却剂将热量带出堆芯,并产生蒸汽发电,其余部分为烧尽或待增殖备用燃料。除最初始启动源需要用富集铀,其他所有燃料都可直接来自天然铀、贫铀(富集分离废物)或轻水堆乏燃料,不需同位素分离富集。形象地说,行波堆像蜡烛,用火柴点燃后渐渐烧尽,并可以用自身点燃其他蜡烛[11-13]。

行波堆技术可概括为核燃料一次性实时原位增殖焚烧,是个趋近理想状态的先进能源系统,具有可持续性、防核扩散、安全性和经济性高的特征。行波堆可将铀资源利用率提高近百倍,废物量减少数十倍,把一个百年能源提升为数千年全球清洁能源。图 9-5 为行波堆想象图。

图 9-5　行波堆想象图

9.1.2 反物质

从1928年英国科学家迪拉克(Dirac)最早提出反物质的概念起,就不断有科学家证实反物质的存在和它有可能存在的巨大能量。根据科学家的假设,正物质和反物质相遇后会湮灭,正反物质的质量将全部转化为能量。就目前所知道的所有物理反应而言,反物质是效率最高的燃料,也是一种致命武器,威力强大,不可阻挡。

科学家认为,反物质是一种假想的物质形式。在粒子物理学里,反物质是反粒子概念的延伸,反物质是由反粒子构成的,如同普通物质是由普通粒子所构成的。物质与反物质的结合,会如同粒子与反粒子结合一般,导致两者湮灭,且释放出高能光子或 γ 射线。

爱因斯坦预言过反物质的存在。根据物理学家的假想,在宇宙形成的最初很短的时间内,宇宙是守恒的,物质与反物质具有相等的丰度。正因正反物质相接触会释放巨大能量,宇宙大爆炸发生仅仅1 s之后,所有的反物质与大部分(几乎全部)的物质消失,剩下的微量物质形成了我们世界里的一切。因而科学界认为,研究反物质是解开宇宙起源之谜的重要环节。

另外,由于理论上物质与反物质在湮灭时质量可完全转换成能量,带来最大的能源效率,且单位产量是核能的千百倍或常规燃料的亿兆倍,所以科学界一直在试图研究其作为新能源的可行性。按照新闻稿件的说法,其用作宇宙飞船燃料六星期可到火星,用作武器爆炸威力超氢弹等。

1956年,为了目睹反质子的"尊容",欧洲动员了大量科研人员,耗费巨资,建造了巨型加速器,终于将质子与反质子这对"反目成仇的兄弟"拉开了,并成功地捕获了反质子。反质子的产生震动了科学界,证实了反物质的存在,引起了科学家对反物质应用研究的极大兴趣。

反物质是最理想的恒星际宇宙飞船的能源。据科学家计算,一颗盐粒大小的反质子,就能产生相当于200 t化学液体燃料的推进剂,可轻而易举地将巨型航天器送上太空。科学家设想造一艘光子飞船,尾部装一面巨大的凹面反射镜。飞船开动时,燃料库中的正物质和反物质分别被输送到凹面镜前,在那里接触,转化为强烈无比的光,反射出去,就像气体从火箭喷出一样,产生强大的反作用力,推动飞船前进,到恒星际的宇宙中去漫游。图9-6为反物质飞船想象图。

图9-6 反物质飞船想象图

9.1.3　空间太阳能

　　空间太阳能电站,也称太阳能发电卫星或太空发电站,是指在固定轨道上将宇宙中不受气候影响的太阳能转化为电能,再通过无线能量传输方式传输到地面的电力系统。空间太阳能电站从构型角度可以分为两大类:一种是聚光空间太阳能电站,即采用聚光器将太阳光投射到太阳电池阵;另一种是非聚光空间太阳能电站,即利用旋转关节保持太阳电池阵列对日定向。图 9 - 7 为空间太阳能电站想象图。

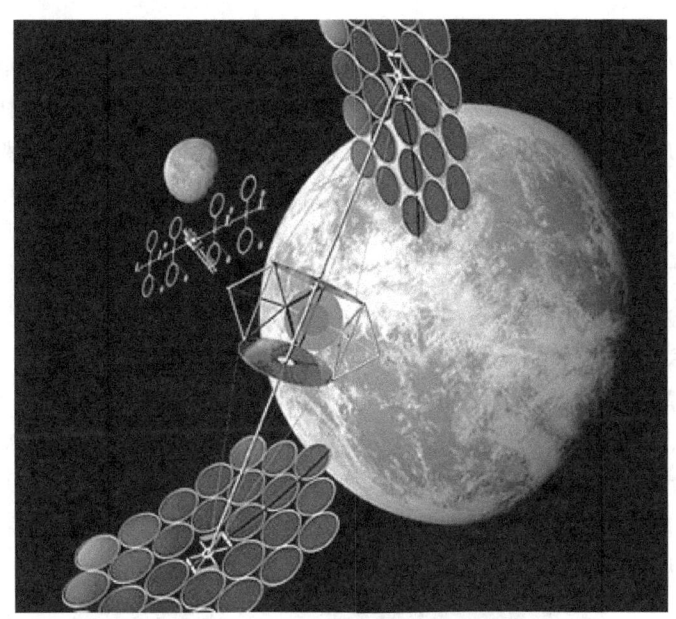

图 9 - 7　空间太阳能电站想象图

1. 空间太阳能关键技术

1)空间超大型可展开结构及控制技术

　　为了保证采能元件、输能及控制装置和电能传输的稳定,需要一个强度、刚度都较高的空间电站基础结构。为了降低运输成本,结构质量要轻。从材料上来讲,各种轻金属如铝或铝合金,以及各种轻质复合材料等都是优选的对象。

　　为了建设庞大的空间基础结构,需要发展组合技术,即将基础结构分成多个组合单元,分别运输到空间再组装。因此在空间结构设计时,需要进行体积比功率、质量比功率的优化设计。

　　近年来,为了更有效地利用现有航天运载能力,尽量减少发射次数,一些学者提出了可收缩伸展的基础结构设计方法。显然,通过这些方法,可将体积很大的结构收缩成体积很小的结构,从而更加易于发射、组装,并降低发射成本。目前国际上有一种思想,就是把各种电缆制造在基础结构中,如果克服了相关技术问题,那么对于延长空间太阳能电站的运行寿命将大有益处。

2)空间高效太阳能转化及超大发电阵技术

　　空间太阳能电站采用的太阳能转换技术主要是太阳能光伏技术和太阳能热动力技术。为了实现空间太阳能电站高效、价廉、使用寿命长的目标,太阳能电池的发展目标希望达到五个方面的要求,即效率高、质量轻、抗辐射能力强、价格便宜及有大批量单片生产和光伏阵装配能力。

空间大面积用光伏电池现有三种选择。

(1)传统的平面阵电池过去主要用单晶硅太阳能电池,现在一些空间应用中已采用效率高一些的砷化镓太阳能电池。效率更高一些的两结、三结电池和具有高抗辐射能力的磷化铟电池材料目前正在研制发展中。

(2)聚光型太阳能电池利用镜面或光栅聚光,将光线聚焦于面积小但具有相当高效率的太阳能电池(如多结太阳能电池)上。这种方法达到的效率目前最高,同时光伏阵面积大大减小,但成本很高。

(3)采用薄膜型集成连结的太阳能电池,可大大降低质量和成本,并具有较高的抗辐射能力,缺点是目前效率还不高。现在更先进的多结非晶硅薄膜电池正在研制中。

太阳能热动力技术是通过镜面聚焦加热工质,进行封闭式热循环推动热机,从而带动发电机发电。美国、俄罗斯和乌克兰等对此研究较为深入,特别对月球太阳能电站采用热动力发电,从发电系统的设计到场地的确定都提出了许多设想。

3)无线能量传输技术

无线能量传输技术是空间太阳能电站的关键技术,主要有微波无线能量传输技术和激光无线能量传输技术。

(1)微波无线能量传输技术是空间太阳能电站研究较多的传输方式,具有较高的转化和传输效率,在特定频段上的大气、云层穿透性非常好,技术相对成熟,波束功率密度低,且可以通过波束进行高精度指向控制,具有较高的安全性。但由于波束宽,发射和接收天线的规模都非常大,工程实现具有较大的难度,比较适合于超大功率的空间太阳能电站系统。图9-8为无线能量传输系统想象图。

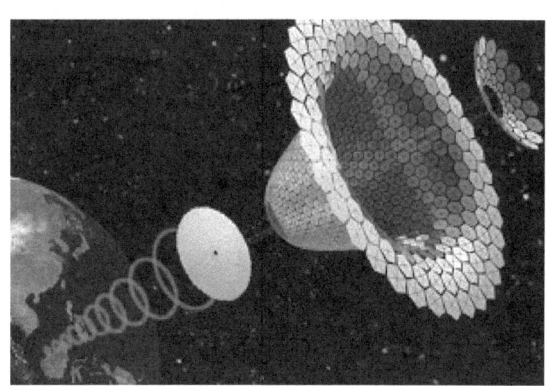

图9-8 无线能量传输系统想象图

(2)激光无线能量传输技术的主要特点是传输波束窄、发射和接收装置尺寸小、应用更为灵活。通过合理选择频率,可以减小大气损耗,比较适合于中小功率的空间太阳能电站系统。难点在于大功率激光器技术成熟性较差,高指向精度实现难度大,存在较大的安全隐患。主要缺点是大气透过性差,传输效率受天气影响大。

4)大型运载器及高密度发射技术

目前,轨道运输成本很高,是电站本身价格的几十倍甚至更高,所以降低空间运输成本是建设空间电站的首要条件。在所有地球轨道的运输中,低轨道运输成本最高,例如地球同步轨道卫星的发射,进入低轨道所需发射成本是整个火箭成本的 5/6,因此降低低轨道运输成本是主要目标。

空间太阳能电站的运输工具应包括低轨道运输工具和轨道间运输工具。尽管美俄在卫星等航天器发展方面一直处于领先地位,并相继研制开发了多种型号的运载火箭和航天飞机,但轨道运输成本仍然居高不下,达到 10000 美元/kg。

作为地面至轨道运输成本降低的主要手段,可重复使用的低轨道运载工具 1994 年才正式开始研究。美国在单级入轨技术以及各种轨道运输系统的研究基础上,提出了可重复使用航天运载的研究项目计划。目前正在研制的 X-33,就是为了取代现有航天飞机而研制的可重复使用垂直起飞、水平降落的低轨道运输试验机。由此可摸索经验进一步发展单级入轨的相关技术,而将成本控制在 1000~2000 美元/kg。图 9-9 为 X-33 示意图。

图 9-9　X-33 示意图

在对世界商业性空间运载研究的基础上,美国又提出了可重复使用航天运载器的概念性研究项目。这种运载器可在 10~20 年内实现,飞行次数可达 1000~2000 次,低轨道运输成本可降至 200 美元/kg,甚至可能达到 100 美元/kg。这给空间太阳能电站的大规模发展带来了很大希望。

总之,发展低成本、长寿命、可重复使用的空间运输系统,已成为当前国际上研究的一个重要方向,是适应未来商业性空间活动,发展空间太阳能电站的必然选择。目前多国竞相开展可重复使用的航天运载技术研究,势必进一步推动空间太阳能电站的真正发展。

2. 典型空间太阳能电站

国际上已经提出多种空间太阳能电站概念构想,典型的包括 1979 SPS 基准系统、太阳帆塔 SPS 方案、太阳塔和太阳盘方案、分布式绳系太阳能电站方案、集成对称聚光系统、任意相控阵空间太阳能电站、激光太阳能电站等。

1)1979 SPS 基准系统

1979 年,美国提出第一个空间太阳能电站概念,名为"1979 SPS 基准系统"。该系统由巨型太阳能电池阵和大型发射天线组成。巨型太阳能电池阵保持对日定向,位于电池阵边缘的巨大发射天线保持对地球定向,两者之间的相对位置变化利用大功率导电旋转关节实现。该系统可以连续向地面接收站供电。单个卫星系统的发电功率为 5 GW。

2）太阳塔和太阳盘

为了重新考虑空间太阳能电站的可行性，美国宇航局于 1995—1997 年进行了 2 年的 Fresh Look 项目研究。在约 30 种系统方案中，确定了两种最有效的太阳能电站系统设想，即所谓的"太阳塔"和"太阳盘"。图 9-10 为澳大利亚太阳塔示意图。

图 9-10　澳大利亚太阳塔示意图

（1）太阳塔：采用高度模块化的聚光型能量转换装置单元；各单元通过充气技术独立形成，输出功率约 1 MW，直径 50~100 m；各单元通过绳系技术形成规模中等、靠重力梯度稳定的系统；微波频率 5.8 GHz，覆盖范围±30°；地面接收系统场地名义直径 4 km，需要一定的储能系统；系统最初工作轨道是太阳同步轨道，可根据需要通过空间运输系统迁移至新的轨道；对于 250 MW 的平台，初次发电的投资约 80 亿~150 亿美元。

（2）太阳盘：采用模块化的环形薄膜光伏阵单元；各光伏单元电流汇集到盘毂，再传向发射阵；系统盘面持续指向太阳，相控阵定向于地球，采用旋转稳定法；系统工作轨道设于地球同步轨道，发电规模 2~8 GW；微波频率 5.8 GHz，覆盖范围±5°；地面接收系统场地名义直径 5~6 km，不需要地面储能系统；系统可在低轨道通过"蜘蛛"型机器人组装完成，再迁移至同步轨道；对于 5 GW 的平台，首次发电投资 300 亿~500 亿美元。

3）太阳帆塔空间太阳能电站

欧洲基于美国提出的太阳塔概念提出了太阳帆塔空间太阳能电站方案。该系统采用重力梯度稳定方式，使中央缆绳自动保持垂直于地面，以保证末端的发射天线对准地面。太阳能电池阵由数百个尺寸为 150 m×150 m 的太阳能发电阵模块组成，根据总发电量的要求配置发电阵的数目。发电阵沿中央缆绳两侧排列成 2 行或 4 行，发出的电流通过由超导材料制成的中央缆绳输送到缆绳末端的发射天线。每一个子阵发射入轨后自动展开，在低地球轨道进行系统组装，再通过电推力器运往地球同步轨道。由于太阳能电池阵无法保持对日定向姿态，该系统无法实现向地面接收站的连续供电。图 9-11 为太阳帆塔想象图。

4）分布式绳系太阳能电站

为降低系统的复杂性和发射重量，日本提出了分布式绳系太阳能电站（Tether SPS）概念。

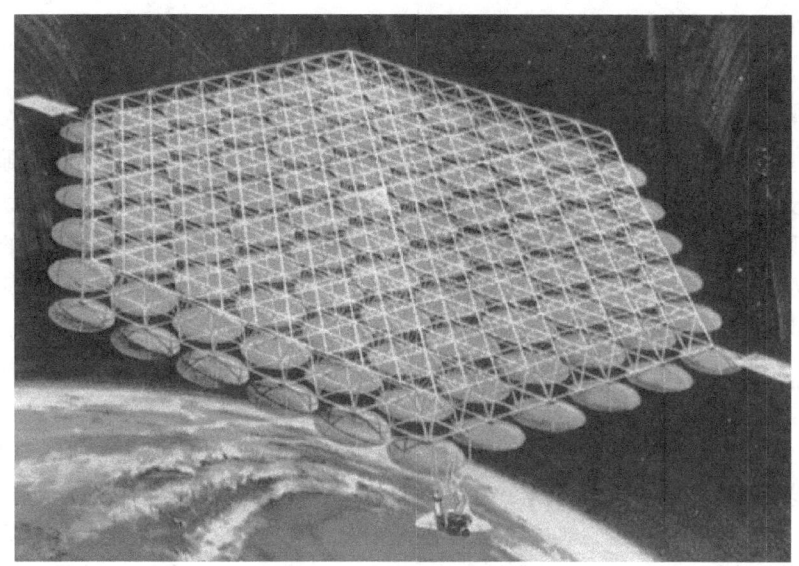

图 9-11　太阳帆塔想象图

其基本组成单元为尺寸为 100 m×95 m 的单元板和卫星平台,单元板和卫星平台间采用 4 根 2~10 km 的绳系悬挂在一起。单元板为太阳能电池、微波发射机和发射天线组成的夹层结构板,共包含 3800 个模块。每个单元板的总质量约为 42.5 t,微波能量传输功率为 2.1 MW。由 25 块单元板组成子板,25 块子板组成整个系统。该方案的模块化设计思想非常清晰,有利于系统的小规模验证、扩展、组装和维护。但由于太阳能电池无法持续指向太阳,所以整个系统的发电量会出现巨大的波动,总体效率较低[14]。

　　5)集成对称聚光系统

　　美国国家航空航天局在 20 世纪 90 年代末的空间太阳能电源探索研究和技术计划中提出"集成对称聚光系统"的设计方案。该方案的最大特点是采用了聚光系统设计,将关键的太阳能电池、微波发射机和发射天线集成为"三明治"夹层结构板,即外层板为太阳能电池,中间夹层为微波发射机,底层为微波发射天线。利用位于桅杆两边的大型薄膜聚光器通过机构控制指向太阳,将太阳光反射聚集到"三明治"结构板上,电池发出的电能传递到微波发射机,取消了对大功率导电滑环和长距离电力传输的需求。"三明治"结构板的发射天线阵面指向地球,聚光器与桅杆间相互旋转以适应轨道变化[15,16]。

9.1.4　氢能

1.氢能的特性

　　氢是一种洁净能源载体,氢在燃烧或催化氧化后的产物为液态水或水蒸气。氢作为能源载体,相对于其他载体如汽油、乙烷和甲醇来讲,具有来源丰富、质量轻、能量密度高、绿色环保、储存方式与利用形式多样等特点。因此氢作为电能这一洁净能源载体最有效的补充,可以满足几乎所有能源的需要,从而形成一个解决能源问题的永久性系统。我国氢能产业发展已经踏上新时代的新征程,需要在深入研究分析的基础上统筹协调、有序推进,推动产业高质量发展。贯彻绿色发展新理念,提升科技发展新动能,构建产业发展新格局[17]。

2. 氢能的制备和储存

1）氢能的制备

我国是制氢大国,据行业统计,工业制氢产量每年大约为 3000 万 t,其中大多作为工业原料利用,可用来满足新增氢气需求的工业副产氢大概为每年 600 万 t。根据氢气制备的原料来源可将制氢技术分为四大类,即用水制氢、用化石能源制氢、用生物质制氢和用太阳能制氢,其中前两类是现在国内外使用的主要制氢技术,后两类是现在各国制氢技术研究的热点和未来技术的发展方向。我国 2020 年氢气产量超过 2500 万 t,以化石能源制氢为主,其中煤制氢占62%。这与我国提出的"碳中和"目标相矛盾,制约了氢能的高速发展。由于捕捉碳的相关技术仍不成熟,为了达到"碳达峰"目标,这种制氢方法难以为继,因此可再生能源制氢研究受到重点关注[17]。

（1）水分解制氢主要是电解水制氢,其制氢过程是氢与氧燃烧生成水的逆过程,因此只要提供一定形式的能量,则可使水分解。电解水制氢是已经成熟的一种传统制氢方法,其生产成本较高,所以目前利用电解水制氢的产量仅占总产量的 1%～4%。电解水制氢只有在利用风电或太阳能发电等从可再生能源中获得电力时,在经济和环境上才可以说是合理的。电解水制氢具有产品纯度高和操作简便的特点,由此而获得的氢一般是在特殊的生产目的下的副产品(如氯碱工业),或是为了满足某些特殊需要(如火箭燃料)。

（2）用化石能源制氢。从其他一次能源转换制氢,主要是以化石能源(煤、天然气、石油)为原料与水蒸气在高温下发生转化反应。化石能源中的碳先变为一氧化碳,再通过一氧化碳变换(即水煤气变换)反应,在一氧化碳转化为二氧化碳的同时,水转变成了氢气。所以,由化石能源转换制氢既伴随有很大的能量损失,又要排放大量二氧化碳。

①煤气化制氢技术。所谓煤气化,是指煤与气化剂(水蒸气或氧气)在一定的温度、压力等条件下发生化学反应而转化为煤气的工艺过程,且一般是指煤的完全气化,即将煤中的有机质最大限度地转变为有用的气态产品,而气化后的残留物只是灰渣。煤气化制氢是先将煤炭气化得到以氢气和一氧化碳为主要成分的气态产品,然后经过一氧化碳变换和分离、提纯等处理获得一定纯度的产品氢。煤气化技术按气化前煤炭是否经过开采而分为地面气化技术(即将煤放在气化炉内气化)和地下气化技术(即让煤直接在地下煤层中气化)。煤气化制氢技术的工艺过程一般包括煤气化、煤气净化、一氧化碳变换及氢气提纯等主要生产环节。

②天然气水蒸气重整制氢。其主要的工艺路线为:天然气经过压缩,送至转化炉的对流段预热,经脱硫处理后与水蒸气混合;再进入转化炉对流段,被烟气间接加热至 400 ℃ 以上后进入反应炉炉管;在催化剂作用下,同时发生蒸汽转化反应以及部分一氧化碳变换反应,生成氢气、二氧化碳、一氧化碳和未转化的残余甲烷,出口温度一般维持在约 780 ℃,氢含量约 70%。经废热锅炉回收热量冷却后,转化气被送入变压吸附提氢装置,可得到不同纯度的氢气产品。

③甲醇裂解制氢。其主要的工艺路线为:甲醇和水的混合液经过预热、气化、过热后,进入转化反应器,在催化剂作用下,同时发生甲醇的催化裂解反应和一氧化碳变换反应,生成约75% 的氢气和约 25% 的二氧化碳以及少量的杂质。裂解混合气再经过变压吸附提纯净化,可以得到纯度为 98.5%～99.999% 的氢气。同时,解吸气经过进一步的净化处理还可以得到高纯度的二氧化碳。

（3）太阳能制氢技术。利用太阳能这样的可再生能源制氢是未来能源的发展趋势和主要途径之一。目前,利用太阳能制氢的主要工艺方法有以下几种。

①利用光伏系统转化成的电能进行电解水制氢。利用光伏系统(太阳能光伏电池)将太阳能转化成电能,再通过电解槽电解水制氢。电—氢的转化效率为75%。

②利用太阳能转换的热能进行热化学反应循环制氢。利用太阳能的热化学反应循环制氢就是利用聚焦型太阳能集热器将太阳能聚集起来产生高温,推动以水为原料的热化学反应来制取氢气的过程。

③太阳能直接光催化制氢。由于地球水资源和太阳能的丰富性,该方法是最具吸引力的制氢途径。它通过在由二氧化钛半导体电极所组成的电化学电解槽中光解水的方法把光能转化成氢气和氧气。

太阳能制氢系统如图9-12所示。

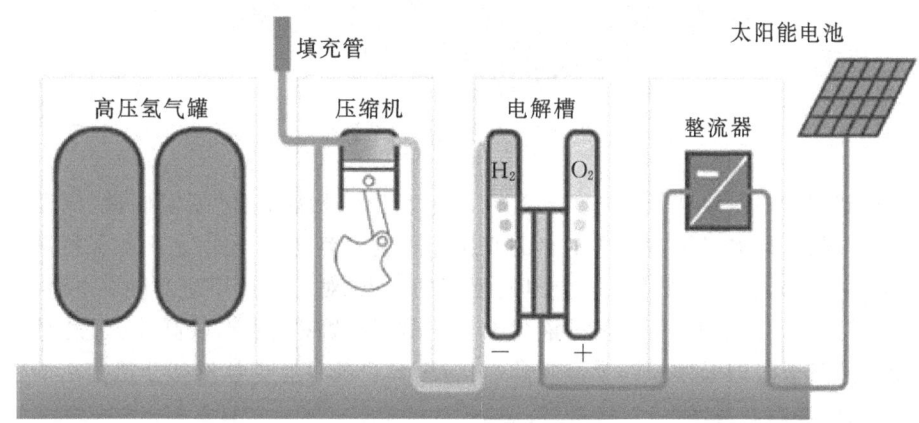

图9-12　太阳能制氢系统示意图

(4)生物质制氢技术。生物质制氢技术主要分为两类,即微生物转化制氢技术和生物质热化学转化制氢技术。

①微生物转化制氢是利用微生物自身的生理作用,在一定的环境条件下,通过新陈代谢获得氢气。根据生物质制氢技术所使用产氢微生物的不同,可分为光合细菌制氢、藻类制氢和发酵细菌制氢等。

②生物质热化学转化制氢是指通过热化学方式将生物质转化为富含氢气的可燃气,然后通过气体分离得到纯氢。其工艺过程包括生物质的热转换和燃气重整两个过程,某些技术路线与煤气化制氢相似[18]。

2)氢能的储存

(1)加压压缩储氢是最常见的一种储氢技术,通常采用笨重的钢瓶作为容器。由于氢密度小,故其储氢效率很低,加压到15 MPa时,质量储氢密度小于3%。对于移动用途而言,加大氢压来提高携氢量将有可能导致氢分子从容器壁逸出或产生氢脆现象。对于上述问题,加压压缩储氢技术近年来的研究进展主要体现在以下两个方面。第一个方面是对容器材料的改进,目标是使容器耐压更高,自身质量更轻,以及减少氢分子透过容器壁,避免产生氢脆现象等。第二个方面则是在容器中加入某些吸氢物质,大幅度地提高压缩储氢的储氢密度,甚至使其达到"准液化"的程度。当压力降低时,氢可以自动地释放出来。这项技术对于实现大规模、低成本的安全储氢无疑具有重要的意义。目前研究过的吸氢物质主要是具有纳米孔结构或大比表面积的物质,如纳米碳材料和过渡金属改性材料等。图9-13是氢气压缩机示意图。

图 9-13　氢气压缩机示意图

（2）液化储氢技术是将纯氢冷却到－253 ℃使之液化，然后装到"低温储罐"储存。为了避免或减少蒸发损失，储罐必须是真空绝热的双层壁不锈钢容器，两层壁之间除保持真空外还要放置薄铝箔来防止辐射。该技术具有储氢密度高的优点，对于移动用途的燃料电池而言，具有十分诱人的应用前景。然而，由于氢的液化十分困难，导致液化成本较高；其次是对容器绝热要求高，使得液氢低温储罐体积约为液氢的 2 倍，因此目前只有少数汽车公司推出的燃料电池汽车样车上采用该储氢技术。

（3）可逆金属氢化物储氢的最大优势在于高体积储氢密度和高安全性，这是由于氢在金属氢化物中以原子态方式储存的缘故。但金属氢化物储氢目前还存在两大严重问题：一是由于金属氢化物自身质量大而导致其质量储氢密度偏低；二是金属氢化物储氢成本偏高。目前金属氢化物储氢主要用于小型储氢场合，如二次电池、小型燃料电池等。图 9-14 是金属氢化物储氢原理图。

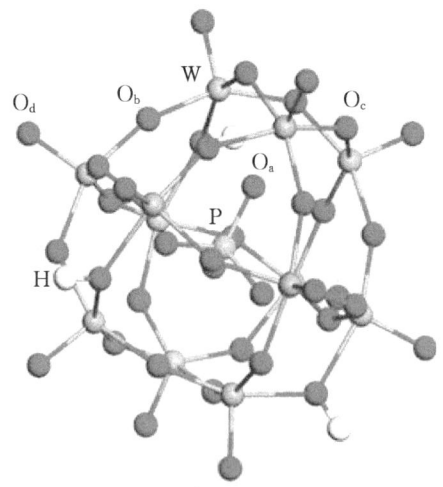

图 9-14　金属氢化物储氢原理图

目前报道的储氢合金大致分为四类:稀土镧镍,储氢密度大;钛铁合金,储氢量大,价格低,可在常温、常压下释放氢;镁系合金,是吸氢量最大的储氢合金,但吸氢速率慢,放氢温度高;钒、铌、锆等多元素系合金,由稀有金属构成,只适用于某些特殊场合。由于储氢合金质量及价格的原因,目前还难以将此技术用于大规模商业化储氢。

(4)新型储氢技术。自从 20 世纪 70 年代利用可循环液体化学氢载体储氢的构想被提出以来,研究人员开辟了这种新型储氢技术。其优点是储氢密度高、安全和储运方便;缺点是储氢及释氢均涉及化学反应,需要具备一定条件并消耗一定能量,因此不像压缩储氢技术那样简便易行。2021 年 7 月《国家发展改革委 国家能源局关于加快推动新型储能发展的指导意见》中,明确将氢能纳入"新型储能",这意味着氢能储存将受到更多关注。2021 年 8 月,我国首个有机液态储氢及氢储能综合实验室落地陕西,该项目是西北首个液态有机储氢综合实验室,将为陕西氢能产业在科技创新、成果转化与产业化等方面提供重要支撑[19]。

3. 氢能源汽车

氢作为汽车的燃料,不仅仅是汽油的替代燃料,而且是一种新型的汽车燃料。它将使维持了一个多世纪的汽车技术发生一次大革命。氢是太空时代最重要的燃料,已经成功应用多年,而汽车迈进氢燃料时代所需的科学技术也逐渐具备了。氢作为汽车燃料,可以直接为汽车内燃机使用,更多的是以"氢燃料电池"的方式产生电能去驱动汽车。我国氢能产业快速发展。到 2020 年底,我国氢燃料电池汽车保有量超过 7000 辆,建成加氢站超过 100 座,成为全球最大的燃料电池商用车生产国。但由于"新冠"疫情影响,2020 年产销量同比下降一半以上,整个产业比较脆弱,走向大规模商用尚需时日,需警惕隐性产能过剩的风险[20]。图 9-15 为氢能源汽车。

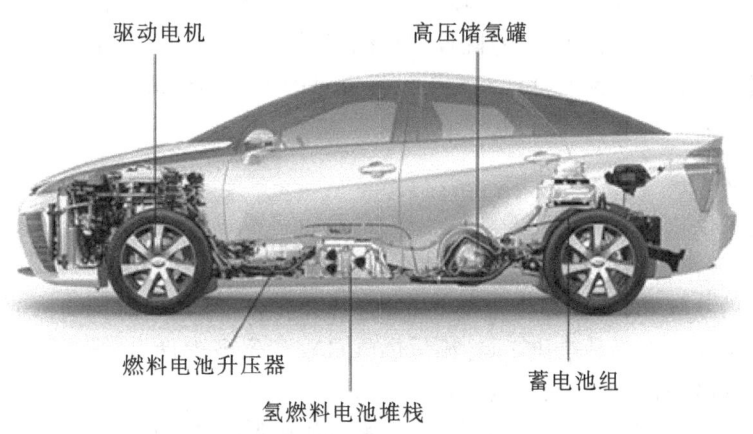

图 9-15　氢能源汽车

氢可以液化装在车载的高压气瓶内,直接供应内燃机作燃料。只需在现有汽车发动机上安装一个电喷及点火装置,不需要对现有发动机的生产技术动"大手术",类似天然气汽车。比较困难的是液态氢的储存与携带。氢气经冷冻(-253 ℃)液化之后储存于气瓶中,而在常温携带中要保持氢的液体状态则压力巨大,需要有安全的耐高压气瓶。另一种储存和携带方式是将氢气吸附于合金块中,即用管道嵌入粉末状合金块,吸附着氢气。无论采取哪种方式储存和携带氢燃料,造价都不菲,这是有待解决的问题。

所谓氢燃料电池,指的是一种电化学能量转化装置,电池两极置于电解质中,以半透膜隔开。在阳极处通入氢气,在阴极处通入氧化剂(空气)。它的原理是通过氢气和氧气的受控反应,产生电能和热,同时生成水。在这种反应过程中没有火陷,因而被称为"冷燃烧"。这是电解水过程的逆反应,早在 1839 年为英国物理学家威廉·罗伯特·格鲁夫(William Robert Grove)爵士所发现。到了 20 世纪 60 年代,这个反应除了太空旅行的应用——提供电能和生活用水——之外,还很少引起人们的关注。至 80 年代,由于这种动力来源可以在不产生任何噪声和污染的情况下产生电力,而且能量效率很高,因而重新成为人们关注的焦点,特别是用来开发燃料电池汽车。真正有意义的应用开发工作,还是 90 年代才开始的。1998 年,我国出现首个氢燃料电池发明专利。我国在氢燃料电池技术基础方面的研究较为活跃,但总体来看,在氢能产业制氢、储运、加注和燃料电池制造等全产业链各环节核心技术上还不及先研发的国家[17]。

与一般电池的概念不同,燃料电池不是储能设备,而是发电设备。燃料电池发出的直流电转换为交流电带动电动机。整个动力系统除了电动机外没有转动部件,其效率比内燃机高 2~3 倍,具有无噪声、长寿命、高可靠性、少维护、零排放的优点。

燃料电池所需要的氢燃料,一般是采用直接储备液态氢的办法,也有采取携带甲醇等液体燃料,通过特殊反应器转化产生氢气,再送入燃料电池的。

衡量氢燃料电池性能高低的重要指标之一是功率与重量比,即单位重量的电池产生的功率大小。起初由于这个比值太小,体积和重量符合要求的氢燃料电池尚达不到普通汽车的动力要求,是技术上存在的最大障碍。但这个问题在加拿大首先取得了突破,1995 年加拿大宣布已成功实现了每千克电池产生 700 W 的功率,达到了普通汽车的动力要求。到 1998 年,美国通用汽车公司研制了"氢动一号"的氢燃料电池汽车,标志着氢燃料电池技术已进入实用时代[21]。

氢能源汽车开发涉及许多技术领域,如能源、材料、物理、化学、机械、电气、自动控制、环保等,也涉及相关企业、研究机关、大专院校,只有进行协作,风险共担、成果共享,中国的氢能源汽车产业才可能获得实质性的发展。发展氢经济对确保中国能源安全、实现真正可持续发展的交通体系也有着至关重要的作用。

4. 氢在航天中的应用

氢氧火箭发动机与普通火箭发动机一样,由涡轮将推进剂增压到预定压力以后送入燃烧室燃烧,产生高温高压的燃气,通过喷管转换成为推力,推进火箭加速飞行。它最突出的优点是采用了高能的液氧-液氢作为推进剂。在化学推进剂中氢氧火箭发动机的比冲是最高的。所谓比冲是指从喷管中每秒排出 1 kg 流量燃气可以产生多少推力。它不仅是火箭发动机先进性的标志,还决定着火箭的起飞重量。

要以液氧-液氢作为推进剂就必须解决一系列的超低温技术问题,如高速液氢涡轮泵的设计、液氢-液氧高效燃烧技术及其再生冷却技术。所谓超低温技术就是液氢的低温材料密封技术,液氢工业生产、储存、运输技术,低温火箭燃料储存箱绝热技术,液氢的加注、增压、排放及安全操作技术。

推进剂供应系统是试验中为发动机提供推进剂的全部设备的总称,包括液氢供应系统和液氧供应系统。随着发动机推力及推进剂流量的大幅度提高,大推力氢氧发动机试验推进剂供应系统发生了阶跃性变化,系统设计及建设过程中突破了如大口径低温绝热真空管道、长距离液氢加注管道及低温储箱自动增压稳压技术等诸多关键技术。

液氢供应系统主要由液氢储箱、主管道、阀门、流量计、过滤器、补偿器、抽空系统、排液/排气管道及相应的控制设备(继电器、压力变送器、增压调节装置等)组成。指挥系统把以上设备按照试验流程通过相应的控制程序,组织成可以进行远程控制的有机整体。图 9 - 16 为液氢-液氧火箭发射图。

图 9 - 16　液氢-液氧火箭发射图

　　航天飞机是一种有人驾驶、可重复使用、往返于太空和地面之间的航天器。它既能像运载火箭那样把人造卫星等航天器送入太空,也能像载人飞船那样在轨道上运行,还能像滑翔机那样在大气层中滑翔着陆。航天飞机为人类自由进出太空提供了很好的工具,是航天史上的一个重要里程碑,最早由美国研发。

　　航天飞机的主发动机是液体火箭发动机,推进剂是液体燃料液态氧和液态氢。液体推进剂不装在航天飞机上,而是装在一个独立的可以抛弃的外储箱里面。采用这种结构形式,可以减少航天飞机轨道器的尺寸和重量,否则航天飞机的轨道器将非常庞大。图 9 - 17 为航天飞机的发射图。

图 9 - 17　航天飞机发射图

9.2 未来动力形式

9.2.1 太空电梯

太空电梯的概念早在 1895 年就由俄国科学家、航天学之父齐奥尔科夫斯基提出。此后，俄国早期太空预言家塔斯安德尔也提出在地球与月球之间搭建一个用一条绳索联结的太空电梯。1979 年，著名科幻大师克拉克在其小说《天堂喷泉》中再次提出了太空电梯的概念，并引起了广泛注意，因为它具有理论基础和科学依据。但是，现在还存在一系列非常复杂的工程学问题，最大的挑战在于没有人能造出数万千米长的超强缆绳。2003 年 9 月 15 日在美国圣达菲召开的研讨会上，俄罗斯和美国的 70 多位科学家和工程师们对太空电梯进行了讨论，最终一致认为它将在 21 世纪内变成现实。这个曾被视为科学幻想的革命性工程近些年有了较大进展，并有多种方案。图 9-18 为太空电梯想象图。

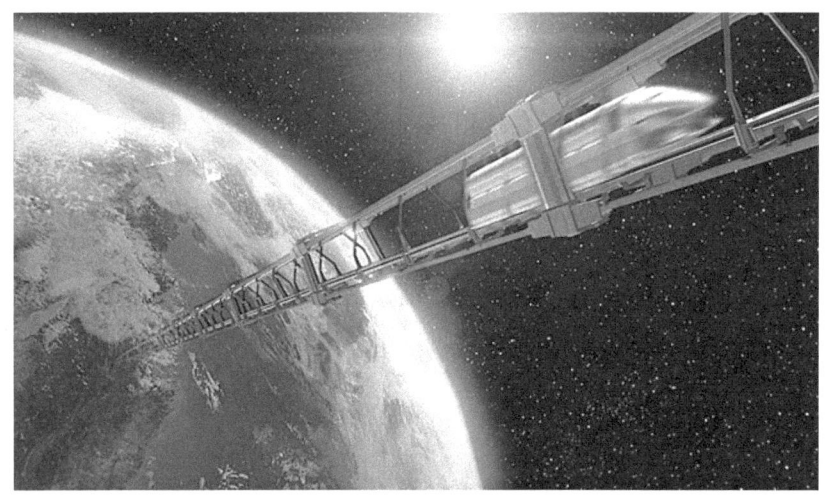

图 9-18　太空电梯想象图

太空电梯的原理并不复杂，基本上就是一条长长的缆绳一端固定在地球上，另一端固定在地球同步轨道的平衡物（如大型卫星或空间站）上。在引力和向心加速度的相互作用下，缆绳被绷紧，太空电梯将利用太阳能或激光能沿缆绳上下运动。

搭建太空电梯首先要在大洋中建造一个漂浮的平台，这个平台要位于一个暴风雨、闪电和巨浪较少的海域，还要远离飞机的航线和卫星的轨道。太空电梯必须能防雷击，否则它将容易被斩断。据估算，太空电梯的质量将达 20 t，一根长达 10^5 km 的缆绳充当太空电梯上下的轨道。接着，将缆绳固定在地球上的平台和运行在静止轨道航天器的两端，并且依靠从地面发射的激光转换成的电能作为动力加以推动。它将建造成管状的通道，沿轨道来回运行时，可以将航天器、各种货物和乘客带入太空。简言之，要先发射卷有缆绳的航天器，让缆绳的一端借助重物坠回地面，最终与地球上的平台相联结，同时，另一端在位于外太空的卫星上展开。地球自转时，太空电梯缆绳就会产生向上的离心力，而地球的重力将缆绳往下拉，这样缆绳就平衡了。

9.2.2　核聚变发动机

核聚变发动机是目前看来最有前景、最有可能实现的动力推进方式。受控核聚变的常用方式有两种，对应这两种方式，工程师提出了两种核聚变火箭发动机的方案。

1. 磁约束聚变发动机

磁约束是一类受控热核聚变，用特殊形态的磁场把氘、氚等轻原子核和自由电子组成的处于热核反应状态的超高温等离子体约束在有限的体积内，使它受控制地发生大量的原子核聚变反应，释放出热量。磁约束热核聚变是当前开发的聚变能源中最有希望的途径，是等离子体物理学的一项重大应用。

对于磁约束核聚变的研究，主要集中在国际热核实验堆计划上。该计划是目前全球规模最大、影响最深远的国际科研合作项目之一，建造约需 10 年，耗资 50 亿美元（1998 年值）。国际热核实验堆装置是一个能产生大规模核聚变反应的超导托卡马克，俗称"人造太阳"。2003 年 1 月，国务院批准我国参加国际热核实验堆计划谈判，2006 年 5 月，经国务院批准，中国国际热核实验堆谈判联合小组代表我国政府与欧盟、印度、日本、韩国、俄罗斯和美国共同草签了国际热核实验堆计划协定。2013 年 1 月 5 日中科院合肥物质科学研究院宣布，"人造太阳"实验装置辅助加热工程的中性束注入系统在综合测试平台上成功实现 100 s 长脉冲氢中性束引出。

2016 年 1 月 28 日凌晨零点 26 分，中科院合肥物质科学研究院 EAST 成功实现了电子温度超过 5000 万℃、持续时间达 100 s 的超高温长脉冲等离子体放电，这是国际托卡马克实验装置上电子温度达到 5000 万℃持续时间最长的等离子体放电。专家指出，上述成果在未来聚变堆研究中具有里程碑意义，标志着我国在稳态磁约束聚变研究方面继续走在国际前列。目前，EAST 已成为国际上稳态磁约束聚变研究的重要实验平台，其研究成果将为未来国际热核实验堆实现稳态高约束放电提供科学和工程实验支持，并将继续为我国下一代聚变装置——中国聚变工程实验堆前期预研奠定重要的科学基础[22]。2020 年，中国担任国际热核实验堆理事会轮值主席，积极参与国际热核实验堆国际组织事务处理以及项目管理，管理能力得到提高，为牵头组织国际大科学工程和大科学计划积累了经验。同时，国内核聚变研发力度进一步增强。我国践行中国磁约束聚变能发展路线图，持续推进下一步示范堆和原型堆的建设[7]。

国际聚变界普遍认为，今后实现聚变能的应用将历经三个战略阶段：建设国际热核实验堆装置，并在其上开展科学与工程研究（有 50 万 kW 核聚变功率，但不能发电，也不在包层中生产氚）；在国际热核实验堆计划的基础上设计、建造与运行聚变能示范电站（近百万千瓦核聚变功率用以发电，包层中产生的氚与输入的氘供核聚变反应持续进行）；最后，将在 21 世纪中叶建造商用聚变堆。我国将力争跟上这一进程，尽快建造商用聚变堆，使得核聚变能有可能在 21 世纪末在我国能源结构中占有一定的地位。

然而，将磁约束聚变和发动机相结合，需要解决一系列的问题。首先是材料问题，目前地球上最耐高温的材料在聚变核心产生的高温下都会像蜡一般熔化，因而只能通过电磁场来约束它。这样一来，聚变核心是无法进行包裹的。其次，即使是这个必须安装的磁场发生装置，也要由大量的永久磁铁和电磁线圈组成，体积十分庞大。这就意味着火箭发动机必须造得很大。

2.惯性约束聚变发动机

惯性约束聚变也被称作脉冲性聚变,利用激光或者粒子束来照射核燃料球产生超高温,生成比磁约束聚变时密度更高的离子体,从而引发聚变反应。由于此时反应时间非常快,小燃料球自身的惯性就可以维持热度足够长的时间来进行反应,所以无需强磁场束缚。在太空的真空环境中使用粒子束比在地球上具有明显的优势,可以不受大气分子的干扰。从这一点来说,此方案更为可行。

不过,采用惯性约束还需安装激光器或粒子束发生器,并且需要给它们提供能量。航天器的尺寸、结构与功能也要在现有基础上有很大提升。虽然如此,此方案很可能比磁约束聚变发动机要轻。

稳定功率输出的可控核聚变虽然还未实现,但其原理是明确的,障碍只存在于技术领域。假以时日,定能取得突破。

目前的聚变反应堆容器非常大而且重,这使得其并不好用于星际旅行。在未来如磁约束或惯性约束和等离子不稳定性等技术问题解决后,小型的聚变反应堆有可能被设计制造出来。

9.2.3　曲率驱动

1.概念

这个宇宙的空间并不是平坦的,而是存在着曲率。如果把宇宙的整体想象为一张大膜,这张膜的表面是弧形的,整张膜甚至可能是一个封闭的肥皂泡。虽然膜的局部看似平面,但空间曲率还是无处不在的。

一个划行的小船,在一条平坦的河流上。因为河流是平坦的(相当于曲率为零),所以小船并不会加速航行。但如果前方突然遇到一个向下的瀑布(瀑布的曲率被认为是无穷大),则小船会很快达到一个非常快的速度。结合这样的比喻便可以理解了。

据国外媒体报道,借助曲率驱动实现超光速的飞行,这是一种随科幻电影《星际迷航》而变得流行一时的概念。至今,科学家们认为这一技术可能并非如原先想象的那么难以实现。

所谓曲率驱动,就是指通过对时空本身的改造来驱动飞船,利用物理学定律中的漏洞来打破光速不可超越的限制。1994年墨西哥物理学家明戈·阿尔库贝利(Miguel Alcubierre)首次提出了现实生活中曲率驱动的概念。然而后续进行的计算显示,这样一种装置将需要无法达到的极高能量才能实现。

2.研究进展

如今,物理学家们表示,原先的曲率驱动模式可以进行改造,从而让它在比原先计算少得多的能量条件下实现。这一想法将有希望让这种科幻产物成为真正的现实。

1994年,物理学家明戈·阿尔库贝利提出可用波动方式拉伸空间,使飞船前方的空间收缩而后方的空间扩张,飞船在太空里"乘"着空间的"波浪"前进。这个"波浪"区间叫作"曲速泡",里面是一块平坦时空。飞船在泡内并非真的在移动,而是被泡带着走,并不违反物理学中的"光速最快"限制。目前还不知道怎样引发这样的波动,或是一旦引发了,飞船该怎么离开它。因此,阿尔库贝利发动机仍属于理论概念范畴。对此,美国国家航空航天局突破推进物理项目的前主管马克·米利斯(Marc Millis)指出,在宇宙大爆炸后早期的快速膨胀期间,时空以远高于光速的速度膨胀。"如果大爆炸能做到,为什么我们的飞船做不到?"答案在于能量。宇宙大爆炸具有开天辟地的能量，如果人类也能掌握这种能量，拉伸空间就不是难事。

2012 年，物理学家哈罗德·怀特（Harold White）将围绕飞船的那个环状结构从原先设计中的扁平状改为甜甜圈那样的"圆筒形"，计算的结果显示，驱动这样一个装置所需能量仅相当于美国宇航局在 1977 年发射的旅行者号探测器那样的质量按照质能方程转化得到的能量值。另外，怀特还发现，如果空间弯曲的强度可以随时间发生起伏变化，那么实现这一装置所需的能量将进一步减少。

怀特和他的同事们在实验室里实验了他们的小型曲率驱动装置，并在约翰逊空间飞行中心建立了一套被称作"怀特-朱迪曲率场干涉仪"的装置。简单地说，基本就是使用一束激光来触发时空在微观尺度上的扭曲。这一想法将有希望让这种科幻产物成为真正的现实。

9.3　未来文明形态

9.3.1　文明的等级

在过去的 5000 年中，人类科技取得了突飞猛进的发展，这也使得地球伤痕累累。我们已经改变了地球的景观原貌、气候和生物多样性。我们为了生存建设了摩天大楼，同时为死者筑造了巨大的陵墓。而或许最重要的是，虽然我们已经学会了利用地球的部分能源，但我们仍然亟须更多能量。人类在 5000 年后的 71 世纪将拥有多么强大的力量？

难以满足的能源需求将决定未来人类文明的走向。1964 年，苏联天体物理学家尼古拉·卡尔达舍夫（Nikolai Kardashev）提出了这样一个理论，他认为人类文明的技术进步与其国民可控制的能源总量息息相关。根据这条思路，他从低到高确定了银河系中文明发展的三种类型。

类型Ⅰ：行星系文明，该文明是行星能源的主人，这意味着他们可以主宰整个世界能源的总和。

类型Ⅱ：恒星系文明，该文明能够收集整个恒星系统的能源。

类型Ⅲ：星系文明，该文明可以利用银河系统的能源。

宇宙学家使用卡尔达舍夫指数来预测未来的技术进步和域外文明。目前，现代人类甚至没有跨入这三种文明形态的任何一种。在这个理论系统中，虽然我们基本上处于一个零水平的文明，不过我们终会转向类型Ⅰ的文明形态。卡尔达舍夫预测，这种转变将要发生——但是要等到什么时候呢？

理论物理学家和未来学家加来道雄预测，这种转变即将在一个世纪后发生。物理学家弗里曼·戴森（Freeman Dyson）认为，人类将在未来的 200 年内步入第一种文明形态。早些时候，卡尔达舍夫设想，人类将在 3200 年后进入类型Ⅱ的文明形态。

如果人类在公元 7010 年仅发展到类型Ⅰ的水平，那么我们将有能力控制和利用大气和地热能量。虽然战火和自我毁灭的可能仍然威胁着人类的生存，但至少生态环境问题在那时将成为历史的陈迹。

如果我们可以在 7010 年顺利达到类型Ⅱ的水平，那么 71 世纪人类将能够自由地执掌更大的技术力量。戴森提出，在这个阶段，我们可以利用庞大的卫星群围绕在恒星的周围来收集能量。其他一些对类型Ⅱ文明的伟大设想还包括星际旅行和移动整个行星群落——而这一切取决于遗传学和计算机的突破。

未来人类将有可能与现在的我们在文化方面有很大不同，甚至在神经功能上也会存在差异。他们很可能是未来学家和哲学家们所预测的"后人类"或"超人类"。

无论如何，在今后的 5000 年中，将有很多事情发生。我们可能会通过战争而走向自我毁灭，或者不自觉地利用纳米技术摧毁我们的星球。也许我们会在解除这些威胁之前，因为小行星和彗星碰撞地球而走向灭亡。我们甚至可能在达到类型 II 之前就遭遇到超越我们文明发展水平的外来文明的侵袭，而这一切犹未可知。

9.3.2 宇宙文明中的法则

1. 墨菲定律与人类文明

在数理统计中，有一条重要的统计规律：假设某意外事件在一次实验（活动）中发生的概率为 $p(p>0)$，则在几次实验（活动）中至少有一次发生的概率为

$$p_n = 1 - (1-p)^n$$

由此可见，无论概率 p 多么小（即小概率事件），当 n 越来越大时，p_n 越来越接近 1。这一结论被著名学者爱德华·墨菲（Edward Murphy）应用于安全管理，他指出，做任何一件事情，如果客观上存在着一种错误的做法，或者存在着发生某种事故的可能性，不管发生的可能性有多小，当重复去做这件事时，事故总会在某一时刻发生。也就是说，只要发生事故的可能性存在，不管可能性多么小，这个事故迟早会发生。所以无论发生事故的概率多小，只要存在发生此类事故的可能性，如果长期反复进行此项工作，事故必然会发生。人们把这个结论称为"墨菲定律"。

这个定律也可以应用到人类对宇宙的探索中。在此，墨菲定律中的"坏事"指的是人类自相残杀的内部战争，指的是人类的战争思维。只要人类还存在战争思维，各个国家之间还在作战争准备，那么就有爆发战争的可能。按照墨菲定律，只要存在战争可能，那就必定会爆发战争。具体来说，明年爆发世界大战的可能性很小，假设它只有 0.1%；那么今后 100 年内爆发世界大战的可能性就会是 9.52%；1000 年内爆发战争的可能性就是 63.23%，已经过了一半；1 万年内就是 99.99%，几乎一定会发生战争。只要存在战争的可能，给我们足够长的时间，那么战争就必将爆发，然而我们人类文明连一次战争都无法接受。所以，对我们人类来说，拥有战争思维，就意味着失去向宇宙探索的机会，失去星辰大海。

2. 黑暗森林法则

黑暗森林法则是我国著名科幻小说作家刘慈欣在其科幻巨著《三体 II·黑暗森林》中提出的宇宙社会学核心理论。按照小说中的说法，宇宙中存在着无数文明，就像散落在黑暗森林中的猎人，不知道下一刻会跳出什么样的野兽伤害自己。所以每个文明都小心翼翼地躲避着，避免被其他文明发现，以免可能会被其他文明毁灭。而自己发现有其他文明的时候，也猜疑着其是不是存在恶意，最简单、最经济的方法就是抢先向疑似有文明的地方发起攻击，开一枪试试看。所以在宇宙中，一旦暴露己方坐标就等于坐等己方文明被毁灭。

在小说中，地球的坐标被更高级的"三体"文明所发现，"三体"文明立即派出战舰向地球进军，准备消灭地球文明。然而，在战舰远征的过程中，地球上的科学家罗辑（也是本书的主人公之一）悟出了"黑暗森林法则"，并成功地以此威胁"三体"文明，如果再向地球进军就向宇宙广

播"三体"文明的坐标,在一段时间内成功避免了地球的毁灭。

黑暗森林法则可以作为未来文明形态的理论参考。即使未来人类文明得到了充分发展,解决了能源短缺的问题并走向了宇宙,人类也应该时刻保持警惕、保持低调,尽量不要侵略外星文明,避免被毁灭。

3. 费米悖论

如果说黑暗森林法则是科幻小说的一个畅想,那费米悖论则是人类已经提出并被国际天文学界在一定程度上接受的思想。

1950 年的一天,诺贝尔奖获得者、物理学家费米(Fermi)在和别人讨论飞碟及外星人的问题时,突然冒出一句:"他们都在哪儿呢?"这句看似简单的问话,就是著名的"费米悖论"。

费米悖论隐含的意思是,从理论上讲,人类能用 100 万年的时间飞往银河系的各个星球,那么,外星人只要比人类早进化 100 万年,就应该已经来到地球了。换言之,费米悖论表明了这样的逻辑悖理:①外星人是存在的——科学推论可以证明,外星人的进化要远远早于人类,他们应该已经来到地球并存在于某处了;②外星人是不存在的——迄今为止,人类并未发现任何有关外星人存在的蛛丝马迹。

费米悖论自提出以来,在天文学界就有着相当的影响,因为它是基于科学探知的事实:古老的银河系已有约 100 多亿年的年龄,而银河系的空间直径却只有大约 10 万光年,也就是说,即使外星人仅以光速的千分之一翱翔太空,他们也不过只需 1 亿年左右的时间就可以横穿银河系——这个时间远远短于银河系的年龄。而且仅从数学概率上分析,在浩瀚的宇宙里,应该有着众多的类似地球的适合于生命存在的星体,并且这其中有些星体的年龄要远远大于地球。因此,它们上面的生命进化,也要远远早于地球上的人类。

费米悖论提出几十年来,人类对太空的探索已有长足的进展。宇宙飞船已经参观或探测了太阳系中绝大部分的行星及其主要卫星,天文学家还追踪了成千上万颗星球发出的微波信号。但是,这些搜寻行动一无所获,人类并没有发现能够证明外星人存在的生命信号。费米悖论的实质就是否定外星文明的存在:既然我们至今还未发现外星人的蛛丝马迹,为什么还要相信它呢?

9.3.3　能源发展与未来人类文明

毋庸置疑的是,能源的发展会从不同层面影响人类未来文明的走向,这个影响是多方面的。由近及远地讲,能源形式的改变会改变人们之间交流的方式,从而影响人类的进化。最终随着人类走出地球迈向宇宙,文明形态会发生彻底的改变。

1. 能源供给与信息文明

语言使得交流更方便,逐渐出现了社会分工,每个人都有自己的社会角色,各司其职。母系氏族、父系氏族、农耕文明、工业文明……知识不断积累与传承,让人类得以吹着小号在文明的历程上不断高歌猛进,最终成为地球文明的统治者。历经数千年的农耕文明、三百年的工业文明、开始至今不到半个世纪的信息时代,文明迭代的重心从物质、能源过渡到信息。人类意识到,物质是可以合成制造、循环使用的。以太阳能和未来的可控核聚变为例,能源对于人类几近无限,而信息则是指挥物质与能量最大化流入人类文明的指挥棒。信息文明对于整个人类文明的意义重大。互联网的兴起,使知识更加快捷地交流融合,信息的获取免费且便利,借由维基百科、谷歌学术搜索（Google Scholar）、大型开放式网络课程（massive open online courses，MOOC），一个目不识丁的老农足可以自学成为博士。

借助现代的科学技术，信息可以通过无线技术传导到世界各处。这个过程当然需要大量的能量支撑。随着人类对信息需求量的爆炸式增长，服务器的功率越来越大，光纤电缆铺满全球，但这仍不能满足人类的需求。于是，互联网卫星技术逐渐成为主流通信技术。

互联网卫星技术是通过在地球轨道发射多颗卫星，将数据来回输送的时间缩短到人类可以接受的时间（几毫秒）。这些卫星向地球发射多个可调节方向的互联网光束，每个光束覆盖地球上一定的区域，在这个覆盖区域任何人都可以以光纤速度接入互联网。目前，Facebook、Google 和 SpaceX 等高科技公司都在试点该项技术。Facebook 的首颗应用于非洲大陆的互联网卫星原计划于美国东部时间 2016 年 9 月 1 日由美国太空探索技术公司 SpaceX 的飞船在美国佛罗里达州卡纳维拉尔角发射，然而在火箭点火过程中发生事故，卫星和火箭因爆炸而被摧毁。这是人类探索互联网卫星技术的一次尝试。

未来地球周围的多颗大功率卫星需要大量的能量，仅通过太阳能是很难满足需求的。微型核反应堆技术甚至可能应用于每一颗互联网卫星之上。只有在能量的保证下，人类才能得到 24 h 不间断的互联网服务。而互联网正是改变人类信息文明的重要途径。

2. 能源与人类进化

随着人口不断增长和能源日益枯竭，人类将何去何从？过去的科幻小说里有一种猜想，认为随着地球上能源的枯竭和臭氧层消耗带来的紫外线强光，人类未来会进化出厚甲或鳞片来抵抗恶劣环境，甚至人类的表皮会变成绿色，用叶绿体来获取太阳能。然而，这一说法是荒谬的。就拿我们目前迫切需要解决的臭氧层破坏问题来说，臭氧层如果要消失，肯定是慢慢消失的。那么在臭氧开始减少的初期（其实现在已经开始减少），紫外线渐渐增强，皮肤癌患者开始增多，人类的科技已经足够造出效果非常好且很便宜的紫外线防护服，以及防紫外线的居所。人们长时间在防护下生活，反而会使皮肤对紫外线的抵抗能力降低。事实上人类现在已经拥有了制造能够抵抗核辐射的防护服的技术，根本没有必要也不可能花费几万年的时间来进化出能够抵抗恶劣环境的皮肤。用叶绿素来吸取能源，只不过是一种低等低效的吸能方式。地球上的有形能源可能只够人类再用 70 年，但是地球却有另一样无形的能量在 50 亿年里都取之不尽，那就是太阳能。只要建起足够多的太阳能、风能及水能发电站，能量是足够用的。

当然，也有人提出人口崩溃机制，认为当矿物资源耗尽之后，代替它们的能源应是廉价和丰富的。开发这种新能源的技术也必须是成熟的，并能在相当短的时期内在全球付诸实施。但是至今未有任何能源满足上述条件。生物量转换是当今一种十分重要的能源获取方式，但生物量转换发展潜力不大，因为它与庄稼和树林争夺沃土。在还没有哪一种单一能源即将取代矿物燃料的情况下，它们的递减可以通过一种保护机制和其他能源来补偿。但这并没有解决问题，只要人口继续增长，保护措施就无效。饥荒、社会争夺和疾病都是人口稠密和资源稀少的结果，它们以复杂的方式相互作用。如果饥荒是导致崩溃的唯一机制，那么人类会突然间灭绝。当某代人发现留有的资源已不够下一代使用，而下一代已出生时，为了生存，下一代，也就是最后一代，必然会用完全部能源。结果是资源的耗尽和人类的灭绝。但是，饥荒很少单独发挥作用，它因社会争夺而加剧，社会争夺干扰食物的生产和分配。同时饥荒也削弱了生物体对疾病的抵抗力。反过来，疾病又能节省资源。例如，在全世界的资源彻底耗尽之前，一种新的传染病将人口减少到很小的数量，人类或许能够生存更长一段时间。

3. 能源与人际交往

随着能源的日益衰竭，人类不得不通过提高科技水平来增大能量的利用效率。在此过程中，能源的发展可能改变人类的交流方式。

一种可能是，在没有掌握充分的能源供给之前，人类趋于减少能量的消耗。首先，为了减少能量开支，个体烧火做饭的方式（当然也包括各种电加热形式）不复存在，能量密度极高的药片被研制出来，人类未来的能量补充不再是靠吃饭来维系，而是靠吃药片。多个由政府管理的大型制药工厂被创建，每天按配额供给给每个人，人们每天只需要吃上几个药丸就能保证充足的营养供给。餐桌文化就此消亡。再也不会有一家人聚在一起吃团圆饭的温馨，再也不会有情侣两人共享烛光晚餐的浪漫。吃饭这一传统文明中的重要环节，有可能随着能源的枯竭而不复存在。

还有一种可能，同样是以削减能源开支为目的，交通工具的应用被大幅削减。机器人技术的进步使得大多数生产、运输都能通过机器手臂＋无人机完成，不再需要人为干涉。虚拟现实（VR）技术的普及，使得人们足不出户就能看到外面的世界。因而，每个人的出行被限制在了一定范围内，人们不再需要见面，每天就在自己的一片空间内活动。人与人的沟通全部是通过互联网形式来完成的。人类的沟通形式因而发生了很大的改变。

总之，如果科技进步无法满足人类对能源的需求，人类的文明形态必将会随之作出相应的改变。这是一个渐进的过程，也是一个必然的过程。

参考文献

[1]佚名.16 光年外发现最像地球的系外行星[J].环球飞行,2014(6):12.

[2]武松涛.核聚变发电是终极选择[J].科学世界,2015(9):1.

[3]秦诒纶.核聚变发电原理简介[J].吉林电力技术,1992(3):6.

[4]孔宪文,姜军,朱松.核裂变与核聚变发电综述[J].东北电力技术,2002(5):29-34.

[5]林尊琪.激光核聚变的发展[J].中国激光,2010,37(9):2202-2207.

[6]佚名.为什么要造第二个"太阳"[J].科学之友(上半月),2021(7):12-13.

[7]王上.EAST 装置超导磁体温度监控系统的研制[D].安徽:中国科技大学,2021.

[8]何开辉,罗德隆,王敏,等.ITER 计划国际大科学工程工作进展[J].中国核电,2020,13(6):5.

[9]冯开明.可控核聚变与国际热核实验堆(ITER)计划[J].中国核电,2009,2(3):212-215.

[10]田学文.利用月球资源发展核电事业:一个崭新的核聚变发电方案[J].中国科学人,1996(3):43-46.

[11]WEAVER K D,GILLELAND J,AHLFELD C,et al. A once-through fuel cycle for fast reactors[J]. Journal of Engineering for Gas Turbines & Power, 2009, 132(10): 845-851.

[12]SEKIMOTO H,RYU K,YOSHIMURA Y. CANDLE:the new burnup strategy[J]. Nuclear Science & Engineering,2001,139(3):306-317.

[13]YAN M Y,SEKIMOTO H. Design research of small long life CANDLE fast reactor[J]. Annals of Nuclear Energy,2008,35(1):18-36.

[14]徐传继.国际空间太阳能电站的技术进展[J].上海航天,1999(5):51-55.

[15]王立,侯欣宾.空间太阳能电站的关键技术及发展建议[J].航天器环境工程,2014,31(4):343-347.

[16]侯欣宾.不同空间太阳能电站概念方案的比较研究[J].太阳能学报,2012,33(S1):63-69.

[17]ZHANG X Q. The development trend and suggestions for China's hydrogen energy industry[J]. Engineering,2021,7(6):719-721.

[18]任建伟.规模储氢技术及其研究进展[J].现代化工,2006,26(3):15-19.

[19]中华人民共和国国家发展和改革委员会.国家发展改革委 国家能源局关于加快推动新型储能发展的指导意见:发改能源规〔2021〕1051号[EB/OL].(2021-07-15)[2021-12-27].https://zfxxgk.ndrc.gov.cn/web/iteminfo.jsp?id=18204.

[20]佚名."新型储能":氢能[EB/OL].(2021-10-02)[2021-10-29].https://www.sohu.com/a/493236173_121123886.

[21]钱伯章.燃料电池发展前景及其应用:上[J].节能与环保,2007(2):23-25.

[22]佚名."人造太阳"中国再次领跑[J].科学中国人,2017(8):6.